很高兴大家能看到这本书，本书撰写断断续续历时多年，前后七稿，终于在2018年7月31日得以完成。希望本书能给读者带来新的思维体验，对我们的工作和生活起到建设性的作用。本书将献给曾经支持和帮助过我的朋友、老师、领导，他们的存在，在我人生关键的节点都给予了强有力的关怀和支持，在这里我向他们表示由衷的感谢！

"战略"思维

"STRATGIC" THOUGHT

李树山 ○ 著

黑龙江人民出版社

图书在版编目(CIP)数据

"战略"思维 / 李树山著. — 哈尔滨：黑龙江人民出版社，2018.9(2021.3重印)
ISBN 978-7-207-11513-3

Ⅰ.①战… Ⅱ.①李… Ⅲ.①思维方法—通俗读物 Ⅳ.①B804-49

中国版本图书馆 CIP 数据核字(2018)第 220404 号

责任编辑:孙国志
封面设计:鲲　鹏
责任校对:秋云平

"战略"思维

李树山　著

出版发行	黑龙江人民出版社
地　　址	哈尔滨市南岗区宣庆小区 1 号楼
邮　　编	150008
网　　址	www.longpress.com
电子邮箱	hljrmcbs@yeah.net
印　　刷	三河市华东印刷有限公司
开　　本	787×1092　1/16
印　　张	23
字　　数	410 千字
版　　次	2018 年 9 月第 1 版　2021 年 3 月第 2 次印刷
书　　号	ISBN 978-7-207-11513-3
定　　价	65.00 元

版权所有　侵权必究　　　　举报电话：(0451)82308054
法律顾问：北京市大成律师事务所哈尔滨分所律师赵学利、赵景波

前　言

　　为什么要编写这样一本书？仔细想想之后，觉得还是因为自己的家庭出身以及自己的成长经历才促使我写了这本书。我出身于一个普通军人家庭，从小跟随父母在军营里长大，从甘肃出生到新疆、四川、云南，最后随父亲军转来到黑龙江大庆市落地生根，结束了大江南北辗转迁徙的流离生活，这是父母带给我的家庭生活场景。后来参加了工作，在工作中逐渐认识到自己文化上的欠缺，于是先后上了黑龙江广播电视大学和中央广播电视大学，毕业后我才感觉有了一点点文化基础，但是我仍然感到自己的缺陷，到后来我才发现这种缺陷是致命的，如果不能够改变，会给自己一生带来懊悔和遗憾。于是我反复不断地思考，不断地与自己的意念做斗争，就是为了弥补自己的缺陷。好在经过自己的努力，也认识到要想改变自己，就必须要有一个好的思维方法和理念，这也就是我为什么要写这本书的真实意图。

　　编写本书的意义就在于通过熟读本书，让自己体验到一种比较完整的逻辑思维的认识和方法，对自己的工作和生活有一个较为成熟的思维方式和行为理念，那么这种建设性的思维方式和理念，也就是本书的核心内容，概括来说就是本书的书名："战略"思维。全书共分为11章，第1章到第8章为全书的核心部分，也是"战略"思维的全部认识、方法和理念。第9章到第11章是核心部分内容的补充内容，也是为核心内容提供的最佳案例，目的是为我们的工作和生活提供更多的方法和手段，以应对现实需要。全书最大的特点就是，以历史人物及事件来论说所要阐述"战略"思维的认识和方法，帮助自己循序渐进建立一种逻辑思维方式，也就是本书的核心，即"战略"思维。本书适用于所有阶层、不同职业等群体，如果你认为自己头脑存在不足，那你就好好读读本书，体验一下"战略"思维带给你的新的认识和方法还有理念，相信一定会对你有所受益。如果上中学的孩子们要是能认真地读一读本书，我想对他一生

"战略"思维
"STRATGIC" THOUGHT

都会有很大的帮助。

　　本书最初编写是在1998年左右，经过这么多年断断续续的反复的修改到最终定稿，已经是第七稿了。花了这么多年时间和精力来编写这本书，虽然有些筋疲力尽，中途也多次想要放弃，但坚定的信念最终还是让我完成了这一任务，这也算是我多年来的一个重要的成果，我也倍感欣慰。全书在编写过程中，所涉及的人物及事件，都是选了又选，力争做到客观准确，选取的历史素材基本上都有史可查。对历史事件及历史人物的评价，有不同意见和观点在所难免，仁者见仁，智者见智。希望读者在阅读本书时，能够对书中前后内容融会贯通，真正把体验到的思维方式和行为理念融入自己的工作和生活当中，不断历练自己，使自己成为一个思维健全的人，尤其是使自己成为一个改变自己成就未来的具有正能量的人。读书应成为一个人一生的功课，多读书读好书，应成为一种自觉，如果你一生都没有认真地读完一本书，那么我希望你一定要认真地读读这本书，你也一定会体验到本书所带给你的新的认识和启迪。在这里我非常感谢在我编写本书的过程中给予鼓励和帮助过我的朋友、同学、老师、同事，我向他们表示衷心的感谢！

目　录

第1章　怎么看待"战略"理念？ …………………………………………（1）
　1.1　【生活工作中的"战略"问题】 ……………………………………（2）
　1.2　【"战略"来源于战争之中】 ………………………………………（3）
　1.3　【政治经济中的"战略"问题】 ……………………………………（5）
　1.4　【"战略"问题的由来】 ……………………………………………（7）
　1.5　【"战略"的敏锐性要能够看得到】 ………………………………（9）
　1.6　【"战略"的连续性要能够延得住】 ………………………………（15）
　1.7　【"战略"一旦确定，剩下的问题都是战术问题】 ………………（18）
　1.8　【结果和过程构成"战略"思维】 …………………………………（24）

第2章　怎么看待人才理念？ ……………………………………………（25）
　2.1　【你要知道人才之意】 ……………………………………………（25）
　2.2　【盛气凌人哪会有合作】 …………………………………………（30）
　2.3　【争夺人才就是争天下】 …………………………………………（34）
　2.4　【大智若愚，大巧若拙】 …………………………………………（36）
　2.5　【战略主张不能两全】 ……………………………………………（42）

第3章　怎样看决策理念？ ………………………………………………（47）
　3.1　【决策的前提是要能够识人】 ……………………………………（47）
　3.2　【给予权力尽其所能】 ……………………………………………（53）
　3.3　【战略中的决策理念】 ……………………………………………（55）
　3.4　【唯一的是"战略"，灵活的是手段】 ……………………………（57）

3.5 【要有这样的一个基本点】 ……………………………… (60)

第4章 怎样看待战术理念?……………………………………… (64)
4.1 【战略与战术不可混淆】 ……………………………… (64)
4.2 【"战略"靠胆,"战术"靠心】 ………………………… (68)
4.3 【最紧要处计算要准】 ………………………………… (70)
4.4 【要知道正反两面的特性】 …………………………… (81)
4.5 【"战略"一致,战术可以不同】 ……………………… (84)
4.6 【要清楚"战略"的分量】 ……………………………… (87)
4.7 【对手必败的潜在条件要会创造】 …………………… (91)
4.8 【采取的"战术"手段要灵活应变】 …………………… (94)

第5章 怎样看待组合理念 ……………………………………… (98)
5.1 【谁先谁后次序要清楚】 ……………………………… (98)
5.2 【要培养自己的"战术"素养】 ………………………… (101)
5.3 【普遍性的因素是依据】 ……………………………… (103)
5.4 【特殊性的因素也不能忽视】 ………………………… (109)
5.5 【多做有利于"战略"的事】 …………………………… (111)
5.6 【"战术"有缺陷也不能丢弃"战略"】 ………………… (112)

第6章 怎样看待信息理念?……………………………………… (115)
6.1 【知根知底才能够交手】 ……………………………… (115)
6.2 【信息有没有用都要靠前提来断】 …………………… (116)
6.3 【不要盲目相信推测的结果】 ………………………… (121)
6.4 【没有前提的信息是毫无价值的】 …………………… (124)
6.5 【能不能抓住信息在于"战略"需求】 ………………… (126)
6.6 【有了"战略"前提,就能判定核心信息】 …………… (129)

第7章 怎样看待大局观?………………………………………… (132)
7.1 【谁服从谁这是大局观的前提】 ……………………… (132)
7.2 【不以"战略"为核心,那是要输的】 ………………… (140)

目　录

  7.3　【没有"战略"说白了那就是混】……………………(142)
  7.4　【"战略"需不需要调整？】………………………(145)
  7.5　【从正反两面寻求突破】……………………………(149)
  7.6　【运筹帷幄，决胜千里】……………………………(152)

第8章　怎样看待"战略"思维？……………………………(158)
  8.1　【何谓"战略"思维？】……………………………(158)
  8.2　【人才至上】…………………………………………(161)
  8.3　【决策果断】…………………………………………(167)
  8.4　【战术细心】…………………………………………(171)
  8.5　【计算组合】…………………………………………(174)
  8.6　【信息优先】…………………………………………(176)
  8.7　【"战略"与"战术"】………………………………(180)

第9章　怎样看待经典战略……………………………………(185)
  9.1　【尊王攘夷的总战略】………………………………(186)
  9.2　【以礼治国的总战略】………………………………(191)
  9.3　【顺自然以处当世的总战略】………………………(201)
  9.4　【以法治国的总战略】………………………………(209)
  9.5　【连横亲秦的总战略】………………………………(217)
  9.6　【狡兔三窟的总战略】………………………………(227)
  9.7　【固干削枝远交近攻的总战略】……………………(234)
  9.8　【剪贴诸侯成就帝业的总战略】……………………(244)

第10章　怎样看待心智历练？………………………………(252)
  10.1　【调动人心】………………………………………(252)
  10.2　【改变态度恭敬待人】……………………………(256)
  10.3　【必要时出其不意】………………………………(261)
  10.4　【要培养坚忍不拔的意志】………………………(266)
  10.5　【虚虚实实兼而有之】……………………………(273)

— 3 —

"战略"思维
"STRATGIC" THOUGHT

  10.6 【收拢人心刻不容缓】……………………………………(278)
  10.7 【深藏玄机强化定力】……………………………………(284)
  10.8 【提高判断能力洞察人心】………………………………(288)
第11章　怎样看待手段的应用？…………………………………(292)
  11.1 【"这种事莫须有"秦桧瞒天过海】……………………(292)
  11.2 【"二桃杀三士"晏婴一箭双雕】………………………(293)
  11.3 【"孔子也霸道"借刀杀人】……………………………(294)
  11.4 【冯异抢占栒邑以逸待劳】………………………………(296)
  11.5 【吴三桂请多尔衮发兵多尔衮趁火打劫】………………(297)
  11.6 【南宋神偷"我来也"声东击西】………………………(298)
  11.7 【"大楚兴,陈胜王"无中生有】………………………(300)
  11.8 【吕蒙智夺烽火台暗度陈仓】……………………………(301)
  11.9 【公孙康割二袁首级曹操隔岸观火】……………………(301)
  11.10 【东方朔替汉武帝乳娘说话指桑骂槐】………………(302)
  11.11 【铁拐李魂归无尸错投胎借尸还魂】…………………(303)
  11.12 【诸葛恪随父上朝牵走驴顺手牵羊】…………………(305)
  11.13 【冯瓒城楼一更变五更明知故昧】……………………(306)
  11.14 【庄公诱太叔段起兵造反调虎离山】…………………(307)
  11.15 【东胡国挑衅匈奴遭灭国冒顿欲擒先纵】……………(309)
  11.16 【神偷进敌营三偷退齐兵釜底抽薪】…………………(310)
  11.17 【小孩房前量地解决叔父难题打草惊蛇】……………(311)
  11.18 【班超鄯善国一网打尽匈奴使臣先发制人】…………(313)
  11.19 【刘备借曹操之手杀恩人吕布落井下石】……………(315)
  11.20 【李广卸马鞍诱敌退匈奴虚张声势】…………………(316)
  11.21 【小寡妇师爷家翁县太爷反客为主】…………………(318)
  11.22 【王守仁布疑阵躲避追杀金蝉脱壳】…………………(319)
  11.23 【姜太公杀贤人震慑自命清高者杀鸡儆猴】…………(320)

目　录

11.24 【康有为替苏州寒山寺向日本追索古钟日本偷龙转凤】
　　　　……………………………………………………………(321)
11.25 【西门豹为河伯娶妻擒贼擒王】……………………………(322)
11.26 【孙膑受辱逃离魏国报仇扮猪吃虎】………………………(324)
11.27 【司马昭杀曹髦诛亲信过桥抽板】…………………………(325)
11.28 【石达开义女下嫁为报恩李代桃僵】………………………(327)
11.29 【萧翼杂帖换辩才和尚的兰亭序抛砖引玉】………………(329)
11.30 【来俊臣诱人入宴请君入瓮】………………………………(331)
11.31 【"狡兔死，走狗烹"斩草除根】……………………………(333)
11.32 【张大千仿画赚地产大王的石涛真迹银树开花】…………(334)
11.33 【李林浦金矿之说害忠臣笑里藏刀】………………………(336)
11.34 【武则天无毒不丈夫以毒攻毒】……………………………(338)
11.35 【扬州妓女陈翠智夺元兵财物顺水推舟】…………………(339)
11.36 【唐伯虎寻花问柳逃离宁王府诈癫扮傻】…………………(340)
11.37 【中年商人利用医生摆挡割东家的货款借艇割禾】………(341)
11.38 【苏秦被刺设计为死后报仇投石问路】……………………(343)
11.39 【卫宣公利用强盗诛杀太子移花接木】……………………(344)
11.40 【李左车诈降诱敌深入围而歼之开门揖盗】………………(345)
11.41 【顺治请老婆出手诱降洪承畴施美人计】…………………(347)
11.42 【孔明给司马懿送巾帼用激将法】…………………………(349)
11.43 【楚君为讨好嫂子而攻打郑国空城计】……………………(350)
11.44 【陈平设计除范增使反间计】………………………………(351)
11.45 【要离舍身杀庆忌行苦肉计】………………………………(353)
11.46 【毕再遇游击战杀金兵布连环计】…………………………(354)
11.47 【晋退避三舍避　楚走为上计】……………………………(356)

— 5 —

第1章 怎么看待"战略"理念？

[**本章提要**]本章主要讲述的是"战略"问题，目的是了解"战略"的含义以及它的主要特点。围绕"战略"所形成的"战略"思维包含以下各章内容，但对"战略"含义的认识是形成"战略"思维的根本前提。本书以下各章提到的战略问题都是带引号的"战略"，由于频繁使用"战略"一词，为了简便起见，以下各章凡涉及"战略"一词，除特别强调外，均省略引号。

"战略"一词，听起来有些深不可测。大多数人对"战略"一词没有太多的认识，一般也只知道在战争环境下，要经常用到这一术语，至于"战略"一词在战争环境下具有什么作用和影响却不得而知，这是大多数人的感觉。因为，对战略知之甚少，而又由于战略具有军事色彩，而让很多从事非军事领域的人深感莫测，只是在近代科学技术和经济全球化的发展过程中，"战略"一词才被广泛地引申到其他各个领域，从此"战略"一词冲破了军事这一领域的局限，进入了社会生活中的各个领域。

其实，"战略"一词所赋予的含义，原本就不只局限于军事领域，只是在军事领域被叫响，称为战略。然而在其他领域，具有同样战略内涵的词语，却有着不同的叫法。比如，路线和方针、发展与方向等等，都具有一定的战略内涵。所以说战略原本就没有局限。比如说，国与国的关系，可以是友好合作关系，可以是战略伙伴关系，也可以是全面战略伙伴关系等，这种国与国的关系，随着关系内涵不断地深化升级，体现出的关系则越来越密切，越来越具有战略性质，一旦用上战略这样的术语来规定两国关系，那就不是一般的两国关系。

还比如说，改革开放战略，科教兴国战略等，不论哪一个领域，哪一个层次都可以用战略来规范全局，指导全局。不论在哪一个领域，凡是具有一定战略内涵的表述，在这里我们都可以把它称作为"战略"，而围绕"战略"所形成的

"战略"思维
"STRATGIC" THOUGHT

基本思维,本书把它确定为"战略"思维。那么,在不同的领域里,"战略"的内涵又是怎么体现出来的呢?在这里主要侧重于几个息息相关的领域,看看是怎么体现的。

1.1 【生活工作中的"战略"问题】

人类作为社会群体,它与社会方方面面息息相关。作为个体,人生领域与战略之间到底有什么样的关联呢?人的一生,从小到大有谁能够知道自己在青年会怎么样,在中年会怎么样,在老年又会是什么样?没有,绝对没有那样能够看透几十年光阴是是非非的人。但有一条是人们不用思索就能看到的,那就是变幻的人生,也就是说,人生变幻莫测,这是人能够预想到的景象。这种变幻莫测的人生,为什么我们能在当下就能看得出来呢?因为我们不是先知,无法预测未来,而实际上,这种变幻莫测就是由于我们每个人因多次的"一念之差"带来的多种可预见的和不可预见的结果所造成的,因而这才形成了变幻莫测。

比如说,前进的路有好几条,那么到底该走哪一条路呢?像这样决定走向的重大问题,本质上说,体现了一个人对人生的艰难抉择。这种决定方向的抉择,可以说就体现了一种战略上的含义。往这个方向走,前途可能会很光明;往那个方向走,前途可能会很黑暗。自己的路,是自己走出来的,也是自己选择的路。那么你选择了什么道路,你就会有相应的人生经历或人生历程,那么这种抉择可以说就体现了战略意义,这种抉择所产生的结局可以说就体现了战略内涵。

每个人在面对自己的人生道路时,都会面临很多次的选择,选择对了,你的人生可能就会顺利一些。选择错了,你的人生可能就会坎坷一些。那么,这种抉择可以说就是由你对人生的态度所决定的。要么积极,要么消极;要么体现正能量,要么体现负能量。当然,两者兼而有之也是存在的,但是要看主流,主流要是体现正能量的话,那么他的人生就会积极乐观,反之要是体现负能量的话,那么他的人生就会消极悲观。

我相信,大多数人都会成为主流,愿意释放正能量,态度积极乐观,不管是男人还是女人,健康人还是残疾人,只要去做了你想做的事,学了你想要学习的东西,孜孜不倦,持之以恒,你的人生就变得不同凡响。因为你积极乐观的态度,影响了你周围的人,感染了你周围的人,从你身上不断释放出乐观的精神,这就是体现了你身上的正能量。当然,这里面还有一个是非问题,同时也有一个原则问题。做你想做的事,学你想要学的东西,也就是说我们做任何事,都要基于国家的法律、基于道德的规范、基于社会秩序的遵守这样的基本前提之下,你所做的一切才是积极的乐观的。

做生意也是一样,讲究的是互利双赢。如果只是单方面得到利益,那就不可能有互利双赢的局面,而单方面的得利恐怕也只是得一时之利。既然是互利双赢,那就要双方都得利才行,否则你便会失去合作者,以后谁还会与你打交道。但是,如果对方有利,自己也有利,双方都有利可图时,互利双赢的局面才会形成,合作者一定会越来越多,这样一来,你的事业将变得更加积极乐观。消极悲观的生存道路,可以说,是极少数人的选择。他们对社会不满、对周围的人和事抱有敌意,传递的是一种消极的负面情绪,孤立自己,甚至极度厌烦自己的人生,厌烦周围自认为不怀好意的人,使自己成为极度纠结的人。他们不愿意改善自己和环境,又臭又硬。想想这些人,你看他们能有什么道理可言。

战略思维就是要为这两种态度的人,既提供支持也提供帮助,使他们都能够走得更好,走得更加乐观。战略对于人生来讲,就是选择好自己的人生,走一条乐观向上的积极的具有正能量的人生道路。最大限度地保证自己所走的每一步,都符合自身战略的需要,让自己少走或不走弯路,从而为自己的人生赢得更多的机遇,创造满意的未来。

1.2 【"战略"来源于战争之中】

"战略"一词原本就属于军事术语,与"战术"相对而言。"战略"的含义到底是什么呢?我们大家可能都听过这样的名词:战略武器或战略物资等等。但恐怕有许多人不太理解它的真正含义。我们都知道原子弹和氢弹,那是这个地球上最具有毁灭性的武器,是能够改变战争态势的毁灭性武器,因此被冠以战略核武器之称。

在20世纪发生的第二次世界反法西斯战争,是以德国和日本战败、无条件宣布投降而宣告结束的。第二次世界反法西斯战争的胜利,是全世界人民在欧洲和亚洲两个主战场反法西斯斗争的胜利。在东方战场日本发动的侵华

"战略"思维
"STRATGIC" THOUGHT

战争,无论从什么角度来说都是一场不可能赢的侵略战争。毛泽东在抗日战争初期就发表文章称日本发动的侵华战争最终将以失败告终,但是考虑到当时贫弱的中国国情,日本侵华战争也不可能速败,中国的抗日战争将是一场持久战,日本战败只是时间问题,这是毛泽东在具体分析了日本和中国两个国家的国情之后所做出的科学判断。

那么,结束这场战争的主要因素是哪些呢?最关键的因素就是中国人民不屈不挠的反侵略反法西斯斗争的坚定意志,这是起决定性的关键因素。其次就是国土面积狭小、资源匮乏的岛国日本,根本没有能力去跟幅员辽阔、资源丰富、人口众多的中国打一场持久的消耗战,日本发动侵华战争可以说就是蚍蜉撼树不自量力,也可以说战争还未开打就已经战败,这是明摆着的事实。

当然,还有一个因素就是战略核武器的使用,加速了日本投降,也加速了二战结束的进程。不过,在这里需要说明的是,原子弹在日本广岛的轰炸,只是改变了东方战场的态势,助推了日本战败和二战结束的进程,而真正让日本侵华战争战败的根本原因就是中国人民不屈不挠的反侵略反法西斯斗争的坚定意志,这是最为根本的决定因素,即便是没有原子弹在广岛的轰炸,中国抗日战争的胜利也是迟早的,最多是推迟几年而已,日本侵华战争最终战败那是注定的。

在这里,单就核武器而言,由于原子弹具有毁灭性的威力,它能够改变战争的态势,能够一举打开战争的局面,因此才被称为是战略核武器,从中我们不难体会到战略的真正含义。同样的道理,石油为什么被称为是战略物资呢?因为在战场上所使用的常规武器中,比如飞机、舰艇、坦克、汽车等等都要完全依赖于石油这一能源,没有了石油,那么这些常规武器就都成了一堆废铁。所以,石油一旦被控制,那么战争的走向便一目了然。因此,石油是战略物资,而运送石油的通道则是战略通道,至关重要。

在国家关系当中,国家与国家之间有一种关系,可以说是层次最高的关系,那就是战略关系。比如,全方位战略合作关系、战略伙伴关系、战略协作关系等等,这种国家间的战略关系,是国家关系中层次最高、等级最高的国与国之间的关系。从这种国与国之间的关系中,也能看到战略所体现出的真正含义。毛泽东对战略问题的阐述是这样的:"战略问题是研究战争全局的规律的东西。"就是说,战略解决的是"全局"的问题,这是大局观。

毛泽东作为伟大的战略家,他不仅以其独特的战略意识和丰富的战略实践,赢得了全世界的一致公认。许多老革命家也一致公认"没有毛泽东就没有新中国"。中国革命如果没有毛泽东,那么,中国革命的胜利至少还要探索许多年。因此,称毛泽东为战略家,那是实至名归。在毛泽东的革命事业中,他最得心应手的事业就是指导战争。"毛泽东用兵真如神"的诗句并非夸张,而是出自许多老红军老战士们的心声。

> 毛泽东(1893—1976年),新中国的开国领袖。二十世纪全球魅力超群的政治家、雄才伟略的战略家、气势磅礴的诗人、哲学家,也是中国历史和世界历史上罕见的领袖人物。尤其擅长指导军事战略,其军事战略思想已成为中国军队战胜任何强敌的有力武器。"运筹帷幄,决胜千里"是他一生光辉的写照。他能够把马克思主义理论同中国革命的实践相结合,创造性地丰富和发展了马克思主义理论,形成了毛泽东思想。晚年虽犯有错误,但丝毫不影响中国人民对他伟大人格的崇高敬意。

1.3 【政治经济中的"战略"问题】

战略源于军事学,但在当今世界,已广泛延伸到政治、经济、外交等各个领域。《辞海》对战略的解释是:"战略是决定全局的谋划"。在这里"全局"的概念,既可以指一个国家层面,也可以指一个集团或一个系统或一个经济实体的层面,还可以指一个人的人生层面。总之,战略的广泛性就在于,对任何一个层面上关乎全局的谋划,都必须要战略来支撑。中国的历史可以说,就是一部战略史。在世界范围内,还没一个国家能够像中国这样,从古至今,有着一脉相承的文化,从来没有间断,也就是说没有断代史。中国历朝历代的更替和演变,都是因为战略的因素起着决定性的作用。

日本这个国家与中国隔海相望,从几千年的交往历史中我们能看到这样一种现象,当中国强大时日本总是俯首帖耳,规规矩矩。但是当中国衰弱不堪时,日本便趾高气扬,不拿中国当回事,可以看出日本是一个欺软怕硬的民族。日本人为什么怕俄罗斯人?因为在二战中俄罗斯人对被俘的日本关东军从不手软,不是被就地歼灭,就是被强制作苦役,因此日本人相当恐惧俄罗斯人。

不过,在这里我要说的是日本的另一方面。第二次世界大战结束后,日本

"战略"思维
"STRATGIC" THOUGHT

战后三十年的经济发展,在二十世纪五十年代到七十年代是那个时代经济发展最快的国家,发展到今天,那也是全球第三大经济体。日本在战后三十年为什么能够快速发展呢?战后日本,为了挽救破败的国民经济,提出了"贸易立国"的国家发展战略,确立了走和平发展之路,经过战后三十年的努力,日本终于跻身世界经济强国之列。可见,日本和平发展的国家战略对战后日本经济振兴起到了决定性的作用,决定了一个国家的胜败兴衰。

再看中国,十一届三中全会,可以说是我们党和国家一次具有历史意义的一次全会。这次全会调整了党的工作重心,丢弃了"以阶级斗争为纲"的路线,确立了"以经济建设为中心"的路线。随后,我国又做出了改革开放的重大战略决策,提出了"科教兴国"的长期发展战略,在经过近四十年的改革开放,我国的综合国力得到了极大的增强,经济总量已处于世界第二位,成为崛起中的世界性的大国。

日本战后确立的"贸易立国"的和平发展战略与中国确立的"改革开放"与"科教兴国"的战略不同,日本"贸易立国"战略可以说是阶段性的战略,而中国改革开放与科教兴国战略则具有长期性。日本阶段性的国家战略,在日本经济发展30多年后,进入二十世纪九十年代以后至今,日本的经济却又一直处于经济衰退之中,这是有目共睹的事实,为什么会这样呢?二十世纪九十年代以后,由于日本的经济总量已处于世界经济体前三位,雄厚的经济实力,也滋生了日本右翼势力的野心,随着日本右翼势力在国家政治舞台的崛起,右翼政客逐步掌握国家政权,日本走和平发展的国家之路受到挑战,随着右翼政客上台执政,近些年日本的种种右翼动作,基本上破坏了和平宪法,引导国家发展走向新的军国主义道路,值得全世界人民和国家的高度警惕。

与此相对应,中国的经济发展,在经历了近四十年后,经济发展势头仍将以中高速经济发展,看好中国经济发展的国家和学者,成为世界主流。我们从日本的贸易立国和中国的科教兴国两者对比中,不难发现,战略即包含着"立国"或"兴国"的大目标,又包含着"贸易"或"科教"等关键的手段措施。所以,不管是国家层面,还是企业层面,如果没有一个非常明确的战略目标,那就谈不上会有什么发展。战略问题历来是决定全局的关键所在,关乎大局层面的胜败兴衰。

1.4 【"战略"问题的由来】

制定一个什么样的"战略",对出于大局层面的有决策权力的领导来说,是一件非常重要的工作。世界上任何国家或企业,都有它自己本身的国情和企情。中国改革开放已有近四十年,在这四十年当中,国家每出台一项改革措施,都始终坚持按基本国情这样一个原则来考虑。中国经济强劲增长,被称为是世界经济增长引擎,成为拉动世界经济增长的最主要国家。

再看日本,日本是一个典型的资源匮乏的岛国,这是日本的国情所在。对于这样一个资源匮乏的国家,要想得到长期的生存和发展,那么,解决资源问题就成为日本必须要首先面对的重大课题,这是日本长期可持续发展的关键所在。那么,如何解决资源这一重大问题,日本在近代历史上先后采取了两条道路:一条是二战之前的军国主义扩张之路;一条是二战之后的贸易立国之路。日本在中日甲午战争,以及后来发动的侵华战争,都是出于领土扩张,抢夺资源这样的目的。但是,日本发动的军事扩张,最终都是以失败告终,说明了什么?事实证明,靠侵略别国领土的军事扩张手段,那是永远也行不通的。时至今日,随着日本右翼政客执政,日本军国主义倾向也日益显现,日本军事扩张抬头,不得不引起周边国家的极大关注和长期的警觉。

日本战败后确立了"贸易立国"的和平发展之路,这也是基于日本的国情所致。没有资源,那就大力发展贸易,经过战后近三十年的发展,日本终于成为仅次于美国的世界经济强国。事实又一次证明,日本走和平发展之路,可以说是行得通、得人心的战略选择,也是日本长期可持续发展的根本所在。所以,战略的由来必须要基于国家的基本国情,企业的发展战略也必须要基于企业的实际状况。在企业大局层面上,有决策权力的企业领导,他最首要的工作,就是对于战略的思考,并最终制定出战略。这是最重要,最占时间,最为艰难的工作。企业要是没有长远发展战略,企业的发展就没有方向。

实践证明,不论国家也好,还是企业也好,处于大局位置上的决策者,如果具有国家战略意识或企业战略意识,那么,国家或企业的发展就会很好、很顺利,反之,就会面临诸多障碍,这是不争的事实。战略问题可以说是一个国家或一个企业最应优先解决的问题。但是,战略问题不应该仅仅成为决策者的专利,"战略"一经确立,每一个人都应该树立"战略"意识,并朝着战略方向努

"战略"思维
"STRATGIC" THOUGHT

力前进，形成人人为企业战略服务的局面，这就是一个正常企业的发展状态。反之，企业不是维持现状，就是行将倒闭，绝对不会走太远。这样的问题，古今中外的案例比比皆是。

在这里有三个人物可以做个对比，曹操、刘备、袁绍。

曹操之所以在群雄逐鹿中拔得头筹，就在于他有着稳定的战略意识，兼听纳言，不拘一格降人才。刘备在逐鹿初期虽然被打得到处逃命，没有立足之地，但他能够及时转变观念，抓住了当时具有战略头脑的人物孔明，从此为刘备赢得了三分天下有其一的战略格局。袁绍在逐鹿中原过程中，可以说实力最大，又是当时各种势力集团的盟主，然而，在后来的逐鹿中却被曹操消灭，就是因为在战略层面上，他缺乏战略意识，又不肯采纳别人的意见，结果被曹操一举消灭。想想，在我们的企业里要是有这样的领导，企业能有发展吗？不会有发展，这是一定的。不过，就算你是袁绍，缺乏战略意识也罢，但是你能认识到自己的不足，那也不要紧，只要及时补救，你仍然有机会做得更好。如何补救呢？补救的办法，那就是只要能将别人的战略意识为我所用，就像《三国演义》中的刘备，抓住孔明为我所用。然而，怕就怕，那种不懂装懂，还不肯采纳别人建议的人，就像《三国演义》中被曹操一举消灭的袁绍，那就完蛋了。

如果企业由这样的人来当领导，大家的心理恐怕都没底，企业还谈什么发展，说不定哪一天，职工的饭碗就要砸。企业发展战略一经确立，它就是纲领。那么所有企业内部工作都将服从服务于这个纲领。确立战略之后，其他一切问题都要围绕纲领努力开展工作。比如财务管理、制度管理、文化管理，以及投资、培训、项目开发、信息收集等等，都是具体工作，各项具体工作都要以纲领为中心做工作。这些具体工作，相对战略来说，就都是战术问题。当然，在每一个领域里都存在一个本领域的战略问题，也就是本领域的大局观。但是本领域的战略必须要服从服务于上一层战略，这是一个上级和下级、父集和子集的关系，必须要梳理清楚，做到上下传承。

想想看，企业要是没有树立战略的话，也就是说没有行动纲领的话，那怎么去开展工作？毫无头绪的工作又有什么意义？因此，企业战略一定要清晰，明白无误，要能让全体人员一看就懂、一看就明白，这样工作起来就不会毫无头绪。有了明确而清晰的"战略"，那可就不同了，在具体工作时，当你做决策时，你才能有法可依或有章可循，游刃有余，或者说你才能根据战略需要，这个该那么办,那个该这么办,只要对战略有利,符合战略意图,你就可以放手细心地去做,这就是"战略"思维的基本原则。

1.5 【"战略"的敏锐性要能够看得到】

"战略"思维,能够开发我们的脑力,为我们提供一个很好的思考问题的方法。要想获得这样的思维方法,首先就要对战略思维有一个全面的认识。当然,这种全面的认识,只有在读了后面的各章内容后,你才能够有全面的认识。那么,当你有了足够的认识之后,我们再遇到令人左右为难的问题时,才能够随时进行这种方法的思考,从中获益。那么在这之前,我们还是要先认识一下战略特点之一,即战略的敏锐性,体会一下战略思维的独特魅力。如果你觉得自己的脑袋过于迟钝的话,那么这也不要紧,你可以尝试着进行这方面的强化训练。当然,并不是任何时候都需要这种快速的反应能力,在有的场合里,头脑迟钝一些兴许会有些益处,不过你要清楚,当环境需要你做出某种快速的反应时,你就必须要在这个关头做出反应,有所表现,否则,你还能有什么作为?

在这里,给大家推出两位历史人物,项羽和刘邦。

刘邦,现今江苏一带的沛县人,曾经是泗水这个小地方的一名亭长,类似于现在的村长这样的身份。他从一个小小村长的位置上,带领一帮人经过多年的努力,终于取得天下,成为"汉高祖"。他在与项羽争霸天下时,无论从实力、才智、英武上,他都比不上项羽,但为什么刘邦却反而取得天下呢?这说明他本人的确有过人之处。在当时,刘邦一方势力很弱,经常打败仗而且到处奔命。

> 刘邦(前256—前195)年少时常被父亲训斥为"无赖",后做了泗水亭长,与项羽争雄天下,打败项羽后,建立汉朝,是为汉高祖。刘邦没有项羽的勇武霸气,但却打败项羽,靠的是"兼听则明"并敢于用人。头脑好使,应变能力强,有一定的政治手腕。

在某一次战斗中,刘邦被项羽围困,危在旦夕,而这时,他手下的大将军韩信却率领大军征服了齐国,而就在此时,韩信接到了刘邦的来信,要求他赶快率大军前来救援。而韩信却在回信中说:"齐刚刚统一,人心还未安定,暂请您

"战略"思维
"STRATGIC" THOUGHT

封我为假王。"

韩信的意思是先用假王的名义镇定人心,然后在前往救援。当时刘邦正和将军们集体议事,接到韩信发来的回信,看后却勃然大怒说:"真是岂有此理!什么叫假王?"刚说到这里,他的谋士张良却用脚踩了刘邦一下,刘邦骤然醒悟,说:"什么叫假王?男儿如果有志,就当是真王!"其实,刘邦当时很生气,他认为韩信在他危难之际跟他讨价还价,很不高兴。可是他被张良踩了一脚之后,醒悟很快,当即草诏封韩信为"真王"。在这里我们可以看到,刘邦的思维改变的非常快,为什么?因为刘邦的直觉告诉他,韩信是实现他和项羽争霸天下的有力人物,是实现战略目标的关键一环。看到韩信的回信,刘邦确实很生气,因此才说了"岂有此理"的话,好在张良及时地提醒了刘邦,刘邦也很快意识到自己的失言,并及时做了补救。

刘邦的战略目标是与项羽争霸天下,那么,在自己陷入危难之际,那绝对不能因小失大,任何违反战略目标的举动,都可能造成无法挽回的重大损失。刘邦的战略思维转变的够快,决断的也快。这之后,韩信亲率大军,不仅解了刘邦之围,而且在垓下以"十面埋伏"一举全歼楚军。所以,我们看到,刘邦的过人之处,就在于他对战略有着敏锐的转换能力。

我们再看看项羽。

项羽在战略上,表现得却很幼稚并极为迟钝,尤其在"鸿门宴"中,项羽本可以就此杀掉刘邦,除去与他争霸天下的唯一对手,可是在鸿门宴上,项羽很自然地意识到了和氏璧的收藏价值,但却很自然地丧失了战略意识,忘却了"与刘邦争霸天下"的战略目标。此时和氏璧的价值埋没了战略意识,难怪谋士范增这样评价项羽,"竖子不足为谋。"范增说完这句话之后,便弃他而去,最终离开了项羽。项羽为了"和氏璧"竟然不顾战略大局,最终被他原来的部下韩信用"十面埋伏"全歼了楚军,项羽也最终兵败自杀。

项羽(前232—前202年)中国数千年来最为勇猛的将领,是秦末与刘邦争霸天下的英雄。曾率军在巨鹿一战全歼秦军主力,自称"西楚霸王"。不善纳言,好利喜功,缺乏识别人才的眼力。手下的人认为与他"不足为谋"。霸气是他的英雄本色。在与韩信决战中,兵败自杀。

第1章 怎么看待"战略"理念?

我们都知道,战略是由人制定的,战略的执行是要靠本集团所有的人共同推进来完成的。所以,战略意识的培训,对企业内所有的人来说,都是极为重要的。作为上层决策人物,在把握战略思维时,决不可顾此失彼。我们要意识到,并不是所有有决策权力的人都能够很好地把握战略思维,这是一定的。为什么这么说呢?因为有的人靠的不是自己的能力得到了决策权力,这样的人在决策权力这个层次不占少数。他们靠什么得到了权力,不外乎这些渠道:靠金钱行贿这是最流行的手段,也是最容易达成目的的方法,从古至今莫不如此;还有就是靠家族的显赫背景,这是付出代价最小的手段,所谓"一人得道鸡犬升天",但这里需要有个前提条件,那就是你要有个好的出身。

英雄不问出处,尽管如此,我们还要有这样的意识:有决策权力的官人,一旦缺乏战略思维,那么他身边的人有可能都是些缺乏战略意识的人,所谓兵熊熊一个,将熊熊一窝,就是这个道理。在这样的人身边做事,你不会有什么进步,你只会耽误自己的前程,改变不了自己的命运。所以,你要及早有所认识,正确做出决断,这是最明智的选择。当然,你怎么能慧眼识人呢,其实很简单,只要你稍加细心总能从他身上找到蛛丝马迹,比如:对属下做任何事都不放心,只对自己放心;事无巨细都喜欢由自己亲自来做,放不开手脚。在这样的人身边做事,时间长了,你都会像他那样受到熏陶,所谓跟什么人学什么人,什么样的官带什么样的兵。

所以,如果是你开办一个企业,你希望自己的下属,都是一些缺乏战略意识的人吗?我想这是你不愿看到的。如果在你的身边都是这样一些缺乏战略意识的人,那么你的公司肯定不会有什么大的发展,即便是有什么战略的话,也不可能发挥战略应有的作用。战略为你的企业提供了一个发展方向,这是第一步,如果没有各方面的力量汇集到一起,形成合力,战略就成了空中楼阁。所以先有了战略,这只是第一步,第二步那就是要有合力。战略加合力才能够起到该有的作用。

战略不仅仅是决策领导的专利,而且对于企业内部每一个人来说都极为重要。要不惜代价树立和培养每个人的战略意识,这是现代企业最重要的治理问题。对于人员的培养,战略是第一位的,专业技术是第二位的。有了战略意识,他们就能够很明确地为战略而开展工作,就能够意识到对工作中出现的一些问题应该怎么办,因为有战略方向,所以知道该如何解决。否则的话,战

"战略"思维
"STRATGIC" THOUGHT

术执行起来便失去方向,造成执行困难,最终也会影响到企业的发展。所以,作为决策者决不能顾此失彼,一方面确立战略,一方面却忽略战略培养。如果说企业中的人大都缺乏战略意识的话,那唯一的原因就是决策者在人为的不知不觉中培养了下属的低能,因此,决策者一定要保持良好的战略心态。

> 拿破仑(1769—1821年),法国军事家与政治家。被欧洲誉为"近代战争之父"。很会打仗,有演讲的口才,在士兵中很有影响力。但过于自信,致使身边的人缺乏独立思考能力。1815年因战略决策失误,在滑铁卢战败被俘。后死于圣赫勒拿岛。

前面我们讲了项羽和刘邦两位历史风云人物,下面介绍一位欧洲的历史人物:拿破仑。拿破仑时代的欧洲,处于十八世纪末期和十九世纪初期,当时的中国清朝已处于由盛转衰的历史转折时期,到十九世纪四十年代鸦片战争开始,中国便进入了封建社会最为腐败的屈辱历史。熟悉欧洲历史的人都知道拿破仑很会打仗,被欧洲誉为"近代战争之父"。他最大的成就,就是首先改变了欧洲传统战法,即改变了以方队形式进行阵地作战的打法,创立了散开的非方队形式进行作战的新的战法,曾一度成为欧洲最有战斗力的军队。在这里提到拿破仑,要讲的不是他的成就,而是要讲他的弱点和毛病。拿破仑之所以在滑铁卢战败被俘,原因尽管很多,但最关键的原因就在于自身的领导风格所决定的。

拿破仑很会带兵打仗,在士兵面前讲话也很有煽动性。但是他的部下大多是缺乏决策能力的人,比如说拿破仑手下的总参谋长贝尔特兰将军,尽管是一位将军,但实际上他不过是个兵而已,没有作为将军的能力。为什么这么说,因为贝尔特兰的很多工作,都不是他自己亲自来做,而全都是由拿破仑自己亲自去做,而他却只能听着干。

在滑铁卢战役中,拿破仑犯了一个战略上的错误,他的手下却没有任何人来纠正拿破仑的错误。贝尔特兰将军作为三军总参谋长,他明明知道拿破仑所犯的错误,但却无力纠正拿破仑的错误。因为他知道拿破仑的领导风格,那就是事无巨细都太喜欢自己亲自来做决策,还是听着干吧,更何况是在战略方面出现的错误。战略上出现失误那是致命的。

拿破仑战败被俘,从战略层面看是因为在战略上出现错误而导致战败,然而从拿破仑自身决策风格上看,他培养了一群碌碌无为的军人,贝尔特兰将军作为三军总参谋长,就是最典型的无所作为的将军,拿破仑身边都是这样的军人,战场上焉能不败。

再看看解放战争期间,国民党军队与人民解放军的较量。

解放战争期间,中国共产党领导的人民军队先后发起了三大战役,先是辽沈战役,接着是平津战役,最后是淮海战役,解放军以排山倒海之势取得了全面的胜利。国民党军队为什么败得那么惨又那么快呢?当然原因很多,但是一个关键的原因就在于国民党军队的统帅蒋介石。

蒋介石(1887—1975年),名中正,字介石。早年跟随孙中山革命,受孙中山赏识,崛起于国民党政坛。有政治手腕,创设军统和中统为其独裁统治服务。他领导的国民政府政治黑暗腐败,1949年被毛泽东领导的人民军队打败,退守到台湾。坚持两岸统一,反对台独。1975年4月5日,在台北士林官邸逝世。

他的领导风格与拿破仑颇有些相似之处,都有一个共同的特点,那就是对自己的部下指挥作战不放心,对自己很放心。在整个战役过程中,蒋介石善于遥控指挥作战,甚至常常指挥到团一级。这种运筹作战的风格,可以说是蒋介石领导的国民党军队彻底失败的原因之一。为什么?因为蒋介石忽略了瞬息万变的战场环境变化,虽然他不在战场一线指挥作战,不掌握战场环境的真实情况,但没有办法,因为他是国民党军队的统帅,他说的话必须要执行。最重要的一点就是他手下的将军们即便是在战场看到了战场情况的变化,也不能改变统帅的作战方针,没办法,只能听着干吧,胜败听天由命吧。就这样,国民党军队焉能不败。

第二次世界大战期间,以美英为首的联军在诺曼底登陆,开辟了欧洲第二战场。这一战略能否取得成功,关键是第一阶段突袭登陆作战能否顺利完成。由于德军在诺曼底有一个机械化装甲师,这个装甲师的存在,将会对此次突袭

"战略"思维
"STRATGIC" THOUGHT

登陆作战的美英联军构成很大的威胁。不过,联军如果能抢在装甲师出动之前,顺利完成第一阶段突袭登陆作战的胜利,那么就能确保战略的胜利。所以,联军突袭登陆作战最关键的因素就是"争取时间"以保证完成第一阶段突袭登陆。那就是必须要在德军装甲师出动之前,顺利完成第一阶段突袭登陆任务。

美英联军的情报部门此时却提供了一条德军内部的情报,意思是说德军在诺曼底的机械化装甲师直接受德军总部指挥,没有总部的命令任何人不能调用。也就是说德军前线总指挥官必须请示德军总部后方能调动这一装甲师。这一情报表明,德军的这一命令,能够给美英联军突袭登陆作战创造一定的时间。就这样,美英联军果断做出了战斗命令。战斗打响之后,事实正像美英联军预想的那样,德军驻诺曼底前线司令部,为了调动驻扎在诺曼底的装甲师,紧急向德军总部请示,结果,当德军总部总参谋长接到电话后,回答说:"总理正在睡觉,等醒后再报告总理。"就这样,当总理醒来之后,第一阶段突袭诺曼底登陆作战已经顺利完成,为开辟第二战场的战略奠定了胜利的基础,德军为此而失去了反击的有利时间。

我们从以上介绍的事例中不难看出,德军驻诺曼底前线指挥官和德军总部指挥官,都有一个共同的特点,就是不能根据时局的变化做出相应的决断。"将在外君命有所不受",这句话体现了敢于决策能够审时度势的战略意识,这是军人必须要具备的素质。作为统帅,更应该懂得战场环境瞬息万变,临机决断的重要意义。所以,作为决策人员一定要有这样的敏锐思维,千万不要被命令所束缚,要能够在突发事件时临机做出决断,要有这样的能力。

毛泽东不愧是军事家、战略家,他在指导手下的将领作战过程中,从来都是要求他们根据战场情况的变化,临机做出决断,不需要请示。这就是毛泽东指导手下将领作战的风格特点,具有战略思维的敏锐性。然而,蒋介石不具有这种战略思维的敏锐性,拿破仑不具有这种战略思维的敏锐性,难怪他们都是失败者。你不具有这种战略思维的敏锐性也没关系,只要你的下属具备这种战略思维的敏锐性,而你又能够兼听善任,就能够弥补你在战略思维方面的不足,你一样能够获得成功。刘邦与项羽争霸天下,之所以能够赢得天下,就在于刘邦能够兼听善任,虽然自己缺乏战略思维的敏锐性,然而他手下的谋士却能够弥补他自身的不足,并且刘邦能够兼听善任,这是很关键的意识。

让人非常遗憾的是,蒋介石、拿破仑等等这类人物,他们在指导手下将领们作战时,都有共同的风格特点,那就是必须听从命令,按照命令贯彻执行。他们只相信自己的能力,不相信下属的能力,凡事都必须要自己亲自指挥,即便是战场情况发生突变,只要我没有看到,就必须按照我的命令执行。这样的领导指挥风格,完全压制了手下将领根据战场环境的变化临机决断的权利。战场情况瞬息万变,稍纵即逝,在一线指挥作战的将领们要能够临机决断,然而由蒋介石、拿破仑这样的领导来亲自指挥作战,将领们不能提出任何建议,即便是提了也不会得到重视,干脆还是服从命令吧,反正也不是自己指挥作战,失败我也用不着负责,我是按照命令执行的,没有责任。

不难看出,领导的这种指挥风格和特点,造就了他们手下的将军们,不敢担责,不愿负责,不想负责的心态。作为决策人物,应当建立这样的战略思维意识:切不可人为地因自己的风格和特点,在自己的身边造就一群这样的人,战略思维的敏锐性要能够有所察觉。

1.6 【"战略"的连续性要能够延得住】

中国历史可以说是一部战略发展史。在中国不同的历史时期都形成了各自特色的战略案例,给后人提供了丰富多彩的文化内涵。

针对战略思维的连续性,我们这里选择了春秋时期吴越两国之间的长期斗争所引发的有关战略问题,说明一下战略思维的连续性要能够有所延续。

春秋时期,越国被吴国打败,越国便成了吴国的属国,而当时的越王勾践也成了吴国的俘虏,按照当时的惯例,被俘虏的越王勾践是要被斩首的。此时越王勾践的家臣们,也都为营救勾践想办法四处奔走。

勾践(约前520—前465年),姒姓,夏禹后裔,越王允常之子,春秋末年越国国君。越王勾践三年(前494年),被吴军败于夫椒,自己被吴国所擒,因品尝吴王夫差的粪便为其看病而取得夫差的信任,三年后得以保命回国。返国后重用范蠡、文种,立志"灭亡吴国"。战略意识极强,为达到战略目的不择手段,后卧薪尝胆二十余年,终于灭亡吴国。

"战略"思维
"STRATGIC" THOUGHT

在吴王的家臣中,有这样一位名叫伯嚭的官员,此人不但好色而且好贪,勾践的家臣文种打听到这一消息后,觉得勾践还有生还的一线机会,于是文种带着美女和财宝找到了伯嚭,并求其救命。伯嚭一看有美女又有财宝,便欣然接受了贿赂,心想:"既然收受了人家的贿赂,那就帮人家吧。"朝堂之上,伯嚭向吴王夫差进言道:"勾践被俘,按理是要把他斩首的,但饶他一命,让他作为家臣来服侍您,这很有面子啊,您看如何?"吴王夫差听后心想很有道理,于是就把勾践留了下来,做了家臣。在吴国,勾践非常用心地服侍着吴王,虽然活了下来,但是稍有不慎还是有被屠杀的危险,因此要格外的小心才是。勾践做了吴王的马夫,很是卖力,一幅忠臣的样子。

> 夫差(约前528—前473年),姬姓,吴氏,春秋时期吴国君主。执政时期,吴国极其好战,为报杀父之仇,演兵习武,一举打败越国并擒获勾践。
>
> 易听信于人,缺少谋断,最大的失误就是放勾践回国,等于放虎归山。后终于自食恶果,被勾践所灭,国破家亡。

看到勾践这样细心服侍自己,吴王夫差心里很是得意,心想一国的国君做了自己的马夫,又立威又受用,看哪一个国家还敢跟吴国作对。

有一次,吴王夫差得病闹肚子,很是难受。勾践看到后心想这可是讨好吴王夫差的好机会,于是上前恳求吴王说道:"我曾经学过医术,能通过病人的粪便做出诊断,望吴王能给我机会,尝一尝您的粪便,好为您诊治。"吴王夫差听见勾践说要尝一尝自己的粪便,便对勾践说道:"汝心可嘉,恩准。"于是,勾践毕恭毕敬地品尝了夫差的粪便,接着说:"嗯,其味酸而甘甜,已经在慢慢地恢复了,再有几天便可以痊愈啦。"

没想到,过几天之后,吴王夫差的病果真全好了,对此夫差更加信任勾践,随后对他说:"你可以归国了。"就这样,勾践顺利地回到了越国。回国后,勾践便立志要灭掉吴国。于是勾践便开始卧薪尝胆,积极备战,想尽一切办法,实施"灭亡吴国"的战略目标。为了实施"灭亡吴国"的战略,勾践打出了一套组合拳。

第1章 怎么看待"战略"理念？

首先,勾践为吴王夫差送去了美女西施。吴王夫差大喜,在姑苏建造春宵宫,筑大池,池中设青龙舟,日与西施为水戏,又为西施建造了表演歌舞和欢宴的馆娃阁、灵馆等,西施擅长跳"响屐舞",夫差又专门为她筑"响屐廊",用数以百计的大缸,上铺木板,西施穿木屐起舞,裙系小铃,铃声和大缸的回响声"铮铮嗒嗒"交织在一起,使夫差如醉如痴,沉湎女色,不理朝政。随后,吴国的粮食歉收,又送去了大批粮食。吴国把越国送来的粮食其中一部分粮食做了谷种,然而谷种播种之后却长不出粮食,因为越国送去的粮食都已经被蒸过,所以长不出粮食来,因此这一年吴国粮食更加歉收。紧接着又派人到吴国说:"吴国的宫殿太小了,体现不出大国的威严,我国盛产建造宫殿的梁柱,我们愿意进献给吴王。"于是大批的梁柱送到了吴国,吴国也开始大兴土木,建造宫殿。越国派来的建筑师看到兴建的宫殿设计后,进言到:"用这么好的良材,按原规模建造太屈才了。"吴王觉得也是,浪费了可惜,于是宫殿的规模又翻了一番,到最后干脆连预算也不做了,结果耗费了巨额经费。

西施在吴国又是怎么活动的呢？西施不断地给吴王夫差下套,说:"齐国现已衰弱,楚国也已出现内乱,何不就此一举消灭这两个国家,争得天下的霸主。"夫差听后,暗自吃惊,心想来了一位了不起的女子,祝我成就霸业。于是吴国又大举兴兵伐齐,接着又兴兵伐楚,最终成了新的霸主,此时吴王夫差感受到从没有过的成就感。然而,暗藏的危机已悄然而至,此时的吴王夫差还沉浸在霸主的辉煌之中,还没有觉醒。由于吴国连年征战,粮食又不足,又大兴土木,国力已不堪重负。民愤也越来越大,军队更是厌战日深。这时,对越国来说,经过二十余年的运筹帷幄,不断地连续地耗损吴国国力,灭亡吴国的时机已经成熟。就这样,勾践终于发起了灭亡吴国的军事行动。跟预设的情况完全一样,此时的吴国已经是不堪一击,吴国军队溃不成军,轻松被越王勾践的军队全军歼灭,最终完成了灭亡吴国的战略目标,完成这一战略目标耗时二十二年的时间。

"战略"思维
"STRATGIC" THOUGHT

西施,本名施夷光,春秋末期出生于中国绍兴诸暨苎萝村,越国人,与王昭君、貂蝉、杨玉环并称为中国古代四大美女,其中西施居首。天生丽质,拥有"闭月羞花之貌,沉鱼落雁之容"。人不仅长得美,而且富有智慧。她挑起了吴国与齐、楚两国的连年战争,削弱了吴国的国力,为越国灭吴起了关键性的作用。是中国古代史上一位很有影响的女子之一。但命运悲惨,完成灭亡吴国后,后被沉江。

我们从中不难看到,越王勾践卧薪尝胆二十余年,始终保持着灭亡吴国的战略目标,这种战略上的连续性体现了越王勾践超强的战略思维,这是越王勾践之所以能实现其战略目标的根本所在。

1.7 【"战略"一旦确定,剩下的问题都是战术问题】

战略是一个结果,即一个目标,战术是一个过程,即整个实施的阶段所采取的措施和手段。结果和过程共同构成一个完整的战略思维。战略决定方向,朝哪个方向走,这是前提。战略同时也是一个结果,有什么样的战略就有什么样的结果。然而,这个结果是权衡了整个全局的利弊而预设的结果,当然最后能不能实现这一预设的结果,关键还要看过程怎么来实施,是不是能够根据全局的变化,而随时调整实施方案,最终为实现战略目标提供保障。

在这里强调一点,战略决定胜败,是一定的,但是有一个前提,那就是整个实施过程没有纰漏,能够顺利实施过程方案,从而保证战略目标的完成。如果,在整个实施方案过程中,不能随时因战场情况变化而调整方案部署,不能因势利导,快速调整战术的话,再正确的战略目标也是很难实现的。因此,整个实施过程可以说是决定成败的关键。也就是说,设想好了一个结果,决定了一个方向,接下来就看怎么做了。因此,过程怎么做,既是战术问题,也是细节问题。也有人提出"细节决定成败",其实,道理都是一样的。

前面我们说了战略一经建立,就需要得到彻底的贯彻,需要有敏锐性和连续性,直到战略目标出现一个不可逆转的结果。那么,在战略确立之后,在执行过程中,所有的工作就全部是战术问题,也是细节问题。也就是说,战略确立之后,所有工作都要围绕战略这一核心开展工作。因此,我们要有这样的战略思维,必须要强化这一战略意识。战略是结果,战略确立之后,剩下的问题就是执行问题,也是围绕战略为核心的实施过程。执行什么?这里起码有两层含义:第一层含义是执行战略目标,这是坚定不移的目标,成也好败也好,这一目标自始至终都在人们的心头。在整个方案实施过程中,任何人都要始终保有这根弦,当然,这根弦是要放在心头,作为战略意识。第二层含义是执行整个实施方案过程中的每一个行动。在这一层面,执行整个实施方案过程,是最核心的工作,也是最关键的工作,更是决定全局胜败的关键。

我们在前面提到的越国美女西施,为了实施灭亡吴国的战略目标被越王勾践送到吴国。从战略上讲西施是为了灭亡吴国而去的,但在实施方案过程中,西施采取的策略是引导吴王夫差成就霸业,而不是像商朝妲己那样引导商王成就昏君,从而达到周武王灭商的战略目标。从表面上看,西施引导吴王称霸各诸侯国的战术手段,似乎是在帮助吴王夫差,但是从越王勾践所打出的组合拳中,就不难看到,通过与各国开战争夺霸主,目的是最大限度地消耗吴国的国力,从而为实现灭亡吴国做准备,一旦时机成熟,便一举灭掉吴国。

战术的根本目的还是为了实现战略目标,西施所展示的手段正是为了实现灭亡吴国的战略目标。其实,任何战术的运用无论从表面看还是实质上看,只要有利于战略的发展,对战略的发展有促进作用,都可以放手去做。当然,在实施过程中,要细心地去做,我们前面说了,过程和细节决定成败,忽略过程和细节,那是要坏大事的,大事就是放在心头的战略目标。不过,针对过程和细节,也不能太过谨慎,太过谨慎也可能会误大事。因此,关于战术的所有问题,必须要认真去实施。你不认真去做,就会忽略许多细节,细节不到位,实施方案就会出现漏洞,这样下去,就会影响到战略的胜败。

相信很多朋友都看过罗贯中的《三国演义》这部名著吧,这本书之所以被誉为四大名著之一,正是因为这本书中的内容充满了战略思维,也可以说这本书算得上是国宝级的名著,在中国所有的历史名著当中排在首位,应该说当之无愧。

本书引用了很多三国中的故事,来全面地构建本书的主题即战略思维,为读者提供一个全新的思维,也为读者用另外一个视角审视三国中的故事,以此提高自己的认识问题、思考问题的能力,若能为读者带来一点点提高,编辑本

"战略"思维
"STRATGIC" THOUGHT

书就没有白辛苦啊。

在汉朝末期,群雄逐鹿,最后只剩下三股势力,形成魏蜀吴三方割据的局面。曹操统率着魏集团,在魏蜀吴三国中占据天时地利,以"挟天子以令诸侯"的战略谋略,在三国中处于强势一方,目的是要实现统一天下的目标。他的真正敌手只有东吴的孙权和有皇叔之称的刘备。其他的割据势力,在曹操眼中那都是匹夫,远远不是自己的对手,只有孙、刘这两人算得上是自己的对手。因此孙权和刘备,则成了曹操要重点消灭的对象。在这里讲述一段故事情节:曹操在与刘备的一次战斗中,刘备兵败出逃,而驻守在小沛的关羽,面对曹操大军的围困,不得已降了曹操。从战略大局来讲,曹操应该杀掉关羽,以去除刘备的一翼,但此时曹操却认为,关羽是一位文武两道的英雄,因此有意收归已有。为此,曹操派张辽去关羽处劝降,而关羽也迫于当时的处境,无奈降了曹操,但却是有条件的降曹。

曹操(155—220年)字孟德,东汉末年政治家、思想家、军事家、文学家,三国时期魏王朝的创始者。被称为"治世之能臣,乱世之枭雄",是当时争霸天下的英雄。"挟天子以令诸侯",终于打下北方一片天下。他不仅善于笼络人才、任用人才,还有很强的政治手腕和决策能力,是中国封建时代少有的几位综合素质较为全面的政治家之一。留有《短歌行》《观沧海》《龟虽寿》等后人经久传颂的乐府诗篇。戒备心重,好猜忌。

请看原文:

曹操自提大军杀入城中,只教举火以惑关公之心。关公见下邳火起,心中惊惶,连夜几番冲下山来,皆被乱箭射回。

挨到天晓,再欲整顿下山冲突,忽见一人跑马上山来,视之乃张辽也。关公迎谓曰:"文远欲来相敌耶?"辽曰:"非也。想故人旧日之情,特来相见。"遂弃刀下马,与关公叙礼毕,坐于山顶。公曰:"文远莫非说关某乎?"辽曰:"不然。昔日蒙兄救弟,今日弟安得不救兄?"公曰:"然则文远将欲助我乎?"辽曰:"亦非也。"公曰:"既不助我,来此何干?"辽曰:"玄德不知存亡,翼德未知生死。昨夜曹公已破下邳,军民尽无伤害,差人护卫玄德家眷,不许惊扰。如此相待,弟特来报兄。"关公怒曰:"此言特说我也。吾今虽处绝地,视死如归。汝当速去,吾即下山迎战。"张辽大笑曰:"兄此言岂不为天下笑乎?"公曰:"吾仗忠义而死,安得为天下笑?"辽曰:"兄今即死,其罪有三。"公曰:"汝且说我那三罪?"辽曰:"当初刘使君与兄结义之时,誓同生死;今使君方败,而兄即战死,倘使君复出,欲求兄相助,而不可复得,岂不负当年之盟誓乎?其罪一也。刘使君以家眷付托于兄,兄今战死,二夫人无所依赖,负却使君依托之重。其罪二也。兄武艺超群,兼通经史,不思共使君匡扶汉室,徒欲赴汤蹈火,以逞匹夫之勇,安得为义?其罪三也。兄有此三罪,弟不得不告。"

公沉吟曰:"汝说我有三罪,欲我如何?"辽曰:"今四面皆曹公之兵,兄若不降,则必死;徒死无益,不若且降曹公;却打听刘使君音信,如知何处,即往投之。一者可以保二夫人,二者不背桃园之约,三者可留有用之身:有此三便,兄宜详之。"公曰:"兄言三便,吾有三约。若丞相能从,我即当卸甲;如其不允,吾宁受三罪而死。"辽曰:"丞相宽宏大量,何所不容。愿闻三事。"公曰:"一者,吾与皇叔设誓,共扶汉室,吾今只降汉帝,不降曹操;二者,二嫂处请给皇叔俸禄养赡,一应上下人等,皆不许到门;三者,但知刘皇叔去向,不管千里万里,便当辞去:三者缺一,断不肯降。望文远急急回报。"张辽应诺,遂上马,回见曹操,先说降汉不降曹之事。操笑曰:"吾为汉相,汉即吾也。此可从之。"辽又言:"二夫人欲请皇叔俸给,并上下人等不许到门。"操曰:"吾于皇叔俸内,更加倍与之。至于严禁内外,乃是家法,又何疑焉!"辽又曰:"但知玄德信息,虽远必往。"操摇首曰:"然则吾养云长何用?此事却难从。"辽曰:"岂不闻豫让众人国士之论乎?刘玄德待云长不过恩厚耳。丞相更施厚恩以结其心,何忧云长之不服也?"操曰:"文远之言甚当,吾愿从此三事。"张辽再往山上回报关公。关公曰:"虽然如此,暂请丞相退军,容我入城见二嫂,告知其事,然后投降。"张辽再回,以此言报曹操。操即传令,退军三十里。荀彧曰:"不可,恐有诈。"操曰:"云长义士,必不失信。"遂引军退。关公引兵入下邳,见人民安妥不动,竟到府中。来见二嫂。甘、糜二夫人听得关公到来,急出迎之。公拜于阶下曰:"使二嫂受惊,某之罪也。"二夫人曰:"皇叔今在何处?"公曰:"不知去向。"二夫人曰:"二叔今将若何?"公曰:"关某出城死战,被困土山,张辽劝我投降,我以三事相约。曹操已皆允从,故特退兵,放我入城。我不曾得嫂嫂主

"战略"思维
"STRATGIC" THOUGHT

意,未敢擅便。"二夫人问:"那三事?"关公将上项三事,备述一遍。甘夫人曰:"昨日曹军入城,我等皆以为必死;谁想毫发不动,一军不敢入门。叔叔既已领诺,何必问我二人?只恐日后曹操不容叔叔去寻皇叔。"公曰:"嫂嫂放心,关某自有主张。"二夫人曰:"叔叔自家裁处,凡事不必问俺女流。"

关公辞退,遂引数十骑来见曹操。操自出辕门相接。关公下马入拜,操慌忙答礼。关公曰:"败兵之将,深荷不杀之恩。"操曰:"素慕云长忠义,今日幸得相见,足慰平生之望。"关公曰:"文远代禀三事,蒙丞相应允,谅不食言。"操曰:"吾言既出,安敢失信。"关公曰:"关某若知皇叔所在,虽蹈水火、必往从之。此时恐不及拜辞,伏乞见原。"操曰:"玄德若在,必从公去;但恐乱军中亡矣。公且宽心,尚容缉听。"关公拜谢。操设宴相待。次日班师还许昌。关公收拾车仗,请二嫂上车,亲自护车而行。于路安歇馆驿,操欲乱其君臣之礼,使关公与二嫂共处一室。关公乃秉烛立于户外,自夜达旦,毫无倦色。操见公如此,愈加敬服。既到许昌,操拨一府与关公居住。关公分一宅为两院,内门拨老军十人把守,关公自居外宅。

操引关公朝见献帝,帝命为偏将军。公谢恩归宅。操次日设大宴,会众谋臣武士,以客礼待关公,延之上座;又备绫锦及金银器皿相送。关公都送与二嫂收贮。关公自到许昌,操待之甚厚:小宴三日,大宴五日;又送美女十人,使侍关公。关公尽送入内门,令服侍二嫂。却又三日一次于内门外躬身施礼,动问二嫂安否。二夫人回问皇叔之事毕,曰"叔叔自便",关公方敢退回。操闻之,又叹服关公不已。

一日,操见关公所穿绿锦战袍已旧,即度其身品,取异锦作战袍一领相赠。关公受之,穿于衣底,上仍用旧袍罩之。操笑曰:"云长何如此之俭乎?"公曰:"某非俭也。旧袍乃刘皇叔所赐,某穿之如见兄面,不敢以丞相之新赐而忘兄长之旧赐,故穿于上。"操叹曰:"真义士也!"然口虽称美,心实不悦。一日,关公在府,忽报:"内院二夫人哭倒于地,不知为何,请将军速入。"关公乃整衣跪于内门外,问二嫂为何悲泣。甘夫人曰:"我夜梦皇叔身陷于土坑之内,觉来与糜夫人论之,想在九泉之下矣!是以相哭。"关公曰:"梦寐之事,不可凭信,此是嫂嫂想念之故。请勿忧愁。"

正说间,适曹操命使来请关公赴宴。公辞二嫂,往见操。操见公有泪容,问其故。公曰:"二嫂思兄痛哭,不由某心不悲。"操笑而宽解之,频以酒相劝。

公醉,自绰其髯而言曰:"生不能报国家,而背其兄,徒为人也!"操问曰:"云长髯有数乎?"公曰:"约数百根。每秋月约退三五根。冬月多以皂纱囊裹之,恐其断也。"操以纱锦作囊,与关公护髯。次日,早朝见帝。帝见关公一纱锦囊垂于胸次,帝问之。关公奏曰:"臣髯颇长,丞相赐囊贮之。"帝令当殿披拂,过于其腹。帝曰:"真美髯公也!"因此人皆呼为"美髯公"。

忽一日,操请关公宴。临散,送公出府,见公马瘦,操曰:"公马因何而瘦?"关公曰:"贱躯颇重,马不能载,因此常瘦。"操令左右备一马来。须臾牵至。那马身如火炭,状甚雄伟。操指曰:"公识此马否?"公曰:"莫非吕布所骑赤兔马乎?"操曰:"然也。"遂并鞍辔送与关公。关公再拜称谢。操不悦曰:"吾累送美女金帛,公未尝下拜;今吾赠马,乃喜而再拜:何贱人而贵畜耶?"关公曰:"吾知此马日行千里,今幸得之,若知兄长下落,可一日而见面矣。"操愕然而悔。关公辞去。后人有诗叹曰:"威倾三国著英豪,一宅分居义气高。奸相枉将虚礼待,岂知关羽不降曹。"操问张辽曰:"吾待云长不薄,而彼常怀去心,何也?"辽曰:"容某探其情。"次日,往见关公。礼毕,辽曰:"我荐兄在丞相处,不曾落后?"公曰:"深感丞相厚意。只是吾身虽在此,心念皇叔,未尝去怀。"辽曰:"兄言差矣,处世不分轻重,非丈夫也。玄德待兄,未必过于丞相,兄何故只怀去志?"公曰:"吾固知曹公待吾甚厚。奈吾受刘皇叔厚恩,誓以共死,不可背之。吾终不留此。要必立效以报曹公,然后去耳。"辽曰:"倘玄德已弃世,公何所归乎?"公曰:"愿从于地下。"辽知公终不可留,乃告退,回见曹操,具以实告。操叹曰:"事主不忘其本,乃天下之义士也!"

曹操对关羽那可真是下足了功夫,三日一小宴,五日一大宴,给他上马金下马银,又给美女又封侯,可关羽却不为所动。曹操将吕布的赤兔马送与关羽,关羽非常高兴。为此曹操问他:"给你金银美女你都不喜欢,给你一匹马你为何这么高兴?"

关羽回答说:"此马日行千里,一旦知道我主下落,便可乘此马倏忽而至。"曹操听后心里有些后悔,但悔之已晚。后来,关羽得到了刘备的下落,便留下曹操所送的东西,带着刘备的家小,离开了曹操,一路上过关斩将,等到曹操带人追上时,也只好祝关羽一路平安了。

"战略"思维
"STRATGIC" THOUGHT

> 关羽(？—219年)字云长,东汉末年与刘备、张飞桃园结义,一同起兵,是文武两道杰出的英豪,有美须髯,万人之敌、忠义双全之誉,但也非常骄矜且刚愎自用,也因此招来杀身之祸。死后受民间推崇,被尊称为"关公"。既有"温酒斩华雄""千里走单骑""单刀赴宴""水淹七军"等佳话,亦有"大意失荆州""走麦城"等千古憾事。曾被曹操俘获,受到礼遇,但由于忠心不忘主,后回到刘备处,担任荆州留守。又由于重义,在华容道放走曹操,报了礼遇之恩。后得罪孙权,被孙权派兵夺了荆州,兵败被杀。

曹操待关羽不薄,正是由于曹操真心想收关羽为己用,关羽虽未被金钱地位所诱惑,但曹操所付出的诚意,却在后来的华容道得到了战略回报。所以,战略是个结果,战术是个过程,关羽在曹操这里整个过程受到了很大的厚待,虽然没有最终归操,但曹操有恩于他,这才有了曹操在华容道得救的战略效果。

1.8 【结果和过程构成"战略"思维】

读完本章的内容之后,你对战略问题差不多已经有了一个初步的认识,但是就战略思维而言,这还只是刚刚入门,也就是说,要想全面掌握战略思维的认识和方法,你还要认真地读完后面的各章内容。尤其是第二章到第八章的内容,是构成"战略思维"的核心内容。

在认真阅读各章内容时,希望读者能很好地结合自身的经历举一反三,真正掌握运用战略思维的认识方法,提高战略思维的能力,用以指导自己的人生,这也正是本书所努力要达到的目的。本书的实用价值到底有多大,请耐心细致地看完本书后,由自己做出一个客观的判断。真诚希望本书能给大家带来一个全新的思维体验,服务自己服务家人服务社会,成为一个思想健全的快乐的人。

第 2 章 怎么看待人才理念？

[**本章提要**]本章主要讲述的是人才问题，"战略"有了之后需要什么人来执行来落实，是个很关键的问题。

2.1 【你要知道人才之意】

前面我们讲了，战略是决定全局的谋划，那么制定战略首先就要有全局观，要能够看到正确的方向。因此，你要想成为有用的人才，那么你首先就必须要有大局观，要能够看到有前途的方向，并成为符合战略方向的人，而这样的人就是战略推手。因此，大局观是一个人才所必须要具备的素质。

大局观是个什么概念呢？我想大多数人对这个问题的认识都不是十分的清楚。在这里也有必要给出一个通俗的解释，那就是，能够看清局部与整体的利害关系，局部利益服从整体利益，个人利益服务集体利益，这种利益攸关的辩证关系在一个人头脑中存在强烈的意识就是大局观。当然，不同层次有不同的局面，不同的局面有不同的大局观。针对个人而言，如果你是职场中人，那么努力做好职业生涯就是你的大局观。针对一个企业来讲，经营好一个健康可持续发展的战略目标就是大局观。对于国家这一层面，那就更大了，更加复杂，如果不是站在国家最高层面看待问题，那么你是没办法树立国家层面的大局观。

所以，完整地来说，具有谋划全局并能根据战略意图独立运用手段措施来达到目的的人，这就是人才。战略是为了全局的需要而提出来的，所以具有谋划全局能够看清战略走向的人，才是符合战略方向的人才，人才从来都是战略的最大推手，这样的人才，才是我们需要的，也是你努力要达到的目标。关于"竞争"的话题，大家都理解它的意义。不论是产品竞争，还是人才竞争，全世

"战略"思维
"STRATGIC" THOUGHT

界也都有所共识。在产品竞争中，同一产品有不同品牌，在同一市场竞争中，出现的品牌越多，那么产品竞争就愈加激烈。这就看谁的产品质量过硬以及产品的价格和开发出的功能和产品的内外包装等，这完全体现出了一个产品的文化特色，即产品特色。说到底，你的产品特色能够在消费者心里产生文化共识的话，那么你的产品则具有了一定的市场优势，这就是产品竞争。

而人才竞争呢，全世界都在挖掘人才。人才竞争并不是由于人才太多而相互竞争，本质上讲是由于人才太过缺乏所以造成人才竞争的局面，全世界都面临这样的局面。当然，在这里所说的人才，并不是一般意义上的那种专门的专业人才，而是既具有专业知识和理论，又具有大局观、具有战略头脑的战略型人才。可以说只有这样的人才，才是全世界都在争夺的对象。人才好求，人才难得。应当说正是这样的人才才是企业之间相互竞争的对象。为什么这么说呢？因为他们不仅能为公司带来创新，更为主要的是能够为公司开创新局面并为公司带来前所未有的发展前景。

当然，全世界所有的企业并不是都清楚这样的人才带给企业的最大效益，不管是经营效益，还是社会效益，还是发展效益，有的人肯定是只看到眼前利益、短期利益，这样的企业目光短浅，也不会有很大的发展。这就是差距。为什么会有这样的差距呢？事实上并不是所有的企业都有完备的战略规划和目标，也就是说，一些企业他看不到战略方面的问题，看不到影响企业发展的瓶颈，企业存在一天也就维持现状一天，当然也就看不到人才，更无法选择或者任用人才，这就是造成如此差距的根本原因。

汉朝末年，群雄逐鹿，英雄辈出。有河北的袁绍，寿春的袁术，徐州的吕布，长安的董卓，荆州的刘表，西蜀的刘璋，东吴的孙权，大魏的曹操，以及后来的西蜀刘备等等，这些人物一出场便纷纷争夺天下。但是，在后来的角逐中，最后只剩下三股势力，即大魏曹操，东吴孙权，西蜀刘备。那么其他人呢？都在角逐中被消灭了。我们来看看剩下的这三人，在角逐中之所以能存活下来，都有什么共同的地方值得我们借鉴？其实，细读《三国演义》你是不难发现他们当中都有一个共同的特征，那就是既有网罗和任用人才的能力，又有窥视天下的战略。

当然，这三个人当中，说句实在话，他们的战略意识都差不多，但是相比较而言，曹操比刘备和孙权要强，孙权比刘备要强，刘备在他们三人中战略意识

第2章 怎么看待人才理念？

是相对较弱的一个，但那也比那些被消灭的人要强得多。曹操在他们三人中可以说是唯一头脑清晰而具有战略头脑的人物。他不仅能网罗人才，而且还善于任用人才。比如许攸、荀彧、郭嘉等都是他网罗的具有战略头脑的人才。

尽管刘备和孙权不及曹操那样的战略头脑，但是也都能根据自己的需要网罗任用像孔明和鲁肃这样的战略人才。但是与曹操相比，他们两人还是有极大的差距。曹操不仅能网罗谋大局的战略人才，像许攸、荀彧、郭嘉等，还能网罗曹魏时期的文学人才，形成了中国历史上非常重要的"建安文学"，由此可见，曹操重视的是各个方面的人才，真是"不拘一格降人才"。从战略方面讲，他们三人中，曹操是以"挟天子以令诸侯"的战略争霸天下。孙权是以"领有江南成就帝业"的守成战略独霸一方。刘备则是以"三分天下"的战略偏安西蜀成就一霸。由于他们三人都如期实现了各自的战略目标，因而形成了后来的三国局面。而那么多当时出场的各路英雄却一一被剪灭，最后就只剩下曹操、孙权和刘备他们三人。

其他人都不过是匆匆过客，仔细分析这些人的成败得失，可以看到都有一个共同的特征，那就是他们都没有一个清晰的战略头脑，也就是说他们都缺乏一定的战略意识。你自己没有战略头脑其实也不要紧，关键是你能认识到自己的缺陷，然后能够及时地采取补救措施，把自己的短板补齐也是可以的。然而差就差在，他们既缺乏战略头脑又缺乏自我认识，没办法补自己的短板，因此也就看不到比自己有能力的人，也就是说看不到有战略头脑的人。他们总认为自己是能力最强的人，否则我怎么会处在头领的这个位置，在这种混乱的局面，能够混下去，能够维持现状就已经不错了。凡是这样想的人，这样做的人，结果就可想而知了，最后都统统被消灭。

我们再看看刘备，其实刘备也可以说是缺乏战略头脑的人物，尽管有大志复兴汉室，但是缺乏战略意识。尽管身边有关羽和张飞辅佐，但他们二人不过是有勇无谋的猛将，打仗可以，但也得看什么人用，论谋划天下，关、张就不是那块料了。刘备带着关羽、张飞在争霸天下的初期，却处处碰壁，被别人打得无立足之地。为什么呢？他不是有关羽和张飞帮着打天下吗？没有用，争霸天下靠的不仅仅是有超群的武艺，靠的是能够谋天下的人才。刘备被打得四处逃窜，说白了就是自己身边缺乏战略头脑的人物，你自己没有战略头脑可以，但你要能够把有战略头脑的人放在自己身边为我所用，成为我的头脑，这

"战略"思维
"STRATGIC" THOUGHT

就是补短板。然而，好就好在刘备能够虚心听取别人的意见，知道自己的不足，知道自己最需要的是什么。

> 刘备（161—223年）三国时期蜀国开国君主。汉昭烈帝。字玄德。汉朝皇室疏宗。早年与母贩鞋织席为生。好交结豪侠，以东汉远亲皇族的身份与关羽、张飞桃园结义，以复兴汉室为己任。后得到孔明的协助得以在西蜀称帝，史称蜀汉。刘备知人善任，自得诸葛亮，信任专一，言听计从，措施得宜，故能在地狭民少的蜀地，开创与魏、吴鼎立局面。被称为有德之人。后兴师伐吴，被吴国大将陆逊所败，死于白帝城。

刘备毕竟是"有德之人"。有一次，刘备死里逃生来到新野乡间：

正行之间，见一牧童跨于牛背上，口吹短笛而来。玄德叹曰："吾不如也！"遂立马观之。牧童亦停牛罢笛，熟视玄德，曰："将军莫非破黄巾刘玄德否？"玄德惊问曰："汝乃村僻小童，何以知吾姓字！"牧童曰："我本不知，因常侍师父，有客到日，多曾说有一刘玄德，身长七尺五寸，垂手过膝，目能自顾其耳，乃当世之英雄，今观将军如此模样，想必是也。"玄德曰："汝师何人也？"牧童曰："吾师复姓司马，名徽，字德操，颍川人也。道号水镜先生。"玄德曰："汝师与谁为友？"小童曰："与襄阳庞德公、庞统为友。"玄德曰："庞德公乃庞统何人？"童子曰："叔侄也。庞德公字山民，长俺师父十岁；庞统字士元，少俺师父五岁。一日，我师父在树上采桑，适庞统来相访，坐于树下，共相议论，终日不倦。吾师甚爱庞统，呼之为弟。"玄德曰："汝师今居何处？"牧童遥指曰："前面林中，便是庄院。"玄德曰："吾正是刘玄德。汝可引我去拜见你师父。"童子便引玄德，行二里余，到庄前下马，入至中门，忽闻琴声甚美。玄德教童子且休通报，侧耳听之。琴声忽住而不弹。一人笑而出曰："琴韵清幽，音中忽起高抗之调。必有英雄窃听。"童子指谓玄德曰："此即吾师水镜先生也。"玄德视其人，松形鹤骨，器宇不凡。慌忙进前施礼，衣襟尚湿。水镜曰："公今日幸免大难！"玄德惊讶不已。小童曰："此刘玄德也。"水镜请入草堂，分宾主坐定。玄德见架上满堆书卷，窗外盛栽松竹，横琴于石床之上，清气飘然。水镜问曰："明公何

第2章 怎么看待人才理念？

来？"玄德曰："偶尔经由此地，因小童相指，得拜尊颜，不胜万幸！"水镜笑曰："公不必隐讳。公今必逃难至此。"玄德遂以襄阳一事告之。水镜曰："吾观公气色，已知之矣。"因问玄德曰："吾久闻明公大名，何故至今犹落魄不偶耶？"玄德曰："命途多蹇，所以至此。"水镜曰："不然。盖因将军左右不得其人耳。"玄德曰："备虽不才，文有孙乾、糜竺、简雍之辈，武有关、张、赵云之流，竭忠辅相，颇赖其力。"水镜曰："关、张、赵云，皆万人敌，惜无善用之人。若孙乾、糜竺辈，乃白面书生，非经纶济世之才也。"玄德曰："备亦尝侧身以求山谷之遗贤，奈未遇其人何！"水镜曰："岂不闻孔子云十室之邑必有忠信，何谓无人？"玄德曰："备愚昧不识，愿赐指教。"水镜曰："公闻荆襄诸郡小儿谣言乎？其谣曰：八九年间始欲衰，至十三年无孑遗。到头天命有所归，泥中蟠龙向天飞。此谣始于建安初。建安八年，刘景升丧却前妻，便生家乱，此所谓'始欲衰'也；'无孑遗'者，不久则景升将逝，文武零落无孑遗；'天命有归'，'龙向天飞'。盖应在将军也。"玄德闻言惊谢曰："备安敢当此！"水镜曰："今天下之奇才，尽在于此，公当往求之。"玄德急问曰："奇才安在？果系何人？"水镜曰："伏龙、凤雏，两人得一，可安天下。"

刘备死里逃生来到新野乡间，偶然遇到了司马徽，交谈之后，司马徽说："你的志向我已经明白了，但是你手下缺乏人才啊！"刘备很傲气地说："我有关羽、张飞、赵云，他们可都是武艺超群的勇士，怎么能说没有人才呢？"司马徽说："他们只是一勇之夫，算不得人才。你的身边缺的是胸怀大志，计达中外之气的战略家。"刘备不以为然地说："世上有这样的人吗？"司马徽说："这样的人物想找，就在眼前。伏龙、凤雏得其一者便不愁得不到天下。"此后，刘备为了得到所需要的人才，亲自三顾茅庐而最终得到诸葛孔明，并在孔明的帮助之下，为刘备实现了孔明"三分天下"的战略构想。

从这里我们可以看出，什么样的人才算是人才。刘备可以说也是缺乏战略头脑，甚至不知道自己真正需要的是什么人才，但是经过司马徽的指点之后，才明白自己所需要的是什么样的人才，要想争霸天下，没有像孔明这样的战略人才，那是不行的。人才可以说是为战略服务的，因此，就应该为战略网罗人才，任用人才。刘备在得到孔明之后，可以说是他争霸天下的转折点，也正因为有了孔明，刘备才能够取得西蜀成就了帝业。

"战略"思维
"STRATGIC" THOUGHT

2.2 【盛气凌人哪会有合作】

人才向来是往有德之人或者是往有发展的方向流动,这是人才流动的一个基本规律。魏蜀吴三国中的刘备,应该说是一位有德之人。

诸葛孔明在魏蜀吴三国中是一位战略方面的人才。孔明是一位乡野村夫,出仕后跟随刘备争霸天下,为刘备制定了"三分天下"的战略构想,并最终实现了三足鼎立的战略格局。孔明之所以跟随刘备争霸天下,除了知遇之恩,最根本的原因就是看中了刘备是个有德之人,并且是皇室宗亲,能够实现自己统一中原的最大梦想。我们从刘备与孔明的合作关系来看,应该有这样的着眼点:"我投奔你而来,是为了想要帮助你。为什么呢?那是因为你是一位有德之人。"有没有人才能够跟随你打天下,或者说你能不能留得住你所需要的人才,关键是你有没有这样的人才意识。

> 诸葛亮(181—234年),字孔明,号卧龙,琅琊阳都(今山东临沂市沂南县)人,蜀汉丞相,三国时期杰出的政治家、外交家、发明家、军事家。在世时被封为武乡侯,谥曰忠武侯。八岁时父母先后去世,后随叔父历经战乱,背井离乡来到荆州。叔父死后,便隐居在隆中靠自力维持生活。常自比管仲、乐毅。很善于学习,别人读书都"务于精熟",而他却"独观其大略"。后来,刘备三顾茅庐,他在隆中为刘备制定了先取荆州后取益州的"三分天下"的大战略。并辅佐刘备继了帝位,成了西蜀的丞相。是一位支撑大局的天才。

今天的中国,正在以前所未有的速度在崛起,随着经济的快速发展,人才的流动越来越普遍。各方面的专门人才"流动性"已经是非常普遍的事,难怪有的企业经理常常会问自己:"怎么回事呢?算得上很有素质的人才怎么都走了呢?是嫌我这里的待遇不好,还是其他什么原因?莫名其妙!"

其实,没有什么可疑问的。如果这些可流动性的人真的是因为嫌这里的待遇不好而参与流动,那就没有必要为此哀叹。这种人想的就是哪里的待遇

第 2 章 怎么看待人才理念？

好就往哪里去,这种想法其实是可以理解的,只是目光有些短浅。而真正有价值的人才,他的着眼点是放在了企业的发展上,企业能不能有前途,关键还是要看企业的老板是不是一位有战略头脑的人,跟着他干事业是不是有前途,这是根本点。作为企业的老板,如果你手下的人这样评价自己:"竖子无德无材不足为谋。"有这样的评价,企业就算不死也好不到哪去。这也难怪人才的流动性会很大,也就不奇怪了。要说怪的话,也只能怪自己不够优秀,不够杰出。跟着你干,大家看不到前途,看不到希望,所以没有人愿意帮助你,是个人才都会离你而去。作为企业的老板应该看到这样的流动性,如果你总是停滞不前,甚至维持现状,那么其结果就只有一个,那就是你身边没有可用的人才。

人才看的是出路,谋求发展是所有人才一个共同的追求。因此,如果你真的需要人才,你就应该充分地给予他们个人与企业共谋发展的战略利益。所以,要想得到人才,吸引人才,利用人才,首先你自己就必须足够优秀,足够杰出。不论你是有德也好,有材也好,你总得要有突出的地方高人一等,最起码你应该学会怎么尊重人,如何恭敬待人,也只有尊重对方,恭敬对方,你才能看到人才,你身边才能显露人才。

我们都知道"三顾茅庐"这一成语,讲的是刘备求材的故事。刘备三顾茅庐为的是什么？就是为了得到人才。水镜先生告诉刘备"得伏龙、凤雏者,便可得天下。"这和刘备一心复兴汉室的愿望是一致的。所以刘备决心一定要得到"伏龙和凤雏",因此才有了"三顾茅庐"的成语典故。刘备在得到孔明之前,他的处境非常不利,没有自己独立的地盘,带着关羽和张飞,不是投靠袁绍,就是依附其他势力,在走投无路的情况下,又投靠了曹操,后来又担心被曹操陷害,又跑到别处安身立命,结果是处处碰壁,没有人能容他。为什么会有这样的处境呢？刘备一心想要复兴汉室,想要有所作为,可一路走来却总是那么不顺利,什么原因呢,刘备想不通,尽管有志向,但理不出头绪。最后,还是水镜先生给出了答案。刘备为什么会有这样的处境呢？仔细分析之后能看到这样一个根本原因,那就是刘备自起兵以来,光有一个"复兴汉室"的愿望,而没有一个现实可行的战略目标。没有战略目标,意味着你所做的一切都只是随意性的、盲目性的计划或安排,缺乏目的、缺乏方向。这个时候的刘备就是这样,杀来杀去的,可结果却一无所获。然而,在刘备得到孔明相助之后,刘备的处境便开始出现历史性的转折,当然这是后话,暂且不提。

"战略"思维
"STRATGIC" THOUGHT

在水镜先生的暗示下,刘备深知只有得到"伏龙凤雏"才能改变自己目前的处境,于是刘备亲自三顾茅庐,最终见到了孔明,并向孔明说明了自己的志向。

且看原文:

玄德见孔明身长八尺,面如冠玉,头戴纶巾,身披鹤氅,飘飘然有神仙之慨。玄德下拜曰:"汉室末胄、涿郡愚夫,久闻先生大名,如雷贯耳。昨两次晋谒,不得一见,已书贱名于文几,未审得入览否?"孔明曰:"南阳野人,疏懒性成,屡蒙将军枉临,不胜愧赧。"二人叙礼毕,分宾主而坐,童子献茶。茶罢,孔明曰:"昨观书意,足见将军忧民忧国之心;但恨亮年幼才疏,有误下问。"玄德曰:"司马德操之言,徐元直之语,岂虚谈哉?望先生不弃鄙贱,曲赐教诲。"孔明曰:"德操、元直,世之高士。亮乃一耕夫耳,安敢谈天下事?二公谬举矣。将军奈何舍美玉而求顽石乎?"玄德曰:"大丈夫抱经世奇才,岂可空老于林泉之下?愿先生以天下苍生为念,开备愚鲁而赐教。"孔明笑曰:"愿闻将军之志。"玄德屏人促席而告曰:"汉室倾颓,奸臣窃命,备不量力,欲伸大义于天下,而智术浅短,迄无所就。惟先生开其愚而拯其厄,实为万幸!"孔明曰:"自董卓造逆以来,天下豪杰并起。曹操势不及袁绍,而竟能克绍者,非惟天时,抑亦人谋也。今操已拥百万之众,挟天子以令诸侯,此诚不可与争锋。孙权据有江东,已历三世,国险而民附,此可用为援而不可图也。荆州北据汉、沔,利尽南海,东连吴会,西通巴、蜀,此用武之地,非其主不能守;是殆天所以资将军,将军岂有意乎?益州险塞,沃野千里,天府之国,高祖因之以成帝业;今刘璋暗弱,民殷国富,而不知存恤,智能之士,思得明君。将军既帝室之胄,信义著于四海,总揽英雄,思贤如渴,若跨有荆、益,保其岩阻,西和诸戎,南抚彝、越,外结孙权,内修政理;待天下有变,则命一上将将荆州之兵以向宛、洛,将军身率益州之众以出秦川,百姓有不箪食壶浆以迎将军者乎?诚如是,则大业可成,汉室可兴矣。此亮所以为将军谋者也。惟将军图之。"言罢,命童子取出画一轴,挂于中堂,指谓玄德曰:"此西川五十四州之图也。将军欲成霸业,北让曹操占天时,南让孙权占地利,将军可占人和。先取荆州为家,后即取西川建基业,以成鼎足之势,然后可图中原也。"玄德闻言,避席拱手谢曰:"先生之言,顿开茅塞,使备如拨云雾而睹青天。但荆州刘表、益州刘璋,皆汉室宗亲,备安忍夺之?"孔明曰:"亮夜观天象,刘表不久人世;刘璋非立业之主:久后必归将

第2章 怎么看待人才理念？

军。"玄德闻言，顿首拜谢。只这一席话，乃孔明未出茅庐，已知三分天下，真万古之人不及也！后人有诗赞曰："豫州当日叹孤穷，何幸南阳有卧龙！欲识他年分鼎处，先生笑指画图中。"玄德拜请孔明曰："备虽名微德薄，愿先生不弃鄙贱，出山相助。备当拱听明诲。"孔明曰："亮久乐耕锄，懒于应世，不能奉命。"玄德泣曰："先生不出，如苍生何！"言毕，泪沾袍袖，衣襟尽湿。孔明见其意甚诚，乃曰："将军既不相弃，愿效犬马之劳。"玄德大喜，遂命关、张入，拜献金麻礼物。孔明固辞不受。玄德曰："此非聘大贤之礼，但表刘备寸心耳。"孔明方受。于是玄德等在庄中共宿一宵。次日，诸葛均回，孔明嘱咐曰："吾受刘皇叔三顾之恩，不容不出。汝可躬耕于此，勿得荒芜田亩。待我功成之日，即当归隐。"

孔明在得知刘备的志向后说："您的志向可不是容易实现的。"随后，孔明向刘备纵论了天下，并说纵观当今天下的形势，北方的曹操已经平定了河北，兵力甚强，政权稳固，他以拥戴汉室为名，号令天下，实力最强。南方的孙权，也已父子三代，他虽然是第三代，但他也是一位明君，牢牢地控制着江南，就是想争，急切之间也很难到手。因此，就目前的形势而言，与曹操和孙权争天下，那是勉为其难啊。所以，我们必须先取天下最弱的地方才行，当今天下只有蜀弱，为此必须先取蜀，蜀地那可是沃野千里的天府之国。最重要的是那里的刘璋，昏庸无能，那里的百姓无论如何会欢迎您的到来。因此，您必须先取蜀地作为自己的根据地，然后顺势可图中原。

刘备听到孔明的一番纵论，茅塞顿开，从前打来打去的，也没有一个清晰的战略目标，因此一事无成，听了孔明的论述，那真是豁然开朗。孔明为刘备论述的逐鹿天下之计，不仅有战略谋划，还有非常具体的战术实施方案，这让刘备从内心燃起了更大的信心。于是刘备请求孔明出山相助，然而孔明却说："我已是弃世之人，不能奉命。"刘备流着泪恳求地说："您不出山助我，我又怎么能实现我的志向呢？"看到刘备这样真诚恳求，孔明这才答应刘备说："既然不嫌弃我，那我愿效犬马之劳。"就这样孔明跟随了刘备。

孔明跟随刘备出山时只有二十七岁，而刘备已经是快五十岁的老头。刘备为了逐鹿中原，屈尊对一位只有二十七岁的后生现尽礼数，也是为了求材心切，令孔明深受感动，这才答应了刘备。水镜先生认为，孔明确实遇到了明主，但是孔明出仕却不是时候，这为后来孔明六出祁山北伐均未成功埋下伏笔，当

"战略"思维
"STRATGIC" THOUGHT

然这是后话。说到刘备求材心切,这可是事实。刘备在听到水镜先生的一番评价之后,倒吸了一口冷气,心想之所以有目前这样的危难处境,那是因为身边没有能人相助啊。尽管身边有关张赵这几员猛将,但那也只是能打仗的将军,却没有治世之谋略,又怎么可能逐鹿中原呢。可见刘备真的是求材心切啊。我们从刘备三顾茅庐的典故中就能看得到网罗人才是多么需要恭敬待人,尽心尽礼,不这样做那就很难找到需要的人才。

2.3 【争夺人才就是争天下】

在竞技体育奥林匹克赛场上,全世界都有这样一个共识,那就是谁能得到田径赛程上的优势,谁就能取得奥林匹克榜首的最好成绩。可以说田径运动能够代表一个国家的体育运动水平,因此有"得田径者得天下"的共识。在当代企业中,得人才者得天下也是共识。"得天下"对企业来讲,无非是企业的生存不存在问题,企业的发展不受制约,企业回旋余地大,并占有足够的市场。那么,怎么样才能够取得这样的优势呢?企业的生存和可持续发展应该说完全是由人来具体谋划和操作,所以人才才是企业取得这种优势的关键所在,也只有争夺人才,才能够争夺市场争夺世界。

韩信(?—前196年)中国军事思想"谋战"派代表人物。"王侯将相"韩信一人全任。最先投奔项羽,后又投奔刘邦。早年有"胯下之辱"的名声,是一位很有智谋的将才。非常自信,自称带兵"多多益善",是建立汉朝的关键人物,与张良、萧合并成为"汉初三杰"。但晚节不保,有始无终,后参与叛乱,被吕后计杀。

在中国历史上,有关争夺人才的例子,比比皆是,数不胜数。在这里,就拿楚汉时期项羽和刘邦的争霸过程中,一个关键性的人物决定了楚汉最终的胜负,这个人就是后来帮助刘邦成就汉朝的开国功臣韩信。韩信在年轻的时候,曾经受过泼皮无赖的胯下之辱,在走投无路的情况之下,投奔到了项羽,参加了军队,做了一名卫士长。在项羽军营初期,韩信一直默默无闻,不显山不露水。后来,还是项羽的参谋范增意外地发现韩信是一位难得的人才,于是范增

第2章 怎么看待人才理念？

向项羽推荐让韩信做将军领兵跟刘邦作战。

然而，项羽却回应范增说："那种受胯下之辱的人，有什么胆量敢做将军，胆小鬼而已。"项羽没给范曾的面子，自认为只有自己才是当今的英雄，韩信算什么东西。就算他有点本事，又怎么能跟我比呢。项羽从心底里看不起韩信，对这种胆小鬼真的是不感兴趣。然而，范增接着说："霸王，如果你想任用韩信，那你就让他做大将军。如果你不想任用韩信，那就赶快把他杀掉。"范曾的意思就是，你要是不用他，万一他跑到刘邦那里，帮助刘邦打我们项家军，那还了得，还不如现在就把他杀掉，以除后患。后来的情况正如范增所料，但为时已晚，这是后话。

韩信当得知自己不被项羽所用之后，担心自己恐有性命之忧，于是辗转腾挪，摆脱危险真的来到了刘邦的军队。来到之后，韩信真的是处处谨慎小心做事，也没有引起太多人的注意。然而，一个偶然的机会，却让韩信给抓到了。机遇总是给有准备的人准备的，事实也确实如此。一次，刘邦的谋臣萧何来到韩信所处的军营，意外地碰上了韩信，在与韩信交谈之后，萧何惊喜万分，心想："不得了，自家的军营里竟还有这样一位高人。"在萧何眼里，韩信是一位能够独当一面的大将军的材料，可谓天赐的人才啊。想到这里，萧何赶紧向刘邦做了推荐。

经过多次的劝说推荐之下，刘邦这才答应萧何，让韩信做了一名将军。可这话，刘邦刚说出口，萧何便急切地说："封什么将军啊，要封就封个大将军才行。"刘邦起初还不太情愿，看在萧何一再的为韩信力主推荐，自己也就不好不答应。于是对萧何说："那就按照你说的办吧。"然而说过之后，萧何还是不满意，还在向刘邦提出要求，说："封韩信为大将军还不行，还要在全军正式拜将，你还要亲自授斧钺给韩信，这才算数。"刘邦有些不耐烦，说："那就一切照办吧。"就这样，韩信还真的当上了大将军，成了刘邦军队里面最高的军事指挥官，最重要的是还被授予了斧钺。斧钺代表着生杀大权，想砍谁的头，就可以砍谁的头，一切生杀大权尽在掌握之中。也就是说，在战场上可以相机果断行事，可以不必上奏请示，授给韩信斧钺就是授给韩信这种极大的权力。后来的事实证明，韩信果然不负众望，在垓下以十面埋伏一举歼灭项羽，为刘邦夺得了天下。

可见，人才的价值就在这里。

"战略"思维
"STRATGIC" THOUGHT

当今时代,针对现代企业来说,企业的可持续发展应当说是最为重要的目标,战略意义重大。那么,如何可持续发展,一个最为重要的方向就是创新驱动,企业只有不断地创新才能走得远发展得好。那么,创新驱动靠的是什么呢?靠的就是人才。现代企业应当着眼于那些具有创新意识、谋求发展的战略人才。这样的人才,能够一举为企业开拓创新打开局面的人,就是我们需要极力网罗的人才。

然而,现代企业的一些老板或者是经理人,又有多少人能够真正地放低姿态去求贤去用人,我想不会很多。他们当中也一定有像项羽那样的人,"谁是英雄?我才是英雄!""谁是能人?我才是真正的能人!"因此,就像项羽一样看不到人才,因此也就无法知人善用。那怎么办呢?没办法只能维持现状。这样的企业,你愿意效劳吗?我想只要是个人才,多半是不会为这样的企业服务的。这样的企业即使不垮掉,也不会有什么发展。这也从另一个方面印证了当今社会人才的流动性为什么会很大,"跳槽为什么会很普遍"的原因。

你想想看,别人的企业都在蒸蒸日上,都发展得很好,再看看自己的企业,没有生机,仍然在挣扎,难道不值得反思吗?别人的企业经营业绩都在持续增长,而你的企业却在原地不动甚至在下降,你还能有项羽那样的霸气吗?没有真本事真能耐,这个时候却毫不留情面地显露出来。什么人才会跟着你干啊?还好当今社会是一个高度开放的社会,人才流动性的拓展,造成了这个社会的竞争局面,当然这种人才的流动性可以说促进了各行业的发展,只要有竞争企业才会向好的方向发展。当然,这当中起最关键作用的就是人才,能不能有人才关键还是要看你自己有没有战略意识、战略眼光,有没有恭敬待人的姿态,这很重要,也很关键。

2.4 【大智若愚,大巧若拙】

作为人才,低调做人你才是人才,锋芒做人你什么都不是。"芒"指的是植物壳体上的刺。"锋芒"引申的含义就是更加锋利的刺。刺不仅可以伤人肌肤,还可以刺人心腹。

前面我们讲了韩信,可以这么说,韩信是"成也锋芒,败也锋芒"。为什么这么说呢?韩信是一位很有锋芒的人才,当年在乡下他被一群泼皮无赖玩耍欺辱,成了有"胯下之辱"名声的人,后来在乡下混不下去了,投奔到了项羽的军队,然而项羽却因为他有"胯下之辱"的名声,而遭嫌弃。可以说一直到此时韩信都在低调做人,没有显露出锋芒。然而,当韩信被刘邦拜为大将军之后,其锋芒在战场上却显露光彩夺目的一面,气势夺人,为刘邦夺得天下立下了功勋。这是他光彩照人的一面,然而他还有另一面让后人诟病的评价,那就是没能善始善终,想要功高夺主,最后因锋芒膨胀而被吕后计杀,晚节不保。因此"成也锋芒,败也锋芒"这是对韩信的评价。不过,还有一种人,不懂得低调做人的道理,就喜欢卖弄锋芒,这种卖弄锋芒的结果就是,对一些人心里构成了极大的反感,人们对他是敬而远之,更有甚者,对他是痛下杀机,这辈子也就算完蛋了。

我曾经的一位同学,在机关工作很有能力,人到中年,有谁不想在事业上有所建树,混个科长干干,也好为退休画个圆满的句号。然而,这么多年过去了,他还是那样一动未动。大家都觉得奇怪,他平时看着和大家挺随和,也没看到他和谁发生过什么矛盾,但为什么总是在投票选举提干上,落后对手,而失去一次次机会?其实,细心的同学都看得到,我的这位同学并没有什么大的毛病,就是性格上有点问题,从生活和工作中的一点一滴就能看到。在机关,他们有一个很大的圈子,圈子里的人经常在一起吃吃饭,打打扑克什么的,尤其是他们都喜欢打一种扑克牌,叫拉格,六个人玩,三个人交叉一伙。在每次打牌的时候,你就会发现,叫得最响的,最能损人的就是我的这位同学。"你打得太臭了""你怎么能这么打牌呢""你应该这么出牌""你不应该这么打牌"等等,搞的同伙不是尴尬就是特别憋气。时间长了,一说打扑克,谁都不愿意跟他一伙。你要是跟他一伙,那你就准备挨骂吧。可又有谁愿意被挨骂呢?谁都不愿意,大家在一起玩,玩的就是个开心。谁愿意心里窝火啊?没人愿意。久而久之,他们圈里的朋友对他那可是敬而远之啊。

想想看,在每次投票选举时,圈里的同事看到有他的提名时,心里会这么想:"你不挺厉害吗,我就不投你的票。""打扑克时,你让我下不来台,这回让你上不了榜。""你不能吗,我就不投你票。"其实,在每次投票公布后,我的这位同学也就差那么两三票。他们这个圈子都是机关不同科室的干部,十多个人,如果他们这个圈子的人都一致投他的票,也许就不会是这个结果。事后他们圈子里的人和我也都交流过这个问题,都认为我的这位同学,人是不错,就是那张嘴实在太臭,损人不利己,锋芒太甚,得饶人处不饶人,不受人待见,真

"战略"思维
"STRATGIC" THOUGHT

的是性格使然。

我们再看魏蜀吴三国时期的曹操,他手底下的人才,那可是实力雄厚。在魏蜀吴三国中,曹操手下可以说是人才最为集中的地方。不论是武将也好,文官也好,真的是人才济济。曹操为什么能聚集这么多的人才呢?曹操尊重人才、任用人才应该说是吸引人才最主要的原因。但同时,曹操也素有忌嫌之疑,不过从他拥有众多人才来讲,他所忌嫌的人主要是那种对曹操心里构成反感的人,也就是锋芒太露的人。不管是什么职位的人,一旦遭到曹操心里反感,那是绝对不允许其存在的。

最典型的人物就是曹操手下的一位主簿,名叫杨修。杨修在建安时期并不怎么出名,只是在丞相府担任主簿,也就是相当于秘书这样的职位。很有才学,聪明机敏。因为是曹植的老师,所以得到曹操的重用,但杨修屡犯曹操之忌,却引起了曹操的忌恨。

我们看几段原文:

原文之一:

操曾造花园一所;造成,操往观之,不置褒贬,只取笔于门上书一"活"字而去。人皆不晓其意。修曰:"'门'内添'活'字,乃'阔'字也。丞相嫌园门阔耳。"于是再筑墙围,改造停当,又请操观之。操大喜,问曰:"谁知吾意?"左右曰:"杨修也。"操虽称美,心甚忌之。

曹操曾为自己建造花园一座,完工之后,曹操去视察。到了院子里转了一圈之后,什么话也没说,而是抬手在门上写了一个"活"字,大家都不知道什么意思。正好杨修也来到这里看了字之后对大家说:"门上加一个活字,那是一个'阔'字,阔就是宽的意思,说明丞相嫌庭院太宽了。"大家都觉得很有道理,于是把庭院又进行了改造。当曹操再次来到庭院视察,很高兴。问是谁猜中了我的意思,于是大家说是杨秀。此时曹操"心甚忌之"。

第 2 章 怎么看待人才理念?

　　杨修(175—219 年)字德祖,出身于汉代名门世家。东汉建安年间举为孝廉,任郎中,后为汉相曹操主簿(类似于秘书长的文官)。好学,有俊才。是曹植的老师。机敏过人,但锋芒太露,是曹操最为猜忌的一类代表人物。曹植深得曹操的喜爱,一度欲立为太子,但由于他和杨修的关系,而改立了曹丕。由于杨修"为人恃才放旷,数犯曹操之忌",又参与了夺嫡之争,引起曹操忌恨,后借"鸡肋"之名被曹操所杀。

原文之二:

　　又一日,塞北送酥一盒至。操自写"一盒酥"三字于盒上,置之案头。修入见之,竟取匙与众分食吃。操问其故。修答曰:"盒上明书'一人一口酥'岂敢违丞相之命乎?"操虽喜笑,而心恶之。

　　一次,曹操在蒙古人送来的酥酪盒上写了"一盒酥"三个字,说等到午睡醒来之后再吃。然而就在他午睡时候,杨修来了,看见盒子上写着三个字,于是便把周围的人叫来,一人一口把酥酪吃掉了。当曹操午睡醒来之后想要吃酥酪时,却看到盒子里是空的,便问是谁吃了酥酪,杨修回答说:"是我,我是按照您的意思处置的。"曹操问这是怎么回事啊,杨修解释说:"您在盒子上写的'一盒酥'三个字,分明是让我们一人一口尝尝。"曹操听吧,也不好发怒,但心里很不高兴。

原文之三:

　　琰闻操至,忙出迎接。操至堂,琰起居毕,侍立于侧。操偶见壁间悬一碑文图轴,起身观之。问于蔡琰,琰答曰:"此乃曹娥之碑也。昔和帝时,上虞有一巫者,名曹盱,能波娑乐神;五月五日,醉舞舟中,坠江而死。其女年十四岁,绕江啼哭七昼夜,跳入波中;后五日,负父之尸浮于江面。里人葬之江边。上虞令度尚奏闻朝廷,表为孝女。度尚令邯郸淳作文镌碑以记其事。时邯郸年方十三岁,文不加点,一挥而就,立石墓侧,时人奇之。妾父蔡邕闻而往观,时日已暮,乃于暗中以手摸碑文而读之,索笔大书八字于其背。后人镌石,并镌此八字。"操读八字云:"黄绢幼妇,外孙齑臼。"操问琰曰:"汝解此意否?"琰曰:"虽先人遗笔,妾实不解其意。"操回顾从谋士曰:"汝等解否?"众皆不能答。于内一人出曰:"某已解其意。"操视之,乃主簿杨修也。操曰:"卿且勿

"战略"思维
"STRATGIC" THOUGHT

言,容吾思之。"遂辞了蔡琰,引众出庄。上马行三里,忽省悟,笑谓修曰:"卿试言之。"修曰:"此隐语耳。'黄绢'乃颜色之丝也:色傍加丝,是'绝'字。'幻妇'者,少女也:女傍少字,是'妙'字。'外孙'乃女之子也:女傍子字,是'好'字。'齑臼'乃受五辛之器也:受傍辛字,是'辞'字。总而言之,是'绝妙好辞'四字。"操大惊曰:"正合孤意!"

曹操前去拜访著名的学者蔡邕,看到他家里的壁龛处挂着一幅字画,上写"黄娟幼妇外孙齑臼"八个字,曹操便问大家:"这是什么意思?"众人都没有言语,而这时杨修站出来说:"我明白其中的意思。"曹操说:"先别说,让我想想。"过了一会,曹操点头说:"我也明白了。那么你就先说说吧。"杨修随即解释说:"黄娟是有颜色的丝,色加丝是个'绝'字;幼妇是少女,是个'妙'字;外孙是女儿的孩子,是个'好'字;齑臼是装辛辣东西的容器,是个'辞'字,合起来的意识就是'绝妙好辞'。"曹操听到杨秀的解释,大为震惊。对曹操来说,杨修比自己更快地明白其中之意,不就等于超越了自己吗? 在学者面前,曹操怎么肯服输呢?

原文之四:

操第三子曹植,爱修之才,常邀修谈论,终夜不息。操与众商议,欲立植为世子。曹丕知之,密请朝歌长吴质入内府商议,因恐有人知觉,乃用大簏藏吴质于中,只说是绢匹在内,载入府中。修知其事,径来告操。操令人于丕府门伺察之。丕慌告吴质。质曰:"无忧也。明日用大簏装绢再入以惑之。"丕如其言,以大簏载绢入。使者搜看簏中,果绢也,回报曹操。操因疑修谮害曹丕,愈恶之。操欲试曹丕、曹植之才干。一日,令各出邺城门;却密使人分付门吏,令勿放出。曹丕先至。门吏阻之,丕只得退回。植闻之,问于修。修曰:"君奉王命而出,如有阻当者,竟斩之可也。"植然其言。及至门,门吏阻住。植叱曰:"吾奉王命,谁敢阻当!"立斩之。于是曹操以植为能。后有人告操曰:"此乃杨修之所教也。"操大怒,因此亦不喜植。修又尝为曹植作答教十余条,但操有问,植即依条答之。操每以军国之事问植,植对答如流,操心中甚疑。后曹丕暗买植左右,偷答教来告操。操见了大怒曰:"匹夫安敢欺我耶!"此时已有杀修之心。

曹植和曹丕是曹操的两个儿子,在立嗣问题上,曹操最初是想立曹植为世子,但后来知道曹植和杨秀关系密切,因此,在立曹植为世子的问题上又有所松动,于是开始对曹植和曹丕进行考察,在几番考察之后,曹操发现杨修一直在暗中支持曹植,于是曹操对杨修暗中干涉立嗣的问题,大为不满,可以说是触碰到了龙须,这个时候,曹操已经有了杀掉杨修的念头。杨修可以说是玩的过头了。

原文之五:

操收兵于斜谷界口扎住。操屯兵日久,欲要进兵,又被马超拒守;欲收兵回,又恐被蜀兵耻笑:心中犹豫不决。适庖官进鸡汤。操见碗中有鸡肋,因而有感于怀。正沈吟间,夏侯惇入账,禀请夜间口号。操随口曰:"鸡肋!鸡肋!"惇传令众官,都称"鸡肋"。行军主簿杨修见传"鸡肋"二字,便教随行军士各收拾行装,准备归程。有人报知夏侯惇。惇大惊,遂请杨修至帐中问曰:"公何收拾行装?"修曰:"以今夜号令,便知魏王不日将退兵归也。鸡肋者,食之无肉,弃之有味。今进不能胜,退恐人笑,在此无益,不如早归。来日魏王必班师矣。故先收拾行装,免得临行慌乱。"夏侯惇曰:"公真知魏王肺腑也!"遂亦收拾行装。于是寨中诸将,无不准备归计。当夜曹操心乱,不能稳睡,遂手提钢斧,绕寨私行。只见夏侯惇寨内军士,各准备行装。操大惊,急回帐召惇问其故。惇曰:"主簿杨德祖先知大王欲归之意。"操唤杨修问之。修以鸡肋之意对。操大怒曰:"汝怎敢造言,乱我军心!"喝刀斧手推出斩之,将首级号令于辕门外。

这次与孔明交战,曹操特意带上了杨修。曹操在与孔明的战斗中,仗打得不是很顺利,再加上对方有孔明率军对抗,曹操对继续打下去还是撤兵,犹豫不决。

到了吃饭的时候,厨师送来了鸡汤。正当曹操吃鸡肋的时候,夏侯淳来请示当晚的口令,曹操顺口而说"鸡肋"。于是夏侯淳领口令而去,此时恰好碰上杨修并告诉了口令。杨修听到口令后对夏侯淳说:"从口令得知,明日必然撤军,你还是早作准备吧。"到了晚上,曹操睡不着,于是到军营中巡营查看,来到夏侯淳处一看,看到夏侯淳他们都在做撤军的准备。曹操于是问:"这是怎么回事?"夏侯淳说:"您不是说今晚的口令是鸡肋吗?杨修说鸡肋这东西食之无味,弃之可惜。在汉中之地与刘备相争,是一场毫无意义的战争。可是撤退吧,又不甘心,但结果还是得撤退。"曹操一听大怒,喝令"杨修惑乱军心,推出去斩首。"

"战略"思维
"STRATGIC" THOUGHT

就这样杨修被杀掉了。可以说杨修不是死在曹操手上,而是死在自己手上。杨修三番五次在曹操面前卖弄锋芒,早已经让曹操内心感到非常的嫉恨,杀杨修的想法尤为强烈,只是没有合适的借口,又担心天下人说他嫉贤妒能。因此,此次来汉中与刘备交战,就特意带上了杨修,就是为了找机会杀掉杨修。而杨修却不懂得适可而止,聪明反被聪明误,曹操杀杨修合理合法毫无一点破绽,杨修真的是死的毫无一点价值,不明不白地落得个"惑乱军心"而遭斩首的下场。

所以,我们看到,聪明的人有锋芒不怕,但是其锋芒决不能太过,过则损,过则害己。古今中外,因锋芒太甚而惨遭不幸的人实在是很多,因锋芒太甚而招损的人那就更多了。中国有句古话叫"锋芒太露必自毙",说的就是这个道理。

2.5 【战略主张不能两全】

战略是决定全局的谋划,战略的高度统一,对任何一个层面来说都是最核心的要害。战略如果不能形成高度统一,那么,在顶层,也就是在最高领导层就会出现战略冲突,或者是战略对抗,最终是一方战胜另一方,从而实施自己一方的战略主张。因此,决定全局的战略谋划只能有一个,也就是两者择其一。在最高决策层面,出现多种战略主张那是常有的事,因为每个人的认识不可能完全一致。两种战略主张在全局同时存在,这对任何一个组织或者任何一个决策层面来说,都是不能容忍的、不能接受的。两种战略主张,你想想看,到底听谁的,每一种战略主张各方都认为很有理论根据。怎么办?那只能是一方绝对压倒另一方,否则那是无法在一起共谋大事的。

中国共产党从成立到领导中国人民建立新中国,这一过程当中确实经历了多次战略变更,甚至是危及党的生死存亡,一个根本的原因就是在党内最高领导层中,没有形成战略上的高度统一。正确的战略主张被错误的战略主张所压倒,结果造成我党几番严重的重大损失,甚至造成亡党的现实危机。

早期的中国共产党,在土地革命时期还很弱小,对中国革命的道路怎么走,当时的党内就存在着两种对立的战略主张。一种是以"左倾"分子为代表的"以城市为中心开展武装暴动夺取政权"的战略主张;另一种则是以毛泽东为代表的"以农村包围城市最后夺取政权"的战略主张。这两种战略主张,在

第2章 怎么看待人才理念？

我党最高领导层中,相互对立,在党内彼消此长,这也是中国共产党在土地革命时期所特有的现象。这说明中国共产党在重大的战略问题上还没有取得高度的认识和统一。尤其是"左倾"分子上台,推行"左"的战略主张,结果给本就弱小的中国共产党造成了巨大的损失,甚至危及了党的存亡。就在生死存亡的关键时刻,具有重大历史意义的遵义会议最终确立了毛泽东的领导地位,实现了全党在重大战略问题上的绝对统一,从此,我党在毛泽东的领导下,从胜利走向胜利,最终夺取政权建立了新中国。

> 毛泽东(1893—1976年),新中国的开国领袖。二十世纪全球魅力超群的政治家、雄才伟略的战略家、气势磅礴的诗人、哲学家。也是中国历史和世界历史上罕见的领袖人物。尤其擅长指导军事战略,其军事战略思想已成为中国军队战胜任何强敌的有力武器。"运筹帷幄,决胜千里"是他一生光辉的写照。他能够把马克思主义理论同中国革命的具体实践相结合,创造性地丰富和发展了马克思主义理论,形成了毛泽东思想。晚年虽犯有错误,但丝毫不影响中国人民对他伟大人格的崇高敬意。

在军事斗争领域,我党在土地革命时期,同国民党的军事实力无法比拟,也就是处于敌强我弱的态势。城市是国民党重点保卫的区域,而农村则是国民党最薄弱的区域,而且地域广大,回旋的余地大,这完全符合中国共产党的斗争需要。毛泽东充分认识到了这一点,所以毛泽东指出:"我党的武装斗争,应重点放在农村。"随后毛泽东提出了"建立以农村为基础的革命根据地"的军事战略方针。为此,毛泽东率先发动了秋收起义,带领部队上了井冈山,创建了红军,为实施自己主张的"以农村包围城市最后夺取政权"的战略,迈出了关键的一步。

可以说,从创建红军到建立陕甘川革命根据地,这期间在军事斗争决策层面,出现了三次同毛泽东的军事战略相对抗的局面,也就是说,毛泽东的军事战略主张曾三次被其他战略主张所取代,而每一次被取代的结果都给共产党领导的红军造成了非常巨大的损失。第一次,毛泽东自从上了井冈山后,率领红一方面军不断取得胜利,在井冈山周围也相继创建了许多革命根据地,红军的力量得到了进一步的增强,控制的区域也一度扩大,此时的红军在毛泽东的亲自指挥下,实力不断壮大,形势发展得很好。然而,就在形势大大向好发展

"战略"思维
"STRATGIC" THOUGHT

的关键时刻,以李立三为首的"左倾"分子占据了党的领导权,随后推行所谓"进攻中心城市"的军事战略方针。毛泽东被剥夺了军事指挥权,没有了发言权,他所主张的"以农村包围城市最后夺取政权"战略,以及"建立以农村为基础的革命根据地"进行武装斗争的军事战略也被推翻。

> 李立三(1899—1967年)是早期中国共产党党内"左倾冒险主义"代表人物。主张"进攻中心城市"的战略,反对毛泽东在农村创建革命根据地、以"农村包围城市"的战略主张。1930年在党的六届三中全会上,撤销了其在党内的领导权。1956年,在党的"八大"会议上发言,对过去的错误进行了"总清算",受到全会好评。"文革"期间受林彪、江青反革命集团迫害致死。

紧接着,红军开始了进攻中心城市,在一次次的进攻中心城市战斗中,红军遭到了巨大的损失。一直到第一次反围剿前夕,红军的力量被削弱,很多新创建的革命根据地大部分又陷入了国民党之手。此时的红军,可以说是毛泽东创建井冈山根据地以来,面临的一次十分严重的危机。而就在这个生死存亡的关头,中共中央及时地解除了李立三在党内的领导权,而毛泽东又重新回到了指挥红军的领导岗位,有了发言权,毛泽东的战略方针又重新得到了确立。

第二次,面对国民党对红军的围剿,以毛泽东为首的红一方面军,采取了毛泽东的"诱敌深入"的战术,连续取得了第一次、第二次、第三次反围剿的重大胜利。红军的力量又一次得到了壮大,红军人数壮大了,根据地也不断扩大。然而,又是在这样一个连续胜利的大好局面下,在党的最高决策层又出现了战略上的对立。此时,以王明为代表的"左倾"分子取得了党的最高领导权,接着推翻了毛泽东的战略主张,毛泽东又一次被取消了带领红军作战的指挥权。随后王明又推行了更加左的"夺取中心城市"的战略主张。在随后进行的第四次反围剿作战中,由于毛泽东还保留着红军政委的职务,因而他间接地指导红军作战,取得了一定范围的胜利。可是,红军更加不幸的是,在以王明为代表的"左倾"冒险主义分子的逼迫下,毛泽东再一次被迫离开了他所创建的

第2章 怎么看待人才理念？

红军，剥夺了他指挥红军作战的权利，又一次失去了发言权。紧接着，在随后进行的第五次反围剿作战中，红军在"左倾"分子的领导并指挥下，在错误的战略指导下，红军打仗是越打损失越大，红军战士伤亡严重，根据地是越打越小，到最后红军连个落脚的地方都没有了，最终第五次反围剿以彻底失败告终。失败的结果就是，红军不仅丧失了第一、第二、第三、第四次反围剿胜利形成的大好形势，而且使党和红军面临了更加被动的局面，也就是说红军此时已经面临着生死存亡的危急关头，红军也因此被迫做出了战略转移，进行了著名的二万五千里长征。

王明（1904—1974年）中国共产党早期领导人。1925年由中共湖北党组织派到苏联莫斯科中山大学学习。因其比较聪明，能说会道，深受中山大学副校长米夫的赏识，并在米夫的操纵下，掌握了党的领导权。是一位比李立三"'左倾'冒险主义"更"左"的人物，主张在全国范围内实行"夺取中心城市"的战略。极力反对毛泽东"农村包围城市"的战略主张，排挤毛泽东在军队的指挥权。后在遵义会议被撤销党内的领导权。1974年病逝于莫斯科。

庆幸的是，就在长征途中，中共中央及时解除了王明在党内的领导权，清除了"左倾"冒险主义实施的战略。在生死存亡的时刻，毛泽东又被请回到了红军军事指挥的岗位，毛泽东又有了发言权。在党的遵义会议上，重新确立了毛泽东在红军和党中央的领导地位。毛泽东回到了指挥红军作战的岗位，毛泽东的战略主张再一次被全党所接受。毛泽东回到领导岗位，可以说在危急关头拯救了整个红军，拯救了中国共产党及党中央。

第三次，遵义会议之后，面对国民党的严密围剿，毛泽东带领红军开始了战略转移。长征途中，在毛泽东的指挥下，红军打了一个又一个漂亮仗，使国民党围追堵截一次又一次地落空，红军辗转腾挪调动国民党军队，突破了一次又一次的包围圈，最后走过了草地，翻过了雪山，与红四方面军胜利会师。

然而，围绕党和红军向何处去的问题，在党中央又一次面临战略上的对抗。以毛泽东为代表的党中央提出了"红军北上到陕甘川边界地区建立革命

"战略"思维
"STRATGIC" THOUGHT

根据地"的战略主张,而以张国焘为代表的右倾机会主义分子却提出了"西进而后南下西康"的战略主张。两种战略代表着两个发展方向,形成了战略冲突。这两种战略主张,经过党中央的认真讨论,决定执行毛泽东的战略主张。对此,张国焘表示不服从党中央的决策,并一度威胁党中央要另起炉灶,另立中央,使中国共产党又一次面临分裂的危险。然而,就在党中央面临危急时刻,毛泽东毅然决然率领党中央和红一方面军踏上了北上陕甘川的战略征程。到达陕北后,以毛泽东为首的党中央,终于建立了以延安为中心的陕甘革命根据地。至此,中国共产党领导中国革命终于解决了战略上的冲突与对抗,最终形成了以毛泽东为中心的全党认识一致的统一的战略思想,中国革命也从此开始了以毛泽东为领导核心的党中央,带领红军从胜利走向胜利。

张国焘(1897—1979年)中国共产党早期领导人之一,是中国共产党党内分裂分子、"右倾机会主义"的代表。有很强的政治野心,曾经想自立中央、分裂党。于1938年4月私逃叛党投靠国民党,随即被党中央开除党籍。1979年病逝于加拿大多伦多。

战略问题关乎全局,尤其是在顶层设计上,对战略问题要形成高度统一,这至关重要。战略如果出现多个主张,这就需要在决策层面经过审慎的调查研究,经过充分的讨论,最后就某一战略主张在整个决策领导层中达成一致,形成统一的共识,最后共同执行这一战略目标。中国共产党领导红军在土地革命时期,经历了多次战略更迭,致使红军多次遭到重创,每每危急时刻,最后都是毛泽东出来收拾残局,进而使红军摆脱困境,红军也由此才能够不断发展壮大。由此可以看到,毛泽东以他独有的眼光,深刻认识到当时中国社会所处的现实矛盾,清醒地认识到国共两党实力上的差距,进而提出了符合当时现实的战略主张,领导红军从胜利走向胜利,最终建立了新中国。

第3章　怎样看决策理念？

[**本章提要**]本章主要讲述的是决策问题,目的是了解决策所需要的一些基本观念,并且围绕战略为核心,所形成的决策思维,帮助我们建立一个良好的决策思维逻辑框架。

3.1 【决策的前提是要能够识人】

所谓"识人"就是了解人,了解一个人需要一定的观察力,也就是我们常说的眼力。识别人才就是要了解人才,你是不是有识别人才的眼力呢?我们为什么要去识别人才呢?有的人或许会说"识别人才那还不是为了用人嘛",是的,说得不错。因为我要用人的话,首先要看这个人是不是能够胜任,是不是那块料,才能决定是不是用你。因此这里面就存在一个决策的问题,那么决策的前提就是,你要识别人,你要了解人,你才能做出正确的选择,也就是正确的决策。所以说识人是"为了用人的需要",这只是其一,但是,识人更为重要的是为了决策的需要,也就是说识人是为了决策的正确性。如果人才使用不当,也就是说决策有误的话,那就会直接损坏到战略上的利益。

前面我们讲了新民主主义革命时期,李立三、王明等"左倾"主义分子,就是在错误的时间被错误的人用在了错误的位置上,结果造成了党和红军几乎到了被国民党消灭的危险境地,关键时刻,还是毛泽东力挽狂澜,在被动危急的时刻被党和红军推到了正确的位置上,率领红军走出了困境,带领党和红军从胜利走向了胜利,最终打败国民党建立了新中国。因此,从这个历史事实中,我们很容易能看清楚,识人与决策对于战略利益上的得失是多么的重要。

我们在上一节中,首先谈到了人才问题,什么是人才呢?关于人才的概念,不同的人或许有不同的定义,在这里人才是指具有大局观、具有战略意识、

"战略"思维
"STRATGIC" THOUGHT

具有独立运用各种手段能力的人，这就是人才。因此，识别人才应该从"大局观""战略意识""战术能力"这三个方面来考察，应该说这是个标准，没有这个标准你是无法识别人才的。当然了，这里所说的标准，是从战略层面、战略角度来讲的，至于说到其他标准，比如道德标准、政治标准等，那不是我们要研究的问题。不过有一点要说明白的是，本书在第1章中曾提到的正能量的人生态度，是本书写作的基础，也就是说《"战略"思维》的论述是以正能量的人生为基础论述的。这也是一个是非问题，如果一个道德败坏、政治反动的人，不管他拥有多么大的能力，我们都不会使用这类人，就算他有天大的本事也不能用他，这是一定的。

刚才我们讲了上面的三个方面的标准，可以说是识别人才的标准，那么作为决策层面的领导来说，首先自己就应当具备上述讲的三个方面的标准，也就是说，上述三点你要有相应的水平，这才是你识别人才的眼力。这种眼力的高低，则完全取决于你自身的水平。当然，眼力再高明的人，也会有眼力不济或走眼的时候，这就是所谓"智者千虑必有一失"的道理。《三国》中的诸葛孔明，那可是具有战略眼光的人才，但不也有"挥泪斩马谡"看走眼的时候吗？不过这是他一生少有的错误之一。还有就是楚汉争霸时期，项羽看韩信不也看走了眼吗？结果被韩信逼死垓下，而韩信虽是战略方面的人才，但是此人政治野心膨胀，不能善始善终，最后也落得个被计杀的结果而不得善终。只要是人，就会犯错误，但是一定要少犯错误，相同的错误不能重复犯，尤其不能犯战略上的错误，这是一定要注意的大问题。

人和人在外观上来看，并没有什么实质性的差别，人才与普通人在外观上看也没有什么太大的出入，但是一定会有不同，只是这种不同需要仔细观察，需要仔细了解，才能够有所认识。每个人都有看待事物的标准，都会依据某个标准来评价人，来评价事物，这是常理。假如有人说"我们公司没有人才"，那一定是按照他本人的标准来评价人才的，也就是说，他用自己的标准来衡量和判断人才。看不到人才、发现不了人才，这是因为他的用来衡量人才的标准，与上面提到的三个方面的标准，差距实在是太大，这就难怪看不到人才，发现不到人才。因此，自身要达到相应的人才标准并能够按照这一标准来进行观察，才是出路。所以，不提高识别人才的眼力，那就永远也发现不了人才，也用不好人才，一旦决策之后，就有可能带来战略上的巨大损失。

我们来看看楚汉争霸时期的韩信。

韩信应该说是一位能够夺得天下的战略人才,这一点项羽没有看到,刘邦也没有看到,但是他们两人最终所做的决策,却截然不同。韩信得到范增的极力推荐,项羽也没能听从范增的建议,最后放走了韩信。然而,韩信在萧何的极力推荐之下,刘邦却认真采纳了萧何的建议,不仅留用了韩信,还拜为大将军并授予了斧钺。可以说,范增和萧何那可是真正的人才,他们都看到了韩信的能力,都认为韩信是个统兵谋战的人才。

韩信从小在叔父家长大,熟读兵书,常因为在家里不干活,受到叔母的挤兑,忍受多年,一直等到楚汉争霸、天下大乱之时,便毅然决然地离开了叔父家,前去投奔了项羽,并在项羽的手下做了一名警卫队的队长。你看看,韩信其实就在项羽的眼皮子底下。

范增在跟韩信交谈之后,认为韩信大有可为,于是向项羽推荐了韩信。然而,项羽对于范增的极力推荐,却不屑一顾。为什么?因为项羽自视为霸王,刚愎自用,对范增推荐的韩信不感兴趣,既不想对韩信做全面的观察了解,也不想和他面对面地交谈什么,更重要的是听说韩信年少时有胯下之辱的传闻。所以,当范增向他推荐韩信时,项羽说:"此人受无赖之徒的欺辱,还钻无赖的胯裆,宁肯受辱也不敢反抗,那不就是个胆小鬼嘛,这样的人有什么用呢?坚决不用。"

范增(前277—前204年),居鄛人(今安徽巢湖西南)。项羽的主要谋士,被项羽尊为"亚父"。公元前206年,范增随项羽攻入关中,劝项羽消灭刘邦势力,未被采纳。后在鸿门宴上多次示意项羽杀刘邦,又使项庄舞剑,意欲借机行刺,终未获成功。汉三年,刘邦被困荥阳(今河南荥阳东北),用陈平计离间楚君臣关系,被项羽猜忌,范增辞官归里,途中病死。

在这里我们看到,项羽判断人才的标准,仅仅是靠传闻,也就是仅从曾经钻过别人的胯下这件事就对人做出了评价,判定此人不可用。这种过于武断的评判,可以说是项羽一生中最致命的缺陷。说到用人,我们还可以从《三国》"挥泪斩马谡"的故事中,看看是怎么识人用人的。马谡是蜀国孔明手下的一

"战略"思维
"STRATGIC" THOUGHT

名参军,相当于现在的参谋一职。马谡跟随孔明在征讨南蛮王孟获时,曾向孔明提出建议,"南蛮反复无常,应征心为上",由此得到孔明的信任,至此马谡就一直作为孔明的参谋在军中得到重用。应该说,就参谋而言,马谡是有这个能力和水平的,但唯一欠缺的就是马谡没有实战经验。那么,马谡到底有没有实战的能力呢?诸葛孔明对马谡确实是看走了眼。

马谡(190—228年)字幼常,从小熟读兵书,但缺乏实战经验。初以荆州从事跟随刘备取蜀入川。在孔明南征时,曾提建议"远征南蛮,应以攻心为上"得到孔明的赏识,随后一直被孔明留在身边成为隋军参谋。刘备临终前曾叮嘱诸葛亮,马谡"言过其实,不可大用",但诸葛亮并未听取。北伐时期,诸葛亮力排众议,任命马谡为先锋,结果蜀军在街亭惨败给魏将张郃,诸葛亮退军汉中,被诸葛亮所斩。终年39岁。

在一次北伐中原失败后,如何从中原安全撤军,是孔明最核心的关切。街亭是孔明从中原安全撤军的一个战略要地,因此防守街亭事关蜀军的安危。派谁去守街亭呢?孔明一直拿不定主意。然而就在这时候,马谡却自告奋勇主动提出要求要去守街亭,为此,孔明很是高兴,说:"你去,当然我很放心,但守街亭事关重大,此去你一定要用心防守,做到万无一失啊!"孔明这样叮嘱马谡,说明心里多少还是有点不放心,因为他知道马谡没有实战经验,但是一想到征讨南蛮时马谡的表现,孔明还是把守街亭的任务交给了马谡。

原文如下:

忽报马谡、王平、魏延、高翔至。孔明先唤王平入账,责之曰:"吾令汝同马谡守街亭,汝何不谏之,致使失事?"平曰:"某再三相劝,要在当道筑土城,安营守把。参军大怒不从,某因此自引五千军离山十里下寨。魏兵骤至,把山四面围合,某引兵冲杀十余次,皆不能入。次日土崩瓦解,降者无数。某孤军难立,故投魏文长求救。半途又被魏兵困在山谷之中,某奋死杀出。比及归寨,早被魏兵占了。及投列柳城时,路逢高翔,遂分兵三路去劫魏寨,指望克复街亭。因见街亭并无伏路军,以此心疑;登高望之,只见魏延、高翔被魏兵围住。某即杀入重围,救出二将,就同参军并在一处。某恐失却阳平关,因此急来回守。——非某之不谏也。丞相不信,可问各部将校。"孔明喝退,又唤马谡入账。谡自缚跪于帐前。孔明变色曰:"汝自幼饱读兵书,熟谙战法。吾累次丁宁告戒:街亭是吾根本。汝以全家之命,领此重任。汝若早听王平之言,岂有此祸？今败军折将,失地陷城,皆汝之过也！若不明正军律,何以服众？汝今犯法,休得怨吾。汝死之后,汝之家小,吾按月给与禄粮,汝不必挂心。"叱左右推出斩之。谡泣曰:"丞相视某如子,某以丞相为父。某之死罪实已难逃,愿丞相思舜帝殛鲧用禹之义,某虽死亦无恨于九泉！"言讫大哭。孔明挥泪曰:"吾与汝义同兄弟,汝之子即吾之子也,不必多嘱。"左右推出马谡于辕门之处,将斩。参军蒋琬自成都至,见武士欲斩马谡,大惊,高叫:"留人！"乃见孔明曰:"昔楚杀得臣而文公喜。今天下未定,而戮智谋之臣,岂不可惜乎？"孔明流涕而答曰:"昔孙武所以能制胜于天下者,用法明也。今四方分争,兵戈方始,若复废法,何以讨贼耶？合当斩之。"须臾,武士献马谡首级于阶下。孔明大哭不已。蒋琬问曰:"今幼常得罪,既正军法,丞相何故哭耶？"孔明曰:"吾非为马谡而哭。吾想先帝在白帝城临危之时,曾嘱吾曰:'马谡言过其实,不可大用。'今果应此言。乃深恨己之不明,追思先帝之言,因此痛哭耳！"

其实守街亭并不是一件难事,只需要在道路中间设置多重障碍并部署重兵严密把守,就基本上可以达到阻挡敌军前进,保障大部队安全撤军的目的。然而,马谡带兵来到街亭之后,却一反常态,将大部分兵力部署在街亭周围的山冈之上并筑起了工事。副将王平看到马谡这样的兵力部署,向马谡提出了把主要兵力部署在道路上并设置障碍的建议,可是马谡却以孔明参谋自居,拒不听从王平的建议,无奈之下,副将王平据理力争,要求带一部分兵力驻守大道。就这样,在主要的道路上只有王平带领的一小部分兵力把守,而主要兵力都部署到山冈上去了。

当敌方将领仲达来到街亭一看,发现在最主要的大道上只有一点兵力把守,且没有设置障碍,而主要兵力都在山上扎了营。仲达高兴极了,说:"此人不识兵法。"于是下令把山冈重重围了起来,并断绝了山上的水道。这个时候的马谡正严阵以待,等待仲达派兵来攻山,好一举攻下山去歼灭仲达。可是仲达却根本没有攻山之意,只是围而不攻。看到这里,你想想,人家怎么会按照你的想法去行动呢？这种一厢情愿的想法真的是非常的幼稚,在军事谋战中也不多见。看到仲达围而不攻,马谡急了,于是下令攻下山去。马谡哪里知道,山下围得像铁桶一般,结果攻来攻去的,马谡的兵力损失惨重,而马谡也只

"战略"思维
"STRATGIC" THOUGHT

带着少数残兵大败而逃,最终街亭失守了。街亭失守造成最直接的损失就是孔明带领三军回撤时遭到了重大的损失,险些全军覆灭。追查责任之后,孔明按照军法杀掉了不争气的马谡。为此,孔明流了眼泪。有人问孔明:"您是因为斩了马谡才悲伤的吗?"孔明说:"不是的,我是因为不听先帝的遗言,此刻很是后悔,所以才伤心的。"

原来,刘备在死前向孔明托付后事时,曾问起过马谡。

原文如下:

且说孔明到永安宫,见先主病危,慌忙拜伏于龙榻之下。先主传旨,请孔明坐于龙榻之侧,抚其背曰:"朕自得丞相,幸成帝业;何期智识浅陋,不纳丞相之言,自取其败!悔恨成疾,死在旦夕。嗣子孱弱,不得不以大事相托。"言讫,泪流满面。孔明亦涕泣曰:"愿陛下善保龙体,以副天下之望!"先主以目遍视,只见马良之弟马谡在旁,先主令且退。谡退出。先主谓孔明曰:"丞相观马谡之才何如?"孔明曰:"此人亦当世之英才也。"先主曰:"不然。朕观此人,言过其实,不可大用。丞相宜深察之。"

关于马谡,刘备临死前对孔明有所交代,认为马谡言过其实,不可大用。一想到这里,孔明这才感到悲伤,痛哭流泪。让马谡担当最为要紧的守街亭的重任,应该说这是孔明的过错,而让马谡因街亭失手而遭军法处置,也是孔明应负的责任。但是,孔明身为丞相,在用人问题上看走了眼,出了差错,却能做出深刻的反省,反映出了孔明博大的胸襟,令人赞叹,令人敬仰,值得后人学习。其实,古今中外关于选人用人的事例比比皆是,就是在我们的企业里也常常会遇到这样的问题。比如,当公司里的某个职员被派去完成一项工作任务,结果任务没有完成好,公司领导于是吹胡子瞪眼一通的批评:"就这么点事都办不明白,你还能干什么?"如果你碰上这样的领导,那就算你倒霉吧。如果碰上这样的领导反省说:"嗯,这事都怪我,是我在安排任务时用人不当。"你看看,这两个领导的态度截然不同,这反映出公司的不同文化氛围。如果你的领导都是这样有所担当的话,我想谁都愿意跟着他干,我也相信在他的领导下公司的事业也一定会蒸蒸日上。

个人发展也好,公司发展也好,选人用人如果没有一定的识别人才的眼力,那是不行的,不然的话那是一定要吃大亏的。说句实在话,即便是用人用错了,看人看走了眼,其实也不用担心,最重要的是你一定要做好自我反省,这是经验教训,也是提高识别人才眼力的基本功。一个正常的、经验不足的人都需要经历这样的过程,当你的阅历更加丰富的时候,你或许已经点石成金,已经有能力从失误或失败的教训中,得到正面的感悟和能力。

3.2 【给予权力尽其所能】

我们再回过头来看看楚汉争霸时,关于使用人才问题的讨论。

我们在前面已经就韩信的任用问题作了分析,项羽仅仅因为韩信过去的一个传闻就把韩信彻底给否决了,韩信也彻底失去了为楚军效力的机会。不过机会对任何人来说都是平等的,韩信失去了为楚效力的机会,并不意味着就失去了一切机会,此处不养爷,自有养爷处,于是,韩信离开了楚军,投汉军而去。此时,项羽的军师范增又在劝说项羽,希望重用韩信,可项羽就是不答应。范增为什么这么看中韩信呢?因为范增曾经和韩信有过一次交谈,他发现韩信谈论兵法倒背如流,很是吃惊,没想到在这大营的卫队中竟有这等通晓兵法的军事人才,要是能为我楚军所用,岂不是我楚军之幸事。范增确实有眼力,他觉得韩信是个了不起的人物,将来一定能成大事。因此,范增几番向项羽推荐韩信,可是项羽就是不接受范曾的建议。范增一看,既然不重用韩信,那就劝说项羽尽快杀掉韩信以绝后患,否则的话,他一旦投奔到刘邦的军队并被刘邦所重用的话,我们楚军就有被他消灭的危险。

然而,项羽真的是有眼无珠啊,即使人才就在眼前,他既不想看也看不到人才,项羽刚愎自用,又怎么能成就大事呢?看到这里联想到今天,在你的公司中,也许就有像韩信这样的人才,但是如果你同项羽一样有眼无珠,当然你也就看不到人才。孔明那可是战略家,不想看的人是看不见他的,孔明被刘备看到了,并把孔明牢牢地抓在了手里。韩信也是如此,不想看他的人那是看不见的,范增看见了但说了不算,等到范增劝说项羽杀掉韩信时,韩信已经离开楚军来到了汉军。还真的像范增说的那样,韩信来到了汉中,投奔了刘邦。来到汉营后,韩信被谁发现了?被萧何看中了。

"战略"思维
"STRATGIC" THOUGHT

萧何（？—前193年）早年任秦沛县狱吏，秦末辅佐刘邦起兵平定天下，后又协助高祖消灭韩信、英布等异姓诸侯王。有非凡的政治远见，也有识别人才的眼力，为汉朝的建立做出了贡献。后人有"成也萧何、败也萧何"之说，指的就是韩信的出仕与韩信被计杀皆出自萧何之手。

起初，刘邦对任用韩信还有些犹豫，总觉得韩信既无名气又无出身背景，早年又被泼皮无赖欺辱，因此犹豫不决。但是，经萧何一再苦苦地劝说，最后刘邦还是听从了萧何的建议，决定启用韩信。需要强调的是，仅仅是发现人才、使用人才还远远不够到位。最重要的是要告诉全体成员，进而给他创造充分发展才能的一切条件，要不然的话，人才就很难充分应用自己的聪明才智，也就是说，如果不设法让众人所知，让大家在组织上听从他的指挥，那么人才就不能发挥他的力量。那么，刘邦既然要重用韩信，那么刘邦又是怎样做的呢？刘邦在萧何的建议之下，专门为韩信筑起了将军台，在全军面前，刘邦亲自拜韩信为大将军，同时授韩信斧钺。也就是说，对不听号令者，可用斧钺斩首，赏罚一并任你裁决。你看看，刘邦能给予的权力都给了韩信。刘邦以这种拜将仪式就是要通告全军，所赐予的斧钺，对不听号令者有先斩后奏的权力。

韩信成为大将军之后，便开始整训军备，并制定了"十斩"军律在全军开始执行。刚开始执行就遇到了挑战。一次，一名将军因喝酒耽误了在规定时间内的正常训练，这对韩信来说是一次挑战，众将军们也在等着看韩信如何执行军律。这时，韩信严肃地问监军曹参说："殷将军耽误了规定时间内的训练，按军律如何处置？"曹参回答说："按律当斩。"韩信说道："既如此，就按律执行吧！"这名将军跟随刘邦征战多年，战功赫赫，可以说算得上是刘邦的爱将。一听说要被斩首，有人随即将此事告诉了刘邦。刘邦一听，那还了得，赶紧来到韩信这里，向韩信求情说："此人跟我出生入死，立过汗马功劳，看在我的面子上，就请留他一命吧！"韩信则对着刘邦说："一个军队要想战无不胜，就必须要有严格的军律。对破坏军律者，如果不按照军律执行，那怎么统辖军队呢？如果这次饶了他，就不能对后人起到警诫作用。如果你真的想打败项羽，平定天下的话,同自己的爱将感情来比,重视军律是大局。"韩信的一席话,让刘邦无话可说。没办法,殷将军被斩首示众。从此以后,在汉军的队伍里再没有人敢忽视军律。就这样,韩信带领着汉军,出汉中进军中原,最终帮助刘邦统一了天下。以上事例说明,一个优秀的人才,如果没有斧钺也很难有发挥力量的能力。既然是个人才,并且非用他不可,那就应该给予人才相应的斧钺才行,这才是用人之道。

3.3 【战略中的决策理念】

前面我们讲了很多楚汉争霸的事例,现在回过头来再看看《三国》中的事例,看看魏蜀吴三个势力集团在总体战略上的不同之处。

这三家势力集团,有着不同的三种战略目标。从实力最为强大的曹操这一方面来说,目标非常明确,就是要消灭吴蜀两家势力集团。而吴蜀两家谁都不想被消灭,因此在战略上与曹操形成了对抗。在历史上最能体现这种对抗的历史事件就是著名的"赤壁之战"。赤壁之战为什么在中国历史上成为著名的战例?因为这场战役是孙刘联军与曹操发生的一场以少胜多、以弱胜强的规模最大的一次战役。这场战役,当时,曹操率领百万大军一路南下,对刘备和孙权两股地方势力构成了极大的威胁。面对这种处境,孙刘两家势必要做出相应的战略决策。

我们都知道,以曹操为首的魏国,享有天时之利。曹魏集团打着消灭汉朝谋反者的旗号,确立了"挟天子以令诸侯"的战略,以达到一统天下的战略目标。

再看以孙权为首的吴国,享有地利之便,雄踞江南,历经三代治理,基础非常坚固。为此,他们确立了"先得江南成就帝业",然后北上统一天下的战略目标。

"战略"思维
"STRATGIC" THOUGHT

再看以刘备为首的蜀国，在诸葛孔明支撑大局的形势下，决心北让天时给曹操，南让地利给孙权，把人和留给自己，形成以荆州为根据地，先取西蜀确立"三分天下"，而后东出中原统一天下的战略目标。

刘备方面，当曹操率百万大军由北向南压过来之后，刘备则由荆州一路溃逃，最后逃到了孙权的北岸江陵城。此时刘备的军马已不足五万，可以说是不堪一击。面对这种局势，刘备方面经过深思熟虑，做出了"联吴抗曹"的战略决策。孙权方面，面对曹操的威胁，在东吴内部形成了两派：一派是积极要求抵抗的主张，也就是主战派；一派是积极要求归附曹操的主张，也就是主降派。由于东吴的战略目标是"称帝南方"，因此，主战派符合战略目标，主降派则与战略目标背道而驰。从战略上讲，只有主战才是唯一正确的战略抉择。不过，要做出这一战略决策，孙权却要冒着国破家亡的极大风险。所以，对孙权来讲，是抵抗而发生战争，还是为活命而投降，孙权处于两难的境地，他始终在权衡利弊而无法做出决策。

你看看，做战略决策那可是最顶层人物该做的重大事项。我们再看看刘备这股势力，究竟该怎样抵抗曹操。刘备此时的兵马已经不足五万，一路逃到长江北岸。长江南岸就是孙权的地盘，可以说刘备已经是无路可逃了。尽管如此，刘备依然没有放弃初衷，仍然坚持既定的战略方针，即"先三分天下而后进军中原统一天下"的战略目标。就在这样一个危机时刻，诸葛孔明根据局势的变化，做出了"联吴抗曹"的战略决策。但是这个决策事关刘备方面这五万人马的生死存亡，能否转危为安，关键是取决于东吴方面是否也有"联手"的意愿。而东吴方面正就"战"与"不战"进行辩论，正处于犹豫之中，因此，东吴的决策关系到刘备五万人马的安危。为此，为了促成东吴方面做出"联吴抗曹"的战略主张，孔明只好只身来到了东吴去做东吴方面的工作，决心说服孙权采纳主战一派的战略主张。来到东吴，孔明舌战群儒，又以"二乔"之语，激怒周瑜，并把周瑜推向了赤壁之战的主帅位置，最终促成了"联吴抗曹"的局面，体现出了孔明在大局上的把握能力。

"联吴抗曹"的决策，之所以能够形成，就是因为吴蜀双方都有这样的战略需求。因为不联合，仅凭自己单方面的力量与强大的曹操进行对抗，吴、蜀双方都有被一一吃掉的风险。基于这样一个最基本的现实,双方也才有了联合的意愿。不过,要想达成联吴抗曹的局面,双方都必须要齐心协力,都要有与曹操战斗到底的坚定意志和决心才可以。孔明正是因为看到了这点,所以才只身来到东吴,舌战群儒、激孙权、激周瑜,整个过程显示出了孔明老练从容的战略意识和决策思维。

3.4 【唯一的是"战略",灵活的是手段】

战略唯一,指的是就全局而言,决定方向的主张只能是唯一的,不然的话你打你的,我打我的,那不是乱套了吗?战略唯一就是面对全局在多个影响全局走向的主张取舍的情况下,只能选择其一。也就是说,在战略取舍上,作决策时只能是选择其一,这是战略决策时的主要特点。战术谋变指的是战术手段的多样性,手段越多,方案越多,就能根据情况的变化,灵活地采取应对措施。这个方案在执行中如果出现了新的问题需要调整时,那就要及时地、灵活地改变方案,去执行另外一个方案。也就是说,战术手段或战术方案的制定,那是要越多越好,也就是多种方案、多种手段在实际应用过程中要灵活地去应对去调整,最终实现战略目的。因此,决策能力很重要,决策不仅要体现在战略上,还要体现在战术决策上,因为战术运用的是否合理,会直接影响到战略的成败。所以战术上的决断,不仅要细心去执行,更重要的是能够根据态势的变化灵活去应对。

在赤壁之战开始前,孔明带着"联吴抗曹"的战略目的,只身去了东吴。在与孙权首次见面后,孔明在心里对孙权就做出了应对的办法,认为孙权可激而不可说,这是孔明首次见到孙权后做出的基本判断。这时的孔明已经知道如何让孙权朝着主战的方向下决心。这就是孔明,再见到孙权后,了解到孙权的心里微妙之处,瞬间做出了相应的处置。能否做到这一点,这是人才的一个起码的心理素质。孔明原本是要说服孙权联吴抗曹的,但是见面后孔明觉得说服不是办法,于是及时地改变了策略。战术手段就是这样,不能有一定之规,不能固定不便,如果孔明在见到孙权后依然按照开始的想法反复去说服孙权的话,恐怕正好适得其反。能够根据情况的变化,相应地改变手法手段,这是人才必备的素质,要有这种意识才行。这种灵活的头脑,是做好战术决策的关键。

"战略"思维
"STRATGIC" THOUGHT

那么,孔明又是如何改变策略,来应对孙权的呢?

请看原文:

施礼毕,赐孔明坐。众文武分两行而立。鲁肃立于孔明之侧,只看他讲话。孔明致玄德之意毕,偷眼看孙权:碧眼紫髯,堂堂仪表。孔明暗思:"此人相貌非常,只可激,不可说。等他问时,用言激之便了。"献茶已毕,孙权曰:"多闻鲁子敬谈足下之才,今幸得相见,敢求教益。"孔明曰:"不才无学,有辱明问。"权曰:"足下近在新野,佐刘豫州与曹操决战,必深知彼军虚实。"孔明曰:"刘豫州兵微将寡,更兼新野城小无粮,安能与曹操相持。"权曰:"曹兵共有多少?"孔明曰:"马步水军,约有一百余万。"权曰:"莫非诈乎?"孔明曰:"非诈也。曹操就兖州已有青州军二十万;平了袁绍,又得五六十万;中原新招之兵三四十万;今又得荆州之军二三十万:以此计之,不下一百五十万。亮以百万言之,恐惊江东之士也。"鲁肃在旁,闻言失色,以目视孔明;孔明只做不见。权曰:"曹操部下战将,还有多少?"孔明曰:"足智多谋之士,能征惯战之将,何止一二千人。"权曰:"今曹操平了荆、楚,复有远图乎?"孔明曰:"即今沿江下寨,准备战船,不欲图江东,待取何地?"权曰:"若彼有吞并之意,战与不战,请足下为我一决。"孔明曰:"亮有一言,但恐将军不肯听从。"权曰:"愿闻高论。"孔明曰:"向者宇内大乱,故将军起江东,刘豫州收众汉南,与曹操并争天下。今操芟除大难,略已平矣;近又新破荆州,威震海内。纵有英雄,无用武之地;故豫州遁逃至此。愿将军量力而处之:若能以吴、越之众,与中国抗衡,不如早与之绝;若其不能,何不从众谋士之论,按兵束甲,北面而事之?"权未及答。孔明又曰:"将军外托服从之名,内怀疑贰之见,事急而不断,祸至无日矣!"权曰:"诚如君言,刘豫州何不降操?"孔明曰:"昔田横,齐之壮士耳,犹守义不辱;况刘豫州王室之胄,英才盖世,众士仰慕。事之不济,此乃天也,又安能屈处人下乎?"

孙权听了孔明此言,不觉勃然变色,拂衣而起,退入后堂。众皆哂笑而散。鲁肃责孔明曰:"先生何故出此言?幸是吾主宽洪大度,不即面责。先生之言,藐视吾主甚矣。"孔明仰面笑曰:"何如此不能容物耶!我自有破曹之计,彼不问我,我故不言。"肃曰:"果有良策,肃当请主公求救。"孔明曰:"吾视曹操百万之众,如群蚁耳!但我一举手,则皆为齑粉矣!"肃闻言,便入后堂见孙权。权怒气未息,顾谓肃曰:"孔明欺吾太甚!"肃曰:"臣亦以此责孔明,孔明反笑主公不能容物。破曹之策,孔明不肯轻言,主公何不求之?"权回嗔作喜曰:"原

第3章 怎样看决策理念？

来孔明有良谋，故以言词激我。我一时浅见，几误大事。"便同鲁肃重复出堂，再请孔明叙话。权见孔明，谢曰："适来冒渎威严，幸勿见罪。"孔明亦谢曰："亮言语冒犯，望乞恕罪。"权邀孔明入后堂，置酒相待。数巡之后，权曰："曹操平生所恶者，吕布、刘表、袁绍、袁术、豫州与孤耳。今数雄已灭，独豫州与孤尚存。孤不能以全吴之地受制于人。吾计决矣。非刘豫州莫与当曹操者；然豫州新败之后，安能抗此难乎？"孔明曰："豫州虽新败，然关云长犹率精兵万人；刘琦领江夏战士，亦不下万人。曹操之众，远来疲惫；近追豫州，轻骑一日夜行三百里，此所谓'强弩之末，势不能穿鲁缟'者也。且北方之人，不习水战。荆州士民附操者，迫于势耳，非本心也。今将军诚能与豫州协力同心，破曹军必矣。操军破，必北还，则荆、吴之势强，而鼎足之形成矣。成败之机，在于今日。惟将军裁之。"权大悦曰："先生之言，顿开茅塞。吾意已决，更无他疑。即日商议起兵，共灭曹操！"

当孙权见到孔明后，便迫不及待地问孔明："面对这样的局面，作为东吴要有所选择才行，如何是好呢？"面对这种事关前途命运的问题，我想大多数人都会说："到了这个地步，只能拼命一搏了。"如果你这样回答孙权的话，那就不是人才该说的话了。那么，你看看孔明是怎样回答的。孔明回答说："您还是以投降为好。"孙权不以为然地问："为什么呢？"孔明回答说："投降可以不失公侯之位。"孙权反问道："你既然劝我投降为最好，为什么不劝你家主公刘备也投降呢？"孔明回答说："不，他不用。我家主公乃是天下英雄，而且是汉室宗亲，与汉帝是同族啊，他怎么能屈膝侍奉像曹操之流的人物呢？"孔明的意思是说，作为英雄是不会考虑投降的，只有胆小鬼才会屈膝投降的。孙权听明白了孔明的意思，内心十分恼怒，起身拂衣而去。在场的鲁肃见此情景，急忙问孔明："你是为共同抗曹而来，为什么要反劝我家主公投降呢？"

孔明回答说："他只是问如何是好，说到如何是好，当然还是以最安全的主张为好。投降是最安全的主张，起码可以活命。而打仗却不知谁胜谁负，如果败了，那是会亡国的，太危险了。所以，他问我如何是好，我只好说以投降最好。再说，孙权先生还没有下定打仗的决心，也就是说还没有做出战略决策。做这样的决策，那当然是主公以外的人所不能做的事。如果孙权在战略上下定决心要打垮曹操，那么，问我战术上的问题，我的意见很多很多，但是战略不能由我来决定。"

"战略"思维
"STRATGIC" THOUGHT

鲁肃听完之后，深以为然，于是又向孙权说明了原委，孙权听后如梦方醒。随后，孙权又和孔明进行了长谈。最终结果是，孙权坚定地走上了孔明"联吴抗曹"的战略轨道。我们应该看到，孙权本身在战略上还没有做出决策，但是经孔明这么一激，便促使孙权在战略上做出了抵抗的决断。战术手段就应该是这样灵活地根据不同的情况做出应对，以达到战略目的。孔明的任务完成得很好，在随后的赤壁之战，孙刘两家联合，以弱胜强，打败了曹操的百万大军。

3.5 【要有这样的一个基本点】

多年前，我的两位朋友分别在两家不同的公司里工作。当时，这两家公司在运营过程中都遇到同一个问题，那就是都需要流动资金进行周转。巧的是这两家公司都已经没有可供选择的融资渠道，尤其是各家银行都已经明确表示不再为这两家公司进行贷款业务。这两家公司面临的处境完全相同，如果再不能解决流动资金问题，两家公司都将面临停工停产的状态。眼下这两家公司唯一能做的就是，希望能尽快收回外部所欠的资金，以解决公司目前面临的困境。于是，这两家公司的经理各派了专人去办这件事，但没想到的是，这两家公司催缴欠款的任务却分别落在了我的这两位朋友身上，一位叫大鹏，一位叫老王。那么，这两家公司的经理在安排这项工作时，又是怎么做的决策呢？通过和我的朋友聊天，我了解到这样的一个事实：大鹏所在公司，他的经理是这样安排工作给他的，经理把公司目前所面临的困境如实告诉了大鹏，并指示他说："希望你尽快把外部的欠款追回来，以解公司燃眉之急。"于是，大鹏动用了所有关系对这家欠款单位进行了细心的调查，最后得出结论是，这家单位所欠的资金短时间内不可能收回。那怎么办呢？大鹏心想，既然催款是为了解决公司面临的资金周转困难，那么，只要先搞到一笔资金，解决公司的资金周转问题，催款的事就可以缓一缓再办。于是大鹏放下催款的工作，动用自己各方面的关系，硬是筹到了一笔资金。就这样，他通过自己的渠道，为公司解决了资金周转上的困难。大鹏催款的工作虽然暂时没有解决，但他却解决了公司的燃眉之急，确保了公司正常的运营。在这里，可以肯定地说，大鹏的确是一个人才。

老王所在的公司，他的经理是这样安排工作给他的，他同样把公司目前所

第3章 怎样看决策理念？

面临的困境如实告诉了老王，并指示他说："一定要让那家单位无论如何把欠款还回来。你去了之后，告诉对方，如果几天之内不还清欠款，我们就到法院起诉。"老王心想，既然经理交代了这么办，那就执行好了。就这样老王带着经理的指示来到了这家单位并向这家单位的老板做了传达。这家单位由于产品不在销售季节，也实在是无力清还欠款，没有办法，也只好由法院裁定吧。就这样官司打到了法院，法院最后做出了裁决，将该公司的部分产品作抵押以清还欠款。老王的公司，官司是打赢了，然而公司亟待解决的资金问题仍然没有解决，两个月后不得不停工停产。

我们分析一下这两家公司的经理在安排任务时，有什么不同？

大鹏的经理是这样指示的：尽快把外部的欠款追回来。老王的经理是这样指示的：告诉他，不还欠款就起诉他。"尽快把外部的欠款追回来"这是大鹏公司的经理给大鹏下达的任务，在这个任务中，只有目标，没有具体措施，没有指示他应该怎么完成任务，可以说这是做了战略指示。"告诉他，不还欠款就起诉他。"这是老王公司的经理给老王下达的任务，在这个任务中，不仅有目标，而且还有具体的措施，也就是说，还指示他要这样否则就那样，可以说这是做了战术指示。

大鹏虽然没能够追回欠款，但却解决了公司急需流动资金的实际困难。老王按照经理的指示，虽然打赢了官司，但是公司却因流动资金无法落实而被迫停工停产。从这个真实的例子中我们不难看到有这样的事实，我们在做决策时，必须要有这样的基本着眼点，那就是在作决策时要做目标指示，也就是战略性的指示，而不要做手段指示，也就是战术性的指示。就是说，在做决策时，只给予任务的目标即可，而至于怎么完成任务这应该由执行任务的人根据情况，灵活采取应对手段，直至完成任务。

孔明只身来到东吴，任务只有一个，那就是"联吴抗曹"。孔明的任务非常明确，就是要与东吴达成联合，共同对抗曹操。孔明出使东吴，刘备并没有给孔明什么有益的建议，也就是说没有给孔明提出什么战术性的指示。当然，刘备也没有这个能力给孔明提出什么建议，因为"联吴抗曹"的战略主张，本来就是孔明提出来的，至于怎么达成联合，孔明心里是有数的。为了能将东吴引向"联吴抗曹"的战略方向，孔明早已经在心里做了必要的充分准备。孔明之所以达成战略目标完成使命，就在于他能够根据临场的情况，察言观色，随机应

"战略" 思维
"STRATGIC" THOUGHT

变，也就是说有战术上的自由选择权，没有这样或那样的指示，从而自由、豁达、从容地执行任务。因为没有指示，没有限制，所以，孔明才能够充分发挥自己的才智，促使东吴走上了对抗曹操的战略轨道。

前面的例子，我的朋友老王被公司派去催款，他接受的完全是战术上的指示，他只能按照经理的指示去办，没有选择的余地。在这里我只能说老王不是一个优秀的员工，老王的经理更不是一个优秀的领导。我的另一个朋友大鹏也被派去催款，他接受的则是战略上的指示，为了完成任务，他在战术上有自己的选择余地，也就是说，在欠款暂时无法追回的情况下，敢于承担战略上需要解决的难题，他做到了。在这里我要说大鹏是个优秀的员工，是个人才，大鹏的经理更是一个优秀的领导。

我们从中看到，这样的着眼点，既能给任务的执行者带来战术上的空间，让他能够充分地发挥自己的才能，又能够让决策者发现人才和培养人才。我们在前面已经讲到，有的企业的经理，经常抱怨公司里没有人才，所以企业发展的不好。其实，这样的领导在他的心里，只有他自己才是人才，他看不到别人的才能。他这样的人对别人做任何事他都不是很放心，都要自己亲自动手亲自来做，事必躬亲。既然这样，企业何必用这么多人呢？这不是没有必要吗？要这么多人干什么呢？难道只听吆喝吗？如果说你只要听吆喝的人做事，那谁都没有办法，因为你只需要按照你的意图办事的人就行。这样的话，我相信你手下的人，一定都是些有惯性思维习惯的人，因为是你把手下的人都养成了只用经理一个人的脑袋思考问题，那么，经理没有想到的事，决不能去想。经理没想到的，你想到了也决不能去做。把下面的人都养成了这样的惯性思维习惯。所以，作为公司的经理，你在进行决策时，尤其是在使用人的问题上，一定要有个着眼点，那就是一定要做战略指示的领导者，千万不要做战术指示的领导者。人和人，其实并没有什么本质的区别，所不同的就是，能用自己头脑办事的人，应该是人才。不能用自己的脑袋而由别人脑袋办事的人，尤其是只会按照经理意图办事的人，那就不是什么人才了。如果在你的公司里，都是这种类型的人在为公司服务的话，我想你的公司又怎么会有发展呢？我认为绝对不会有好的发展。

要用自己的头脑去办事，这是人才该有的意识。没有人才，也就是没有用自己头脑办事的人，因为，作为经理，是你把下属养成了只会听吆喝做事的人。

第3章　怎样看决策理念？

《三国》时期的刘备对孔明出使东吴"联吴抗曹"只是做了战略指示，目标非常明确，但至于怎么完成任务，刘备只字未提，想必他也提不出什么办法，干脆只提出目标得了，就这样孔明带着完成目标的重任，在东吴根据不同的情况，施展了各种战术手段，如期达到了"联吴抗曹"的战略目标。我的朋友阿鹏，在经理下达了追回欠款的战略指示后，能够根据情况的变化，及时改变思路，完成了战略上要求解决资金的艰巨任务。而我的另一位朋友老王，在接受经理任务时却再三嘱咐，"不还欠款，就到法院起诉"，也就是"你应该这么做，然后再那么做"，你看看，他下达的都是战术性的指示，难怪总认为自己身边没有人才，他这是在不知不觉中遏制了人才的主动性和创造性，在他身边没有人才也就不奇怪了。

从中不难得出结论，说白了，在接到战略指示后，战术由自己的头脑来思考，努力去达成目标完成任务的人，这就是人才。作为企业的经理或者是公司的老板，要必须领会这样的着眼点。作为企业或部门的经理，除了要做好经营和管理之外，更重要的职责就是要发现这样的人才，培养这样的人才，把这样的人大量地收拢在自己身边，加以任用，对企业对公司来说至关重要。以上结论，你不觉得很重要吗？

如果，你也像我的朋友老王的经理那样布置任务下达任务，我想在你的周围，或者说你的手下，肯定都是些听吆喝的人，叫我怎么干，我就怎么干。这样的人多了，对公司来说无异于灾难，公司顺水顺风时也许还能过得去，要是身处逆境或面临困难时，难解的困境就体现出来了。我的两位朋友，他们两家公司都面临资金困难濒临停工停产，这说明他们公司都身处逆境，然而两家公司的最终结局却不一样。大鹏所在的公司因我的朋友灵活应对，使公司安然度过了逆境。再说我的另一位朋友老王的公司，由于没有解决资金周转问题，不得不停工停产歇业，说明了什么，在公司身处逆境时，软弱无力被体现出来。什么原因造成的呢？就是因为上面说的，在他的公司具体办事的人都是些听吆喝做事的人，就像我的朋友老王，就是这样的人，听吆喝听惯了，一旦出现意外事态，你再让他去做，他就不会做事了，没有应对之策。不适应眼前的变化而挺身予以果断处置，他们没有培养成具有这样的处置能力，听吆喝听惯了，习以为常。公司一旦出现这种局面，软弱无力彰显无遗。

"战略"思维
"STRATGIC" THOUGHT

第4章 怎样看待战术理念？

[**本章提要**]本章主要讲述的是战术问题，也就是当我们要完成某一任务或完成某一工作时，要采取什么手段、什么方法，以及为完成任务要有什么样的战术思维。目的就是围绕战略为核心，树立基本的思维方法，形成良好的战术意识。

4.1 【战略与战术不可混淆】

战略是什么？我们在第一章里已经做了阐述。简单地说，战略是决定全局的谋划。战略的作用就是要能够一举打开局面，创造新局面，开创新未来。那么，如何能够打开局面，或者怎样扭转局面？这是战略要研究的问题。如何改变现状推动发展呢？这也是战略问题。企业走什么样的路、发展什么样的产业等等，类似这样决定方向、决定性质的重大问题，这都是战略要解决的问题。

二十年以前，我曾经在一家国有企业的基层单位工作，当时的企业现状是这样的，行业竞争很激烈，行业还容易受到外界尤其是政府相关部门的干预和影响，致使我们这个行业极不稳定，甚至威胁到企业的生存和发展。另外我们这个行业的发展潜力不大，可以说行业的前景不容乐观，又因为我们这个行业受到当时季节性的影响，造成劳动力和生产设备在一年中有近六到八个月的闲置期，且岗位有限、企业员工过多吃不饱，还容易产生因行业特点带来的职业道德问题。面对以上这种现状，如何打破局面，改变现状，促使企业走向健康发展的轨道，这就是战略问题，也就是战略要解决的问题。

那么，现在这家企业发展的很好，这是如何打破局面、改变现状的呢？首先在行业政策上，打破了由政府相关部门计划干预的政策，转变为由市场自发

第4章 怎样看待战术理念?

调节的开放政策,这一政策的转变,更加提升了我们这一国有单位的服务质量,也因此吸引并拥有了大量的用户。其次是改变了过去由人工填写数据的低科技含量技术转变为全部数字化、信息化、自动化的高技术含量的创新科技,解决了人工干预数据的历史,数据更加科学规范。第三就是从过去在某一时段集中统一开展工作改变为全时段全天候随来随检的工作运行模式,实现了企业自主经营管理。以上三个方面的措施,除了前后两个方面政策改革调整之外,最关键的就是企业坚持了以"科技创新"为目标的可持续发展战略,使我们这家国有单位成为全市行业标杆示范企业,企业发展进入了良性发展的可持续发展的轨道。

战术是什么呢?在前面我们说了战略问题,战略是对全局的一个谋划,需要在心里运筹帷幄,属于意识活动范畴。战术是为完成战略而需要采取的必要手段和措施,需要心理和行为并用,属于既有意识活动又有行为活动的综合范畴。战略一旦确立就是一个刚性的东西,不能随意变换。战术则需要计算、需要步骤、需要组合、需要多种方案,在实施过程中还要时时关注情况的变化随时调整方案,直到完成战略目标。

战略与战术,谁是第一位?战略永远在第一位,没有战略也就没有战术。战术是为战略服务的,只有确立了战略,战术才能围绕战略开展服务。因此,战略与战术之间存在着必然的因果关系。战略是实现一个国家或一个企业发展总目标的唯一途径,也就是说战略的实施是完成总目标的必由之路。当今崛起的中国已势不可挡,继续深化改革的开放战略,是实现民族伟大复兴的必然选择。战略一旦确立,如何推进战略的实施,这才是战术要做、该做的工作。其实,对一个企业来说,最大最核心的问题就是发展的问题,如果一个企业没有一个好的可持续的发展,那么企业的生存就不会有保障。那么,如何才能够做到长期的可持续的发展呢?这就是现代企业需要研究的最核心的战略问题,也就是说必须要研究制定正确的战略目标,确立正确的战略目标则是企业长期生存和发展的唯一出路。

当然,如何制定一个正确的战略目标,这需要结合一个国家或一个企业的真实国情企情,这是一个最基本的原则。从逻辑上来讲,只有确立了战略,才会有发展这一结果。战略正确与否,将直接关系到可持续的发展。所以,制定战略对任何一个企业家来说都是一个最困难、最费心、最核心的工作。这是一

"战略"思维
"STRATGIC" THOUGHT

个无法回避的最现实紧迫的问题,这个问题一旦解决好了,那么剩下的问题就都是战术问题了,也就是说,为了实现战略目标,接下来的工作,我们应该怎么做、怎么组织、制定几种方案、如何面对突发情况做好应对措施等等这些问题都是战术要关注、要研究的问题。制定战略最突出的特点就是要敢于决策,没有魄力是决定不了战略的。而战术最突出的特点就是缜密细心,粗心大意是执行不好战术的。所以战略与战术是有区别的,不能混为一谈。

我们还是以赤壁之战为例,看看曹操与孙刘联军双方是如何在战略上敢于决策,在战术上又是如何细心应对的。当时,曹操统领百万大军从北方长驱直入,一路杀到长江北岸并摆开了阵势,想要吞掉东吴。而东吴方面,面对来犯的百万大军,是与之一战呢,还是主动投降呢?这就需要东吴方面做出选择,即:不是战,就是降,二选一。在这里,东吴孙权不论是选择"战"还是选择"降",都必须要拿出胆量做出抉择。无论是面对生还是死,都需要孙权有相当大的勇气。孙权也在分析利弊。如果投降的话,也许能保住身家性命,或许还能继承点家业,但是,在这样的乱世年代,用不了多久可能还是要被杀掉的,历史已经留有这样的教训,因此这条路还是相当的危险。如果决战的话,以二十万军队对抗百万大军,那么战败之日肯定就是国破家亡之时,因此,既然选择决战,那就必须打赢,也就是说,无论如何都要打败对方,只有胜利生存才有保障。

但是,选择投降,虽然有活命的机会,可国家那就灭亡了。也就是说东吴孙权三代人经营而建立的吴国就被别人吃掉了。可以肯定地说,投降百分之九十九是亡国,只有百分之一可能是活命,但还不确定。所以这样来看的话,要想保国保家,拼命一战是唯一出路。二十万人对抗一百万人,尽管只有百分之一的希望,但毕竟还是有活下来的可能。思前想后,东吴方面最终还是决定拼命到底,这需要胆量才能做出决策。

战术需要缜密细心,也就是说,在战术上切不可粗心大意,鲁莽轻率行事。缜密细心就是要求做好调查、做好研究、做好预判、做好方案步骤、做好情况有变时的应对办法等等。如果不进行缜密细致的计算和布置,那么整个行动就有可能出现差错。因为任何方案都有可能因为偶然的因素出现,而使整个行动失败,功亏一篑。东吴孙权在战略上做出了决战的选择,那么接下来就要对曹操百万大军进行研究和评估,战术上要求缜密细心,就是要从这里进行战前

第4章 怎样看待战术理念？

的准备。曹操百万大军来势汹汹,如果不对曹操大军进行研究分析的话,我想孔明也没有胆量拿二十万碰百万大军。那么,孔明对曹操百万大军又是如何分析评估的呢?

请看原文:

权邀孔明入后堂,置酒相待。数巡之后,权曰:"曹操平生所恶者,吕布、刘表、袁绍、袁术、豫州与孤耳。今数雄已灭,独豫州与孤尚存。孤不能以全吴之地受制于人。吾计决矣。非刘豫州莫与当曹操者;然豫州新败之后,安能抗此难乎?"孔明曰:"豫州虽新败,然关云长犹率精兵万人;刘琦领江夏战士,亦不下万人。曹操之众,远来疲惫;近追豫州,轻骑一日夜行三百里,此所谓'强弩之末,势不能穿鲁缟'者也。且北方之人,不习水战。荆州士民附操者,迫于势耳,非本心也。今将军诚能与豫州协力同心,破曹军必矣。操军破,必北还,则荆、吴之势强,而鼎足之形成矣。成败之机,在于今日。惟将军裁之。"权大悦曰:"先生之言,顿开茅塞。吾意已决,更无他疑。即日商议起兵,共灭曹操!"

真实的情况是这样的:自从汉朝末年发起了黄巾之乱后,群雄并起,先后涌现出了袁绍、袁术、董卓、公孙瓒、刘表等各地方军阀势力,但是这些地方势力先后被曹操所灭。他们的旧部都被曹操收编,大约八十万人。然而这些被收编的军队,都是不得已降了曹操。在曹操的百万大军中,能有战斗力的部队,也就是曹操原有的二十万左右的嫡系部队。这次曹操亲统百万大军,正是由被收编的八十万人和曹操嫡系二十万人所构成。被收编的部队战斗力不会很强,各部队之间也不是那么融洽,人心还远未达到统一的地步,因此还算不上是一支统一且有强大战斗力的部队。

通过这样的分析,就不难看出,曹操百万大军真正有战斗力的部队只有嫡系的二十万人左右,这与孙刘联军二十万人对比,也就是一比一的水平。况且孙刘联军大部分的部队又都是擅长水战的部队,曹操要想吃掉东吴,就必须要经过水战,而水战却又是孙刘联军的优势所在。因此,赤壁一战,尽管曹操占有人数上的绝对优势,但要是打水战,曹操方面便失去了优势,相反孙刘联军反而在水战上取得了优势,形成了优势上的转换。曹操之所以失败,就是因为曹操没能将优势转化为胜势,却反而用劣势去碰东吴的优势,这就为曹操赤壁一战失败埋下了一个诱因。所以,孔明在开战之前,就已经做了精准的计算,如果不经过缜密细心的计算,那是不可能打好这一仗的。

"战略"思维
"STRATGIC" THOUGHT

我们看到,战略是需要你下决心做出决策,而战术则是需要你缜密细心地去布置,他们是两个不同概念,千万不能混为一谈,如果不能清晰地加以区分,那是要吃大亏的,甚至付出生命的代价。曹操在战略上是有胆量的,敢于吃掉东吴,有魄力。但是,当曹操在战术上布置任务时,却分不清战略与战术问题,在战术上也跟着藐视起来,把战船全部连接起来,在上面铺上木板,让士兵骑着战马在船板上如同平地,气势夺人,结果却被东吴军队细心地用火攻战术打得一败涂地。

你看看,如果不能把战术与战略区分开来,那就很容易把战术问题当成战略问题来对待,其结果是,战术一旦放开胆,无所顾忌,那可就要出大问题了。曹操之所以大败,就是由于在战术上藐视对方,在明明知道战船连接起来容易受到火攻的危险的情况下,还要执意妄为,因为他预言,在此秋冬季节,刮的是西北风,不会有东南风出现的情况。要知道,天气的变化是无常的,这是最基本的常识。曹操的失败,教训就是要能够分得清战略与战术的特点,把握胆大与心细的作用范围,不能战略上藐视,战术上也跟着藐视起来,战术上一旦藐视对方,那就很容易招致失败。

我们在企业里做事,也必须是要学会缜密细心地去做事,这是我们每个人都应该具备的一项最基本的素质。胆大心细说的就是战略与战术上的不同特点,什么问题要胆大,什么问题要心细,在战略上要胆大,要敢于藐视对方,而在战术上要缜密细心,不能藐视而要重视对方。要做好这样的区分,对于你做事是非常有帮助的。在赤壁一战中,谁是最大的赢家呢?从结果来看,孔明才是最大的赢家。孔明以缜密细心的战术手段,以五万老弱残兵,却夺得了荆州之地,也就是以较小的代价夺取了最大的战果,从而暂时有了立足之地,为后来夺得西蜀打下了坚实的基础,他才是真正的最大赢家。

4.2 【"战略"靠胆,"战术"靠心】

在战略上要的是胆量,在战术上要的是细心,这两句话再怎么强调都不过分。对此,毛泽东曾说过一句话:"战略上要藐视敌人,战术上要重视敌人。"意思都是一样的。在战略上没有胆量,又怎么敢藐视敌人?在战术上如果不细心,又怎么能重视敌人呢?前面说到赤壁之战,曹操拥兵百万气势逼人。孙刘联军总兵力也不过二十万人,其中刘备有五万人马,孙权有十五万人马,可以

第4章 怎样看待战术理念？

想象一下，以二十万对百万大军作战，这需要相当大的勇气和决心。刘备也好，孙权也好，特别是刘备，他虽然只有5万人马，却敢于和曹操百万大军拼命到底，这种胆量不是一般人能下得了决心的。其实，从曹操与孙刘联军的实力对比中我们就能看到，战略问题除了需要胆量以外，也没有别的选择，胆小是确立不了战略的。就拿孙权来说，投降，国家就没了，个人能不能活命，还很难说。拼命决战，却也只有百分之一的胜算。不论是投降还是与之决战，都需要胆量来做出决策。

我们在前面也说了，孙权为什么在是战是和的问题上犹豫不决？因为孙权并不掌握曹操到底有多大的实力，只是听说曹操亲率百万大军来犯，但曹操的具体实力究竟如何，他心里没底。好在孔明为孙权出具了全面的可靠的情况。当得知曹操大军一路南下而来，孔明对曹操的军事实力做了全面的分析。为什么要做这样的分析？就是为了做出正确的战略决策提供必要的事实依据，搜集和分析材料是必须要细心来做的。那么，收集完材料和分析完材料之后，到了要下决心的阶段时，就不能够再细心了，而是要拿出胆量，做出决断，也就是说，是干还是不干，是降还是战，你必须要做出决断。

所以，一旦全面了解了事实的真相后，如果认定有取胜的把握，那就下决心干吧。如果认定没有取胜的把握，那就下决心不能干。你看看，这方向只有两个，但是只能决定一个方向，不论你选择什么方向，你都只能大胆地做出决定。决定之后，如何保障这一方向行动的实施，这就是战术该考虑的问题了。当你决定做一件大事之前，事前一定要调查各种条件，然后再做出详细的计算，一旦说下决心要干，那便是一次赌博，一旦下决心不干，那也是一次赌博，战略这东西只能靠胆量做出决定，没有其他任何选择。

不过，在战术层面可不能有战略层面的胆量，战术层面需要的是缜密细心，除了缜密细心没有其他选择。然而有的人，很容易把事情搞砸，因为他不懂得什么是战略，什么是战术，只要是做事就得需要胆量，没胆量怎么做事呢？这样的人一旦做起事来，大刀阔斧，说干就干，结果扑通摔了一跤。为什么？因为他或许懂得战略，知道战略需要胆量，但他却不知道战术需要的却是缜密细心。实际上，一旦确立了战略之后，接下来的工作就是进入了战术阶段，到了这个阶段，无论如何都要经过研究计算，把方案步骤制订好，把可能出现的偶然因素都要考虑进来，并制定相应的对策，在实施阶段，就需要缜密细心地执行。

在赤壁之战中,东吴孙权在是战是和的战略问题上,最终做出了决战的战略抉择。但是,虽然在战略上确立了决战的决定,是不是就可以摆开阵势对杀起来,那是不行的。这个时候要做的事就是,怎么才能歼灭对方,方案步骤都必须要一一加以细致地推敲才行。孙刘两家正是因为在战术上做了缜密细心的推敲,才有了二十万胜百万的著名战例。

4.3 【最紧要处计算要准】

什么是最紧要的地方呢?我们怎么样能够发现和判断最紧要的地方呢?其实这是最容易看到的问题。实际上最紧要处就是应当从最确定的事实中来分析。那么,最确定的事实或许有很多种,那么哪一种事实又是最紧要的地方呢?在实际观察中,最主要的还是要从对手的动向中,来抓住最为紧要的确定的事实。如果不知道对手的动向和意图,那这个仗就没个打。不知道对手的动向和意图,也就无法制定战术、组合战术。在赤壁之战,曹操亲自统帅百万大军,在长江北岸摆开了阵势,要想一口吃掉东吴。而东吴方面,凭借着长江天险与曹操形成了对峙。曹操要想吃掉东吴,那就必须要过长江天险,要想过长江天险这一关,就必须要和东吴在长江进行以船为主的水战。因此,在长江进行水战就成了最确定的事实,这也就是最紧要处所在。

在孙刘两家作战会议上,请看原文:

瑜问孔明曰:"即日将与曹军交战。水路交兵,当以何兵器为先?"孔明曰:"大江之上,以弓箭为先。"瑜曰:"先生之言,甚合愚意。但今军中正缺箭用,敢烦先生监造十万支箭,以为应敌之具。此系公事,先生幸勿推却。"孔明曰:"都督见委,自当效劳。敢问十万支箭,何时要用?"瑜曰:"十日之内,可完办否?"孔明曰:"操军即日将至,若候十日,必误大事。"瑜曰:"先生料几日可完办?"孔明曰:"只消三日,便可拜纳十万支箭。"瑜曰:"军中无戏言。"孔明曰:"怎敢戏都督?愿纳军令状:三日不办,甘当重罚。"瑜大喜,唤军政司当面取了文书,置酒相待曰:"待军事毕后,自有酬劳。"孔明曰:"今日已不及,来日造起。至第三日,可差五百小军到江边搬箭。"

……

至第三日四更时分,孔明密请鲁肃到船中。肃问曰:"公召我来何意?"孔明曰："特请子敬同往取箭。"肃曰："何处去取?"孔明曰："子敬休问,前去便见。"遂命将二十只船,用长索相连,径望北岸进发。是夜大雾漫天,长江之中雾气更甚,对面不相见。孔明促舟前进,果然是好大雾!

……

当夜五更时候,船已近曹操水寨。孔明教把船只头西尾东,一带摆开,就船上擂鼓呐喊。鲁肃惊曰："倘曹兵齐出,如之奈何?"孔明笑曰："吾料曹操于重雾中必不敢出。吾等只顾酌酒取乐,待雾散便回。"却说曹寨中听得擂鼓呐喊,毛玠、于禁二人慌忙飞报曹操。操传令曰："重雾迷江,彼军忽至,必有埋伏,切不可轻动。可拨水军弓弩手乱箭射之。"又差人往旱寨内唤张辽、徐晃各带弓弩军三千,火速到江边助射。比及号令到来,毛玠、于禁怕南军抢入水寨,已差弓弩手在寨前放箭;少顷,旱寨内弓弩手亦到,约一万余人,尽皆向江中放箭:箭如雨发。孔明教把船吊回,头东尾西,逼近水寨受箭,一面擂鼓呐喊。待至日高雾散,孔明令收船急回。二十只船两边束草上,排满箭枝。孔明令各船上军士齐声叫曰："谢丞相箭!"

……

却说孔明回船谓鲁肃曰："每船上箭五六千矣。不费江东半分之力,已得十万余箭。"

……

船到岸时,周瑜已差五百军在江边等候搬箭。孔明教于船上取之,可得十余万枝,都搬入中军帐交纳。鲁肃入见周瑜,备说孔明取箭之事。瑜大惊,慨然叹曰："孔明神机妙算,吾不如也!"

东吴方面的主帅周瑜对孔明说道："孔明先生,此次作战当以船战为主,在进行船战时,到底什么兵器最为重要呢?"孔明回答说："当以弓弩为先"发射弓弩能快速地在船战中杀伤敌人,小弓箭在水面上因船距离远而够不上,因此要用一种叫弓弩的大弓来射杀敌人。所以,在船上战斗,无论如何也少不了这种大弓。周瑜说："果然不错,我也有同感。可是我东吴现正缺少弓弩的箭,既然你也认为重要,那就请你担当造箭的任务吧!"

"战略"思维
"STRATGIC" THOUGHT

周瑜(175—210年)字公瑾,东汉末年东吴集团将领,著名军事家。美姿容,精音律,长壮有姿貌,多谋善断。自幼与孙权的哥哥孙策结拜为兄弟,后迎娶有"国色"之称的小乔,成为连襟。赤壁大战期间,力主拒曹,指挥全军以火攻大胜曹军。性情开朗,气度宽宏,精通乐律,文韬武略,雅量高致。然而有气量狭小、不能容物之嫌。

孔明说:"可以。"便应允下来。孔明心想,大敌当前,为了能早日进行水战,以防东吴在战略上有所转变,便说:"眼前已不允许拖延时间了,请限期造十万支箭。"周瑜吃惊地说:"那就十天吧。"孔明又说道:"大敌当前,十天太长,三天内造完十万只箭,如何?"周瑜吃惊道:"可以,如果违反了期限怎么办?"孔明说:"军无戏言,三天之内如造不齐十万只箭,愿斩我首级。"于是签了军令状。周瑜心想别说是十万只箭,就是一万只箭,三天之内也不可能造得出来,孔明难道是不想活了吗?为此,周瑜派鲁肃到孔明那里负责监督造箭。而孔明呢,从早到晚,不是饮酒就是闲谈,一点动静都没有。鲁肃心里没底,于是问道:"三天期限已经快到了,你到底打算怎么办?"孔明却笑着说:"你不用担心,咱们今晚就去领箭去。"

在这里需要说明的是,如果指望让工匠去造箭,那是不可能的,孔明也不可能拿脑袋来开玩笑。但是孔明却有他的办法,那就是因地制宜,也就是用草船借箭。管谁借箭呢?自然是曹操了。孔明之所以因地制宜敢于草船借箭,那是因为孔明看到了这样的一个事实,那就是曹操的百万大军,除了少量收编的水军外,绝大部分都是陆军。在没有完成训练水军的任务时,曹操是不可能盲目进兵的,正是看到了这样的事实后,孔明才敢演出了"草船借箭"这出戏。果不出所料,曹操帮了孔明,得了十万只狼牙箭并按时交付给了周瑜。

箭的问题解决了,新的问题又提了出来。

周瑜对孔明说:"你很了解敌情,但不知你到底有何破敌之策?我心中已有一计,想必你已经有了想法,不妨各书掌内。"结果,二人掌中写的都是一个字"火"。也就是说,用火攻将敌人的船只燃烧,可使对方不战而亡。真可谓英雄所见略同。不过,明眼人都能看明白,用火攻却也存在着不利的因素,因为

第4章 怎样看待战术理念?

曹操的战船在江面上都是散开的,他也不可能让你一下子把战船烧着的,你就是烧他个十艘八艘的船,也无济于事啊。所以,如何才能让曹操的船都能够烧起来呢?这就是问题的关键所在。在这里,围绕这个关键所在,你就要充分地发挥你的想象力和创造力,要做各种各样的假设,没有这一步,那是解决不了问题的。要是能让所有的战船连接起来,再用火攻,那不就可以达到目的了。要敢于这样假设,敢于这样设想。那么,怎么才能让这种假设成为确定的事实呢?除非曹操亲自下军令,将所有战船固定地连接起来。那么有没有这样的可能性呢?曹操他不傻,他被后人称之为"治世之能臣,乱世之枭雄"怎么可能啊。然而,事实上曹操就是这么下的军令:"将所有战船用铁环连接起来。"有没有这样的可能性呢?可能性也不是没有,只是这种可能性实在是太小,或许只有百分之一的可能,这百分之一,只有让曹操感觉到"连接战船对于水战有百利而无一害,并能解决不习水战的不利因素。"只有让他明白这样的道理,才能够让曹操下达这样的军令。但是要做到这一点却并不是一件容易的事。

作为联军的主帅,周瑜为此事很是费心,然而,就在周瑜为难之际,有一位人物意外地出场,使周瑜看到了希望。这一次,一个偶然性的因素出现了,也就是说出现了意外的但对周瑜非常有利的情况。有利的情况,就是能够加以利用的情况。偶然性不是总能够随时出现,即便是出现,你也未必就能够看得到。这种能够利用的偶然性的因素,只有当你有这样的战略需求时,你才能看得到,抓得到。因此,只有牢固树立战略意识才能够看得到抓得到。而此时联军主帅周瑜正在为实施火攻计划,未雨绸缪。这个时候,如果周瑜还没有实施决战的计划,那么,即便是出现了偶然性的因素,对周瑜来说也是没有用的情况,不会被周瑜加以利用。

这就好比现实生活中,做人需要有个原则,有原则,没有原则,那可不一样。"生活中不刻意伪装,爱情里不过度依赖,倾听时不着急辩解,说话时不有意冒犯。"这段话,在网络被广泛转载,我也很认同这段话作为原则来指导自己如何做人。过去,在生活和工作中时常犯的毛病就是好装一装,给别人的感觉很不舒服。在爱情婚姻里不论大事小事都愿意让老婆拿主意,久而久之,感觉自己不像个男人,就连自己的老婆也这么认为。跟家人聊天时,一有不同看法,马上打断对方的谈话,接着就是一顿辩解,给人的感觉很喜欢抬杠。当自己说话时,却又时常挤对别人,让别人觉得说话又臭又硬。直到有一天在网上

"战略"思维
"STRATGIC" THOUGHT

看到这段话之后,我突然觉得这段话好像是专门针对我提出的做人原则,于是我把这段话烂熟于心,时刻给自己敲敲警钟。随着时间的历练,有很多人觉得我像是变了一个人,其实我还是我,所不同的就是,有这段话伴随着我,也改变着我,就连自己老婆也越来越对我刮目相看。

为人处世也是这样,如果你与周围的人确立了一种和睦相处的战略,那么你在平时与同事、朋友交往过程中,你就会因为心里有和睦相处的战略意识,你就能够自觉地抵制自己有违"和睦相处"的言论和言行。如果没有树立这种牢固的"和睦相处"的战略意识,你就可能因自身的冲动,产生偶然性的言行,有意或无意地伤害到你周围的同事或朋友,从而影响到你与同事或朋友之间的关系。但是一旦有了这种牢固的"和睦相处"的战略意识,就会时刻让你觉得"不行,这么做有点过分了!"进而随时随地修正自己的言行。如果说自己已经做错了事,那怎么办?没有别的办法,如果你心里有"和睦相处"的战略意识,那就应当及时地补救错误,尽快消除因做错事所带来的不利影响。小的代价不解决问题,那就用大的代价,谁让自己做错了事呢,既然你树立了这种战略意识,那就不能含糊。这才是该有的战略意识。

不难想象,如果你心中没有树立牢固的战略意识,那就不可能抓住和利用偶然出现的因素。孔明和周瑜都想到了用火攻来跟曹操大军在长江上进行水战,可怎么才能想办法让曹操亲自下令将战船连接起来呢?周瑜苦思冥想,不过正是因为周瑜有了这一战略意识,在随后的几天里,随着突然出现的偶然因素,给周瑜带来了机会。

就在周瑜苦思冥想之际,偶然性出现了,也就是说一个意外的情况出现了,是什么呢?就是蒋干这个人物的出场,给周瑜带来了机会。蒋干是曹操帐下的一位辩才,他与周瑜过去是同窗好友。由于他的出现,这给周瑜意外地抓到了一张幸运牌。蒋干在两国即将交战之际来到东吴,是奉了曹操之命前来说服周瑜归降的。周瑜一听到他来,心想此人来得正是时候,何不利用此人一方面除掉新归附曹操的水军将领蔡瑁和张允二人,另一方面利用他来完成让曹操下军令的目的。周瑜抓住的正是这样的大好机会。周瑜是如何把握机会的呢?

第4章 怎样看待战术理念?

蒋干,字子翼,汉末三国时期的名士,在江淮一带小有名气,"有仪容,以才辩见称,独步江、淮之间,莫与为对"。在《三国演义》中被刻画成了小丑形象。与周瑜是同乡,自荐去东吴劝降周瑜,结果反被周瑜利用除掉了曹操军中善于水战的将领。当曹军知道水战中计后,愤怒的士兵把蒋干剁成了肉泥。

请看原文:

周瑜正在帐中议事,闻干至,笑谓诸将曰:"说客至矣!"于是大张筵席,奏军中得胜之乐,轮换行酒。……

至夜深,干辞曰:"不胜酒力矣。"瑜命撤席,诸将辞出。瑜曰:"久不与子翼同榻,今宵抵足而眠。"于是佯作大醉之状,携干入账共寝。瑜和衣卧倒,呕吐狼藉。蒋干如何睡得着?伏枕听时,军中鼓打二更。起视残灯尚明;看周瑜时,鼻息如雷。干见帐内桌上堆着一卷文书,乃起床偷视之,却都是往来书信。内有一封,上写"蔡瑁张允谨封"。干大惊,暗读之。书略曰:某等降曹,非图仕禄,迫于势耳。今已赚北军困于寨中,便得其便,即将操贼之首,献于麾下。早晚人到,便有关报。幸勿见疑。先此敬覆。干思曰:"原来蔡瑁、张允结连东吴!"遂将书暗藏于衣内。再欲检看他书时,床上周瑜翻身,干急灭灯就寝。瑜口内含糊曰:"子翼,我数日之内,教你看操贼之首!"干勉强应之。瑜又曰:"子翼,且住!教你看操贼之首!"及干问之,瑜又睡着……

干寻思:"周瑜是个精细人,天明寻书不见,必然害我。"睡至五更,干起唤周瑜;瑜却睡着。干戴上巾帻,潜步出帐,唤了小童,径出辕门。军士问:"先生那里去?"干曰:"吾在此恐误都督事,权且告别。"军士亦不阻挡。干下船,飞棹回见曹操。操问:"子翼干事若何?"干曰:"周瑜雅量高致,非言词所能动也。"操怒曰:"事又不济,反为所笑!"干曰:"虽不能说周瑜,却与丞相打听得一件事。乞退左右。"干取出书信,将上项事逐一说与曹操。操大怒曰:"二贼如此无礼耶!"即便唤蔡瑁、张允到帐下。操曰:"我欲使汝二人进兵。"瑁曰:"军尚未曾练熟,不可轻进。"操怒曰:"军若练熟,吾首级献于周郎矣!"蔡、张二人不知其意,惊慌不能回答。操喝武士推出斩之。须臾,献头帐下,操方省

"战略"思维
"STRATGIC" THOUGHT

悟曰:"吾中计矣!"

　　蒋干的到来,周瑜给予了盛大的款待。宴席上,周瑜假装酒醉与蒋干扶肩搭背入大帐就寝。蒋干睡到半夜一觉醒来,忽见桌上有一封信,上写"蔡瑁、张允谨呈周瑜大都督"。蔡瑁、张允两人是曹操方面唯一懂得水军作战的将领,现负责编制和训练水军。蒋干看到信后,心想这还了得,急忙把信揣在怀里连夜逃回了曹营。曹操看到信后大惊,急招二人不由分说便将二人杀之。一看人头落地,曹操方知中计,悔之晚矣。

　　你看看,周瑜巧妙地利用了蒋干到来的偶然因素,利用蒋干并借曹操之手杀掉了唯一懂得水战的将领。在这里,就是这个偶然性起到了作用。然而,周瑜设计也不是没有落空的时候,蒋干得到信后迫不及待地连夜潜回了曹营,这让周瑜出乎意外。周瑜原本要利用蒋干不仅除掉蔡瑁和张允,还要利用蒋干让曹操下令将战船连接,可没想到蒋干这么急于向曹操汇报军情,跑了回去。这让周瑜感到十分的遗憾,因为蒋干这张牌跑了,还有什么牌能够让曹操下那样的军令呢?然而,令人不可思议的事又来了。就说蒋干吧,你第一次来得了便宜,不来也就罢了,但让人不能理解的是,他居然还敢来东吴。这对周瑜来说,这真的是天上掉馅饼啊。没想到打丢的牌,没过几天又回到了周瑜手中。虽然更加偶然,机会到手,那就好好地再利用一次吧。周瑜心想祝我成功者此人也。

　　接着,周瑜又是如何设局的?

　　请看原著:

　　周瑜听得干又到,大喜曰:"吾之成功,只在此人身上!"

　　……

　　一面分付庞统用计;一面坐于帐上,使人请干。干见不来接,心中疑虑,教把船于僻静岸口缆系,乃入寨见周瑜。瑜作色曰:"子翼何故欺吾太甚?"蒋干笑曰:"吾想与你乃旧日弟兄,特来吐心腹事,何言相欺也?"瑜曰:"汝要说我降,除非海枯石烂!前番吾念旧日交情,请你痛饮一醉,留你共榻;你却盗吾私书,不辞而去,归报曹操,杀了蔡瑁、张允,致使吾事不成。今日无故又来,必不怀好意!吾不看旧日之情,一刀两段!本待送你过去,争奈吾一二日间,便要破曹贼;待留你在军中,又必有泄漏。"便教左右:"送子翼往西山庵中歇息。待吾破了曹操,那时渡你过江未迟。"蒋干再欲开言,周瑜已入账后去了。左右取

第4章 怎样看待战术理念？

马与蒋干乘坐，送到西山背后小庵歇息，拨两个军人伏侍。

干在庵内，心中忧闷，寝食不安。是夜星露满天，独步出庵后，只听得读书之声。信步寻去，见山岩畔有草屋数椽，内射灯光。干往窥之，只见一人挂剑灯前，诵孙、吴兵书。干思："此必异人也。"叩户请见。其人开门出迎，仪表非俗。干问姓名，答曰："姓庞，名统，字士元。"干曰："莫非凤雏先生否？"统曰："然也。"干喜曰："久闻大名，今何僻居此地？"答曰："周瑜自恃才高，不能容物，吾故隐居于此。公乃何人？"干曰："吾蒋干也。"统乃邀入草庵，共坐谈心。干曰："以公之才，何往不利？如肯归曹，干当引进。"统曰："吾亦欲离江东久矣。公既有引进之心，即今便当一行。如迟则周瑜闻之，必将见害。"于是与干连夜下山，至江边寻着原来船只，飞棹投江北。

既至操寨，干先入见，备述前事。操闻凤雏先生来，亲自出帐迎入。分宾主坐定，问曰："周瑜年幼，恃才欺众，不用良谋。操久闻先生大名，今得惠顾，乞不吝教诲。"统曰："某素闻丞相用兵有法，今愿一睹军容。"操教备马，先邀统同观旱寨。统与操并马登高而望。统曰："傍山依林，前后顾盼，出入有门，进退曲折，虽孙、吴再生，穰苴复出，亦不过此矣。"操曰："先生勿得过誉，尚望指教。"于是又与同观水寨。见向南分二十四座门，皆有艨艟战舰，列为城郭，中藏小船，往来有巷，起伏有序。统笑曰："丞相用兵如此，名不虚传！"因指江南而言曰："周郎，周郎！克期必亡！"操大喜。回寨，请入帐中，置酒共饮，同说兵机。统高谈雄辩，应答如流。操深敬服，殷勤相待。统佯醉曰："敢问军中有良医否？"操问何用。统曰："水军多疾，须用良医治之。"时操军因不服水土，俱生呕吐之疾，多有死者。操正虑此事，忽闻统言，如何不问。统曰："丞相教练水军之法甚妙，但可惜不全。"操再三请问。统曰："某有一策，使大小水军，并无疾病，安稳成功。"操大喜，请问妙策。统曰："大江之中，潮生潮落，风浪不息；北兵不惯乘舟，受此颠簸，便生疾病。若以大船小船各皆配搭，或三十为一排，或五十为一排，首尾用铁环连锁，上铺阔板，休言人可渡，马亦可走矣。乘此而行，任他风浪潮水上下，复何惧哉？"曹操下席而谢曰："非先生良谋，安能破东吴耶！"统曰："愚浅之见，丞相自裁之。"操实时传令，唤军中铁匠，连夜打造连环大钉，锁住船只。

蒋干第二次来到东吴，这也离他被曹军士兵剁成肉酱的时间越来越近了，他走上一条愚蠢的不能再愚蠢的道上。见面之后，周瑜假意怒责蒋干："盗我

"战略"思维
"STRATGIC" THOUGHT

私书,不辞而别,今来必无好意,若不看昔日同窗之情,非将你杀之。"不由分说便将蒋干押入山中的一座小庵。当然这是周瑜下的套,就等着蒋干往里钻。蒋干这个蠢猪还真的就往里钻,不想当蠢猪都不行。蒋干在山里被监禁,闲来无事,在山间转悠,忽然看见一处住处,还听见屋里有人在读《孙子兵法》,于是就进了屋与这位隐士攀谈起来,得知此人就是凤雏先生。蒋干说:"像您这样的人才为何不到曹操那里做些事呢?"凤雏说:"我也久有此意,怎奈没有门路啊。"蒋干说:"那就由我给你引见吧。"凤雏说:"既如此,那我们今日就走吧。"于是二人连夜便赶到了曹营。凤雏就是庞统,东吴人。曹操也曾听说"伏龙凤雏得一人者得天下"的传说。此次凤雏来投,曹操当然特别高兴。他们见面后,纵论天下大事,无所不谈。曹操还亲自带凤雏到军中视察,并让庞统多多提出意见。庞统问道:"军中可有良医否?"

曹操不解地问道:"是何用意?"庞统说:"在军中有不少人因晕船而病倒,因而问有无良医。"其实,曹操最担心的就是这个问题。于是曹操问:"我军不习水性,因晕船而发病的人很多,不知有何良策?"庞统回答说:"要想不晕船,只需让船不摇晃不就行了吗。"曹操追问:"先生可有什么办法吗?"庞统说:"如果能将小船变成大船,那长江这点风浪就不用担心了,只需将所有的船只,船与船用铁钉和铁环相连,然后在上面铺上木板,用来装载战马和士兵,这不是和地面一样稳吗?"曹操深以为然,也觉得这是个好办法。于是曹操下令将所有战船全部用铁环连接起来。看到这里,对周瑜来说,这百分之一的可能性终于成了确定的事实。可以说这都是这个偶然性所起的作用,蒋干的脑袋实在是太蠢了。

庞统(179—214年),字士元,东汉末年刘备帐下谋士。容貌貌陋,轻视周瑜,被孙权视为狂士不得重用。后投奔刘备,被封为副军师。官拜军师中郎将。才智与诸葛亮齐名,道号"凤雏"。不幸英年早逝,时年三十六岁。追赐统为关内侯。

好了,上面的问题解决了,那么,接下来还有什么问题呢?还有一个关键的问题,那就是如何放火的问题。也就是说,既然要放火,那就必须要靠近大

第4章 怎样看待战术理念？

船才行,怎样才能顺利地靠近大船放火呢？你看,问题是一个接着一个提了出来。那么问题也是要一个问题一个问题地解决才行。从这里就可以懂得战术是需要缜密细心地去做。用火攻,如果船不连接在一起,就不能达到火攻的最大效果,要让船一起燃烧起来,就必须想办法把船连接在一起。就这样,经过几番战术上的较量,最后终于按照曹操的意志把船全部用铁环连接了起来。这说明最高水平的战术需要组合起来,要一点一点地积累起来才行,这就是战术。

战术组合到这里,还远未结束。前面的问题都一一得到了解决,但还有问题需要解决。如果要想靠近对方的大船,恐怕也不太容易,除非有人去向曹操投降,这样才有机会接近大船。既然接近大船需要这样的条件,那就创造这样一个条件吧。于是,周瑜上演了一出打黄盖的苦肉计。在一次军事会议上,周瑜当着众人的面,将劝降的黄盖重重地打了一顿,就这样,黄盖写了降书,由阚泽送到了曹操手中。起初,曹操认为有诈,但是经过阚泽一番巧舌,还是让曹操接受了黄盖的投降并约定以青龙牙旗为号。就这样,靠近大船的问题解决了。

但问题还没有最终结束。最后还有一个问题那就是风的问题。因为眼下是秋风季节,刮的都是西北风,也就是说,曹操一方进攻的方向是顺风,周瑜如果用火攻的话,那么火会顺着风向烧向自己一方。这样说来,如果用火攻的话,那就必须要有东南风才可以。你看看,解决了一个问题,新的问题接着又来了,怎么解决东南风的问题呢？其实,孔明来到东吴之后,就深入到当地的渔民当中进行气象天气的调查,也了解到,虽说是深秋季节,但也时常刮起东南风。为了掌握准确的天气情况,孔明找到了在长江边常年打鱼的渔民,详细地了解到近期几天之内就会有东南风。对此,孔明对赤壁一战已经成竹在胸。孔明为了能够安全地离开东吴,特意在长江边筑起了七星坛,用奇门遁甲之术借东风作掩护,施展了脱身之计。你看看,所有的战术计划安排,都全部安排妥当,可以说万事俱备只欠东风。东吴方面的水军,这些天也早已做好了随时出击的命令。真的像孔明了解的那样,就在孔明祭风的这一天,天气果然刮起了东南风。于是,黄盖带着船队打着青龙牙旗,朝着曹操的大船驶去。曹操看见打着青龙牙旗来降的船只,心里暗自高兴。

"战略"思维
"STRATGIC" THOUGHT

荀彧(yù)(163—212年)字文若,东汉末年曹操帐下首席谋臣,杰出的战略家。自小被世人认为有"王佐之才"。在战略上为曹操制定了统一北方的军事路线,曾多次修正曹操的战略方针而得到曹操的赞赏。前后二十年,帮助曹操由弱到强,扫平北方,不遗余力。做事很得人心,德行兼备。为曹操举荐了钟繇,荀攸,司马懿,郭嘉等大量人才。被曹操称为"吾之子房"。但有些不识时务,后因反对曹操称魏公,令曹操大为不满,后自杀。

然而他的军师荀彧看到船后说:"这船有点奇怪,如果是装着粮秣的船,船身应该很重,而前来投降的这些船好像没装什么东西,船身那么轻,速度还很快。"曹操一听,急忙下令:"快,让他们停止前进。"这个命令已经晚了。说时迟,那时快,借着顺风,黄盖率领的数十只小船一齐靠上了大船,随之大火也一齐燃烧起来。火借风势,很快曹操铁环相连的大船都燃烧起来,周瑜早已准备好的水军,此时也全部出击,就这样,曹操的百万大军在赤壁遭到毁灭性的打击。赤壁之战以孙刘联军大获全胜收场。

这一战例很细微地说明,只要大胆地确立了要打的战略,对于比自己再强大的敌人,在战术上经过缜密细心的计算,然后一一加以积累和组合,有步骤有计划地组织,就能够取得战略上的成功,也就是二十万胜百万,这就是赤壁之战。我们在总结赤壁之战经验教训时,除了上面谈到的很多问题外,最重要的认识就是,在战术的实施过程当中,计划好的战术有时也会有落空的时候。这是因为当中出现了偶然性的因素,也就是说在实施过程中出现了没有预料到的新的情况,比如说,蒋干首次到东吴看到一封假信拿着就跑了回去,这是出乎周瑜的预料。如果蒋干得了便宜便不再去东吴,那周瑜还能利用谁呢?不得而知。然而,好在更偶然的情况又出现了,这个蒋干却又二次来到东吴,这令周瑜万万没有想到,既然来了,那就再好好利用他一次吧,周瑜的计划没有最终落空。战术的运用,尽管你经过缜密细心的计算,但在实施过程中,必然会有落空的时候,这就需要有修正的能力,也就是说一定要有应急处置预案,这种能力是一定要有的。落空了就落空了,及时修正一下、补救一下是完全可以的。

4.4 【要知道正反两面的特性】

战术的两面性是什么呢？矛盾是对立双方的博弈,有矛就有盾。我们在订立战术的时候,不能仅围绕自己单方面来计算,还有考虑对方如何才能按照我方的要求来进行对抗博弈,这就是战术的两面性。也就是说,我们在制定战术的时候,首先要考虑如何出奇制胜战胜对手,这是战术的一个方面,即我方的战术层面。其次还要考虑如何才能让对方按照我方的战术要求来进行博弈,这是战术的另一个方面,即对方的战术层面。前面我们说了,战略要有胆量,战术要缜密细心。缜密细心指的就是要在战术的两面性上做到缜密细心,多做文章。

毛泽东一生钟爱军事斗争,对军事作战游刃有余,不仅是战略家,还是战术运用的高手。毛泽东率领二万多红军,与国民党几百万大军对抗博弈,实力悬殊,但是在毛泽东灵活的战术指挥下,打败了国民党,创造了世界军事史上的奇迹。当年红军长征在极度困难危机之下,毛泽东从容应对,四渡赤水调动国民党军队疲于奔命,终于使红军摆脱了国民党的围追堵截,带领红军在陕北会师建立了革命根据地,从此红军的发展进入了新的里程碑。毛泽东可以说就是战术两面性的最大玩家。红军进行长征,国民党多路围追堵截,面对困境,毛泽东根据敌我双方的态势,不仅为红军制定了四渡赤水的战法,这是我方战术层面,同时也为国民党军队制定了服从红军调动的战法,这是国民党战术层面,毛泽东在战术的两个层面即战术的两面性上都做得缜密细心,难怪红军战士都愿意跟着毛泽东打仗,也难怪红军战士都说"毛主席用兵真如神"。

在这里我要反复的强调,"战略要有胆量,战术要缜密细心"。缜密细心就是要在战术的两面性上下功夫做文章。也就是说,既要立足战胜对手,要有胜敌之策。同时还要有使敌必败,要有败敌之策。国民党围追堵截红军之所以失败,就在于国民党军队听从了红军的调动,使红军四渡赤水跳出了国民党军队的围追堵截。国民党军队为什么总是听从了毛泽东的调动呢？这就是毛泽东在战术上运用的结果。毛泽东调动国民党军队的战术,就是要让国民党相信这种调动能够彻底消灭红军,所以国民党军队才会听从毛泽东的这种调动,这就是毛泽东缜密细心地在战术两面性上做的文章。

"战略"思维
"STRATGIC" THOUGHT

我们在前面讲了赤壁之战，孙刘联军一方面制定了"火攻"的胜敌之策，同时在另一个侧面又订立了让"曹操杀了蔡瑁张允二将领""曹操下令将战船用铁环连接起来""曹操接受黄盖来降"等一连串的败敌之策。不难想到，赤壁之战之所以能够以弱胜强打败曹操，关键就在于对战术上的"两面性"做了缜密细心的战术组合。细心的读者一定会问，为什么在战术上会有这样的两面性呢？回答这一问题，我们可以从上面的事例中多少能够得到一些感悟。事物的发展总有两面性，有可能向这个方向发展，也有可能会向那个方向发展。到底往哪个方向发展，有的时候可以把握，有的时候把握不了，这要看哪个方面的力量积累到什么程度。不过，我们从战术角度来讲，还是很容易理解的。一般的情况下，我们在制定战术时，往往只订立胜敌之策。举例来说，某一公司如果想卖某种商品的话，大都会制定很多销售计划，而往往会忽略了制定一种肯定对方会买的对策，因此，这是一种主观上的推销。这种主观上的推销，尽管想出了很多办法和点子，但是由于对方没有对该产品的需求，你是无论如何也推销不出去的。比如，我家里已经有两个电饭煲了，这时你还要向我推销电饭煲，我还有这个需求吗？我绝对不会再花钱去买它了。如果对方没有这个需求，那么买卖就不可能达成，你设计的很多推销办法，也就不可能实现。所以要把推销的方向设定在有这种潜在需求的用户群体，因为他们没有这种产品，因此就存在使用该产品的需求。也就是说，他们有可能感兴趣使用该产品，也可能对该产品不感兴趣，不会为此花钱购买这一产品。这两种情况应该说各占百分之五十，我们推销产品，就是要把目光锁定在这50%的有可能感兴趣使用该产品的人群当中，这是首先需要做的工作。也就是说，要能够把这50%的人从100%的人群中区分出来，划入具有潜在消费的用户群体。如何区分这些群体，这就要看你的智慧了，当然，如何区分这些群体不是本书要探讨的内容。

我们在这里要探讨的内容是如何从战术的两面性来考虑战术方法和手段。战术要想达到战略目的，就必须要对"两面性"进行分析计算，拿出最有胜算的方案。在前面，我们把区分出来的可能感兴趣使用该产品的50%的人群，作为锁定的目标，然后对这部分人群进行"两面性"分析和计算，也就是说在设计推销手段和方案中，必须要有两个方面的相应对策，既要有战胜对手的计划，还要有使对方愿意消费的计划。战术的制定，无论如何都要从这两个方面

第4章 怎样看待战术理念？

来考虑才正确。

毛泽东带领红军同国民党军队打仗，最擅长的就是游击战，而国民党军队最擅长的就是阵地战。毛泽东率领红军为什么总是打游击战呢？没办法，那是被逼的，当时的红军没有本钱去打阵地战，这一点毛泽东看得非常清楚，所以，打游击战是最符合当时红军的处境和出路，那么打游击战最适合的战场就是广大的农村地区，所以毛泽东提出要在广大的农村建立革命根据地，这是毛泽东根据当时红军的现状提出的军事战略思想。这一战略思想执行了，红军就打胜仗，一旦这一战略思想不执行了，红军就总打败仗。在第五次反围剿作战中，毛泽东的这一思想被终止执行，红军跟国民党军队打起了阵地战，结果红军遭到惨重的损失，不仅丢失了大片的根据地，还致使红军被迫进行长征，长征初期红军有八万人左右，到长征结束时红军就只剩下二万人左右。好在毛泽东及时回到领导岗位，带领红军四渡赤水摆脱了国民党军队的围追堵截，最终在陕北建立了新的根据地，使我党走出了面临生死存亡的重大危机。

在总结教训时，战术的订立，有时只重视"战胜对手"必胜的一面，却忽略了"对手必败"的另一个方面。国民党最擅长的就是阵地战，而红军跟国民党军队打阵地战，国民党军队又怎么能够必败呢？红军放弃了游击战跟国民党军队打起了阵地战，这才是红军走了必败的路。对国民党军队而言，打阵地战是国民党军队的必胜的战术，红军跟着国民党军队打阵地战则是必败的战术。国民党军队在第五次围剿红军作战时，一方面制定了战胜红军的阵地作战，另一方面就是抓住了红军跟着阵地作战必败的机会，赢得了第五次围剿的胜利，这也是国民党军队和共产党军队作战当中少有的一次胜利。

但是，真正的对手是不按照你设定的战术行动的。国民党军队希望红军跟着他打阵地战，但是毛泽东率领的红军就是不跟你打阵地战，而是要跟你打游击战。国民党一看，没办法，打就打吧，结果毛泽东率领红军在第一、二、三次反围剿作战中都取得了重大的胜利。毛泽东在战术上制定了战胜对手的游击战，逼得国民党军队跟着红军打起了必败的游击战，毛泽东在战术的两面性上都分析计算得很清楚，国民党军队之所以失败，那是因为国民党军队总是按照共产党军队的想法行动，国民党不败那才奇怪呢。

正常的思维是，真正的对手不会按照我们的想法行动，如果总是按照我们的想法行动，那才奇怪呢。刚才我们说的都是在战争中发生的事例。其实，在

"战略"思维
"STRATGIC" THOUGHT

现代生活,在经商做买卖中也是这样。当你在推销产品时,一再介绍说:"该产品非常好,买回去体验一下吧。"可一旦对方说:"对不起,我不需要。"那么买卖就不成立。就像这样,买卖很难做,也就是说战术也不容易得逞的,这就是战术,战术有的时候很顺利,有的时候很不顺利,或者可以说一帆风顺的战术少之又少,这就是战术本身所具有的特性。

当然,与战术不同的是,战略一旦确立,那是不能随意更改的,从这个意义上来说,战略的确立就需要胆量做出决策,一旦决策之后,战略问题就成为核心纲领,指导全局的方向。所以,你既然做出了消灭对手的主张,那就下一个决心就可以了,就这么简单。就像赤壁之战,如果你想"以20万军队打败100万军队",那就下决心好了,但是下了决心之后,这就需要做细致的准备,做好战术方面的分析研究、计划步骤,把战术积累组合起来,创造对方必败的条件,创造我方必胜的条件,以此达到二十万胜百万的战略目标。

所以,在这里你也看到,战略不能随意改变,而战术则有两面性。战略如果总是变动,那是不行的。赤壁之战,孙刘联军决心与曹操一战,那就一战到底,决不能打到一半,因为战术上有落空的情况,就停下来又想和曹操讲和,那可不行。作为企业的经理人员,如果你想把公司的规模扩大两倍,那就按照计划扩充好了,但是在半路上由于出现了新的情况,有部分计划落空了,怎么办?是想把扩充两倍的计划停下来,或是把计划减半,这样的想法那可不行。像这样在战略上下了决心,在战术实施过程中,却出现了偶然的情况,这是正常的事,也是理所当然的事。但是,我们再看问题时,不能因为在战术方面出现点意外情况,或者说因为战术不顺利就如此悲观,就否定战略目标,这是绝对不允许出现的问题。这样的人说穿了就是不懂得战略是什么,战术又是什么的人,或者是说区分不了战略与战术的人,用老百姓的话来说就是掰不开镊子的人。

4.5 【"战略"一致,战术可以不同】

战略是指导全局的谋划,决定着全局的成败。战略一旦确定下来,那么它就成为全局唯一需要贯彻到底的方针政策。也就是说,在全局这个层面上,任何其他决定方向的战略主张都不能够存在,因为战略是唯一的主张或方针。如果不是唯一的,或者说还存在其他的主张或方针,那就意味着在顶层上存在

第4章 怎样看待战术理念？

着冲突,也就意味着存在着对抗,这对全局来说是最大的不幸。

在当今的世界,之所以地区冲突不断、恐怖主义泛滥、军事对抗又有越演越烈的趋势,就是因为在世界范围内存在着霸权主义和世界和平两个相互对立的战略冲突。也就是说,在全世界范围内,世界各国还没有形成一个为世界各国都能够普遍认同的新的世界新秩序战略。因为存在着霸权主义,所以世界和平也只是我们这个地球人类的一个共同的愿望,可以说霸权主义是一切恐怖主义、地区冲突的根源所在,只要霸权主义继续存在,就不可能存在世界的和平,这对全世界来说是最大的不幸。

我们国家在二十世纪五十年代就提出了"和平共处五项原则"的外交理念,经过几十年的外交实践,绝大多数国家对这一理念都表示极大的认同,尤其是广大发展中国家,对中国维护世界和平报以很大的期望,应当说"和平共处五项原则"对世界的和平与发展具有普遍的战略意义,具有很强大的生命力。广大爱好和平的国家,也深深意识到只有中国才是建立世界新秩序的引领者,因而受到越来越多的希望世界和平的国家的普遍欢迎。习近平主席在新时代提出的建立"世界命运共同体"的主张,为真正爱好和平的国家带来了新的愿景,引起了世界大多数国家的一致称赞。然而,要想实现彻底的世界和平,为地球人类创造一个没有冲突、没有霸权、和睦相处、繁荣发展的新世界,不仅是中国人的梦,更是地球人类的梦想,为了实现这个梦想还需要地球人共同来努力推进,可谓任重道远。

我们在前面讲了赤壁之战,在战前,孙刘联军中,刘备一方一边倒主张血战到底,而孙权一方则在战略上形成两派主张,一派是主战,一派是主降,两派形成对立。我们在前面讲过,战略对于全局来说只能是唯一的选择。你不能既主战又主降,也就是说,绝对不能这边战,那边降,如果是那样的话,这岂不是乱套了吗？绝对不可以。

台湾有一位作家,名叫柏杨,他曾写过一本书叫《丑陋的中国人》,在这本书中他揭露了中国人丑陋的一面,那就是"窝里斗"。对于他在这本书中所阐述的观点,在这里暂且不讨论是否客观公正,但不可否认的一点就是,确实有这一现象。我们从他的观点中可以说明一个问题,为什么会有"窝里斗"这一现象呢？其实,产生这一丑陋现象的本质原因,归根到底正说明我们有些中国人真的是太缺乏战略意识了。为什么这么说呢？因为在一个组织内部,你搞

"战略"思维
"STRATGIC" THOUGHT

你的,我搞我的,这种在战略上存在冲突的事实,是造成"窝里斗"的根本原因。你搞你的,我搞我的,这在组织内部没有形成统一的主张,这怎么能不乱呢?在组织内部,绝对不能形成这种态势,必要的时候就要采取果断的措施,一方必须要压倒另一方取得绝对的话语权和领导权,只有这样才能在战略上达成统一,也只有这样才能集中组织内部所有意志去办大事干大事。因此,从这个意义上来说,提高全民族的战略意识,就显得极为重要,这种战略统一的意志力,可以说是战胜一切困难的力量的源泉。

以上说的是战略的唯一性。战术维多指的是战术的手段和方法不能像战略那样具有唯一性,而是要多多益善,也就是说要有多种手段、多种替代方案,要计算得更为详细,更为周详,有一点没有算计到就有可能造成失败,千万不能马虎,这是战术应该有的意识。那么,在战术上是不是也像战略一样存在着冲突呢,可以肯定地说不会存在冲突。这也是战术与战略存在区别的因素之一。在战术上,不论分歧也好,不同意见也好,这在本质上来说不存在所谓冲突。我们千万不要认为有分歧、有不同意见,这就是冲突。在战略上我们的主张是一致的,不存在冲突。也就是说,我们的目标是一致的,都想要消灭对手。但是怎么消灭对手,我们却有不同的意见,有意见有分歧这是好事,这会为我们完成目标,带有来多种方案、多种手段,这种方案和手段,多多益善才是。

可以说,我们在工作和生活中经常会遇到相类似的问题。

我的一位同学,自从当上了一家国有企业的经理后,就经常为一些工作上的事和公司领导班子成员发生分歧,弄得班子成员之间的关系很紧张,以至于影响到了正常的工作。当我们同学在一起聚会的时候,谈到这个事情的时候,我的同学情绪似乎也很悲观,总感觉这样的紧张关系持续下去没办法再开展工作。于是我们大家就纷纷开始议论起来,看能不能帮助他找到一个解决问题的办法。整个对话过程如下:

一位同学问:"你对你所在的公司是什么想法?"我的同学说:"当然是想让公司有更好的发展。"一位同学又问:"那,你们班子成员是不想让公司有更好的发展,是吗?"我的同学回答说:"那倒不是,班子所有成员也都希望公司能有更大的发展。"我紧接着回答说:"既然如此,那你和班子成员之间都有让公司有很好的发展的愿望,这说明你们之间的战略目标是一致的。从战略上看,你和你们班子成员之间并没有什么矛盾和冲突。"我的同学接着回答说:"那倒是,我们只是在具体做法上,意见很不一致。我想这么做,他们却想那么做。"我回答说:"在具体意见上出现分歧,这是战术问题,意见越多,战术也就越丰富,这对公司的发展来说是好事。你们之间,由于经历不同,社会经验和各种交往也都不同,因此,出现分歧是很正常的事。"我的同学急着问:"那怎么办呢?"我回答说:"具体做法这是战术范围的事,具体做法越多,正所谓条条道路通罗马。意见多,也就是说可替代的方案就多,至于采取什么具体做法或者方案,对此就不要固执己见。研究一下看看先采取什么方案,这是必要的,要尽量达成一致。如果在这一问题上达不成一致,那也没关系,谁的方案先行也都是可以的。只是先行的方案在推进过程中出现无法解决的问题时,你再及时地调整方案,我想你们班子成员也就不会反对你的做法了。如果还是固执己见的话,那么你们班子的这位成员就不是合作者,而是拆台者,这样的人应当警醒。"听了这番话,我的同学叹口气,也点点头表示认同。在这里我想反复说明一点的就是,在战术上只存在分歧而不存在冲突。战术上如果出现了错误,那就用替代的方案来加以弥补就行。但是在战略上一旦发生冲突或者是错误,那可就要影响到全局的成败,因此战略上是绝对的唯一,也就是说在决定方向上只能有一个决定方向的主张,这是战略的特点。而战术上,就不能够唯一,而是要维多。战术越多也就是说可替代的方案越多,这个办法不行就及时补救采取另外的办法,战术多多益善,这就是战术的特点。

什么叫战术?当你制定了多种作战方案后,你能很从容地根据战场情况的变化及时改变作战方案,这就是战术。战术不是一条道跑到黑,而是多条道路的组合和计算,不清楚这一点,那是不能带兵打仗的,即使带兵也是要吃败仗的。经商做买卖也是一个道理。我们在考虑战术时,一定要用自己的实践经验来思考,决不能照搬照抄。西方国家行之有效的管理经验原汁原味用在中国,因国情不同,那是行不通的,因为这里面存在着文化上的冲突。即便是一个国家,企业和企业之间也存在着文化上的差异。在这家企业中的行之有效的管理办法,拿到另一家企业也许就行不通。因为战略利益不同,基础也不一样,因此不能仅凭带有普遍性的文化,还要考虑带有各自的特殊性的文化,这一点是必须要清楚的,我们在下一章还要着重分析。

4.6 【要清楚"战略"的分量】

战略是决定全局的谋划,是用来指导全局的方针。战略的作用就在于能

"战略"思维
"STRATGIC" THOUGHT

够打开局面产生必然的结果。无论是在军事、经济、政治、文化等等任何的领域,它的作用都是一样的。就本书的核心主题"'战略'思维"而言,也是一样的。因此,不论在哪一个领域,或那一个系统内部,让所有的人都清楚战略的分量,这是让所有人提高战略意识的有效方法,这也是战术上的最高境界。在中国一千多年的封建历史上,中国有两次被少数民族所统治,一是元朝时期被蒙古人所统治,二是清朝时期被满族人所统治。虽然中国被这两个民族所统治几百年,但是由于汉民族强大的同化力,汉民族的文化自始至终都在顽强地传承,从未间断,并且以极强的感染力同化着其他民族,使中国境内的其他所有民族进一步融合形成了今天的中国华夏文明。

在中国历史上,蒙古人建立了中国历史上的元朝,成为中国历史上版图最大的朝代。那么,蒙古人为什么能够一统中国并深入到欧洲以及中近东阿拉伯各国,征服了本土以外的广大土地呢?当然,蒙古人一统中国的原因有很多,其中一个最根本重要的原因就是,宋王朝的腐朽黑暗。宋王朝可以说是中国历代封建王朝当中政治最黑暗的一个朝代。当然,宋王朝的科技水平和文化水平也是非常的辉煌,这得益于宋王朝强大的经济基础,才成就了宋王朝的科技和文化的辉煌成就。另一方面,政治黑暗的宋王朝,也造成了当时的中国是一个没有统一的分崩离析的国家,也促成了王朝的腐朽和腐败,最终没能战胜蒙古人的铁骑,最后被蒙古人所统治。当然我们在这里讲的,不是从政治黑暗的角度来看待蒙古人统一华夏,而是从蒙古人的生存角度来看待蒙古人的铁骑是如何打败宋王朝建立了元朝。

蒙古人世代生活在草原,主要以畜牧业为主。当然畜牧业是离不开草原和水源的,只要有水有草就能饲养家畜,有了这两个条件,蒙古人就能够生存。所以,这种逐水草而迁徙的生活方式,对于任何一个牧民来说都非常的重要。但是,如果脱离了部族去独立生活,那是不可能的,这是一条死路。因此,这些牧民只能共同在一起过着部族生活,哪里有水有草,部族就整体迁徙到那里放牧生活,这就是有着生死与共的蒙古人的部族群体。

我们再看一看蒙古的军队,蒙古的军队都是由各部族结成伙伴而成,他们不论迁徙到那里,首先考虑的就是部族的生存问题,也就是说有没有水源和草原、有没有异族人的入侵等问题。如果一旦有人侵者的话,如果不能战胜敌人,那么就会失去水源和草地,那样的话生存就会受到威胁,生存也因此失去

第4章 怎样看待战术理念？

了保证。所以在蒙古人的心理,天生就有着"为了生存,无论如何也要将入侵者打败"的心里意识。同时,随着族群的扩大,在一片草原成倍地放养家畜,已经超出了草原所能承受的负担,在一片草原已经养活不了众多的族群,于是他们不断地向外部扩张,他们意识到,不进行扩张的话整个族群的生存就会有问题。那么,怎么办呢？要想活下去,大家就得一心团结,齐心协力把外来的势力打跑,甚至不惜代价要把对方消灭,这就是草原民族生死与共的强烈危机意识。从这里我们可以看出,蒙古铁骑以及部族中的每一个人都非常清楚,如果单独脱离了部族是无法生存的,如果不消灭侵入者,那更是无法生存的。因此,由于他们中的每一个人都有着这样的生存意识,所以他们的铁骑才能够踏遍中原甚至欧洲腹地。

我们再看看当今的世界,美苏冷战结束之后,美国成了世界上唯一的超级大国。然而,了解美国历史的人都知道,美国在独立之前却是大英帝国的北美殖民地,当时这里的人民即受到奴隶制的压迫,又受到外来民族的殖民统治,由于不愿意受到内外的压迫,随后便爆发了资产阶级革命并发表了《独立宣言》。在随后进行的独立战争中,因为大家都觉得不进行革命、不独立就没有自由,他们每个人都有着强烈的要求独立的战略意识,所以在独立战争中,每个国民都能够按照各自的能力独立地发挥个人的才智,勇敢地进行革命,最终使美国获得了独立战争的胜利。

从美国的历史发展来看,应该说,美国是一个由奴隶制社会跨越封建社会一步进入到资本主义社会的国家。因此,美国在全世界极力倡导自由民主也就不奇怪了,这是由于美国的历史国情所决定的意识形态,当然这仅仅是美国的历史国情,具有美国特色的历史发展模式,不具有普遍性,而具有特殊性。世界其他各个国家可以说都有自己的特殊的历史发展轨迹,因此各个国家由于历史国情的不同,所以对自由民主的含义也都各不相同,从这个意义上说,这一点又具有普遍性,所以全世界就必然是一种求同存异的世界,也就是说特殊性与普遍性共存的世界。把自己特殊的历史国情强加于其他国家的历史国情,这有悖于历史发展规律,有悖于求同存异的社会意识形态。把自己特殊的历史国情所产生的意识形态强加于世界他国,这是典型的霸权主义强权政治逻辑。

中国是一个人口众多,地域广大,有着近五千年历史的文明古国。中国的

"战略"思维
"STRATGIC" THOUGHT

历史发展没有断代,在全世界来说是唯一的一个没有断代史的国家。中国的文化也是全世界唯一的能够持续不断地延续到今天仍然在不断传承的文化。中国在近代200年之前的几千年中,一直都是世界最大的经济体,这也是为什么中国被称为是中央王朝的历史事实,可以说中国是世界中央的舞台中心,中国改革开放近四十年正在逐渐地回归到世界舞台的中央,这就是中国,中央王朝。

然而,就是这样一个古老文明的中央王国,在中国近代史上却步入到了一个受剥削受压迫、半封建半殖民地的屈辱历史,中国一下子从中央王国沦落到任人宰割、腐败腐朽,被称为是东亚病夫的国家。清腐朽政府把中国人折磨成这样一幅景象:男人梳着辫子,女人裹着小脚,在西方坚船利炮之下,中国人吸食着鸦片,穷苦百姓推着独轮车卖儿卖女,中国的土地上到处弥漫着黑暗,偌大的中国有着众多的租界,成为国中之国,把人变成了"鬼",把鬼变成了"人",这就是中国近代百年屈辱史的真实景象。是谁把我们中国人变成了这样一副模样?又是谁把我们中国的土地变得破碎不堪?这一切都是满清政府的腐朽腐败,把一个偌大的中央王国整得骨枯凋敝民不聊生。难怪穷苦的百姓不禁要问:"为什么我们生下来就要受苦受穷受剥削受压迫呢?"他们不清楚这个世界到底是怎么了,事实上当时的中国人大多数还都没有觉悟,这就是当时中国近代社会的历史现状。

当然,尽管大多数中国人还都没有觉悟,但是令中国人庆幸的是还是有部分中国人走到了前头,他们是最早觉悟的中国人,他们就是中国共产党人。是谁让中国的穷苦百姓有了不起来闹革命就翻不了身的觉悟呢?是中国共产党人让穷苦的百姓明白了受剥削受压迫是来自于中国近代史上的"三座大山"的压迫,起来革命,就是要革三座大山的命,不推翻三座大山,我们穷苦百姓就没有好日子过。中国共产党人意识到,要想革命胜利,首先就是要让穷苦的百姓觉悟起来,而穷苦的百姓也从中国共产党人的身上看到了希望。从此,中国的老百姓便一心一意地跟着共产党人闹起了革命。

应该说,中国革命的胜利,就是由中国共产党人的带领下,在广大的穷苦百姓的积极参与下才取得了最后的胜利。穷苦的百姓受到剥削压榨由麻木到真正的觉悟,就是在中国共产党人的发动和宣传下,穷苦百姓完成了一次蜕变,形成了不起来闹革命就翻不了身,就不会有好日子过的牢固意识,成了中国革命的主力军。正因为有了"不起来闹革命就翻不了身,就不会有好日子过"的战略意识,穷苦的百姓才能够在抗日战争、解放战争中为中国革命英勇献身,才能够跟着共产党用扁担和独轮小车有力地支援中国革命,推动中国革命从胜利走向胜利,并最终取得了最后的胜利。

我们从以上的历史和实践中可以看得出,如果要充分地发挥人的力量,就必须要让每一个人都能理解战略的意义,"不起来闹革命就翻不了身,就不会有好日子过",如果人人都有这样的深切体会,那么这就是战略的分量。否则,人的凝聚力,人的创造力都是难以充分地调动出来。

联系到现代的企业来讲,也是如此。如果你是一家公司的经理或者是老板,如果你只是对外人或者只是身边的人讲述公司的战略如何如何,那是远远不够的,可以说也是不称职的。公司所确立的发展战略可以说不是你身边的一个装饰品,而是你公司所有员工最应理解和牢记的、最规范的武器,也就是说,公司的所有员工,上自经理,下自服务人员,不论是关键岗位还是辅助岗位,不论是扫地的、还是打更的,所有这些人如果都能够领会到公司的发展战略从而自觉地开展各自的工作,可以说,你这家公司就能够获得成倍的战斗力,而战斗力是可以转化为最大的效益,最大的经济利益。因此,希望所有的企业和部门都能够这样地考虑问题,让自己的员工都去认识和理解战略的分量,进而再去行动,再去努力工作。历史给予了我们很多的经验和教训,从中吸取经验和教训是应该的,也是必需的。

4.7 【对手必败的潜在条件要会创造】

"战胜对手"和"对手必败"可以说是两个概念,也是战术上的两个侧面,也就是前面讲过的战术存在两面性的问题。战胜对手是两面性中的一面,我们在前面的章节中已经讲得很细了。接下来要讲的是两面性中的另一面,也就是"对手必败"一面。我们在制定战术的时候,不仅要立足于战胜对手,同时还要立足于对手必败,也就是对手如果这么干了,肯定会失败的确定因素。这就是我们一再强调的战术要细心的根本原因。逻辑思维是这样的:如果对方采取了 A 的行动随之就一定会产生 B 的反应,也就是说,存在这种因果关系的因素越多,对另一方就更为有利。

但是,这样的带有因果关系的因素,往往是我们无法预知的,也是对手最

"战略"思维
"STRATGIC" THOUGHT

为严密的因素,是不会轻易泄露的核心情报。那怎么办呢?这就需要我们去创造这样的具有因果关系的条件,也就是要创造对手必败的因果条件。什么是战术呢?战术就是要调动对手朝着"具有必败的因果因素"方向转化,也就是说,战术就是在制定战胜对手的战术的同时,也要制定对手必败的具有因果关系的战术方案。

在前面讲到的赤壁之战中,曹操统率百万大军攻打东吴,在关键的水战中,如果能将曹操的战船通通地连接为一体,然后采取火攻的战术,那么肯定就会产生遭遇火攻而失败的必然结局。东吴方面看到了这样的局面,曹操方面也看到了这样的局面,但是认为时下正值秋冬季节,如果对方采取火攻,那么火势一定是逆向往自己方向扑来,因此曹操终于放松了警惕。然而孙刘联军方面的孔明却比曹操更深入地进行了调研,尽管是秋冬季节,但也时常有刮东风的个别天气,这是曹操方面没有算计到的地方。可以说,东吴方面成功地创造了许多让对手遭火攻而失败的必然条件。比如,利用蒋干除掉了曹操军中唯一懂得水战的将领,又利用蒋干创造了让曹操下令将战船连接的条件,又用苦肉计创造了得以接近战船的条件等等,这些必败的条件可以说是东吴方面创造的好手笔。

接下来,我们在这里拿欧洲的一位著名人物来继续探讨相关的问题,这个人物就是被欧洲誉为近代战争之父的拿破仑。

十八世纪的欧洲,各国一直都是处于国王的统治之下,各国的军队都是所谓的雇佣军,也就是军队的士兵都是拿薪水的,为了养家糊口所以才到军队当兵。所以,为了能长期得到工资,士兵想的都是尽可能地不死,只有不死,才能有工资。想想看,让一群不愿去死的人打仗,哪里会有什么战斗力呢?没有办法,只能让他们组成方队以便稳定军心。在两军对垒时,就这样一个方队一个方队前进,如果有人想逃跑的话,那就会被督战的军官当场打死,如果不想这样死的话,那就必须挤在方队中与对方拼杀。这就是当时欧洲各国军队所采取的打法。

然而,改变这一传统打法的人就是被称为"欧洲战争之父"的拿破仑。他创造了现代战争的打法,即采取的是散兵的作战方式,也就是说没有以往的队形,都是散开着与对方作战。这是当时欧洲唯一不采用方队打仗的军队。拿破仑率领的军队,为什么却能以散兵形式打仗呢?因为,在法国爆发了法兰西

第4章 怎样看待战术理念?

大革命后,贵族的土地被没收并分配给了农民,农民自然是非常的高兴。然而,欧洲其他国家的国王看到这种情形后,非常的担心,害怕自己的国家也会发生这样的革命,于是便派遣军队去帮助大革命前的路易王朝复辟。如果一旦复辟,贵族又会卷土重来,这样的话,分到农民手中的土地就又会被夺走,所以农民们纷纷参加军队,以保证分到手的土地不被剥夺。就这样组成的军队叫国民军,国民军中的每一个士兵都有着"无论如何都要打败外国军队,不能让国王和贵族回来"这样的战略目标。正因为每个人都有这样的战略意识,因而在打仗的时候,每个人都能以各种不同的方式有效地打击敌人。而雇佣军则不同,一旦躺下来休息,就是军号响,也常常使战斗无法进行。拿破仑面对的就是这样的对手,所以拿破仑征服整个欧洲也就不足为奇了。

不过,当拿破仑征服欧洲之后,历史又出现了完全相反的结果。拿破仑席卷欧洲所到之处便把该国置于自己的统治之下,在这种形势之下,欧洲各国因自己的国家被别人占领和支配,因此又遭到这些国家国民的反抗,于是国民便奋起掀起了反拿破仑的国民运动。这就意味着各国的国民有了"捍卫国土"的战略意识,最终拿破仑也因此遭到彻底失败。

为什么呢?因为战争的胜负是可以转换的,本来是自己取胜的因素,转眼间却变成了对方取胜的因素,也就是说,拿破仑之所以打胜仗是因为自己的国民军都有着"打败对方保住自己的土地"这样的战略意识,因此才有了战斗力。然而,当拿破仑的军队占领了别的国家,却遭到这些国家国民"捍卫国家"的一致反抗,因此"捍卫国家,打败侵略者"变成了拿破仑必败的因素。所以,光是创造自己这边胜利的因素还不行,还必须要创造对方失败的因素,两者结合起来才是最终胜利的保证。

滑铁卢战役是拿破仑与欧洲反法联盟在1815年进行的决定性的一次大会战。当时拿破仑有20万人的军队,而反法联盟中的英军有10万人,被拿破仑打败并往东逃跑到的普鲁士军队有12万人。拿破仑与反法联盟总兵力对比是20万对22万,兵力基本相当。此时英军在北方,而普鲁士军队在东方,拿破仑如果在这个时候采取各个击破的战术,以20万人的绝对优势攻打北方10万人的英军,那是有胜利的把握,然后再集中优势兵力攻击逃往东方的普鲁士军,那么,拿破仑在反击反法联盟的战役中,就能够取得最后的胜利。

然而,拿破仑却在关键的时候,分兵2万让自己的部下率兵追击普鲁士军

"战略"思维
"STRATGIC" THOUGHT

队。他认为只要用其余的18万人攻击英军就会取得胜利,也就是说,光创造了这边胜利的条件,可是拿破仑却没有创造英军必败的条件。那么,反法联军"必败的条件"是什么呢?其实,只要对局势做一个基本的判断就能够得到正确的答案,这个答案就是:只要英军和普鲁士军不集中在一处联合作战而是各自孤立作战,就必将被拿破仑以优势兵力各个击破,这就是反法联军"必败的条件"。

但是,拿破仑却并未创造对方这样的必败条件,相反却分兵追击普鲁士军队,而不是阻击预防普鲁士军队与英军会合。此时的普鲁士军队认为,如果这样孤军作战,早晚要被法军消灭,还是应当尽快与英军合兵一处较为安全。于是,被追击的普鲁士军队,一路奔向英军最终与英军在滑铁卢会师,这样就形成了联军22万人对拿破仑18万人的较大兵力优势。结果,孤军作战原本是联军必败的条件,现在联军会师却反而成了联军必胜的条件。就这样对拿破仑来说,本来就应该把英军和普鲁士军分割开来各个击破,可结果却意外地让他们得以会师,自己却反被联军各个击破。拿破仑最大的败笔就是不该让分兵的军队去追击普军,而是应该让分兵的军队构筑阻击普军与英军会师的防线,以确保18万人的优势兵力消灭10万人的英军。

所以说,光有自己取胜的计划还不行,还必须同时制定敌人必败的计划才行。拿破仑在这次战役中就是光计算着自己的胜利,却忽略了创造敌人必败的条件。也就是说,当地人已经处在孤军作战的时候,却没有制定"防止敌军会师"的必败方案,结果为了追击普军,逼得普军做出了向英军靠拢的决策。在这一战例当中,最关键的地方就是要创造"防止敌军会师"的必败条件,拿破仑之所以在滑铁卢战役失败,就在于忽略了"联军会师"的必败因素,也就是必败条件。所以,要想取得战略上的胜利,那么在战术上一定要重视创造我方必胜的条件,更要重视创造对手必败的条件。

4.8 【采取的"战术"手段要灵活应变】

战术的设计,一定要在真实的事实基础上由自己来制定,由自己来实践。总结出来的战术手段、战术方法有很多,但是不能机械地去模仿,那样的话是行不通的。别人的经验是可以借鉴的,但是应当注意,别人的所谓经验那是由围绕着他本人的条件所产生的特殊性的东西。

第4章 怎样看待战术理念？

拿过来借鉴，也只有当特殊性较为接近或者相同时，才能拿过来加以借鉴。不论个人也好，企业之间也好，国家之间也好，都是这样。切不可把这种特殊性的东西不加分析和判断拿过来错当成了普遍性的东西来看待。

中国改革开放以来，为什么提出了"建设有中国特色的社会主义"呢？还不就是强调了要有中国自己特色的东西。那么，中国特色怎么来呢？那只能依靠自身的条件不断地创新而来，这也是围绕着中国的国情所产生的特殊性的东西。所以，我们国家领导人一再强调，中国的发展道路和发展模式，那是在中国的大地上所产生的特殊性的创举，中国不会对外输出中国的发展道路和发展模式，那是因为中国的特殊性在这里，别人是无法照搬照抄的。

中国改革开放之后，有一段时间企业很流行国外的企业管理方面的经验。在二十世纪七十年代或八十年代，世界经济发展最快的国家当属日本，而那个时候的日本跟中国保持着很友好的关系，因此，那个时候的日本，尤其是日本企业管理方面的经验，受到了中国企业的好评，很多企业纷纷派管理干部参加日本企业管理方面的培训学习班，我本人也有幸代表公司参加了一个在北京举办的一个日本管理经验培训学习班。但是，这样的培训学习搞了几年之后，再也不怎么提了。到了九十年代，欧美的企业文化又逐渐受到中国企业的关注，从此中国企业开始流行企业文化直到现在。所不同的是中国的企业文化与欧美的企业文化，在借鉴交流过程中，逐渐吸收和创新形成了中国企业自己特色的文化，为中国企业的发展创新起到了推动作用。当今的中国企业已不再那么迷信欧美企业，中国企业的自信随着中国经济实力的增强，也变得更加强大。

其实，中国或中国企业与欧美国家或企业各方面都有着很大的差异性，也就是说，中国与其他国家之间的特殊性的东西有很多。比如中国长期计划体制下的企业与市场经济体制下的企业，所特有的延续的东西和创新的东西，以及企业转轨改制前后职工的新旧观念等，这都是日本或欧美国家所没有的，这是具有特殊性的东西。因此，在学习别人的经验时，如果不从自身的环境条件等因素出发，换上自己的东西，那么经验也往往不会有多大的作用，有时甚至有无法预知的风险。所以，战术要体现在能够借鉴的基础上，最根本的还是要有自己的创新，这是其一。

其次，有的人或许有这样的体会，由于缺乏对局面的控制能力，结果反把

"战略"思维
"STRATGIC" THOUGHT

局面给搞乱了,形成了对自己不利的局面。那么对局面的控制能力到底应该体现在什么地方呢?其实,这是对局面的认识还缺乏必要的了解。如果你对局面的认识,包括方方面面都比较清楚时,相信你对局面的控制就比较容易。但是当局面确实无法预料的时候,机械地走一条路这是很危险的。那怎么办呢?这就需要对局面进行多方面的假设,在此基础上形成多个可以替代的方案,这样,不管局面发生什么样的变化,你都能够按其变化而相应灵活地加以处置。所谓控制能力也就体现在这里,决不能机械地一条道跑到黑而和战略相混淆。

战略只有一个,只能走一个方向,也就是二者必选其一,这是前提。当然,战略有误时,也就意味着失败,此时调整战略则是必然的举措。然而,在战术上却恰恰相反,战术是多多益善,要多少就多少,把替代的方案准备得越多越细,对变化的局面也就容易把握和控制,这是非常必要的。我们在前面讲了赤壁之战,我们看到,在赤壁之战开始之前,面对曹操百万大军的进攻,孔明只身来到了东吴,目的只有一个那就是"联吴抗曹",这是孔明来东吴所要达到的战略目标。"联吴抗曹"能否顺利形成,其关键还是要看东吴孙权的态度如何。而此时东吴方面是战是降,形成两派意见对立,而孙权此时还没有做出最后的决断,所以,如何说服孙权做打的决断,就成为孔明此行极为关键的问题。到底是正面劝说孙权,还是侧面加以利导,这就需要孔明与孙权见面之后相机行事了。因为他们两人从来没有见过面,所以不好说应该选择那种战术手段更为有效。但是当孔明与孙权见面之后,孔明便觉得此人可激不可说,于是心里便有了对策。之后,当孙权问孔明:面对曹操百万大军来袭,如何是好?孔明很自然地回答说:"还是以降为好,降起码可以活命。"孙权反问道:"你家刘备为何不降呢?"孔明激之:"我家主公乃是皇叔,而且又是当今英雄,怎么可能降曹操这样的人呢?"孙权一听心想:"你家刘备是个英雄,可以不降,劝我降曹操,这不等于骂我是个草包吗?"岂有此理!

你看,就这样孙权被孔明这样一激,最终让孙权做出了打的战略决策。这是孔明对不同类型的人所做出的不同的处置,也可以说这是孔明对于人情世故及局面的控制上有着极高的应变能力,是一个可以支撑大局的人物。赤壁之战,可以说要是没有孔明牢牢控制着大局,败的一方还真说不定是谁。再说,赤壁之战虽然是以东吴主导水战,然而幕后主谋却还是孔明,所以东吴周

第4章 怎样看待战术理念？

瑜虽然战胜曹操,但是赤壁之战得利最大的一方,还是孔明,因为孔明不仅取得了荆州之地,还为日后向西蜀扩展,实施"三分天下"的总战略,打下了坚实的基础。没有这一步,那也不会形成三国时期"三足鼎立"的局面。

"战略"思维
"STRATGIC" THOUGHT

第5章 怎样看待组合理念

[**本章提要**]本章主要讲述的是战术的深层问题,即战术的定制所引发的一系列观念和思维问题。本章就战略思维而言极为重要,因为战略一旦确立,胜败的关键就在于战术的定制是否科学而有效,最重要的是定制基于事实基础上的一切手段。

5.1 【谁先谁后次序要清楚】

战略和战术问题那是有先后次序的,这个次序绝对不能乱,也就是说战略一定是要先行确定,然后才是战术跟进,这是正确的战术定制思维。只有明确了战略目标,战术才能有的放矢。我们在制定战术之前,如果对战略的现实意义及其作用不够理解,或者确定不了战略时,那么,战术是无法订立的。也就是说,没有战略的战术,那是不能成立的。订立战术的前提必须要有一个清晰的战略目标,并以此为目标进行战术的定制,这个前提必须要先行确立,这一点是非常明确的。

如果没有一个具体可实施的战略,当然这是一个具体的战略,那么仗就没个打,这是反映在军事斗争当中的问题,然而,如果是反映在企业的经营管理当中,或者是自己的人生当中,可能就会有很多人不容易理解了。尽管有些人也在实践当中顺着这样的思考方法,但是他也不会形成一种专门的意识,也正因为如此,有的人看似很有经营能力,但一遇到事关全局的战略问题时,就显露出了破绽。

而如今,有很多企业之所以难以为继,艰难维持,最终破产,而有些同行业的企业不仅生存不存在问题,而且还能够不断地发展壮大,这足以说明不同的经营者有着不同的战略利益和战术方法,因此同一个行业,你干就是赔钱,他干就是盈利,这其中最根本的问题就是战略的确立与否,其次才是怎么干的问题。战略的确立是为前提,战略的正确与否将决定事业的成败,这是必然的规律。但即便是正确的战略,但只要在战术层面没能把握好执行和处置的话,事业也不可能取得成功,只有战略与战术都做到紧密相关,事业才能够不断壮大。这也就是为什么不同的人做同一件事,有的人成功了,有的人却失败了的原因。

发生在我们身边及周围的事,会有很多,只要你细心地观察了解,你会发现很多可以引以为戒的事。在你的身边我想就能看到有的人忙忙碌碌,不是干点这个,就是干点那个,可干来干去却什么也没有干出名堂。有的人或许屡干屡败,但终于有一天有所悟道,结果上去了,这叫功夫不负有心人,或者是失败是成功之母,感悟颇深。还有的人屡干屡败,但最终也没能有所悟道,结果却永远沉下去了。为什么呢?就是因为他们缺的就是我一直反复强调的具有战略性的东西,也就是战略目标。上去的人,屡干屡败但终于有一天悟道了,也就是看到了战略的方向,结果激流勇进,这就上去了。沉下去的人呢,就没那么幸运了,不是倾家荡产,就是身败名裂,要想咸鱼翻身那可就难了。有一些企业的老板或者经理们,在他们的企业经营活动中,今天看到这个项目挺好,搞了之后一看,结果并不理想。之后又看到那个项目挺好,搞了之后又一看,还是不行。怎么办呢?还是先维持现状吧。然而心里却还在想到底该发展什么呢?这个时候的头脑展现的是毫无头绪。

事实也是这样,当我们做任何事情的时候,如果没有建立正确的战略目标,哪里会有什么头绪可言。有的企业当遇到多年不遇的好的发展机遇时,不敢面对机遇的挑战,死死地抱住维持现状以避免因风险所带来的不确定性以求自保,这无异于自杀,维持现状说白了,就是主动放弃发展,放弃生存,这样的企业老板或企业经理,如果不把他换掉,真的是天理不容啊。

就个人而言,光有自己的"愿望"那是远远不够的。愿望是什么呢?愿望不是一个绝对值,愿望实现很好,不能实现也没关系。而战略则是一个绝对值,要么是一个胜利的绝对值,要么是一个失败的绝对值。而战略是为了实现自己的愿望或理想而选择的目标和手段,是确保自己的愿望能够成为一个绝对值,战略就具有一举打开局面的作用。人生是很短暂的,如果没有一个总的人生战略目标,那么愿望和理想从何而来?人生价值又如何体现?可以这么

"战略"思维
"STRATGIC" THOUGHT

说,企业的维持现状与个人混日子真的是大同小异。维持现状其实对企业来说也就是混日子。

所以我们不难看出,只有先解决了战略问题,也就是说先确立了战略目标,那么在战术上才会显露出头绪,战术也才能够在此基础上进行设计和组合。

我们在前一章讲到了赤壁之战,东吴方面面对曹操的百万大军,是战还是降,东吴内部产生了激烈的争论,为此孙权始终没有做出战略抉择。孔明来到东吴后,舌战群儒,与孙权会面之后,一见面,孙权便急不可待地问孔明面对这样的局势应当"如何是好",意思是面对曹操的武力威胁,应该怎么办。很显然,对孙权来说这是一种毫无头绪的提问。你看,孙权在是战是降的战略问题上还没有做出决断,就急着问战术上的问题,显然次序没对。对此,孔明戏说"还是以降为好,降起码可以活命。战,还是有风险的,弄不好就要国破家亡甚至还有被杀头的危险。"

孙权又问:"你家主公刘备为何不降呢?"这时的孔明在见到孙权之后,就已经有了应变的对策。孔明随后采取的是激将法应对:"我家主公刘备乃是天下的英雄,又是汉室宗亲,怎么能投降曹操这样的人呢?"看看,孔明采取的就是这样的激将法,此话一出,孙权心想,你家刘备是英雄可以不降操,反劝我投降曹操,那不是骂我孙权是鼠辈吗?为此孙权非常的生气。

孔明为什么要戏说孙权呢?一方面是孔明此次来东吴是为了完成"联吴抗曹"的战略任务,为了让孙权顺利地朝着"联吴抗曹"的战略方向转变,情急之下而采取的一种战术上的策略。另一方面,对孙权来说,面对曹操的武力威胁,是全力一战好呢?还是彻底投降好呢?孙权必须要在战略上做出选择。就像这样必须要两者择其一,决定方向性的决断就是战略。而孙权此时在战略上还没有做出抉择,就提出了没有头绪的战术问题,所以孔明才戏说"以降为好"。

我们每个人在一生当中都会遇到很多这样类似的问题,"怎么办?"这就需要我们根据实际需要,先做出抉择,而后再考虑到底应该怎么办,这就是战术方面的问题。孙权经孔明这么一激,最终做出了战略抉择。而这个时候再问到"怎么办?"也就有了头绪。所以战略要先行一步确立,之后才能根据战略需要订立必要的战术,来解决实际问题。不过,我们在现实生活中,必须要细心地订立战术才行。这一点在这里再怎么反复地讲,可以说都不过分。我们在前面的章节中也讲了,大胆地决定战略这是必需的。但是大胆地决定战术,那是不行的,那是要失败的。这个道理和毛泽东讲的"在战略上要藐视敌人,在战术上要重视敌人"都是一个道理。赤壁之战,孙刘联军之所以能以20万人大胜曹操100万大军,取得了中国历史上最为著名的以弱胜强的辉煌战例,关键是在战术上体现了这一战略思维。当然,细心并不是细的无边,提到细心就格外地小心过度,这反而会束缚手脚让人进退两难。

5.2 【要培养自己的"战术"素养】

俗话说"做人要有做人的样","做官也要有做官的样",这一点,其实我们每个人都有各自的看法和标准。由于每个人所处的环境以及所受到的教育不同,这就决定做人做官没有什么统一的标准。但是从心理素质和战术素养上来讲,是不是应当有一些共同的东西呢?肯定有,这一点应该是毫无疑问的。在这里我只讲一个与主题非常有关联的问题,那就是"分寸"问题。那么,什么是分寸呢?这就好比两人对棋局一样,该走的棋一定要走掉,不该走的棋一定不能动,因为棋之所以不该走,是因为没有后续的手段。棋该不该走,只要具备后续手段,棋就该走,否则棋就不能走,这就是分寸。

普通人也好,做官的人也好,如果没有这样的意识,那可不行。其实一个人的能力大小,这和他把握分寸的能力是一致的。要知道,无论是当官的人,还是普通的人,你必须要知道自己要干些什么,什么事是我应该干的,什么事是我不应该干的。眼下,真正的人才并不是遍地都是,要是在你的企业里没有当用的人才,你怎么办?总不能因此关门歇业吧?这就需要形成自己的风格。什么风格呢?不是招人才,就是靠自己培养人才,再不就是任用蠢材。要是我,我一定要靠自己来培养人才,尽力形成自己的风格。那么自己的风格体现在哪里呢?你要记住,凡是属于手下人应该干的工作,你不要随意地去加以干涉。比如你对手下的人说"你应该这么干",或"你应该那么干"。你要做的就是要针对全局,对手下人的工作给予评价。无论是创造性方面,还是心理素质方面,应给他一个空间,这有利于他自身素质的提高。至于怎么干才好,你要记住,千万不要为此多说一个字,这一点应该牢记在心。

为什么要这么说呢?如果你想让你的手下人员,都具有很高的创造性能

"战略"思维
"STRATGIC" THOUGHT

力,那么你就必须要这么做。因为,培养自己手下人的独立工作能力,这是你应该尽的责任,也是在培养自己的风格,有了这样的意识,你的战术素养也就显露了出来。就是说,要当官就要像这个样才行,这就是素质。实际上一个企业如果不重视人的创造能力和创新意识,企业是没有发展的。新时代,我们国家已经提出了要建立创新型国家,这也正是基于这样一个现实。也就是说,创新型体制下的企业的可持续发展,人的创新能力推动了企业的创新,也是企业长期可持续发展的关键所在。

赤壁一战,东吴是孙刘联军正面与曹操交战的主力军,然而在打败曹操之后,胜利的果实却被刘备一方所占有,东吴却什么也没有得到,为此东吴非常的气愤,本想发兵攻打刘备收取荆州之地,但又担心会给曹操机会报赤壁之仇,因此没敢轻举妄动。

对于在赤壁之战中孙刘两家谁的功劳最大,在这里我们可以评价一番。东吴方面认为,在这场战斗中,东吴是以主力军地位在正面迎战了曹操大军,并打败了曹操,荆州应当归东吴所有,况且事前也有这样的约定,这就是说东吴的功劳最大。刘备方面,总兵力只有不足五万人马,而且是配合东吴方面作战,取得了荆州的实地,这是在孔明的掌握之中。应该说,赤壁之战之所以能够大胜曹操,原因就在于孔明提出的"联吴抗曹"的战略目标,其次就是东吴方面在战术上做了精心的组合。刘备一方玩的是战略谋划,而东吴一方玩的却是战术谋划。战略是决定全局胜败的关键,是一切战术手段的前提,从这个意义上来说,刘备一方的功劳是最大的,那么取得荆州实地也算是问心无愧吧。然而东吴方面却不这么想,按照事前的约定,打败曹操之后,荆州之地应归东吴所有,刘备方面也承认约定,因此才有了暂借荆州之地的说法,对此,东吴方面对孔明那是耿耿于怀啊。

为了荆州之地,孙刘两家争执不休。就在这个时候,东吴得到了一个消息。什么消息?乃是刘备夫人去世的消息。于是,东吴方面就有人想利用这个消息做文章,提出将孙权之妹假意许婚给刘备,并让刘备来东吴完婚,然后将刘备扣为人质,用以换回荆州之地。孙权也觉得此计不错,于是派人前去说亲。

刘备知道此事后,心想完婚倒是可以,但是我们夺了荆州,孙权很生气,我要是去了,他们也许会把我杀掉的。于是问孔明"不知能去否?"然而孔明却笑着说:"这可是天大的喜事啊,一定要去的。"其实孔明心里非常明白东吴的用意。但是,去东吴完婚这可以加强与东吴的联盟关系,与"联吴抗曹"的战略是一致的。因此孔明的意见是一定要去。不过孔明也明白,孙权没有得到荆州之地,一直对刘备耿耿于怀,在这种形势下,此去完婚会有很大的风险。那么,此次去有风险,还又必须去,那如何化解风险顺利完婚而返呢?

去还是不去,这需要做决断,这是战略问题。孔明做出了去的决断,那么剩下的问题就是战术问题。战术这东西,就是要顺着问题来展开。也就是说,在哪里?搬动谁?怎样搬动?这就是战术要算计要组合的内容。

我们在工作中,也经常会遇到这样的问题,"这件事该怎么办?"有的人想起了自己经历过的事,认为这样做就行或那样做就行,但在实际上,日益激烈的市场竞争,你把自己经历过的事强加给别人,人家真的能动吗?其实,光是自己在动,任何经验或其他战术都是不成立的。做生意就是这样,光是自己在动,不是做广告宣传,就是进行现场推销,但是只要用户不买你的产品,那生意就不能成立。有的人好像不大思考这个问题,当问到怎么办时,便总是自己主动,要这样,或者要那样,而对方会怎么想、怎么动就放在考虑之外了。所以,一做起事来,却总是出乎意外。那么看看孔明又是怎样考虑战术的呢?

5.3 【普遍性的因素是依据】

孔明是怎样考虑战术问题的呢?在这里先不谈孔明,而是先讲一讲人心,这让我想起了多年以前发生的令我非常振奋的一件事,那就是1999年第三届女足世界杯。提到足球,说心里话,我不是一个非常狂热的球迷,就是准球迷也谈不上,充其量也就是看看而已。尤其是中国足球,我已经有很多年都不关注足球,也就是偶尔听听有关足球的新闻报道。但是,1999年第三届女足世界杯,确实给了我一次相当大的振奋。

那个时候,当有人问我"你喜欢看足球吗?"说心里话,我真的不知道该怎么回答对方。因为我知道,足球虽然我也看看,但我对足球确实没有什么认识。大家在一起谈论足球时,也只是引用一些报刊的评论或者是现场的评论来彼此地交流,仅此而已。不过,在第三届女足世界杯上,中国女足的精彩表现,这才让我懂得了一点真正意义上的足球。可以说是女足姑娘们的精彩表现,才真正让我喜爱上了足球,当然我是说喜欢上了中国女足。

"战略"思维
"STRATGIC" THOUGHT

联想到男子足球，我实在不愿意在男足之前冠上中国二字，因为他们太不争气了，好几十年了，一直到现在，男足也没有什么起色，不知道什么时候男足才能够真正站起来，我想我这辈子恐怕是看不到这一天了。也许你是一位很热心的球迷，你或许会说"你太悲观了"，其实这么多年了，我真的不再关注男足。男足的职业联赛，在国内已经搞了很多年，却从未引起过我的关注，为什么？原因很简单，那就是他们踢的球实在是没有什么水平。后来整个足球界又发生了强烈的地震，众多足协官员涉嫌腐败，众多裁判人员涉嫌黑哨，就连我最喜爱的"金哨"也因贪腐被判入狱，众多足球俱乐部的球员与俱乐部、足协官员、裁判合谋踢假球，当整个足球界的黑幕曝光之后，我更是对男足产生了强大的排斥心情，可以说对男足已经是失望到底了，一直到今天也没能走出这样的阴霾。

当然，要不是当年中国女足的出色表现，我也许再也不会关注足球，彻底与足球脱离视线。在这里我还是要说，感谢中国女足给了我对于足球的认识。但是，也正因为女足，才回过头来让我感觉到男足太低水平的惨象。当然，我们也看到这样一个事实，当时的女足世界杯也只是刚开展没几年，各个国家的女足，在世界范围内都刚刚起步，可以说是处在同一个起跑线上。因此，中国女足在心理方面就没有什么包袱，所以女足姑娘们能够在艰苦的环境里，依靠团队的拼搏精神以及脚下的功夫和整体的战术素养，取得了第三届女足世界杯"名誉上的亚军，事实上的冠军"，在全国在全世界都引起了强烈的震动。

在国内，男足享有各方面的待遇，又有国内众多球迷的支持，可为什么球踢得总是让人不满意呢？我个人认为，关键的问题不在足球本身的技术问题，而在于足球以外的东西。这个足球以外的东西是什么呢？记得有一位记者曾经采访一位中国象棋大师，他问："您是当今中国最有实力的中国象棋大师，那么您认为如何才能保持这一称号呢？"这位大师只回答了一句话说："功夫在棋外。"我想，这句话对于他们这个层次来说，可能就是一种境界，你只有进入到这个境界，你才是一流的大师，否则的话就称不上什么大师。联想到国内的足球，我认为中国足球还没有进入到一个境界，所以中国足球几十年来始终处于亚洲的二流水平，因此，如何让中国足球尽快地进入到一种境界，也就是说的足球以外的东西，中国足球或许才能有希望冲出亚洲、走向世界。那么到底进入到一种什么境界呢？我觉得这是一个很尖端的问题，不是我一个非足球人所能回答的问题。不过我们是不是可以对比一下我们的国球乒乓球呢？中国乒乓球被世界认为是梦之队，国际乒联总是针对中国队出台一些新的规则，就是为了要平衡中国队与世界其他国家的实力水平，但每次出台新规，中国队都能够很快适应新规则，始终站在最高水平的顶端。2018年3月份的世乒赛，巴西天才少年，打败了众多国内顶尖高手，但在最后的决赛中，中国小将樊振东以4:0完胜巴西天才少年，保住了冠军的荣誉。当天国际乒联公布了最新世界排名第一位樊振东，可是没过两天，国际乒联又重新公布了世界排名，樊振东排名第一被拿了下来。事后，樊振东说了一句话让我非常振奋，他说："我不在意世界第一这个排名，我倒是非常在意中国第一这个排名。"这句话透露出了霸气，反映出中国乒乓球的境界才是世界最高的境界。

那么，再看看中国的足球，中国足球的境界在哪里呢？中国男子足球自从走向职业联赛以来，中国足球这才进入到了一个正规的发展阶段。同中国女足相比，中国男足就没有那么幸运了。男子足球在欧洲以及南美先进足球强国，他们的足球联赛的历程有的已经有百年以上的历史，而中国足球联赛可以说才刚刚起步，虽然已经有二三十年的时间，但与欧洲强国还是有相当大的差距。因此，这种时间上的差距，造成了中国男足同世界先进足球国家无论是心理方面，还是对足球的认识上，都存在着极大的现实差距。因此，这种"心里差距"和"足球认识上"的障碍，可以说是真正制约中国足球进一步提高和发展的根本原因。一位在中国执教的洋教练在面对记者采访时曾说道："中国男子足球，从个人技术水平上以及体能素质上，同足球高水平国家相比，差距不是很大，但是在对于足球的认识上，确实还存在着极大的心理方面的差距。"应该说，洋教练的话道出了中国足球的实际现状，也可以说是中国男子足球的国情所在。

所以，中国足球要想得到实质上的飞跃，就必须要从战略高度来解决心理差距上的问题。否则，就是请多么高水平的洋教练，也提高不了中国足球的水平，而洋教练本身也不可能在中国执教获得很好的成绩。那么，中国足球应该确立什么样的发展战略呢？这正是中国足球面临的最大也是最困难的工作，也就是说，建立符合中国足球国情的发展战略，才是中国足球提高与发展的必由之路。毕竟我们与足球强国之间的差距不是一年二年，十年八年，而是好几十年甚至上百年的差距。目前，中国足球也在经历着最深刻的改革，我觉得除

"战略"思维
"STRATGIC" THOUGHT

了继续进一步抓好足球联赛,确保联赛质量,坚决杜绝假球、假哨等主要环节外,还有一个就是要尽量少转播欧洲美洲的一些联赛,这对于扭转中国足球与欧美足球强国的心里差距,有一定的促进作用,中国人的这种心理差距要是扭转不过来,中国足球还是没有希望。这种战略问题不解决的话,中国足球就不可能有实质上的突破。中国女足的情况,虽然同男足的情况有所不同,但是,包括中国女足在内,女足的发展战略和男足的发展战略,如果不在战略高度加以深入的研究,女足同样也会落后。从第一届女足世界杯到现在已经过去了二十多年,那么中国女足落到现在的成绩,这也印证了我说的这一观点。

好了,说了些有关中国足球的问题,我们再回过头来看看孔明是怎样考虑战术问题的。前面说了,在赤壁之战中东吴方面在战后没有得到什么实际利益,而刘备方面却得到了荆州之地,这让孙权极为不满,心思怎么从刘备手里要回荆州,而就在这个时候,孙权得到消息,说是刘备的夫人去世了,于是下边的人便出主意,让刘备来东吴和孙权之妹完婚,然后趁机把刘备扣留在东吴,用以换回荆州之地。然而,孔明知道消息后非常的高兴,认为这是可以进一步强化"联吴抗曹"的举动,因此力劝刘备到东吴完婚。其实孔明心里也非常清楚东吴方面的这一用意,但是孔明心里非常有把握利用好这次机会,进一步加深"联吴抗曹"的战略。同时,为了让刘备如期到东吴完婚,特派赵云跟随刘备保驾护航,并在临行前交给赵云三个口袋。这三个口袋分别是:在来到东吴国都时打开第一个口袋;当刘备不想离开吴国左右为难之际打开第二个口袋;当刘备在危急之时打开第三个口袋。力劝刘备去东吴完婚并平安地返回,这是孔明确立的既定目标。但是刘备到了东吴之后,东吴方面会有什么反应呢?对方对刘备会采取那些行动呢?对这些问题,只有做到了然于心,才能够下定决心。顺着可能会发生的问题,孔明做了细致入微的分析:孙权和周瑜等人都想把刘备抓起来,或杀之或作为人质以换取荆州之地,这是不利因素。那么这一不利因素如何化解呢?在这种情况之下,有谁出面活动就能干扰和阻止孙权、周瑜等人的想法呢?这个因素到底存不存在呢?分析之后,孔明发现确实有这样的因素,因为有一个人是能够阻止孙权的想法,这个因素的确被孔明看到了。如果孔明没能看到这个因素,就贸然前去,其结果就会按照预想的那样不是被杀,就是被利用为人质以换回荆州之地。然而孔明发现了这个因素,这个因素就是一位老人。

第5章 怎样看待组合理念

> 赵云(154—230年)字子龙,是蜀汉军事集团中少有的"智勇兼备"的将领之一,曾经多次为主帅的错误决定做出指正。也是三国中仅次于吕布的一员勇将。曾在当阳长坂坡于万马军中单骑救主而成名,深得刘备和孔明的信赖。有一定的政治眼光,不计较个人名利,作为一员武将,难能可贵。刘备赞曰"子龙一身都是胆也",称赵云为"虎威将军"。一世英名从未受挫,得善始善终。病故成都。

东吴有一位乔国老,他是孙权母亲的父亲,也就是孙权的老爷,孙权是乔国老的外孙,他住在京城,人非常好,和谁都相处得很好。也知道孙权是个孝子,对长辈们的话一向是听之任之。孔明正是看准了这一点,才力荐刘备去东吴完婚。为此,刘备一行人来到吴国都城,赵云打开了第一个口袋,上面写道"拜会乔国老"。于是,赵云备齐了礼物去了乔国老的家。当乔国老知道来意后,非常高兴,心想自己的外孙女要出嫁了,于是乔国老进宫去见自己的女儿吴国太。当吴国太听说此事后,却非常的生气,心想我这当母亲的尚在,女儿出嫁这么大的事都不和我商量,太不像话了。于是叫来孙权要当面质问。在母亲面前,孙权不得不说了实话。吴国太听后更是大怒,骂道:"周瑜做了六郡八十一州的大都督,毫无一条计策去取荆州,却要将我女儿为名使美人计,杀了刘备我女儿便是望门寡,往后如何嫁人?这不是误我女儿一世吗?"骂得孙权不敢言语。

人心就是这样,只要拜会乔国老,乔国老就会去看他的女儿,只要见到女儿,她就会以不曾听到此事怒责孙权。你看看,在这些环节上,是不是充分体现了抑制力量的活动。周瑜等人的想法无形中被抑制住了。可见,孔明吃透了乔国老、吴国太,吃透了孙权是个孝子,是不会违反母亲的意志。就这样,在吴国太的干预下,刘备娶亲弄假成真。周瑜等人的计谋被遏制住了,这是在孔明的预测之内。战术这东西,就是考虑对手怎样行动,而后做出相应的处置。乔国老的感觉如何,他感觉的结果又会怎样行动,这是人类心理活动的事前预测,这是考虑战术时最重要的事情。对方不动,战术就根本不能成立。光是自己这边动,就不成其为战术。过去在商界有一句话叫"有对手,只要对手行动,就能办成事。"我想其中一定有它的道理。尤其现在的市场经济社会,干什么

"战略"思维
"STRATGIC" THOUGHT

都会有很多的竞争对手,那么这个对手怎么交易、会有什么行动,不掌握他们的心态,那是无法竞争的。为了调动对方按照自己想的方向行动,如果自己不做任何处置,对方就不会按照自己想的方向行动,如果对方不动,那么战术自然就不能成立。

孙权、周瑜等人的计谋被孔明的第一个口袋中的妙计给遏制住了,然而,你这边动了,孙权那边也会因为情况发生变化而有所变动。谋士张昭献计说:"刘备出身微末,奔走天下,未尝享受过富贵,既然刘备成婚已成为事实,不如以华堂大厦、子女金帛,令彼享用,自然疏远孔明等人,使他们各生怨愤,然后荆州可图。"

不错,刘备确实被声色所迷,全然不想回荆州了。这是人类的一个弱点,孔明也看到了这一点。乔国老能够促成婚事,可婚后,对方一定会设法挽留,不会轻易放人回去的。那么如何让滞留在吴国的人员回来呢?这是孔明给赵云的第二个口袋所要解决的问题。当赵云看了第二个口袋的妙计后,次日便来到了刘备哪里说:"主公到此已经逗留了很久,也该回去了。"刘备说:"我也是这样想的,怎奈……"刘备有点舍不得这里的一切。赵云说:"我已接到孔明密书,曹操为报赤壁之仇,起大军向荆州攻来,主公若不回去,恐荆州有失啊。"刘备一听,心想这可不得了,如果丢了荆州,自己也不能安全地在吴国生活下去,这可如何是好?赵云对刘备耳语,如此这般。于是刘备对夫人说明原委并请助一臂之力。这样就由夫人出面以出城祭奠为名,顺利出城了,可是并不是就一帆风顺。当孙权得知刘备带着夫人逃跑的消息后,急忙派人追赶,当赶上的时候,情况就变得非常危急,就在这个关头,赵云又看了第三个口袋:"将夫人推到第一线。"

孔明也预见到对手会有这样的行动,为此必须把夫人推到前面,才能化解危机。因为夫人也是习武之人,孙权的部下都很怕她,把她推到前面,孙权的部下是不敢为难她们的,事实也正是这样。就这样,刘备到吴国完婚并带上夫人一同顺利地回到了荆州。刘备在东吴的这段时间,所发生的一切事,基本上都在孔明的预料之中,没有发生意外的情况。对于这个故事的真假,我们可以不去管它,重要的是从这个故事中,要学会看一些问题。这就是,要充分吃透对方的心态,看对方怎样活动,然后来订立对策,其实这就是战术。

我们在考虑战术时,切不可片面地推行自己的一套,这是不行的。战术这东西,他的着眼点就在于怎样抓住人心,怎样使之活动。把我这边想的事强加给对方,那战术就不能成立,更不会取得战略上的成功。因此,我们在考虑战术的时候,应该从"人类心理的普遍性"考虑才行,这是战术的特性。孔明为什么想到要搬动乔国老?因为老外公对自己的外孙女要出嫁,一定会感到高兴的。所以对外公来说,知道这个事情后,一定会去自己的女儿那里去祝福的,这是人之常情,具有很大的普遍性。这种人之常情,不论在哪朝哪代,或者是当今社会,也是一样具有普遍性。如果你当了外公,你的外孙女要结婚了,你肯定也会很高兴的,顺便到女儿那里问问外孙女,找了个什么样的女婿呢,从事什么职业呢,这就是人之常情,也就是人心的普遍性。

那么,在现实社会当中,是不是有一些"特殊性"的东西呢?当然是有的。我们在考虑普遍性的同时,当然也会考虑是不是存在特殊性的因素。外公与外孙女关系很好,这是普遍性的人之常情,但是也有外公与外孙女关系不好的特殊情况,所以在考虑战术时,不能忽视有特殊性的因素。当然,我们在制定战术的时候,一定要围绕普遍性来考虑战术,不能以特殊性的东西来考虑战术。以特殊型来考虑战术那是要落空的。

5.4 【特殊性的因素也不能忽视】

前面我们讲了,制定战术要紧紧围绕人心的普遍性来考虑战术问题。抓住了人性的普遍性来行动,那么就一定就会有百分之九十以上的人跟着行动,当然,也会有百分之几的人可能就不会跟着行动,这就是特殊性。孔明在经过调查了解之后得知,乔国老与女儿吴国太的关系很融洽,这种融洽的父女关系自然也影响到外孙女与外公的关系,这是很典型的带有普遍性的关系。兄弟之间关系好,这也是普遍性的关系,但是兄弟之间的关系不和,也是有的,这是特殊性的兄弟之间的关系。中国有句老话叫"关键时刻还是亲兄弟",从这句话当中的"还是"是什么意思呢?当然,这是指兄弟之间关系好这是带有普遍性的一种肯定。那么,有没有特殊性的关系呢?当然有。他们虽然是亲兄弟,但是关系却很糟糕,也就是说兄弟之间关系不和,这就是特殊性的关系。所以,以特殊型来考虑战术那是不行的,必须要以普遍性来考虑。

从普遍性的角度来考虑战术问题,把握人心,推测人心,听起来好像很不容易,其实,最容易被人所忽略的东西,就是这些极具普遍性的东西。为什么

"战略"思维
"STRATGIC" THOUGHT

这么说呢？因为人性中的东西都很平常、很普通、很普遍,所以往往不被人所重视,结果在行动当中经常会有特殊的意外的情况发生,因此,有的人感觉很不容易把握人心。比如说,有的人很喜欢买这本书,为什么？因为他认为此书对自己很有帮助,很有启示性。而作者就是根据这种人心,既然他需要这方面的帮助,那就把它创作出来。有的人文字基础很好,很想搞些创作,但就是不知道该写点什么。其实,创作也没有那么神秘,你不妨可以根据普遍性的原则进行有针对性的创作,这个时候你就不会感觉到创作是件很困难的事。

在当今的新时代中国,倡导的是"大众创业,万众创新",对于不甘寂寞,有谋求个人发展的人来说,前面讲的道理也是一样的。只要认真研究怎样才能让对方这样或那样地往你这边花钱,我认为就可以。对方如果说,我很想买一副家用智能马桶盖,那么,好啊,你就把智能马桶盖送去,我想肯定会拿回来钱的。不过,解决事物之间的问题,光靠普遍性还不行,还必须要把当时的特殊性也一并考虑进去才行。但是你要记住,特殊性的考虑尽管不能忽略,但它不是主流,主流是普遍性,从属的支流才是特殊性的东西。因此,考虑到普遍性时,必须要考虑特殊性,光用普遍性来处置问题是不行的,那样的话,说不定就会在什么地方出现闪失或差错。

我们再回过头来看赤壁之战。

东吴大都督周瑜用连环计将曹操的所有战船用铁环相连,为实施火攻创造了必要的条件。其实,曹操也考虑到了会遭到火攻的可能性,但他自认为对方如果要使用火攻的话,必须要借助东南风才能遭到火攻的打击,然而眼下正是季风季节,刮的都是西北风,这对于使用火攻的一方极为不利。曹操想到这里心里似乎有了数,因此也就没再深究。在这里,曹操对火攻的可能性就没有进行特殊性的推测和考量,也就是说没有进行必要的预防处置。也就是,万一刮起了有利于进行火攻一方的风势,那可怎么办？对这种特殊性的推测,曹操没有进行任何的预测和应对的措施。结果,当时的气候,的确发生了突变,真的刮起了有利于实施火攻一方的东南风。在这里,特殊性的天气突变起了作用,结果造成曹操在赤壁遭到大败。

至于说到孔明设坛借东风一幕,那只不过是为了掩人耳目而施展脱身之计。孔明也清楚,周瑜一心想要在东吴境内把自己唯一的对手孔明除掉,可是孔明也并非是一般人物,周瑜又怎么能是孔明的对手呢？到最后周瑜还是被孔明三气而死。

说到推测人心,大家听起来好像觉得很困难,事实上却并不困难。真正难的是我们往往看不到或者看不清问题的普遍性和特殊性的东西。人心的这一心理活动,必须要在平时确切了解的基础上进行积累,这样的话,当我们在着重从普遍性考虑问题时,再把特殊性的内容融合进来进行全面的考虑,这就绝不是什么难事。只要我们在这方面能够有意识地这样去磨炼,那么你在这方面的能力就会逐步得到提高。

5.5 【多做有利于"战略"的事】

刘备方面在赤壁之战中获得了实地,取得了荆州这一战略要地,而东吴方面在赤壁之战中却什么也没有得到。应该说,东吴方面在赤壁之战中与曹操正面进行水战,取得了重大的胜利,立下了汗马功劳,但是却没有捞到什么实地,对此,东吴方面大为不满,所以东吴方面欲借完婚之机,将刘备扣为人质以期换回荆州之地,这是孙权、周瑜等人所设计的战术手段。

对于东吴方面的完婚倡议,孔明看得很清楚。既然知道东吴方面的险恶用意,孔明为什么却还积极地推动这一倡议呢?因为,这是孔明基于"联吴抗曹"的战略目标所做出的必然之举。就是有再大的风险也要去东吴完婚,这是战略的需要,没得商量。既然去东吴完婚存在巨大的安全风险,那么化解掉这个巨大的风险,就是孔明最重大的任务,能不能化解掉危机,经过孔明一番的详查摸底,孔明终于有了底气。

此次去东吴完婚,这在战略上是进一步加强"联吴抗曹"的同盟关系的举动,而不是削弱与东吴的同盟关系,所以去是一定要去的,而且必须去。如果刘备到东吴能够与孙权之妹顺利完婚并安全地返回荆州,那么,刘备与孙权的同盟关系就会得到进一步加强。因此,孔明力荐刘备前去完婚,这是有利于战略的行动。当然,如果刘备与孙权之妹没有顺利完婚并安全地返回荆州,而是刘备杀掉孙权之妹而逃回荆州的话,那可就破坏了"联吴抗曹"的战略,是不利于战略的行动。为此,孔明无论如何都要让刘备到东吴与孙权之妹完婚并安全地返回荆州,朝着有利于战略的方向推进战术行动,为此孔明细心地准备了三个口袋交给了赵云,即后人所说的锦囊妙计。

好了,既然支持刘备去东吴完婚,那么就要化解被杀被扣的潜在的风险。

"战略"思维
"STRATGIC" THOUGHT

面对这样的风险问题,有的人会打退堂鼓,也就是说,一般的人在考虑战术问题时,不是围绕普遍性来考虑问题,而是围绕特殊性来考虑问题。由于首先考虑了特殊性,因此就会产生"如果"这样类似的问题。你比如说,"如果去了之后会不会被杀掉?""如果被杀掉的话,那不就什么都完了吗?"所以,结论很显然,还是不去的为好。你看看,本来是能够可以化解的风险,却由于特殊性的考量,完全否定了可以化解风险的战术行动。

所以,我们在考虑问题时,要学会把战略当作中心来考虑。孔明为了完成"联吴抗曹"的战略,认为去东吴完婚完全符合战略需要,既然是有利于战略的行动,那就支持吧。不过,一旦开始实施,可能就会遇到很多类似于"如果"方面的问题,但是把出现的"如果"问题解决掉,即便是有99%的机会可能被杀或被扣,或者其他什么不利情况,但是毕竟还有1%的机会可能不被杀而安全地返回,那么就在这个1%上想想主意吧,这就是战略思维中有关战术制定的基本思维方法。孔明就是在这个1%上细心地做了文章,精心设计了锦囊妙计,最终冒着99%的巨大风险,完成了只有1%胜算的任务,让刘备带着新夫人顺利完婚并安全地返回了荆州。

5.6 【"战术"有缺陷也不能丢弃"战略"】

我们举一个发生在解放战争期间的例子。在解放战争中,中国共产党率领的解放军先后发动了三大战役,即辽沈战役、平津战役、淮海战役。在辽沈战役中,党中央毛主席做出了"包打锦州"的战略决策,这一战略决策关系到整个东北战局,对解放全国至关重要。然而当党中央毛主席的这一战略决策下达到中国人民解放军第四野战军时,当时的司令员林彪却认为,包打锦州在战术上存在着一定的风险。因为包打锦州之后,沈阳城内的国民党一定会大举增援锦州,这对包打锦州的部队会形成两面夹击的危险,林彪因此迟迟不执行党中央毛泽东的决策,这也意味着林彪想要否定党中央毛泽东所制定的战略决策。看到林彪迟迟不执行党中央的命令,危急关头,毛泽东强制林彪下达了攻打锦州的命令。不错,攻打锦州,在战术上确实存在着缺陷,一是沈阳之敌会大举增援锦州,对包打锦州的部队会形成内外夹击的不利态势。二是国民党已从海上调兵增援锦州,这股援军也只有塔山一线能够阻击,万一阻击不利,将对攻打锦州的部队形成巨大的压力。但是,整个东北战局的关键就在于

第 5 章 怎样看待组合理念

攻克锦州,这是中国人民解放军掌握东北主动权的重中之重,对全国的局势发展也是至关重要。战略一旦决策下来,就是说攻打锦州的命令一旦下达,就不能因为战术上存在着缺陷而放弃战略,也就是说拒不执行包打锦州的命令。关键时刻,毛泽东下达了死命令,逼迫林彪执行了包打锦州的命令。最后,锦州被攻克,为整个辽沈战役的胜利乃至全国的胜利奠定了基础。

> 林彪(1907—1971年)黄埔四期生。在革命战争年代得到毛泽东的器重,委以重任。建国后授予元帅。后因政治野心膨胀,欲阴谋夺权,事败后乘飞机外逃,在蒙古温都尔汗地区坠机身亡。后被中国共产党开除出党。

辽沈战役的胜利,我们从中可以看到,既然在战术上有这样或那样的不利态势,那就要订立可控制不利态势的战术,这是订立战术的基本思想。包打锦州的实战就是这样进行的,为了预防沈阳方面国民党军队的增援,解放军投入了一定的兵力,有效地将国民党增援的部队挡在了家门口。对来自海上增援的国民党军队,被中国人民解放军阻击在塔山一线,就这样,不利态势被解放军有力地遏制住了,从而确保了攻克锦州的胜利。

我们在过去的亲身经历当中,也常常会遇到一些讨论:"这件事到底可不可行?""这件事我觉得,如果搞不好的话,我们会因此受到损害。""那怎么办呢?""我认为这件事还是以后再说吧。"

就像这样类似的讨论话题,我们很多人都会经常遇到。如果真的会发生这样或那样的损害,那就应该制定如何防范损害发生的具体措施,也就是制定防止发生损害的战术手段,这是正确的思考问题的方法,也是战术的做法,同时也是实际战争中的做法。然而,大多数情况下,一旦出现"如果……就会因此……"这样的情况,这件事恐怕就会不了了之,其结果就会伤害到战略的执行,这是绝对不可以发生的事。就像包打锦州的案例,党中央毛泽东下达了包打锦州的战略决策,可林彪却因为有沈阳之敌和海上之敌的增援,担心腹背受敌,拒不执行党中央毛泽东的决策,在毛泽东严令之下,才最后执行了党中央的命令,取得了攻克锦州的胜利。如果像讨论的那样,"这样做很危险,还是停下来为好。"这样的想法,就不是订立战术的想法了。这样的议论是在举出战术上的某些缺陷,以此来否定战略决策,那么到底应该怎么做呢?就应该本着包打锦州的战略决策来制定打的战术。要是说有"如果"的问题存在,就把打

"战略"思维
"STRATGIC" THOUGHT

的这一战略给取消了,那就变成投降了。赤壁之战,曹操率百万大军来了,是与曹操决战呢?还是投降曹操呢?你必须要做出选择。如果说不能打的话,那就只有投降。

战术就是调动对方。如果把战术订立在"如果"的基础上,考虑到存在危险性,就否定了战略,那就什么也干不成了。所以,确定了战略之后,必须接着就制定战术。战术是什么呢?战术是必须要从普遍性来考虑的问题。普遍性就是要以人心的普遍性来考虑,把还会碰到的负面的可能性的问题,一一加以弥补,这才是战术的制定方法。要充分意识到,战术绝不是建立在特殊性的基础上的。把自己本身的意思或行动强加给对方,对方是不会动的。要是你自己站着不动,却要强制别人"这样动"或"那样动",那对方也是不会动的。要想让对方笑嘻嘻地看着这边,就自己先到对方前边去。就这样把对方不朝向这边的可能性,一一地全部堵塞住,这就是订立战术的原则。同时还要清楚,感觉迟钝的人是订立不了战术的。

第6章　怎样看待信息理念？

[**本章提要**]本章主要讲述的是信息方面的问题,我们做任何事情都需要一定的信息作为基础,否则我们依据什么来做事呢？所以,信息的获取是你在做决策时的根本前提。

6.1 【知根知底才能够交手】

"知己知彼"这是中国古代《孙子兵法》上的术语,距今已流传二千多年,在中国差不多人尽皆知。然而,又有多少人能够从这一古老的成语中悟出真正的价值呢？在军事斗争中,我们很容易联想到对立双方的敌我情报要做到知己知彼,这是战胜对方不可缺少的必要环节,也是实现战略目标的必然因素。不过,在当今已经高度信息化的时代,我们是不是也能够联想到,在众多的竞争对手面前也能够做到知己知彼呢？一个企业要想长期可持续地生存和发展,如果不真正了解企业内外的生存环境,尤其是外部的发展环境,那么,要想摆脱困境昂首竞争,那是不可想象的。

知己知彼,流传到今天,显然它已不再是单纯地指对立双方,而是世界经济更加融合依赖的整个社会与环境的关系。比如,环境保护、生态平衡、经济上的可持续发展等,事关整个地球人类的命运发展,如今已日趋深入人心。我们常听到有人说,"现在已经是信息社会",说得不错,其实只要我们认真地多读几遍"知己知彼",我们就能够体会到在中国二千多年前,中国社会就已经步入到了信息社会。在今天,随着科技水平的飞速发展,高度信息化、智能化的社会日趋提高。从工业化经济逐步过渡到以知识为突出特征的知识经济,然后,又由知识经济逐步向信息化、智能化的社会经济发展,为此,我们走上了一个更加重视人才竞争的社会,这是任何国家、任何企业、任何个人都不能忽视

"战略"思维
"STRATGIC" THOUGHT

的发展现实。

我们每一个人，或者每一个企业，心里都有着谋求发展的愿望。但是，如果要想生存，要想发展，不深刻地认识自身的长与短，那是绝对靠不住的。中国改革开放已经有近四十年的发展历程，之所以能够长期可持续地高速增长，就是紧紧地抓住了"基本国情"这一关键的"知己知彼"。军队要打胜仗，企业要发展，个人要有出路，那就必须要时刻对内耗进行控制，对外部信息进行开放搜集。如今，各种类型的媒体、报刊名目繁多，这些由编辑人员提供的所谓信息，对真正需要信息的人来说，是不是真的有用，那就不得而知。但是如果说你想要战胜竞争对手的话，那么你就必须要建立自己的信息情报体系，同时还要建立对方的信息情报体系。

所谓"自己的信息情报"，那就必须是用自己的眼睛看到的、迈开脚步走感受的，是自己亲自所体验到的东西，然后，把这些最为基础的情报牢牢地抓在自己手里。如果你想把自己的公司搞好，无论如何也必须先把自己公司的事情全部彻底弄清楚。如果不能从总体范围内把握住每个人在现场是怎样工作的、物是怎样流动的、资金是怎样周转的、内耗是怎样产生的等等这些最基础的情报，也就是事实，我认为即使再好的行家也是无法进行经营的。这就好比走路是一样的，这儿有电线杆、那儿有建筑物、那儿有地下通道等等，不知道这样一些最基本的信息，那就寸步难行。

就拿战争来说，自己手里有多少部队？训练状态如何？都是一些什么样的装备？常规武器的科技含量达到了什么水平？战略武器的高科技水平怎么样？是否有很强的生存能力？是不是有很好的反打击能力？当然还可以更细一些，自己方面所使用的枪射程有多远？装备的大炮有多少？能打多远？有多大的杀伤力？一分钟能打出去几发？等等，当然还有很多，在这里就不一一列举了。以上这些都是最基本的信息情报，是必须要知道的，这是"知己"。反之，对手那边同样的问题，也必须要有所了解，不然的话这是不能打仗的，这是"知彼"。

因此，只有了解了这些看似平常的东西，而后，你才能够有步骤有措施地进行较量并击倒对手，这就是知己知彼。

6.2 【信息有没有用都要靠前提来断】

我们在前面的章节中，已经讲到了什么是战略。战略是决定全局的谋划。

第6章 怎样看待信息理念？

在本章中我们也要讲到战略，但是要在战略上面加上引号，即"战略"。为什么要加上引号呢？因为我们在这里讲的"战略"都是有具体内容的战略表述。比如说"联吴抗曹"，这是刘备方面在极其不利的条件下，推行的战略方针。

我们在前面讲了赤壁之战，那么，在赤壁之战后各方势力总的形势又是怎样的呢？从地理位置讲，东吴孙权占据着江南大片区域，曹操方面占据着北方大片区域，而刘备方面则在赤壁之战中得利，占据着荆州之地。可以说他们三方势力，在当时是最有影响的三股势力。在这三股势力当中，刘备的地盘和军事实力是最弱小的，虽说刘备取了荆州之地，但是距孔明在隆中确立的"三分天下"的战略目标还有一定的距离，为此，刘备集团无论如何也得取得西蜀不可。为什么这样说呢？由于刘备方面的势力范围正处在南北中间地带，受到北方曹操和东方孙权两个方面的严重威胁，可以说是处在一种非常不安定的状态之中，这就决定了刘备集团必须要摆脱这样的局面而需要向西跨出一步，以取得西蜀之地。但是如何才能取得西蜀之地呢？首先是，如果没有西蜀的确切情报，又怎么能展开对西蜀的博弈呢？因此取得西蜀谈何容易。

刘璋（？—220年）字季玉，东汉末年三国时代割据军阀之一，是西蜀的最高长官。为人"宽柔""温仁"，性格懦弱，虽"暗弱""不武"，但有一颗仁慈之心。立志不远，只图自保一州。军事才能一般，拙于"人谋"，不识天下形势，在某种程度上说，可谓是"治世之能臣，乱世之凡人"。由于缺乏政治眼光，听信张松、法正之言，迎刘备入川，引狼入室，后被刘备取而代之。

机遇总是为有准备的人准备的。就在刘备孔明积极运筹西蜀之际，一个非常意外的、偶然的机会突然出现了，这让孔明看到了希望。是什么偶然的信息让孔明看到并抓住了呢？原来，事情的原委是这样的：当时的西蜀是由刘璋来管理的，也就是说，刘璋是西蜀的最高长官。刘璋是一位无能之君，在刘璋管理团队当中，很多大臣对刘璋的无能感到担忧，心想让这样一位无能的人管理西蜀，国将不保，西蜀迟早会被别人夺去的。因为北有曹操，南有孙权，靠近西蜀还有刘备，与其说让他们派兵来夺，不如主动降于最强的一方，一来百姓可以不受战争之害，二来西蜀的秩序也可以正常继续下去，否则的话就很难有

"战略"思维
"STRATGIC" THOUGHT

所发展。在西蜀的很多官员当中都有这样一致的想法。那么,这一想法的代表人物就是蜀国的"别驾",也就是相当于政府秘书长这样的官员,名叫张松。

> 张松(？—212年)字永年,东汉末年,刘璋的部下,益州别驾。身材短小,放荡不治节操,然而很有才干。曾主张迎请曹操入川,但不被曹操礼遇,怀恨在心,转而迎请刘备入川。与好友法正一同密谋出卖刘璋,将益州献给刘备。后被兄长张肃发现并告发,被杀。是刘备入川的关键人物。

就在这时,汉中一代的军阀汉宁太守张鲁,想夺取西蜀之地而称王,消息传到西蜀刘璋这里后,心中甚忧,于是召集群臣商议对策。

请看原文:

当年闻操破西凉之众,威震天下,乃聚众商议曰:"西凉马腾遭戮,马超新败,曹操必将侵我汉中。我欲自称汉宁王,督兵拒曹操,诸君以为何如?"阎圃曰:"汉川之民,户出十万余众,财富粮足,四面险固;今马超新败,西凉之民从子午谷奔入汉中者,不下数万。愚意益州刘璋昏弱,不如先取西川四十一州为本,然后称王未迟。"张鲁大喜,遂与弟张卫商义起兵。早有细作报入川中。

却说益州刘璋,字季玉,即刘焉之子,汉鲁恭王之后。章帝元和中,徙封竟陵,支庶因居于此。后焉官至益州牧,兴平元年患病疽而死;州大吏赵题等共保璋为益州牧。璋曾杀张鲁母及弟,因此有仇。璋使庞羲为巴西太守,以拒张鲁。时庞羲探知张鲁欲兴兵取川,急报知刘璋。璋平生懦弱,闻得此信,心中大忧,急聚众官商议。忽一人昂然而出曰:"主公放心。某虽不才,凭三寸不烂之舌,使张鲁不敢正眼来觑西川。"

却说那进计于刘璋者,乃益州别驾,生张,名松,字永年。其人生得额镢头尖,鼻偃齿露,身短不满五尺,言语有若铜钟。刘璋问曰:"别驾有何高见,可解张鲁之危?"松曰:"某闻许都曹操,扫荡中原,吕布、二袁皆为所灭,近又破马超,天下无敌矣。主公可备进献之物,松亲往许都,说曹操兴兵取汉中,以图张鲁。则鲁拒敌不暇,何敢复窥蜀中耶?"刘璋大喜,收拾金珠锦绮,为进献之物,遣张松为使。松乃暗画西川地理图本藏之,带从人数骑,取路赴许都。

你看看,以张松为代表的一些人正苦于没有借口与曹操联络,正在这时,

第6章 怎样看待信息理念？

张鲁要图谋西蜀的消息就来了。面对张鲁觊觎西川的图谋，刘璋急忙与众官商议，张松抓住机会向刘璋献计说："当今天下，曹操扫荡中原，吕布、袁绍、袁术、马超等都被曹操所消灭，天下无敌。我愿意亲往许都，劝说曹操攻打汉中，以解西川之危。"刘璋说："主意甚好，卿宜速去。"就这样，张松带着人，怀里揣着西川地理图本，不远千里前去见曹操。张松身为别驾，人长得确是古里古怪，身长不满五尺，言语有若铜钟，当曹操见了这位别驾之后，毫无悦色，还带着责备的口气说："蜀这几年来，从不对汉朝廷进贡，真是岂有此理！"张松说："我们是想进贡的，可是四方盗贼蜂起，交通又很不方便。"曹操傲慢地说："我替汉王朝治理天下，没听说有什么盗贼啊！"张松说："荆有刘备，南有孙权，盗贼到处横行，若不是这样的战乱，您也不会兵败赤壁吧！"

曹操听了这话，心里很不高兴。第二天，曹操便带着张松来到练兵场，想展示一下军威，说："军威如何，蜀有吗？"张松说："我们蜀是以德为本，虽然有军队，但从未看到过这样耀武扬威的军队。"张松的话，刺激了曹操，曹操大怒说："张松退下去！"实际上，张松是想把蜀拱手交给曹操，自己也想在曹操手下为官，为此，他带了西蜀诸郡的地理图本，想以此作为见面礼，可是张松却受到了这样的待遇，他终于明白，原来此路不通啊，为此他忧心忡忡。在返回西蜀的途中，张松不知不觉来到了荆州的地界。这就是前面所说的一个意外的偶然的机会从天而降。就在他忧心之时，却万万没有想到，他受到了荆州刘备的热情接待。把张松安排到府堂，设宴款待，一连饮宴三日，刘备也未提蜀的情况，张松很是感动并告辞回蜀，刘备于十里长亭相送。然而就在分手的那一刻，张松心想，玄德公如此宽仁爱士，安可舍之。我本想把蜀送给曹操，看来莫不如送给刘备。于是，就在分手之际，张松从怀里掏出了西蜀诸郡的地理图本，说道："把这作为临别纪念吧，如果你有图西蜀之意，松当粉身碎骨，以为内应。"

请看原文：

玄德举酒酌松曰："甚荷大夫不外，留叙三日，今日相别，不知何时再得听教。"言罢，潸然泪下。张松自思："玄德如此宽仁爱士，安可舍之？不如说之，令取西川。"乃言曰："松亦思朝暮趋侍，恨未有便耳。松观荆州，东有孙权，常怀虎踞；北有曹操，每欲鲸吞：亦非可久恋之地也。"玄德曰："故知如此，但未有安迹之所。"松曰："益州险塞，沃野千里，民殷国富。智者之士，久慕皇叔之德。

"战略"思维
"STRATGIC" THOUGHT

若起荆、襄之众，长驱西指，霸业可成，汉室可兴矣。"玄德曰："备安敢当此？刘益州亦帝室宗亲，恩泽布蜀中久矣。他人岂可得而动摇乎？"松曰："某非卖主求荣，今遇明公，不敢不披沥肝胆。刘季玉虽有益州之地，禀性暗弱，不能任贤用能；加之张鲁在北，时思侵犯；人心离散，思得明主。松此一行，专欲纳款于操；何期逆贼恣逞奸雄，傲贤慢士，故特来见明公。明公先取西川为基，然后北图汉中，收取中原，匡正天朝，名垂青史，功莫大焉。明公果有取西川之意，松愿施犬马之劳，以为内应。未知钧意若何？"玄德曰："深感君之厚意。奈刘季玉与备同宗，若攻之，恐天下人唾骂。"松曰："大丈夫处世，当努力建功立业，着鞭在先。今若不取，为他人所取，悔之晚矣。"玄德曰："备闻蜀道崎岖，千山万水，车不能方轨，马不能联辔；虽欲取之，用何良策？"松于袖中取出一图，递与玄德曰："松感明公盛德，敢献此图。但看此图，便知蜀中道路矣。"玄德略展视之，上面尽写着地理行程，远近阔狭，山川险要，府库钱粮，一一俱载明白。松曰："明公可速图之。松有心腹契友二人：法正、孟达。此二人必能相助。如二人到荆州时，可以心事共议。"玄德拱手谢曰："青山不老，绿水长存。他日事成，必当厚报。"松曰："松遇明主，不得不尽情相告，岂敢望报乎？"说罢作别。

你看看，就这样，刘备抓住了这一非常意外的机会，仅仅这样礼贤下士，就把西蜀诸郡的地理图本弄到了手，这也就是说，刘备方面掌握了通往西蜀路线的基本信息，也就是情报。我们从这段故事中，可以得出一条深刻的教训，那就是没有"战略"也搜集不到真正的信息，也就是情报，即便是送上门来的肥肉也会从嘴边溜走的。而刘备则有着"向西跨一步而取蜀"的战略，面对这样的机会，他心想，张送来了，他是蜀中重要的人物，对蜀的情形知之最祥，如果给予他很高的礼遇，相信会从中得到很多信息。由于刘备有着急切取蜀的战略意识，也就意识到每个意外的机会，是有用还是没用。张松是有用的，因而刘备对张松进行了高规格的接待。然而，曹操却让到嘴边的肥肉溜走了。因为曹操的战略重点是要消灭孙权和刘备，还没有顾及夺取西蜀的设想，所以，张松的到来并没有引起曹操的高度重视，也因此没有给予张松理应受到的礼遇，不仅如此，张松反而还受到了曹操的蔑视。张松心想，这样的混蛋，我怎么可以帮助他呢？就这样，张松"揣着西蜀"走了，不曾想张松这块肥肉却轻易地让刘备拿了过来。如果曹操当时改变一下姿态，那又会怎么样呢？我想，肯定会有所受益的。

6.3 【不要盲目相信推测的结果】

世间的事,真真假假,虚虚实实,是真的假不了,是假的真不了。什么才是真?在这里,真指的是确定的事实。什么才是假?在这里,假指的是不存在的、莫须有的、人为的事实。当有一份情报,或者一份商业信息摆在你面前的时候,我想你一定会对其真假进行一番思考,因为你必须要对它的真伪做出必要的判断,也就是说要辨别它的真假,这是正常的思维。但问题的关键是,面对这样一些信息,我们应该如何去做出判断,明辨真假呢?这就需要具备信息思维来把握分寸,也就是说,应当有一个正确的思路去辨别。

在中国历史上,一些留有骂名的奸臣,比如唐代的杨国忠、宋代的秦桧、清朝的和珅等等,他们常常在君主面前搬弄是非、进些谗言。比如说:"启奏陛下,那个人如何如何的坏。""岂有此理,那就把他拿下。"说完立刻给予法办。又说:"皇帝陛下,那个人如何如何好啊。""是吗,那就提拔他吧。"说完也就照办了。就这样,皇帝老子仅仅听信一面之词,不是拿下,就是提拔,这样的皇帝,难道说还不是昏君吗?

我们再看一看我们如今的社会,这种相类似的昏君有没有呢?可以说,在如今的企业里,尤其是部分国有企业,这种相类似的经理或者老板大有人在。中国的改革开放一直在快速发展,但在这一过程中也经历了不少的坎坷,每一次重大改革都是一次革命。改革开放初期,就有很多的国有企业,负债累累、濒临倒闭破产,甚至还有媒体上曝光的"庙穷方丈富"的典型企业,这些贪官、昏官即使不把企业搞破产,那也搞的企业半死不活。随着中国经济实力的增长,企业的贪官、政府官员的贪腐其数额也越来越大,小则上百万上千万,大则上亿甚至十几亿。有些政府官员、企业经理大肆买官卖官,非法敛财不择手段,有的企业官员其亲属七姑八大姨都在本企业为官当道占据重要资源,见怪不怪,习以为常。还有的官员不顾企业收入分配两极分化严重加大,还在掩人耳目以各种名目以合法的理由分赃企业资金,真是不把国有企业搞破产都不罢休啊。

所以,我们做任何事,不能一听到什么意见,或者听到某一信息就不加深入思考就动手去做。我们要想一想,那是不是确定的事实呢?也许这很有可能就是一种谣言,或者是一种人为的评价,或者仅仅是一种推测而已。那么,

"战略"思维
"STRATGIC" THOUGHT

到底什么是确定的事实呢？首先，那就是自己亲眼看到的和未经过加工的第一手信息，也就是第一手情报。其次就是利害双方，指责的一方和被指责的一方在见解和说法上一致的地方，就是确定的事实。就是说，表扬和贬低你的人，双方一致强调的地方就是确定的事实。比如说，点赞你的人说你"有教养、勤奋好学，而且很诚实"，而对你进行非难攻击的人却说你"这人傲慢得很，有些自私自利，不过人倒是挺勤奋好学的"，你可以好好看看，从他们两人的评价中，我们是不是很容易就能看到，在这两人的评价中，都存在有一致的地方，那就是"勤奋好学"。现在就可以判断出来，"勤奋好学"是你身上最为突出的特点，这就是反应在你身上的确定的事实。我们每个人，如果想真正地了解自己，那么你就可以从不同的人对你的评价中看到自己。

我们举一个最近发生的一起与俄罗斯有关的前间谍中毒案的例子。2018年3月4日，66岁的俄罗斯前特工斯克里帕尔和他的女儿在伦敦附近的一个商场接触神秘物质后昏迷，英国方面随后宣布斯克里帕尔和他的女儿是中了苏联时期的一种名叫诺维乔克的神经毒剂，认为俄罗斯是参与此次投毒的幕后主使，因而率先对俄罗斯发起了包括驱逐外交官在内的一系列制裁。俄罗斯方面断然拒绝了英国方面的指控，指责伦敦的做法是马戏表演，要求英国方面提供毒剂样本并承诺配合调查。然而英国方面，一、拒绝了俄罗斯要求联合调查的请求，二、拒绝了俄罗斯要求提供毒剂样本的请求，三、英国方面没有提供俄罗斯参与此次投毒的任何证据。俄罗斯方面指出，一、涉案诺维乔克神经毒剂英美发达国家都能够制造出来。二、涉案毒剂可以经过检测追根溯源，最终能够查到毒剂的来源，这是英国拒绝提供毒剂样本的原因。三、遭人投毒的前双面间谍斯克里帕尔是俄罗斯交换给英国的间谍，对莫斯科已没有价值，因此不存在杀人动机。事发后，英国首相特雷莎·梅说："普京总统选择这样的做法很糟糕。"她还说："我看到俄罗斯大使说俄罗斯不是会接受最后通牒的国家，我想说，英国也不是会接受威胁的国家，我们会对抗威胁。"关于斯克里帕尔中毒一事，俄罗斯总统普京回应说："你们自己先搞清楚情况，然后我们再来讨论这事。"

此次前间谍中毒案，俄罗斯与英美西方国家的外交战持续发酵，截止3月27号，共有25个欧美国家及北约组织加入了驱逐俄罗斯外交官的行动，共有150名俄罗斯驻欧美西方国家及北约外交官遭到驱逐。俄罗斯则以对等的原

第6章 怎样看待信息理念？

则驱逐欧美国家驻俄罗斯大使以示反制。此次中毒门事件的国际大背景：一是俄罗斯将在3月18日举行总统选举。西方国家在这一敏感时间公开对俄罗斯"群殴"，有干扰俄罗斯总统选举，打压普京连任的嫌疑。二是俄罗斯在侵吞克里米亚之后，顶住了美欧西方国家的制裁，没有让美欧国家看到制裁后的恶果。三是英国脱欧进程给英国带来了诸多困难和麻烦，梅政府受到国内舆论以及一些民众的质疑。四是美国总统特朗普深陷"通俄门"调查，在国际上又受到大多数国家对其推行贸易保护主义的国际声讨。在这样一个特殊的国际背景、特殊的敏感时间、特殊的敏感人物、特殊的神经毒剂之下发生了这起"投毒门"事件，不能不引起人们的高度关注。

这起前间谍中毒案的事实真相到底是什么呢？这起事件如果不进行国际权威组织的独立调查，我们仅从俄罗斯与欧美国家对抗的言辞中，分辨谁是谁非，是很难从双方的声明中得到确认，也就是说还无法得到事实真相，也就是确定的事实。但是，有一点可以确定的是，"投毒门事件发生后，英国方面并未给出俄罗斯是肇事者的确凿证据，也没有申请由国际组织开展权威的独立调查，就单方面迅速认定俄罗斯是这起案件的幕后主使，并伙同欧美国家及北约对俄罗斯迅速开展了集体驱逐俄外交官的举动，俄罗斯与美欧国家之间的关系受到重大影响。"可以说，这就是这起"投毒门"事件，我们所能够看到的确定的事实。

我们再看一起事件：1999年6月15日，朝鲜和韩国在西部海域发生的交火事件。双方都称对方的船只或舰艇进入了自己的水域，违反了"板门店停战协议"，是蓄意挑衅。从这一事件当中，如果不进行深入细致的调查，那么谁是谁非是很难从双方的声明中加以确认的。但是有一点却可以得到确认，那就是"北南双方在有争议的海域进行了交火，朝鲜半岛的稳定受到一定的影响。"这就是能够看到的确定的事实。我们对某一事件的判断，不能仅仅依靠一种评价或者是推测来判定事实。如果情报到手，这就需要我们努力用"确定的事实"来观察事物，也就是说，观察和判断情报信息时，最重要的就是要"抓住双方所说的确定的事实"，这一步工作是第一重要的。这也体现了中国改革开放的总设计师邓小平"实事求是"的理论精髓，这一点应当牢记。

为此，我们要牢固树立"以确定的事实为根据来思考问题"的战略意识。至于推测，那是想象到的各种各样的情况，不论哪种推测，都是可能的，也都是

"战略"思维
"STRATGIC" THOUGHT

不可能的,因为故事是可以随意地编。但是,在这里需要强调一点的是,那些很容易被忽视、被人看漏的东西,也就是"理所当然"的东西,我们尤其应当重视。那么,"理所当然"指的又是什么呢?"好朋友结婚,我去表示祝贺。"这是理所当然的事。"父子关系好""用手来写字"这是理所当然的事。也就是说,按照常规或者常理去做的事,这是理所当然的事。然而,世界上也有反常规、反常理的事发生。这一点,我们常常在新闻里看到,"由于他们父子关系不好,所以……""这么漂亮的书法作品,竟然是用脚写出来的",你看到,父子关系不好、用脚写字,这就是打破了常规或打破了常理。因此,在这里我要告诉大家,千万不要认为"理所当然的事"就是确定的事实,那么推测就更不等于是确定的事实。

6.4 【没有前提的信息是毫无价值的】

什么信息一文不值呢?没有战略的信息一文不值。我们在前面讲到,由于曹操在当时还没有单纯取蜀的战略,因此,曹操轻看了张松,觉得张松一文不值,于是对张松的态度也极为冷淡。在这里曹操犯了一个极为致命的错误,那就是他在与孙刘联军作战时忽略了西蜀之地,因此,对来自西蜀方面的信息也就无从把握。而刘备呢,他在隆中就接受了孔明确立的夺取西蜀的战略,所以当张松路过荆州之地时,便以很高的礼遇接待了张松。刘备觉得张松是西蜀的重要人物,对向西夺取西蜀很有重要价值,于是,刘备又是相迎,又是相送,可谓礼遇隆重啊。那么这样做的结果是什么呢?结果就是,刘备很轻松地就得到了取蜀的重要情报,那就是西蜀各州郡的地理图本,这是攻打西蜀的重要情报。张松对曹操来说,毫无价值,可对刘备来说却是至关重要。这说明了什么,说明了没有战略,再怎么重要的情报,对有些人来说也是一文不值。

"十月怀胎,瓜熟蒂落"这是一个女人一生最重要、也最恐惧、也最难忘记的一幕。一个女人想生一个健康聪明的孩子,这是所有想做母亲的人一个共同的心愿。不过光有这种愿望那是远远不够的,光有心愿并不能保证你就能生一个健康而聪明的孩子。那应该怎么样呢?在这里给你提供一条建议,那就是要牢牢树立"优生优育"的战略意识,这个意识能够帮助你达成愿望,确保你能够生一个健康而聪明的孩子。在这里,"优生优育"就是战略目标,有了这样的战略意识,你就会以前所未有的热情搜集并学习有关这方面的知识。此

第6章 怎样看待信息理念?

时你会很投入地去做,同时你也会格外地小心。

　　心愿也只是愿望,愿望是成也罢不成也罢,都不会影响什么。成了大家欢心喜地,不成也不会伤心落泪。但是"战略"是要付出必要的精力和意志,需要不厌其烦地去强化。如果没有这样的战略意识,那恐怕就不会有那么多的投入去万分地关注所有有关"优生优育"等方面的信息。你想想看,一个决心一辈子独身的女人,他是不会特意去搜集什么优生优育的相关信息的。既然抱定独身,那么这些相关信息也就一文不值。话说回来了,即便是想要个孩子,如果不真正树立生个健康而聪明的孩子的"优生优育"的战略意识,也很难有所保证。当今中国是个世界人口第一大国,已接近十四亿人口,是全球最大的发展中国家,也是全球最大的商品市场,同时"非健康儿童"所占比例也是很高的。因此,有关优生优育的信息有没有价值,那就看有没有战略意识。有战略意识那么相关优生优育的信息就是有价值的情报,没有战略意识,对他来说就没有任何价值。

　　现在的中国,能提供各种信息咨询服务的中介机构很多,这些机构提供的各种信息或情报到底是不是有用呢?这就要看我们是不是有自己的战略目标。如果没有自己的战略目标,那么这些机构提供的各种信息,对本身来讲就没有什么价值。不过反过来讲,如果我们自己建立了新的战略目标,那么你才能够从这些机构提供的信息中抓到对自己有用的东西。比如说,我最近要去北京出差,那么去北京怎么走呢?一是可以乘坐民航的班机,这是最快的交通工具。二是可以乘坐火车,乘坐火车相对较慢。三是可以乘坐长途汽车,这是最慢的交通工具。经过认真考虑,还是决定乘坐民航班机去北京。然而就在我决定乘坐民航班机之后,突然一条意外的消息引起了我的关注。据气象部门的预报,在未来两天本地将有较大的降雪过程并且气温骤然下降。根据这一突发的情况,如果真的降雪,那么民航的班机就有可能因此而延误,这样就会推迟行期。那么乘坐长途班车也可能因此遇到麻烦。最后我还是决定乘坐火车去较为安全。你看看,如果我没有去北京出差的计划,那么,有关气象方面的信息我就不会那么特别在意,没有"去北京出差"的战略意识,那么这些信息或者是情报,也就一文不值了。

　　我们在企业也是这样,如果一家公司缺乏战略目标,那么这家公司是一种什么状况呢?那么可以肯定地说,这家公司的发展状况一定是很不乐观。在

"战略"思维
"STRATGIC" THOUGHT

中国计划经济时代，国有企业都是按照计划进行生产和管理，不存在经营的问题。在这里有必要把管理和经营两个概念做一下说明。管理是什么？管理的核心要义在于最大限度地提高企业的运行效率和运行质量，降低运营成本，效率最大化、质量最大化。经营是什么？经营的核心要义在于发现利润区并创造新价值，也就是说要最大限度地挖掘或发现新的利润增长点。经营针对的是如何创造更大的新的利润增长。在计划经济时代，企业的生产是按照计划指标进行生产作业，不允许计划外的增长，因此，计划经济下的国有企业没有属于自身的发展战略，靠的就是行政式的计划体制来维持的，这本身就违背了企业自身的发展规律，最后，当企业无法真正运转的时候，企业就不得不进行彻底的调整，以至于进行彻底的改革。从这里我们也能看到，意识形态是无法替代企业自身发展规律的，也无法替代市场经济发展规律的。

当今的企业，如果没有自主权，也就是说，企业没有确定自身战略谋求发展的权力，那么再先进的技术、再先进的管理经验又有什么用处呢？企业没有一个总的发展战略的话，那么你能清楚企业最需要什么信息或情报吗？我想任何人心里都不会清楚的。但是，如果你确立了公司今后的发展方向，即战略目标，那就有了确切的判断信息的标准。比如说，当你的公司确定了"发展外向型经济"的战略目标，那么你就可以放手朝这个目标的相关信息或情报进行精心的搜集，看一看，公司的教育怎么办？销售如何搞？别人的那套销售办法是不是能够借鉴？……如果有了外向型发展的战略，那么以上诸多问题都能够以外向型经济作为判断依据对相关信息进行筛选。如果没有"战略"，那就没有判断的依据，但是只要确立了"要去上海"的战略目标，并以此为根本，就能够确定全部交通工具到上海的最佳手段，那么所有相关信息，哪一条是有用的，那一条是没有用的就一目了然。所以，要想让信息或情报为我所用、为企业所用，那你就必须要首先确定"战略"，否则的话，再好的信息或情报，也只能是一文不值。

6.5 【能不能抓住信息在于"战略"需求】

信息或情报怎么样获得呢？信息不是什么时候都有的，也不是你想得到就能得到的，信息是为有准备的人服务的。这话听起来真的是一点没错。我们在前面已经讲过，由于曹操看不起远道而来的张松，从而失去了取得西蜀地理图本的精准情报。然而刘备却由于善待张松并轻易从他那里得到了西蜀地理图本的精准情报,这为取得西蜀最终实现"三分天下"的战略格局起到了关键性的作用。为此,当曹操得知这一消息之后,感到十分的震惊,心想一个小小的张松竟然能转换时局,悔之晚矣。从这个事例说明,情报是否能得到手,到底还是要看人的姿态,也就是说,愿意听取别人意见的人,就有机会得到情报。而喜欢别人听自己意见的人,就少有机会得到情报,这是一类人。为什么这么说呢?因为这类人总是听不进对方的话,自以为是,善于搞一言堂。别人刚说两句话,他就把别人给顶回去:"是这样的"或"是那样的"。别人刚说上三句话,想要说明情况,他就把人家的话打断:"啊,知道了,这事就这么干"。你看看,别人没有发言的余地,本来人家要用十句话才能说明白整个情况,可却只说了两句,他就下了结论,"应该这样"或"应该那样"。这类人太过于相信自己的判断能力,以至于外面的情况进不来,这是常见的现象,这在战略上体现的就是一种典型的维持现状。更进一步说,不搜集新的情报以确定新的组合,只是沿用从前的一套来干,这就是维持现状的人。

联想到现在的股市,如果你了解到这家公司的董事或总经理善于搞一言堂,有家长作风的话,那你要买他的股份那就太不理智了。如果你手里有他的股份,那就太危险了,明智的话,那就尽快把它抛掉。因为这位总经理是属于那种维持现状的人,尽管他口头上说要让公司得到更快的发展,但他骨子里却是现状派,没有使之发展的战略因素。其次,我们在现实当中,还会遇到这样的人,他在战略上主张维持现状,不想图谋发展,总是把以前获得的成绩或者经验拿出来炫耀,以此获得很好的待遇,却从不考虑如何充实自己,不仅力图维持现状,还要把他的保守思想强加于人,为此总是喋喋不休。

从年龄上来说,年轻人没有阅历、缺乏经验,因此年轻人的希望是在未来,也就是说,年轻人的价值不体现在当下,而体现在将来,所以,年轻人成长的过程非常重要,再大的艰辛和困难都要往前走,也就是说,你要不断地打破现状、超越自我,这就是年轻人的战略思想。而上了一定年纪的人,则容易变得日趋保守,总试图维持现状。那么对于这样的人如何辨别呢?在这里有一个很简明的方法,如果有谁在别人说话的时候总是喜欢半道插话,那么这个人多伴有此类人的嫌疑。在这里我要提醒你,如果你有这样的倾向,那你就要努力去克服它,否则你就会成为保守派、现状派。年长的人如果有这样的倾向,那是可

"战略"思维
"STRATGIC" THOUGHT

以理解的,但年轻人要是有这样的倾向,那就不应该了。如果你是一位保守而维持现状的人,那么还会有谁想要对你说些什么?恐怕没有谁会愿意跟你交流信息。

对于某一方面的专家来说,很多人都心存崇拜,这是很自然的事,因为他是这方面的专家,我们肯定不如人家,这很正常。但我要说的是,如果你是一位善于动脑、善于搞发明、善于创新的人,那你就不要盲目地追崇专家或对专家抱有更多期待。所谓"专家"也不过就是对自己擅长的专业领域有些独特的见解和成就,比如机械方面的专家、金融方面的专家、语言方面的专家、情报方面的专家等。要知道,搞发明、搞创新就是要搞过去所未能办到的事。所谓发明创造,其实就是重新组合、重新创新。其实"发明"并没有什么了不起的,也无非就是把不同种类的东西重新组合起来搞成新的组合,这就是发明。当然,说到组合,并不一定就只是把两种东西重新组合,而是根据需要,再把更多的元素组合进去,形成三种组合、四种组合甚至更多的组合,那么这种新的组合就能孕育出新的发明。比如,把金刚石与金属结合起来,就能发明出玻璃刀形成切割工具。把自行车与大众共享结合起来,就发明了今天的共享单车服务。把传统商品与"互联网+"结合起来,就发明了今天的网购新时代。但是,如果你不了解各种事物及元素的话,那就谈不上什么组合。对"专家"之所以不要盲目期待,就是由于专家太过专一,如果不是对各种事物都有兴趣的人,那就搞不了新的发明。因此,对于专家不要过于迷信。

在这里我们举一个例子,就能说明这个问题。我们大家都知道日本汽车制造业是很发达的,尤其是日本的发动机真的是享誉世界,没的说。但是,日本在当时研发转缸式发动机时,曾经花费了十几年的时间,动用了三十多亿日元的资金,大约人民币两亿元左右,也没能研制成功。因为,项目最关键的地方,就是生产不能在高温中转动几万次,甚至几十万次的既不磨损也不漏气的转缸。可是有一天一位技师偶然从某一篇气体化学报告上看到有关硬质炭精棒的介绍,他就想,用这种炭精棒试试,不知道会有什么样的结果,可是没想到就这么一试验,居然取得了成功。

我们想想,为什么十几年的时间都没有人提出用炭精棒做实验呢?因为这个项目,属于机械方面的设备,所以项目的有关人员全部都是来自于机械方面的专家,这些从事机械方面的专家,脑子里装的都是各类的金属。他们认为,像发动机这样机械方面的设备,应该全部都是由金属材料来完成,不会有其他方面的材料来替代。就这样,十几年的研究试验都是围绕着各种金属材料来进行的,所以无数次失败也就可想而知了。

搞项目研究,那么正确的思路应该是怎样的呢？在这里,该项目除了要机械方面的专家外,还应该加入一位化学方面的专家、一位物理学方面的专家,甚至还可以加入一位搞艺术的设计师,让他们一起共同参与共同研究组合。"炭精棒"属于化学方面的范畴,如果当时加上一位化学方面的专家一起共同研究,那么很可能就会在比较短的时间里,就会提出用炭精棒作进一步的试验。作为一名化学方面的专家,他应该知道炭精棒这种材料的特性,即坚硬耐磨,又抗热而且还滑,它完全符合转缸的技术要求。当初,如果能按照这种想法去安排合理的项目公关人员,那么该项目或许有个两三年,花上个三五个亿日元的资金就能取得圆满成功。

上面讲的例子,充分说明了什么呢？专家是值得令人尊重的,因为他们是某一领域的最具权威的人,但是,在搞发明、搞创新、搞项目研究时,你要是有"专家"意识的话,那就说明你有维持现状的战略。当然,滥用专家的人在战略上也不例外,都属于维持现状的这类人。我们看到,在搞发明、搞项目研究时,如果没有别人的合作和支持,信息怎么能进的来呢？专家意识过强,滥用专家,这些都是基于现状的表现。新的组合如果建立不起来,发明也好,研究也好,肯定就不能有所突破,更不会有新的发明和创新出现。要知道,发明和创新出的东西才是最有价值的信息。

6.6 【有了"战略"前提,就能判定核心信息】

我们在前面已经讲了,要想收集信息或情报,必须首先要确立"战略",没有"战略"我们无法收集信息,更无法选择信息。世界是很大的,外部的信息也是很大的,我们如何取舍信息和利用信息,就必须要有所依据,而这个依据就是"战略"目标。最核心的信息,如果不依据"战略"来分析研究,那是不成立的。在《三国志》中,诸葛孔明的对手只有两人,那就是曹操和司马仲达。之所以称为对手,那是因为诸葛孔明与他们两人在斗智过程中互有胜败。曹操死后,魏国的司马仲达便成了诸葛孔明唯一的对手。孔明在和司马仲达的交手过程中,大体上是胜多败少。司马仲达也自知才智不及孔明,因此,在和孔明

"战略"思维
"STRATGIC" THOUGHT

作战时,总的作战方针就是要谨慎小心。有句话叫"死诸葛吓走生仲达",这句话的意思反映的就是仲达和孔明交手作战时的惧怕心理。

有一次,仲达与孔明各率军队在五丈原形成对峙。此时,仲达的军队在数量上占有绝对的优势,但他知道"兵不在多而在精,将不再勇而在谋",孔明善于用兵,因此,必须要做到深沟高垒,处处防御,拒不出战。孔明见他总是不出战,于是设计诱他出战,可仲达就是不上当。无奈,孔明给仲达送去了女人用的"巾帼"想以此羞辱仲达。意思是说,你不要像女人一样软弱,如果你还有男子胸襟的话,那就出来一决雌雄。然而仲达就是不为所动,反而却佯装笑脸收下礼物并厚待来使,随后问来使:"孔明寝食及事之烦简如何?"使者说:"丞相夙兴夜寐,食不过数升。"就是说孔明的食量很小。使者还提到鞭打二十以上的刑罚要由孔明一人裁决,就是说孔明事物繁忙。

司马懿(179—251年)字仲达,三国时期魏国杰出的政治家、军事家,西晋王朝的奠基人。

曾任职过曹魏的大都督、太尉、太傅。辅佐了魏国三代的托孤辅政之重臣,后期成为全权掌控魏国朝政的权臣。司马炎称帝后,被追尊为晋宣帝。史书称他"少有奇节,聪明多大略,博学洽闻,伏膺儒教"。生在乱世"常慨然有忧天下心"。仲达原是曹丕手下出谋划策之人,曹操死后,得到曹丕的重用,成为魏与孔明交战的唯一对手。

政治上韬晦练达,善于伪装,阴险狡猾,手段毒辣。随着势力的不断扩大,肃清了一切政敌,为三国归晋,奠定了基础。

仲达为什么有心问这样的琐事呢?那是因为仲达与孔明每一次的交战都处于劣势,总是吃大亏,为此仲达对孔明打起了心理战,"看咱们两人谁先死吧"。由于仲达在心理上树立了这一战略,因此仲达才会有心问使者有关孔明的健康状况。当然,如果仲达没有这样的战略意图的话,那仲达也绝不会去关注与战事无关的东西,更不会去关注对手的寝食等方面的琐事。当仲达从使者口中了解到孔明"食少事繁"的信息后,断定孔明不久就将劳累而死,因此更加坚守不出,而静观其变。果然,不出司马懿所料,不久孔明就发病死于五丈原。送巾帼的使者回去后,孔明问使者:"仲达都询问了什么?"使者如实做了回答。孔明为此感叹道:"仲达深知我也。"

你看到,信息不是胡乱去搜集的,而是要养成一种抓住核心之点的习惯。那么核心的问题是什么呢,由于仲达树立了"看谁先死"的战略意识,因此,核心之点就是"孔明的身体健康状况"。那么,针对孔明的身体状况所搜集到的或了解到的信息是孔明"食少事繁",说明孔明的身体状况不是很好,就是说"食少事繁"就是确定的事实。所以,根据这样的确定的事实,养成判断及推理的习惯,这是信息思维所要努力达到的能力。如果我们不是根据确定的事实来判断,而是道听途说或者一些传闻、一些小道消息,那么不管你搜集了多少信息情报,那都是靠不住的。要是以没有根据的信息来安排自己的工作,那将会造成极大的损失,这是无法弥补的。

"战略"思维
"STRATGIC" THOUGHT

第 7 章　怎样看待大局观？

[**本章提要**]本章主要讲述的是战术思维与战略思维之间的关系,到底谁服从谁、谁是第一位,是涉及全局的大局观及最终的战略思维。

7.1 【谁服从谁这是大局观的前提】

本节内容"谁服从谁"可以说是战略思维的核心内容,也是战略思维的灵魂。我们在现实生活和实践过程中,当你面对多么大的阻力和压力,甚至于自身再大的禀性,你都要冷静地去对待这一灵魂。如果能够这样,你的人生、你的事业就成功了一半。不能够冷静对待这一灵魂,你恐将一事无成或一无所获,甚至会付出沉重的代价,这绝不是危言耸听。我们在前面的章节中,围绕赤壁之战所发生的有关战略与战术方面的事例讲了很多内容,尤其是赤壁之战,孙刘联军之所以以弱胜强,这完全得益于孔明确立的"联吴抗曹"的战略主张。如果没有这样的战略作为前提,孙刘两家无论是谁都不可能单独与占尽天时的曹操相抗衡的。

赤壁之战结束之后,在这场战争中最大的赢家便是刘备一方,刘备不仅取得了荆州,从此有了立足之地,更重要的是为实现孔明隆中策论建立魏蜀吴三国鼎立的格局,迈出了关键的一步。在赤壁之战中贡献最大但没有得到什么实惠的东吴方面却一直耿耿于怀,也在寻找时机准备夺回荆州。这对于孔明确立的"联吴抗曹"战略,却要因为荆州归属问题而面临新的考验,也就是说,由于孔明占据荆州从而与东吴孙权产生了裂隙,能否保持"联吴抗曹"的战略稳定,埋下了不确定性。

而就在这时,刘备应蜀太守刘璋的请求率军入蜀,从此拉开了西进的序幕。我们在上一章里讲过,西蜀的别驾张松带着西蜀的地理图本,想要把西蜀

第7章 怎样看待大局观？

拱手献给曹操。可曹操却没有买张松的账，这让张松非常的失望，一气之下，改道荆州，想看看刘备的意思。对于张松的到来，刘备格外地重视，张松受到了刘备最高规格的礼遇，为此张松下了决心，将西蜀的地理图本献给了刘备。由于刘备早有图谋西蜀的战略意图，因此，得到张松的地理图本，真的是欣喜若狂，这也是在情理之中。张松再回到西蜀之后，恰逢西蜀受到来自蜀东北边境张鲁的进攻，西蜀的形势非常危急，于是，蜀太守刘璋在张松的鼓动之下，急忙召刘备率军入蜀。

然而，由于西蜀内部钩心斗角，有大臣认为，让刘备率军入蜀要比张鲁进来还要危险，因而极力主张将刘备杀掉以除后患。蜀太守刘璋在这些大臣的鼓动之下竟然改变了主意，要杀刘备。当刘备得知消息后，终于下定决心以武力夺取西蜀。随后，刘备带着副军事庞统统兵朝蜀都进兵，但不幸的是副军事庞统在落凤坡遭蜀兵袭击不幸身亡。情急之下，刘备向荆州求援，要求孔明前来助战。

顺便提一下庞统。

庞统(179—214年)，字士元，东汉末年刘备帐下谋士。容貌丑陋，轻视周瑜，被孙权视为狂士不得重用。后投奔刘备，被封为副军师。官拜军师中郎将。才智与诸葛亮齐名，道号"凤雏"。不幸英年早逝，时年三十六岁。追赐统为关内侯。

请看原文：

玄德久闻统名，便教请入相见。统见玄德，长揖不拜。玄德见统貌陋，心中亦不悦，乃问统曰："足下远来不易？"统不拿出鲁肃、孔明书投呈，但答曰："闻皇叔招贤纳士，特来相投。"玄德曰："荆楚稍定，苦无闲职。此去东北一百三十里，有一县名耒阳县，缺一县宰，屈公任之。如后有缺，却当重用。"统思："玄德待我何薄！"欲以才学动之，见孔明不在，只得勉强相辞而去。

统到耒阳县，不理政事，终日饮酒为乐；一应钱粮词讼，并不理会。有人报知玄德，言庞统将耒阳县事尽废。玄德怒曰："竖儒焉敢乱吾法度！"遂唤张飞分付，引从人去荆南诸县巡视："如有不公不法者，就便究问。恐于事有不明

"战略"思维
"STRATGIC" THOUGHT

处,可与孙干同去。"张飞领了言语,与孙干前至耒阳县。军民官吏,皆出郭迎接,独不见县令。飞问曰:"县令何在?"同僚覆曰:"庞县令自到任及今,将百余日,县中之事,并不理问,每日饮酒,自旦及夜,只在醉乡。今日宿酒未醒,犹卧不起。"张飞大怒,欲擒之。孙干曰:"庞士元乃高明之人,未可轻忽。且到县问之;如果于理不当,治罪未晚。"飞乃入县,正厅上坐定,教县令来见。统衣冠不整,扶醉而出。飞怒曰:"吾兄以汝为人,令作县宰,汝焉敢尽废县事!"统笑曰:"将军以吾废了县中何事?"飞曰:"汝到任百余日,终日在醉乡,安得不废政事?"统曰:"量百里小县,些小公事,何难决断!将军少坐,待我发落。"随即唤公吏,将百余日所积公务,都取来剖断。吏皆纷然赍抱案卷上厅,诉词被告人等环跪阶下。统手中批判,口中发落,耳内听词,曲直分明,并无分毫差错。民皆叩首拜伏。不到半日,将百余日之事,尽断毕了,投笔于地而对张飞曰:"所废之事何在,曹操、孙权,吾视之若掌上观文;量此小县,何足介意!"飞大惊,下席谢曰:"先生大才,小子失敬。吾当于兄长处极力举荐。"统乃将出鲁肃荐书。飞曰:"先生初见吾兄,何不将出?"统曰:"若便将出,似乎专籍荐书来干谒矣。"飞顾谓孙干曰:"非公则失一大贤也。"遂辞统回荆州见玄德,具说庞统之才。玄德大惊曰:"屈待大贤,吾之过也!"飞将鲁肃荐书呈上。玄德拆视之。书略曰:庞士元非百里之才,使处治中、别驾之任,始当展其骥足。如以貌取之,恐负所学;终为他人所用,实可惜也!玄德毕,正在嗟叹,忽报孔明回。玄德接入。礼毕,孔明先问曰:"庞军师近日无恙否?"玄德曰:"近治耒阳县,好酒废事。"孔明笑曰:"士元非百里之才,胸中之学,胜亮十倍。亮曾有荐书在士元处,曾达主公否?"玄德曰:"今日方得子敬书,却未见先生之书。"孔明曰:"大贤若处小任,往往以酒胡涂,倦于视事。"玄德曰:"若非吾弟所言,险失大贤。"随即令张飞往耒阳县敬请庞统到荆州。玄德下阶请罪。统方将出孔明所荐之书。玄德看书之意,言凤雏到日,宜即重用。玄德喜曰:"昔司马德操言:'伏龙、凤雏,两人得一,可安天下。'今吾二人皆得,汉室可兴矣。"遂拜庞统为副军师中郎将,与孔明共赞方略,教练军士,听候征伐。

庞统是水镜先生说的"伏龙凤雏得其一者可得天下"中的凤雏。庞统与孔明齐名,是三国时期杰出的人才,只可惜才高命短。有关他的记载,有这样一段故事叫"耒阳县凤雏理事",说的是凤雏初到刘备这里时,并没有引起刘备的关注,只是让他当了一个耒阳县令。而庞统呢,也并不嫌弃官小,上任后因无正事可做,索性天天饮酒为快,已有数月不理政事。此事被刘备知道后,便派义弟张飞前去巡察。张飞到后则当面斥责庞统"为何不理政事?",庞统则说:"量百里小县,些小公事,何难决断!"于是坐堂理事,不到半日,便将数月所积公务,一一断毕。张飞很吃惊,谢罪说:"先生大材,小子失言,吾当于兄长处极力举荐。"事后,刘备率军入蜀,便带上了庞统并封他为副军师,只可惜英年早逝,死于落凤坡。

当孔明接到刘备的求救信后,方才知道庞统已死。心想此次入蜀关系到"三足鼎立"格局的战略成败,看来就得自己亲自前去不可。就在孔明临出发前,孔明拿着荆州太守的大印,准备移交给关羽时,犹豫了一下问道:"让你守卫荆州,你当如何完成这个任务?"关羽回答说:"我将尽死力完成任务。"孔明问道:"若曹操这时引兵前来,如何处置?"关羽回答说:"以力拒之。"孔明又问道:"若曹操和孙权一同起兵来犯,又如何处置?"关羽回答说:"分兵拒之。"孔明说:"若如此,荆州危矣。我有八个字,将军要牢记。"关羽问道:"哪八个字?"孔明说:"东和孙权,北拒曹操。"孔明给出的"东和孙权,北拒曹操"这八个字,是确保荆州安全的战略手段,是与"联吴抗曹"的战略是一致的。如果坚持按照这一战略行事,荆州就不会有什么危险。但是,如果破坏这一战略的话,那么荆州的安全就得不到保障。孔明在死前始终一贯地坚持这一战略,极力保持孙刘两家的联盟关系。实践也证明,一旦偏离了这一战略,刘备一方却总是处于失败之中。

当孔明走后,最初的一段时间里,由于关羽能够按照"北拒曹操"的战略行事,因而在和曹操的作战中,却取得了不小的战绩,尤其是关羽水淹于禁率领的曹军,而威震中原。于禁是曹操五良将之一,曾得到曹操很高的评价。那还是在濮阳之战中,曹操兵败险些丧命,而全军只有于禁所率领的部队由于加强了阵地的防守,因而阻止了敌军的追击,曹操也因此而得救。事后,曹操问于禁说道:"打了败仗,本该一同逃跑,可为何只有你加强了防守而不逃呢?"于禁回答说:"由于全军在败逃,我如果再跟着一起逃,敌人会乘势追击的,我就是为了阻止敌人的追击,才加强防守,以救全军。"果然,当敌军打得很猛并追击时,于禁积极率部进行了有效反击,为此于禁立下了战功。过后,曹操很是佩服,夸赞他有"大将军的素质"。然而于禁毕竟不是关羽的对手,此次奉曹操之命率军前去攻打关羽,没承想却被关羽水淹七军而遭大败。

"战略"思维
"STRATGIC" THOUGHT

于禁（？—221年），三国时期魏国五良将之一。曾于张绣造反时讨伐不守军纪的青州兵，同时为迎击敌军而固守营垒，因此曹操称赞他可与古代名将相比。在襄樊之战中，于禁在败给关羽后投降，致使晚节不保。关羽败亡后，于禁从荆州获释到了吴国。孙权遣还于禁回魏，同年遭到曹丕羞辱，惭愧致病去世，谥曰厉侯。

看到这种情况，曹操认为与其与关羽正面交锋，不如从关羽的后方扰乱他。

请看原文：

臣有一计，不须张弓只箭，令刘备在蜀自受其祸；待其兵衰力尽，只须一将往征之，便可成功。"操视其人，乃司马懿也。操喜问曰："仲达有何高见？"懿曰："江东孙权，以妹嫁刘备，而又乘间窃取回去；刘备又据占荆州不还；彼此俱有切齿之恨。今可差一舌辩之士，赍书往说孙权，使兴兵取荆州；刘备必发两川之兵以救荆州。那时大王兴兵去取汉川，令刘备首尾不能相救，势必危矣。"操大喜，即修书令满宠为使，星夜投江东来见孙权。

权知满宠到，遂与谋士商议。张昭进曰："魏与吴本无仇，前因听诸葛之说词，致两家连年征战不息，生灵遭其涂炭。今满伯宁来，必有讲和之意，可以礼接之。"权依其言，令众谋士接满宠入城相见。礼毕，权以宾礼待宠。宠呈上操书，曰："吴、魏自来无仇，皆因刘备之故，致生衅隙。魏王差某到此，约将军攻取荆州，魏王以兵临汉川，首尾夹击。破刘之后，共分疆土，誓不相侵。"孙权览书毕，设筵相待满宠，送归馆舍安歇。

权与众谋士商议。顾雍曰："虽是说词，其中有理。今可一面送满宠回，约会曹操，首尾相击；一面使人过江探云长动静，方可行事。"诸葛瑾曰："某闻云长自到荆州，刘备娶与妻室，先生一子，次生一女。其女尚幼，未许字人。某愿往与主公世子求婚。若云长肯许，即与云长计议共破曹操；若云长不肯，然后助曹取荆州。"孙权用其谋，先送满宠回许都；却遣诸葛瑾为使，投荆州来。入城见云长，礼毕。云长曰："子瑜此来何意？"瑾曰："特来求结两家之好：吾主吴侯有一子，甚聪明；闻将军有一女，特来求亲。两家结好并力破曹。此诚美

第7章 怎样看待大局观?

事,请君侯思之。"云长勃然大怒曰:"吾虎女安肯嫁犬子乎!不看汝弟之面,立斩汝首!再休多言!"遂唤左右逐出。瑾抱头鼠窜,回见吴侯;不敢隐匿,遂以实告。权大怒曰:"何太无礼耶!"便唤张昭等文武官员,商议取荆州之策。步骘曰:"曹操久欲篡汉,所惧者刘备也;今遣使令吴兴兵吞蜀,此嫁祸于吴也。"权曰:"孤亦欲取荆州久矣。"骘曰:"今曹仁现屯兵于襄阳、樊城,又无长江之险,旱路可取荆州;如何不取,却令主公动兵?只此便见其心。主公可遣使去许都见操,令曹仁旱路先起兵取荆州,云长必擎荆州之兵而取樊城。若云长一动,主公可遣一将,暗取荆州,一举可得矣。"权从其议,实时遣使过江,上书曹操,陈说此事。操大喜,发付使者先回,随遣满宠往樊城助曹仁,为参谋官,商议动兵;一面驰檄东吴,令领兵水路接应,以取荆州。

　　自从刘备取得荆州之后,东吴方面几番派人去荆州以期要回荆州,但都没有结果。最后形成了刘备借用荆州的既成事实。考虑到一旦对刘备用兵,恐招来曹操的进攻,因此东吴方面也只好将此事暂时放在一边。然而,就在这个时候,曹操来信相约共同对关羽用兵,以解决荆州的问题。为此,东吴孙权便与群臣商议,最后孙权决定派诸葛孔明的亲哥诸葛瑾为使前去荆州试探关羽的态度。当诸葛瑾见到关羽之后,便跟关羽说:"我家主公吴侯有一子,很聪明。听说关将军有一女,特来求亲,希望两家结亲共同破曹。"此时的关羽威名正盛,怎会把孙权放在眼里,于是对着诸葛瑾大怒说:"虎女焉能嫁犬子!若不看你是诸葛孔明的哥哥,我非杀你不可。"就这样,诸葛瑾被关羽大骂一顿,被赶出荆州。

　　关羽把自己比喻为虎,把孙权比喻为犬,断然拒绝了东吴方面的要求。其实,东吴方面的要求也就是希望通过和亲一同对抗曹操,这和孔明制定的"东和孙权,北拒曹操"的战略相一致,即便是你不想把女儿嫁给人家,但至少你也应该采取既不反对也不明说同意这样与"东和孙权"不相抵触的战术行为。可结果呢,关羽采取这种断然拒绝的态度和羞辱人的处置方法,就是说,关羽所采取的战术严重违背了"东和孙权"的战略意图,致使"东和孙权,北拒曹操"的战略发生了根本性的变化,破坏了"联吴抗曹"总战略的基石。一旦战略遭到干扰和破坏,带来的将是灾难性的结果。

　　当诸葛瑾返回到东吴,不敢隐瞒,如实向孙权做了汇报后,孙权恼羞成怒,与刘备结盟抗曹的态度来了个一百八十度大转弯,"既然敢这么蔑视我东吴,

"战略"思维
"STRATGIC" THOUGHT

还骂我为犬,实在太无礼。"随后,紧急召见文武,商议武力收复荆州之策。会后,决定任命吕蒙为都督,率军收复荆州。吕蒙,三国时期东吴方面著名的将领,毛泽东对吕蒙有很高的评价。当吕蒙被任命为都督后,吕蒙一方面派探子打探荆州的防务,一方面组织军队准备发兵。派出去的探子回报说,关羽在沿江各地修筑了烽火台。原来,关羽为了防止东吴在背后袭取荆州,特在沿江各地修筑了烽火台,一旦东吴有进兵的动向,立刻用烽火传递信息,以便在较短的时间内对东吴进行反击。关羽想的是很周到的,但"道高一尺魔高一丈",再好的战术手段,如果背离了战略轨道,那也是注定要失败的。吕蒙见关羽已有所准备,深感苦恼,怎么办呢?这个时候,一位名叫陆逊的部下说:"这有何难,我有办法。"陆逊,三国时期东吴方面著名的统帅,是与诸葛孔明相媲美的军事家,是东吴集团很有战略头脑的年轻将领。陆逊接着说:"既然关羽设置的烽火台是我军袭取荆州的障碍,那么,让他的烽火台发挥不了作用,不就行了吗?"其实,遇到的问题就这么简单。我们只需在有障碍的地方或难办的地方略加反思一下,就能得到解决问题的办法。在现实生活中,其实有很多这样的问题都这么简单,只是有些人自认为很有阅历、经验很丰富,才会把一些简单的问题,看得过于高深,甚至还认为"事情没有这么简单"。在这里不妨反问一下:事情还没有做,你怎么就知道会那么难做呢?

二十多年前,我的一位朋友,他曾经的工作单位是专门从事机动车辆安全技术检测的行业。那个时候我问他:"你单位的效益怎么样?"他回答说:"单位现在很不稳定。"我说:"为什么呢?"他说:"我们这个行业,竞争比较激烈。主管业务部门,对此也没有一个长期稳定的政策,致使检车效益和质量很容易受主管业务部门以及外界某些人为关系的影响而不稳定,行业竞争趋于复杂,这不利于技术和服务质量的提升。"我说:"既然不稳定的因素是来自主管业务部门,那么,加强与主管部门的沟通协商,共同制定长期而稳定的具有法律约束力的《质量保证体系》,目的是把技术标准、服务质量、检车、落户、过户等等相关业务全部纳入到质量保证体系,最终形成法规性文件。这既符合行业主管部门对行业从事车辆安全技术检测的要求,同时也是对行业主管部门的监管和监督起到法律约束力,这样就避免了很多不正常的人为关系的制约,从而促使行业朝着规范化、科学化发展。"我的朋友听了也觉得很有道理,于是向领导反映了这个想法,然而得到的回答却是"事情没有这么简单"。当时我就想,

第7章 怎样看待大局观？

作为企业的领导，其核心工作不就是为了解决这些具有战略性的问题吗？

> 吕蒙（178—220年）字子明，三国时期东吴集团的著名将领。少年时依附姐夫邓当，随孙策为将，以胆气著称。年少时很得孙策的赏识，是东吴一位身经百战颇有战绩的将才。
>
> 有勇有谋，操行可嘉，秉心公证，不争权好势。孙权统事后，渐受重用。孙权曾开导他要多读点书以增长知识。此后，每当行军打仗，闲暇之时便用心读书。后来就连鲁肃这样很有学问和眼光的人，也渐渐对他刮目相看，大为赞叹"夕下阿蒙已今非昔比！"
>
> 是东吴集团继周瑜、鲁肃之后的后起之秀。毛泽东曾评价说："吕蒙如不折节读书，善用兵，能攻心，怎能充当东吴统帅？我们解放军许多将士都是行伍出身的，不可不读《吕蒙传》。"

好了，我们回到三国中来。

陆逊接着说："关羽倚仗英雄，自料无敌，所虑者唯将军耳。将军可托疾辞职，以骄其心，关羽必然会从荆州抽调军队以支援北面作战的部队。这样荆州就有所空虚，然后再偷偷打掉烽火台上的守军，使之无法传递信息，进而袭取荆州，这样就可以收回荆州了。"

吕蒙采纳了陆逊的建议并向外发出了消息。关羽听到消息后，果然非常高兴，说："这回可以放心了，我无后顾之忧了。"于是，关羽将沿江各地的烽火台的守卫部队，都调往了北面的前线，只留下了少量的士兵驻守在烽火台上。就这样，东吴的部队趁黑夜悄悄地上了烽火台，并很快将留守的士兵解除了武装。随后，东吴方面的军队按照计划向荆州发起了强大的进攻。就这样，关羽的军队发生了总崩溃，关羽也在前方受到前后的夹击，最后败逃到了麦城，最终被东吴俘获，被孙权所杀。关羽彻底失败了，不仅丢了荆州，还白白搭上了自己的性命。更为重要的是蜀国因丢失荆州，从而使进军中原的隆中战略基础发生了致命的变化。后来，孔明六出祁山进军中原皆无功而返，原因之一就是隆中战略的基础发生了变化。进军中原的战略失败，可以说是孔明一生最

"战略"思维
"STRATGIC" THOUGHT

大的憾事。

陆逊(183—245)字伯言,三国时期东吴集团的著名统帅。历任东吴大都督、丞相。出身书香世家,世代为江东大族,是继周瑜、鲁肃、吕蒙之后的一位书生统帅。雄才大略,是东吴少有的能够与孔明媲美的人物。不仅在军事战略上很出色,而且在理政治民方面也很有建树。后因卷入立嗣之争,力保太子孙和而累受孙权责罚,忧愤而死。吴国自孙策平定江东以来,名将不绝,先有周瑜、鲁肃,后有吕蒙、陆逊、陆抗,除陆逊外,四人皆英年早逝,五人死后,吴国即迅速灭亡。

关羽兵败被杀,这其中的教训是很深刻的,从这一教训中反思出来的价值却又是很高的。所谓"大意失荆州"中的"大意"指的就是这种不顾战略、不顾大局而因鲁莽所引发的错误行为。孔明在临走时留给关羽八个字"东和孙权,北拒曹操",还特意让关羽牢记这八个字。"北拒曹操"这四个字他记住了,为此他还打了胜仗,可是"东和孙权"这四个字他却忘记在了脑后。为什么会忘记呢?由于在北面打了胜仗,那种胜利的骄横之情,让他失去了冷静的心态。结果一句"虎女焉能配犬子"不够冷静的话,致使孙权与关羽反目成仇。

关羽也是,既然不想把女儿嫁给孙权之子,找个委婉的理由谢绝一下也就算了,干吗还要骂人家孙权呢?这种简单、粗暴、鲁莽的处置方法,就是说这种战术行为与"东和孙权"的战略方针是完全背道而驰的,这无形当中使自己走上了与东吴对抗的道路。因此,我们在考虑战术时,要充分认识到战术是为战略而服务的,战术必须要服从战略的需要,这是总原则。如果不树立这样的一个战术意识,那么,在运用战术时,就会不知不觉地伤害到战略或使战略发生逆转,也就是,由"联吴抗曹"逆转为与曹操、孙权二者为敌,而自己单方面与他们对抗的战略路线。由此可见,关羽战败这也是必然的结果。

7.2 【不以"战略"为核心,那是要输的】

"东和孙权,北拒曹操"这是孔明在离开荆州时,要求关羽要牢记的一句

第7章 怎样看待大局观？

话,这是确保荆州安全的总方针,孔明对关羽一再强调务必牢记。然而,由于关羽很痛快的一句话,便无形中破坏了孔明一再强调的这个总方针,致使荆州的安全基础遭到了损坏,结果荆州被东吴以武力顺利收回,关羽也因此丢掉了性命。不仅如此,这也为后来的战事带来了更大的战略损失。我们可以接着往下看,关羽死后,刘备是怎么处置的？当刘备得知关羽兵败身亡的消息后,心中十分悲痛,决心要为关羽报仇雪恨。于是,刘备不顾孔明的再三劝阻,亲自率领五十万大军杀向荆州。结果,维系孙刘两家安全,由孔明确立的"联吴抗曹"的总战略,最终彻底破裂,形成了新的对抗。

关羽是刘备的义弟,他与刘备有桃源结拜之谊,此次关羽被东吴所杀,从情理上讲,不出兵报仇,恐说不过去。然而,站在战略的角度讲,刘备出兵报仇确实是犯了战略性的错误。从大局来讲,"联吴抗曹"是西蜀必然的战略选择,无论如何都不能破坏这个战略,因为这关系到西蜀的战略安全。所以,面对痛失义弟的悲情,是情感重要呢？还是战略重要呢？在这里要做出抉择。可以肯定地讲,对任何人来说,在大局面前,当然是"战略"更为重要。这一点,汉朝的开国皇帝刘邦倒是很有战略意识。一次,刘邦的爱将殷盖因为饮酒而耽误了点卯的时间,为此,韩信按照军律要斩首。刘邦知道后,想要为爱将求情,韩信却说："比起家臣的感情来说,您应该更重视军律,军律不严怎么能带兵打仗,又怎么能争雄天下呢？"刘邦听后心想"说得很有道理啊",没办法,只好不再求情。我们再看看刘备,由于义弟关羽被杀,出于结拜之情,刘备决意带兵报仇,却不把"联吴抗曹"的战略方针放在眼中。孔明深知"联吴抗曹"这一战略方针的重要性,因而极力地劝说刘备不要因一时之恨而背弃战略方针。但是,刘备毕竟不是刘邦,他没有刘邦那样的战略眼光。孔明作为军师,当刘备执意要报仇时,也是无能为力,劝阻不了刘备,也只好感叹刘备的仁义之心。刘备复仇心切,亲自率领五十万大军一路势不可挡。心想就是孔明不来,自己也照样打胜仗。

然而,东吴方面前来迎敌的将领,却是一位能与孔明媲美的战略家,也就是为吕蒙出谋打败关羽的那位年轻的将领陆逊,由于为吕蒙出谋打败关羽而受到东吴孙权的重用。这次刘备率军前来是为关羽报仇而来,孙权便派陆逊前去迎敌。面对五十万大军,陆逊采取了诱敌深入的战术,他假装连连败阵,装出一副败逃的样子,刘备一看吴军不堪一击,于是下令将五十万军队于漫山

"战略"思维
"STRATGIC" THOUGHT

遍野间安营扎寨。东吴的军兵看到蜀兵漫山遍野都是营寨,心里都有些害怕,而陆逊看到蜀军的布置后,心想蜀军集中在一处,刘备原来不懂兵法。于是陆逊果断采取了与"赤壁之战"同样的打法,火攻击之。

刘备五十万大军密集扎营,漫山遍野,连营数十里。营寨连在一起最容易被火攻击,一旦被火攻击燃烧那是无法收拾的。陆逊看到这种情况后,选了一个风大的晚上,从四面八方将刘备的营寨放火点燃,火顺着风势越烧越大,结果,蜀军被烧得狼狈逃窜,刘备也拍马而逃。在这场战斗中,跟随刘备多年的老将黄忠也在乱军之中被杀。南蛮王救援也搭上了一条性命。就这样,刘备带着少量的残兵败将,逃到了白帝城。刘备为此而叹道:"朕早听丞相之言,不至于有今日之败。今有何面目复回成都见群臣乎。"于是传旨就在白帝城驻扎,将驿馆改为永安宫,不久刘备病逝,时年六十三岁。

我们从中可以看到,刘备的失败,与关羽的失败可以说是如出一辙,都是犯了战略性的错误。关羽是因为一句话惹恼了孙权而遭来失败,而刘备却因为义弟关羽被孙权所杀而要报仇招致失败,就是说,他们都是因为不顾"吴蜀联盟"的战略,任性所为,致使"联吴抗曹"的战略遭到破坏,最终造成满盘皆输,彻底失败。关羽不仅丢了荆州重地,而且还送了一条性命,输了个精光。刘备五十万大军却被陆逊一把火烧得惨败,结果没脸回家,最终死于白帝城。

从以上的事例当中我们能够得出教训,那就是,确立的"战略"到什么时候都不能轻易动摇,要时刻将"战略"牢记在心中,这才是应有的战略意识。否则的话,战略一乱,只能是满盘皆输。不顾战略,那就是不顾生死,那是要吃大亏的。

7.3 【没有"战略"说白了那就是混】

我们在前面的章节中也提到两类人,一类是乐观的人,一类是悲观的人。这两类人,乐观的人有着积极的人生态度,悲观的人有着消极的人生态度。前者的人生积极而向上,后者的人生徘徊而消沉。能够以积极向上的人生意识、敢于承担责任、勇于克服和战胜困难,这是前者应有的人生态度;而后者表现的则是迟缓无力、自哀自叹、怨天怨地,就是不愿付出一点代价,渴望从天掉下机遇,这体现的就是后者的人生态度。其实,人一生就做那么两件事:一个是做人,一个是做事。积极做人、积极做事一定是乐观的人。既不想做人也不

第7章 怎样看待大局观？

想做事这一定是悲观消极之人。人生有机遇也有挑战，机遇对每个人来说都是公平的。乐观的人是在挑战中赢的机遇，而悲观消极的人则是在徘徊中等待机遇。

我们常常能听到一些朋友，在谈到自己的人生经历时，总是感慨万分，"要不是当初走错了路，我才不至于混到今天这个地步！"每听到这样的话，我就会问："是什么路走错了呢？"听到的回答却是五花八门，什么样的体会都有。有的人感慨自己出身不好，没能降生于权势之家；有的人感慨自己出生于动乱之年，既荒废了青春又荒废了学业，而如今时代变了，自己却已步入中年，面对开放的社会却无所适从。有一位朋友更是感慨自己年轻的时候对爱情的执着追求，想当年，为了追求自己梦想般的爱情，非常敌视权贵，希望爱情的生活更加纯洁而浪漫，为此，当别人把一位当权者的千金介绍给自己时，就因为这位千金长得实在让人难以接受，尽管有一个当权者的父亲，但还是拒绝了对方。别看这位千金长得不那么楚楚动人，但她的才华以及内心深处丰富而饱满的感情世界弥补了自己的缺陷，皇帝的女儿不愁嫁，虽说后来她嫁给了"武大郎"，但彼此倒也般配。几年之后，如今的这位千金却把"武大郎"造就成了一位很有权势的人物，三十刚出头，就已经是一家二万多职工著名大企业的总经理，说一不二，就连国门也不知跨过多少次了，真的是"武大郎跨国门抖起来了"。而如今，再看看自己，真是自愧不如，就连为孩子办点事，买两条烟送点礼，也得和家人计较一番。早知今日，还不如当初娶了那位千金成全了自己。真是一步错，步步错啊！

听了朋友的这番话，感触颇深。在当今的社会，百分之九十九的人恐怕都要靠自己，走自己的路。而只有百分之一的人可能有"人为"的安排，也就是说，99％的人具有普遍性，而具有特殊性的人只有1％。这些朋友是在拿普遍性的我，与特殊性的人在作比较，自然会存在差距。一些朋友恐怕到今天都没有弄明白，让他们如此感慨的原因是什么。到底是什么错了？"是我的理想错了吗？"有理想没有错。"那又会是什么原因呢？"

其实，树立理想并没有错误，错的是我们在树立理想之后，却没有进行"战略"选择，就是说，在我们十分重视理想之后，却往往忽略了具有决定意义的"战略"问题。这也就是为什么会有理想遭到破灭的根本原因。光有理想，理想就能真的实现吗？肯定地说，是不会的。理想是一个目标，而目标的实现是

"战略"思维
"STRATGIC" THOUGHT

需要靠一定的手段和措施来保证，那么保证目标实现的这一手段和措施，就是我们要努力提高认识的战略问题。

比如，前南斯拉夫一部影片叫《桥》，这部影片深受中国观众的喜爱，并成为经典影片。这部影片的内容是，南斯拉夫人民军为了确保5000名官兵的生命安全，必须要不惜代价炸掉那座桥，因为一旦德国法西斯派出去的增援部队通过那座桥，那么桥这边的5000名战士就将遭到德国法西斯的前后打击，后果将不堪设想。因此，炸掉这座桥，就成了具有战略意义的问题。

为了保证5000人的生命，这是南斯拉夫人民军最关心的问题。那么如何保证5000名战士的生命安全呢？就是说，采取什么手段和措施才能确保战士的生命呢？这就要靠战略来实现。那么在这里，战略是什么呢？"炸掉这座桥"就是战略手段，也是战略目标，这是唯一的选择。至于桥怎么去炸掉，这就是战术要解决的问题。"战略"有了，只要完成战略目标，那么5000名战士的生命就能得到保障。影片的最后，游击队通过细致的战术组合，以较小的代价完成了战略目标，5000名战士的生命也得到了保障。所以，我对我的朋友说，假如当初有这样健全的战略意识，你们的经历或感慨肯定会辉煌的多。正因为当时血气方刚，没有一个正确的选择，所以发出种种的感慨也就不奇怪了。

我们再看看三国时期，刘备团伙在当初群雄逐鹿时，是势力最弱小的一股势力。刘备与关羽张飞桃园结义以来，东奔西跑，杀来杀去的，始终没有一处稳定的安身之地。不是依附于他人，就是充当他人的食客，打来打去的，什么事也没干成，在走投无路时，又不得不投奔荆州的刘表，后被刘表安置在新野小城，率领3000人马，也总算有了块安身之地。

然而，自从刘备有了诸葛孔明之后，情况就大不一样。孔明为刘备制定了"三分天下"的战略后，刘备的事业就有了猛烈的发展，一直到建立蜀国为止，初步实现了孔明"三分天下"有其一的战略主张。那么，当刘备没有得到孔明之前，为什么处境却总是那么不好呢？这就是因为在刘备心中根本就没有可供选择的战略目标，可以说是处在一种维持现状的状态，也就是，打到哪，算到哪，走一步看一步的状态之中，没有明确的战略目标。维持现状可以说是走向灭亡的战略，幸好就在刘备日子不好过的时候，有人指出了刘备所欠缺的东西，并向刘备说明"要想得天下，必须要得到伏龙凤雏。"于是，诸葛孔明这位隆中的杰出青年便进入了刘备的视野。刘备此时却没有错过机会，终因"三顾茅庐"得到了诸葛孔明。孔明也因此为刘备成就了"三分天下"的帝业。

从中我们不难看出,无论个人也好还是企业也好,大到国家,如果离开了战略,恐怕什么事情也干不好,没有战略也就意味着世事难料,没有战略的日子不好过。

7.4 【"战略"需不需要调整?】

我们在前面说了,没有战略的日子,处境一定会很艰难。战略不仅要确立,还必须要有连续性。那么,这种连续性是不是就认为从此可以一劳永逸呢?不能这样认为。就战略思维而言,一种科学的思维方法一定能够让你终身受益,但就确立的"战略"而言,它一定是某个时期、某个阶段条件下,针对当下所采取的手段或措施,抑或谋划。我们总结历史,总结前人的经验,目的就是为了让后人避免在同等的或相似的历史条件下,走前人所走错的路。

"战略"为谁服务?它是为我们所确定的总目标服务的。比如说"改革开放"战略,它是国家为全面实现小康社会、为实现中华民族伟大复兴而服务的。我们人类的目标,也绝不可能只停留在一个点上,个人也好,企业也好,国家也好,都是这样。所以针对已确立的"战略"而言,需不需要调整,这完全取决于当初现实的基础,是不是有了根本性的变化。当这种变化足以影响全局构成本质性改变的时候,那么调整"战略"也就势在必行。但是,当新的变化不足以影响到全局发生质变的时候,那么,"战略"还必须要保持它的稳定性和连续性。我们在确定"战略"时,依据的就是客观存在的事实,也就是确定的事实,那么,当客观事实已发生根本变化时,"战略"就应当及时地进行转变。

新中国自1949年成立以后,经过三年的经济恢复,到1953年,我国便进入了一个全面经济建设的转折时期。由于新中国缺乏经济建设的经验,唯一能够借鉴的国家就是当时的苏联,于是我们国家便提出了"全面学习苏联"的口号,将苏联的那套"国家指令性计划经济管理体系"全部照搬了过来。经过第一个五年计划的实施,当时的人们就已经感到苏联的模式缺乏生机,存在许多的弊病。为此,毛泽东同志写出了《论十大关系》一文,尽管毛泽东在文章中就经济建设提出了一些有益的意见,但毛泽东也只是就局部提出了一些问题,并没有真正触及经济发展战略的框架,指令性计划经济不仅一丝没变,反而多方面却加以强化。1958年提出"总路线""大跃进"以及"十二年内赶英超美"

"战略"思维
"STRATGIC" THOUGHT

的口号,可以说是超级的起飞战略。为了实现这个战略目标,农业被简化成一个粮食问题,以此确立了"以粮为纲"的战略;工业也被简化成一个钢铁问题,以此确立了"以钢为纲"的战略。结果,国民经济彻底失衡,"大跃进"实际上成了地地道道的"大跃退"。整个工业发展也跃入低谷,农业也倒退到推行自给自足的自然经济状态。

为了对付经济挫折而引起的广泛不满,毛泽东又进一步提出了以"阶级斗争为纲"的战略,加上"以粮为纲"和"以钢为纲"相呼应,又进一步导致了经济上的倒退。不仅如此,毛泽东又亲自发动了史无前例的"文化大革命",把中国整个经济彻底推到了崩溃的边缘。然而,就在这个关系党和国家命运的时刻,邓小平站出来一针见血地指出,"如果中国革命现在再不实行改革,我们的现代化事业和社会主义事业就会被葬送。"之后不久,党的十一届三中全会召开,彻底结束了我党长期的左的错误路线,在农村率先进行了改革。十二届三中全会又做出了关于经济体制改革的决定,正式提出了"对内搞活,对外开放"的经济发展战略,这是我党和国家一次历史性的战略转折。

自改革开放之后,中国的经济发展历经40年的中高速快速发展,现已成为全球第二大经济体和全球最大贸易国。1980年,中国在全球GDP中的份额是2.3%,美国是21.8%;到2017年,中国在世界经济中所占的份额是18.3%,相比之下的美国却降到15.3%。

我们再看一看中国和俄罗斯两国经济对比:1991年俄罗斯名义GDP为5180亿美元,而中国却只有3834亿美元。然而到2000年时,俄罗斯GDP降至2597亿美元,而中国却升至1.2万亿美元。到2016年时,俄罗斯GDP达到1.3万亿美元,而中国已升至到11.2万亿美元。

我们再看一看中国和印度两国经济对比:印度1947年建国,到1949年新中国成立,印度人均GDP是当时中国的2倍,这是印度数千年来唯一一次超过中国,一直到改革开放,印度的经济总量始终高于中国。到1990年,中国GDP总量3925亿美元,印度3355亿美元,已经超越印度,但人均GDP印度为395美元,中国344美元,印度仍然比中国高。到2016年底,中国的GDP总量已经达到11.2万亿美元,人均GDP为8865美元,而印度GDP总量为2.2万亿美元,人均GDP为1820美元,中国已经大大地超过了印度。到2018年底,印度GDP总量达到2.6万亿美元,中国GDP总量已达到12.4万亿美元。这意味

第7章 怎样看待大局观？

着,即使中国经济增长完全停止,同时印度经济每年以10%的速度增长,印度仍然要到2034年才能赶上中国。印度和中国之间的差距那是越来越大。

中国从邓小平时代起进行市场化改革,实现了从计划经济向市场经济的平稳转型。其实,中国从1949年建国到改革开放,这期间近30年的时间,我们国家在经济建设上就一直没有形成一个完全符合中国国情的总的战略目标。而当时提出的一些"战略",什么"以粮为纲""以钢为纲""以阶级斗争为纲"等等,又往往具有很强的意识形态方面的东西,完全背离了经济发展的范畴,结果,30年的发展历程,就这样在非经济作用下,越搞越乱。尽管在有些领域有了一定的发展,比如"两弹一星",但国家的整体经济实力,即综合国力却远远的落后于发达国家20年以上。难怪邓小平说"中国再不进行改革,中国的现代化事业就会被彻底葬送",真的是一针见血啊！所以,危难关头,在这个时候如果在战略上再不及时地进行调整,还是按"老规矩办事"维持现状,那可就成了地地道道的走向破灭的战略。

在这里,我们还是以三国为例,看看形成"魏蜀吴"三足鼎立局面后的发展。这里主要讲的是"蜀"的发展。要想从战略角度看"三分天下"以后的发展,那就必须要先看一看当时孔明在隆中所确立的总战略。

请看原文：

玄德见孔明身长八尺,面如冠玉,头戴纶巾,身披鹤氅,飘飘然有神仙之慨。玄德下拜曰："汉室末胄、涿郡愚夫,久闻先生大名,如雷贯耳。昨两次晋谒,不得一见,已书贱名于文几,未审得入览否？"孔明曰："南阳野人,疏懒性成,屡蒙将军枉临,不胜愧赧。"二人叙礼毕,分宾主而坐。童子献茶。茶罢,孔明曰："昨观书意,足见将军忧民忧国之心。但恨亮年幼才疏,有误下问。"玄德曰："司马德操之言,徐元直之语,岂虚谈哉？望先生不弃鄙贱,曲赐教诲。"孔明曰："德操、元直,世之高士。亮乃一耕夫耳,安敢谈天下事？二公谬举矣。将军奈何舍美玉而求顽石乎？"玄德曰："大丈夫抱经世奇才,岂可空老于林泉之下？愿先生以天下苍生为念,开备愚鲁而赐教。"孔明笑曰："愿闻将军之志。"玄德屏人促席而告曰："汉室倾颓,奸臣窃命。备不量力,欲伸大义于天下,而智术浅短,迄无所就。惟先生开其愚而拯其厄,实为万幸！"孔明曰："自董卓造逆以来,天下豪杰并起。曹操势不及袁绍,而竟能克绍者,非惟天时,抑亦人谋也。今操已拥百万之众,挟天子以令诸侯,此诚不可与争锋。孙权据有

"战略"思维
"STRATGIC" THOUGHT

江东,已历三世,国险而民附,此可用为援而不可图也。荆州北据汉、沔,利尽南海,东连吴、会,西通巴、蜀,此用武之地,非其主不能守,是殆天所以资将军。将军岂有意乎？益州险塞,沃野千里,天府之国,高祖因之以成帝业。今刘璋暗弱,民殷国富而不知存恤,智慧之士,思得明君。将军既帝室之胄,信义著于四海,总揽英雄,思贤如渴;若跨有荆、益,保其岩阻,西和诸戎,南抚彝、越,外结孙权,内修政理,待天下有变,则命一上将将荆州之兵以向宛、洛,将军身率益州之众以出秦川,百姓有不箪食壶浆以迎将军者乎？诚如是,则大业可成,汉室可兴矣。此亮所以为将军谋者也。惟将军图之。"言罢,命童子取出画一轴,挂于中堂,指谓玄德曰:"此西川五十四州之图也。将军欲成霸业,北让曹操占天时,南让孙权占地利,将军可占人和。先取荆州为家,后即取西川建基业,以成鼎足之势,然后可图中原也。"玄德闻言,避席拱手谢曰:"先生之言,顿开茅塞,使备如拨云雾而睹青天。但荆州刘表、益州刘璋,皆汉室宗亲,备安忍夺之？"孔明曰:"亮夜观天象,刘表不久人世;刘璋非立业之主,久后必归将军。"玄德闻言,顿首拜谢。只这一席话,乃孔明未出茅庐,已知三分天下,真万古之人不及也!

　　孔明确立的总战略是:先取荆州为家,再取西川建基业,以成鼎足之势,然后可图中原。孔明进军中原的战略基础就是以荆州之兵向宛、洛发展,然后以益州之兵出秦川,以此谋定中原。关于荆州,孔明曾说:"荆州北据汉、沔,利尽南海,东连吴、会,西通巴、蜀,此用武之地。"说明荆州是一个非常重要的战略要地,也是孔明所确立的总战略中的一个不可缺少的战略支点。

　　自从刘备有了孔明之后,先是在赤壁之战中取得了荆州,随后又取得了西川建立了基业。初步实现了总战略目标当中的前两个步骤,最后就是准备进军中原了。然而,就在这个时候,驻守荆州的关羽却犯了战略性的错误,以一句"虎女焉能配犬子"破坏了"东和孙权,北拒曹操"的战略。"东和孙权,北拒曹操"这是孔明当时留给关羽的一句话,也是吴蜀联盟的战略基础。不成想,东吴派兵一举收复了荆州,关羽也因此丢了性命。至此,孔明进军中原的战略基础已发生了重大变化,也就是说,今后进军中原也只有出秦川这唯一的出路了。然而,孔明在这个时候却没能冷静地对"隆中"战略进行重新思考,而是继续按照既定的"战略"进军中原,六出祁山皆无功而返,最后,终因劳累成疾,病故于五丈原,为蜀国鞠躬尽瘁,死而后已。后来,姜维接替了孔明,继续按照既定战略,同样也不可避免地遭到了失败,蜀国随后被魏国所灭。

我们看到,由于进军中原的战略基础发生了变化,影响到了整个战略大局,所以,此时的"战略"需不需要调整,应该说是非常清楚的事。如果在战术上出现一点差错,还不要紧,改变战术再来,但是在战略上出了差错,那就会招致大的失败。应该说,战略与战术再怎么强调可以说都不为过分。非常遗憾的是,由于整个战略基础发生了变化,孔明也没有对现行的"战略"及时地进行修正,而是维持现状不惜耗费国力"六出祁山"无功而返。接替孔明的姜维也无力回天,只能眼看着蜀国的灭亡。

战略需不需要调整,这完全要看战略的基础是不是发生了根本性的变化,就是说,战略是不能够随意地进行调整,因为战略有它的连续性,一旦基础发生了根本性的变化,那么修正战略则是必要的。我们在观察自己的人生也好、企业也好,当自己所做的每一件事,好像是符合自己的人生或者是公司的战略,但是当退后一步看,就能够发现,"不能再这样下去,否则会与战略相冲突。"如果你能够发现这一点,你是可以避免失败的。那是因为你牢牢地把握着"战略"。反之的话,不是退一步,而是不听别人的意见,就会错把不同战略的战术当成是从属于自己现在所执行的战略。关羽就是这样的典型。

7.5 【从正反两面寻求突破】

我们都知道,任何事物都存在着既对立而又统一的辩证关系,也就是说,当我们在处理每一件事情的时候,一定会有"正确的方法",同时也一定会有"错误的方法"。当我们在评价一个人的时候,我们决不能认为"此人做了一件好事"就认定他是个好人。或者说"此人做了一件坏事"就同样认定他是个坏人。在一个人身上所反映出的优点和缺点,即一长一短,就是这里所说的正反两面。那么,就工作而言,好干与不好干,也是同时存在的。我们还知道,事物之间是能够互相转化的,就是说,错误的东西一旦被人们所认识,那么正确的东西便显露了出来,把不好干的工作认真做好,也就变得好干。对工作而言,好干与不好干之间,实际上也就是一念之差。在解决问题时,如何加以处置,这体现了你的工作能力即战术能力。战术应用的好,工作就一定好干。反之,战术如此糟糕,工作肯定就不会顺利。对有头脑有能力的人来说,只有当危机出现之后,机遇才随之而来。

"战略"思维
"STRATGIC" THOUGHT

因此我们在碰到问题时,我们不禁要问"为什么会干不好呢?"这时我们就要找出问题的原因。如果是事物本身的问题,那就从事物本身中查找原因。如果不是事物本身的问题,那就从你自身中查找原因。无论是哪一方面的原因,最后都要系统地加以处置,这样的话,"不好干"就会向"好干"转化,实际上脑力开发也无非就是这样一种原理。

因此,所谓"干得好",就是因为有干不好的地方,把干不好的地方,着手好好地干,就能干得好。所以,我们在做任何工作时,首先要努力发现"不好干"当中的问题,然后加以处置,这样你的工作就能变得好干起来。有句话叫"失败乃成功之母",说的就是这个意思,只有在失败中找出原因,成功才能够有所显露。

罗贯中的《三国演义》,这本书确实很了不起,人类的很多智慧都能够在书中得到体现,不愧是国宝级的名著。当刘备取得西川并在西蜀立足之后,便开始准备进军中原。但是,孔明却看到,在西蜀南面存在不安定的事态,在进军中原之前,还必须解除西蜀南面的后顾之忧,才能东进中原。那么,西蜀有什么后顾之忧呢?原来是,来自西蜀南面的南蛮的威胁。因为,南蛮王孟获一向有侵占西蜀之意,如果蜀军从东北方向进军中原的话,这个时候,如果有人从南面打过来,袭击蜀军的后路,那就不好办了。所以,进军中原必先征服南蛮,就是说,征服南蛮王孟获,则是东进中原前必须要解决的首要问题。

由于南蛮王孟获对西蜀素来不怀好意,却又反复无常,很难让南蛮王臣服于西蜀。为此,如何征服南蛮王孟获,就连诸葛孔明也颇费了不少苦心。好了,问题提了出来,我们按照一正一反的原理加以分析:南蛮王孟获反复无常,难以臣服西蜀,这是南蛮王"正"的一面。然而其"反"的一面则是真心臣服西蜀永不背叛。那么,如何在一正一反中寻求突破呢?首先,如果能让"反"的一面发挥作用,那就必须要解决"正"的一面,就是说,要着手解决"反复无常难以臣服"的问题。"正"的一面如果解决了,那么"反"的一面就显露出来。

就在孔明出征的时候,有一位名叫马谡的秀才对孔明说道:"谡有一言,丞相在征南蛮时请考虑一个问题,南蛮反复无常,心难臣服,所以,欲想征服他们,不再用兵,而在征服其心。"

孔明听后,十分佩服地说:"我也是这么想的,为此费了不少心,汝言甚当。"于是决定任马谡为参谋,随孔明同往。从此以后,马谡便一直担当参谋跟

第7章 怎样看待大局观？

随孔明左右。那么我们看看孔明是怎么处置的呢？在战场上首次与南蛮对阵时，孔明派出大将并告诉他要必须败阵。南蛮王孟获是个猛打猛冲的人物，当看到蜀军败下阵去，于是高呼"我们胜了"便追了上来。可没想到一追上来就遇到了伏兵，结果孟获成了俘虏。当孔明问他："你当了俘虏，服不服？"孟获说："不服，这是中了你们的埋伏，上了你们的当，我心不服。"于是孔明说："既然不服，那就放你们回去。"

孟获回来后，收集残兵，又请来了四处盟军，又来挑战。结果在战斗中再次被俘获。孔明问："你是第二次被俘，心服吗？"孟获说："这是因为弟弟背叛了我，仗并没有被打败。"孔明说："是吗，那你就再回去吧。"又把他给放了。

孟获，蜀国西南少数民族彝族部落首领，也称南蛮王。曾率众反叛、骚扰边民，反复无常。诸葛亮于是采纳马谡"攻心为上"之策，孟获被孔明七擒七纵，最后心服，从而实现了孔明"南抚夷越"的目的。后随刘备出兵东吴，死于战场。

就这样，孟获又一连被俘获了六次。孔明说："你这是第六次被俘获了，心服吗？"孟获说："我还是不服，请再放我一次，我还要打。"孔明说："那你就回去吧。"又把他放了。这一次，孟获请来了藤甲兵前来挑战。对此，孔明为难了。因为面对藤甲兵，孔明真的吃了一场败仗。为此，孔明无奈不得不选择火攻的战术，结果将藤甲兵歼灭在山谷谷底，孟获第七次又被俘获。这一回孔明派人对他说："你的脸皮也太厚了，放了你多少次，你还是被俘，真为你害臊。丞相不想见你了，你自己随便回去吧。"就这样，南蛮王感动了，流着眼泪说："自古以来，从未听说七擒七纵的事，孔明真神人也。我发誓今后永不背叛。"这一回，孟获是彻底心服了。

从这里我们可以看到，孔明不愧是一位谋略家，很有耐心，体现了他的智慧与耐力。孟获被擒七次才彻底服输。孔明为了完成战略目标，在战术上反复擒拿孟获，终于完成了攻心的战略目标。我们常说在开发脑力过程中，要养成习惯，反复来，如果干了一次没干好，马上就要打退堂鼓，这样可不行。应该

"战略"思维
"STRATGIC" THOUGHT

多干几次看看,如果发现干不好时,就应当想想还有另一面"干得好",所以应该再干,反复干,有不成功,还得再干。孔明的处置就是"七擒七纵",让南蛮王孟获彻底地心服口服,永不背叛。

7.6 【运筹帷幄,决胜千里】

我们在前面已经讲到,刘备在张松的帮助下取得了西川,最终形成"魏蜀吴"三国鼎立的格局。魏蜀吴三方的实力是这样的:魏占天时,吴占地利,蜀占人和。魏占据北方,地大物博,人口众多,兵多将广,是三国中实力最强大的一方。其次是吴,占据江南,物产丰富,最为富庶。最后是蜀,为天府之国,实力最弱的一方,但有统一中原的坚定目标。蜀国要想与魏国争霸中原,只能与吴联手共拒曹操,这是孔明早在隆中时就已经定下的谋略,因此,"联吴抗曹"就成了孔明毕生所遵循的战略。在实践过程中,我们也看到,刘备一方只要是很好地贯彻了这一战略方针,那么无论大仗还是小仗,刘备一方都能取得不小的胜利,抵御住了曹操的进攻袭扰。反之,不论是打大仗还是小仗,都很不顺利,总是吃败仗。比如,身为刘备的御弟关羽,在守卫荆州时,却反常规破坏了孔明"东和孙权,北拒曹操"的战略方针,犯了致命的战略性的错误,致使荆州失守,自己也搭上了一条性命,不仅如此,更为关键的是破坏了孔明进军中原的战略基础,这也是孔明六出祁山之所以失败的根本原因。关羽死了,刘备为了报仇,不听孔明的再三劝阻,亲率五十万大军杀奔东吴,结果却被东吴小将陆逊打得惨败,最后死于白帝城,"吴蜀联盟"也名存实亡,彻底瓦解。其实,关于孔明在隆中确立的"出秦川进军中原"的战略方针,毛泽东对此有过评价,认为"出秦川进军中原"的战略是一个不能取得胜利的战略谋划,就是说,孔明未出隆中其战略就已失败。毛泽东为什么会有这样的一个评价,各方的解释多有不同,但是一个基本的事实是孔明进军中原的战略基础就是以荆州之兵向宛、洛发展,然后以益州之兵出秦川,以此谋定中原。关于荆州,孔明曾说:"荆州北据汉、沔,利尽南海,东连吴、会,西通巴、蜀,此用武之地。"说明荆州是一个非常重要的战略要地,也是孔明所确立的总战略中的一个不可缺少的战略支点。然而正是这样一个战略支点的丢失,使得出秦川进军中原的战略条件发生了根本性的变化,因此,孔明六出秦川皆以失败而告终,这是注定的结果。

另外还有一种说法就是,依据中国版图,按照东西南北四个方向来说,由

第7章 怎样看待大局观？

北向南推进是顺势得利的有力态势，而由南向北推进则是逆势失利的不利态势。在中国历史上，中国版图内的蒙古民族，占据北方地利由北向南推进统一了中国，建立了元朝；满族人同样占据着中国北方，也是由北向南推进，最后统一中国，建立了大清王朝。在中国新民主主义时期，中国共产党在五次反围剿失败后，被迫进行了长征，然而长征的最终落脚点，到底是向南方发展，还是向北方发展，在当时的党中央存在严重分歧，以张国焘为代表的一派力主向南发展，而以毛泽东为代表的一派力主向陕北发展建立根据地。在两个主张无法达成共识的情况下，毛泽东毅然率领党中央和中央红军直奔陕北，建立了革命根据地。在解放战争时期，毛泽东首先派了大量的人员抢占东北占据天时地利，随后发起了辽沈战役、平津战役、淮海战役，取得胜利后，中国人民解放军一路向南推进，势如破竹，打败了国民党，解放了中国大陆。西蜀位于中国最南部，孔明制定的战略正好是由南面向北面进军中原，恰恰是处于逆势失利的不利态势，或许正是看到了这一点，毛泽东也才有了对孔明隆中战略的评价。

东吴方面，既然和蜀关系已经破裂，又迫于魏国的压力，索性积极与曹魏改善关系，加强合作，当然这种关系的基础是很脆弱的。那么，在这样一种新的形势下，对蜀国来说，就要面对魏国和蜀国两大敌手。可以说，时局的发展对蜀国非常的不利，将面临被瓜分的境地。然而，就在这个时候，魏国的一位名将认为，该是对两国出兵的时候了。魏国看到了这种时局的变化，于是制定了计划。那么，制定这一计划的人就是司马仲达。他是一位在三国时期非常出色的名将，此时，能与孔明相对抗的人，只有魏国的司马仲达一人。这位仲达的子孙后来先后消灭了蜀国和吴国，并且取魏而代之，建立了中国历史上的晋朝。仲达不仅有着老练的政治手腕，也是仅次于诸葛孔明的战略家。面对时局的变化，他提出何不趁蜀国如此孤立的时候，一举消灭蜀国呢？于是仲达来了个五路进兵的战术。第一路，令东吴发兵十万，从东南进兵。第二路，命孟达率兵十万从上庸进兵。第三路，命曹真率兵十万从汉中进兵。第四路，命西凉大军十万从北方进兵。第五路，命南蛮王率军十万从南方进兵。这五路大军五十万人，从五个方向朝蜀国进军。看来灭亡蜀国那是指日可待了。面对这样严峻的时刻，蜀国该如何应对呢？

类似于这样局面的情况，在今天的市场经济条件下，是不是也经常发生呢？回答是肯定的。应该说，这种局面不仅有，而且还相当严峻。比如二十世

"战略"思维
"STRATGIC" THOUGHT

纪九十年代,国内家电行业竞争十分激烈,有国外进口品牌和国内品牌互相竞争,那个时候经常能看到各种品牌的"价格战",他们中的任何一个品牌都随时有面临着被挤垮的危险。那么,面临着这种被挤垮的危险,如果是你,你会怎么应对呢?是跟着进行打"价格战",还是调集人力物力进行更大规模的促销活动?如果是这样的话,我想总有一天你会垮掉的。中华医学是我们国家独有的一种拥有几千年历史的传统医学,而中医药又是我们中华民族的"国粹"。然而,就在上个世纪末期,我国的中成药出口量却只占世界总量的5%左右,而进口的中成药却是我国成药出口量的数倍,这说明有着几千年中医药文化产业的中国已经落后于国外的中医药产业的发展,我们不禁要问,中医药还是我们中国的国粹吗?现在二十一世纪都已过去十多年了,中国中医药发展依然面临着严峻的挑战。

面对严峻的挑战,我们看孔明是如何应对的?魏国五路大军向蜀而来,消息传来,蜀帝刘禅慌了手脚,不知所措,心想"这可不得了,父王已死,我这回没救了。"急忙上朝想召见孔明,一问才知道孔明在家并未上朝,于是又急急忙忙来到了孔明的府邸,却看见孔明在池边观赏鲤鱼,便打招呼说:"丞相好有兴致,曹兵分五路犯境甚急,相父为何不上朝视事?"孔明微笑说:"不要紧,五路

刘禅

刘禅(207—271年)字公嗣,小名阿斗。三国时期蜀汉后主,刘备的长子。刘备去世后继位成为蜀国第二任皇帝。

在位期间,庸碌无能。主要依靠诸葛亮治理国政。诸葛亮死后,蒋琬和费祎辅政,他们遵行诸葛亮的既定方针,团结内部,又不轻易用兵,曾一度使蜀国维持着比较稳定的局面。蒋琬、费祎之后,姜维执政,多次对魏用兵无功,消耗了国力。至此,刘禅无力把持国政,宦官黄皓开始专权,蜀国逐渐衰败。

公元263年,魏国分三路进攻蜀汉,光禄大夫谯周力主降魏,后主采纳降魏的建议,反缚自己双手,出城投降。后举家迁往洛阳,被封为安乐公。人称"扶不起的阿斗"。

第7章 怎样看待大局观？

大军五十万人，我已打退四路四十万人，还有一路虽有退兵之计，但还需一能言之人为使，因未得其人故而思之，陛下何必忧乎？"刘禅吃惊地问："你坐在家里也能够退敌吗？"孔明说："是的。从上庸一路来的孟达，他原是蜀国的大将，我提到他和先帝的关系，已给他去了信。因此他会以病为由停止进军的，这一路毫无问题。魏将曹真从汉中进兵必经蜀栈道，那里地形艰难险阻，即使是十万大军也只能以一路纵队前进，这一路我已派人前去骚扰，使之难以进兵，这一路也没事。西凉兵而来的方向，那里有马超控制着汜水关，马超原本是西凉的一位大将，因善战而闻名，素有锦衣马超的美名，在西凉非常有名气，后投降刘备，西凉兵一向敬畏这位无敌英雄，因此，这一路有马超出面，就不会有问题。还有一路就是南蛮王孟获，蛮族一般多疑，我用疑兵之计使之疑惑，因而他不敢轻易进兵的，这一路也没有问题。现在只有东吴一路之兵，思来想去还没有退兵之计，为此，想派一位能言善辩之士出使吴国，以修复昔日之盟，只是还不得其人，正在发愁呢。"

请看原文：

后主乃下车步行，独进第三重门，见孔明独倚竹杖，在小池边观鱼。后主在后立久，乃徐徐而言曰："丞相安乐否？"孔明回顾，见是后主，慌忙弃杖，拜伏于地曰："臣该万死！"后主扶起，问曰："今曹丕分兵五路，犯境甚急，相父缘何不肯出府视事？"孔明大笑，扶后主入内室坐定，奏曰："五路兵至，臣安得不知？臣非观鱼，有所思也。"后主曰："如之奈何？"孔明曰："羌王轲比能，蛮王孟获，反将孟达，魏将曹真——此四路兵，臣已皆退去了。止有孙权这一路兵，臣已有退之之计，但须一能言之人为使。因未得其人，故熟思之。陛下何必忧乎？"后主听罢，又惊又喜，曰："相父果有鬼神不测之机也！愿闻退兵之策。"孔明曰："先帝以陛下付托与臣。臣安敢旦夕怠慢？成都众官，皆不晓兵法之妙——贵在使人不测。岂可泄漏于人？老臣先知西番国王轲比能，引兵犯西平关。臣料马超积祖西州人氏，素得羌人之心，羌人以超为神威天将军；臣已先遣一人，星夜驰檄，令马超紧守西平关，伏四路奇兵，每日交换，以兵拒之。——此一路不必忧矣。又南蛮孟获，兵犯四郡，臣亦飞缴魏延领一军左出右入，右出左入，为疑兵之计；蛮兵惟凭勇力，其心多疑，若见疑兵，必不敢进。——此一路又不足忧矣。又知孟达引兵出汉中。达与李严曾结生死之交；臣回成都时，留李严守永安宫。臣已作一书，只做李严亲笔，令人送与孟

"战略"思维
"STRATGIC" THOUGHT

达；达必然推病不出，以慢军心。——此一路又不足忧矣。又知曹真引兵犯阳平关。此地险峻，可以保守。臣已调赵云引一军守把关隘，并不出战；曹真若见我军不出，不久自退矣。——此四路兵俱不足忧。臣尚恐不能全保，又密调关兴、张苞二将，各引兵三万，屯于紧要之处，为各路救应。此数处调遣之事，皆不曾经由成都，故无人知觉。只有东吴这一路兵，未必便动：如见四路兵胜，川中危急，必来相攻；若四路不济，安肯动乎？臣料孙权想曹丕三路侵吞之怨，必不肯从其言。虽然如此，须用一舌辩之士，径往东吴，以利害说之；则先退东吴。其四路之兵，何足忧乎？但未得说吴之人，臣故踌躇。何劳陛下圣驾来临？"后主曰："太后亦欲来见相父。今朕闻相父之言，如梦初觉，复何忧哉！"

后主刘禅听后说："闻相父之意，如梦方醒，我又有什么忧虑呢！"就在这时，孔明却发现在刘禅的随员中有一人面有喜色，于是孔明将此人留下问道："今魏蜀吴三足鼎立，要想一统天下，应当先征服哪一国呢？"此人名叫邓芝，为户部尚书，类似于财政部长的官职。邓芝说："魏国势大，短时间内很难动摇，应当缓图，而今主上初登帝位，民心未定，当与东吴联合，一洗先帝旧怨，此乃长久之计也。"邓芝的话与孔明渴望和东吴恢复两国关系的想法不谋而合。孔明心想，他既然能理解我的意图，出使东吴必能不辱君命。于是，邓芝受孔明委派来到了吴国。

邓芝（153—251年）字伯苗，三国时期蜀汉刘备集团的名将。原为刘璋手下，于刘备取蜀之际归降。邓芝曾向诸葛亮献联吴抗曹之计，奉命出使东吴，凭借自己的才智，说服了孙权，终于恢复了中断已久的"吴蜀联盟"，顺利完成使命，为孙权所敬服。深得孔明的信任，也非常了解孔明的战略意图。享年98岁。

邓芝到了吴国之后，东吴方面却没给面子，要把邓芝扔到油锅里油炸。然而邓芝却从容笑道说："眼下你们与魏结盟，可是蜀一旦灭亡，你也会跟着灭亡的。如今关羽犯了错误，是我们双方都蒙受了极大的损害，纵观天下大势，谁都不可能单独与魏相抗衡。若吴蜀联合，共为唇齿，进则可以兼吞天下，退则可以鼎足而立。如今我们蜀国一直期盼着恢复吴蜀联盟，因此这才派我前来商议的。"孙权听后心想此言不差，于是下决心重新恢复以往的联盟关系。由于修复了与东吴的关系,因此,东吴这一路也终于化解了。就这样,孔明在帷幄之中,便决胜于千里之外。司马仲达制定的从五个方面包围作战的计划,最终以失败告终。

我们看到,在你的公司或企业中,多多培养像孔明、邓芝这样的人物,你看怎么样?我想就是再困难的企业,如果能有这样一批人才,你的企业能垮掉吗?你能看不到一点发展的希望吗?如今的市场经济,已经是全球化的世界经济,你中有我我中有你,一个不可否认的关键因素,就在于人才的激烈竞争,尤其是具有大局观的人才,也就是说具有战略头脑或战略意识的人才尤为重要。

所谓"帷幄"指的就是司令部中幕僚们所在的地方,在哪里干什么呢?在那里深思、讨论、决策,然后果断地加以处置,这就叫运筹帷幄。毛泽东这一生最擅长的就是军事斗争,他之所以能够带领中国人民和人民军队建立新中国,这与他"运筹帷幄,决胜千里"有着根本的内在联系,也是他一生的光辉写照。

"战略"思维
"STRATGIC" THOUGHT

第8章 怎样看待"战略"思维？

[**本章提要**] 本章是对战略思维进行的最终总结，是建立战略思维的最后的环节。

8.1 【何谓"战略"思维？】

我们在前面的各章节中，分别讲述了围绕战略而形成的七个方面的理念，它是构成"战略"思维的重要内容，支撑着"战略"思维成为一种较为完整的思维方法。理解并掌握"战略"思维，首先就要在前面的各章中去理解什么是"战略"，在充分认识并理解前面的内容之后，我们再回过头来给战略思维进行归纳概括。

什么是"战略思维"？简单地说，"战略"思维就是一种思维方式，一种开发脑力的认识方法，是围绕战略问题与战术问题相关联的思维方法。严格地说，"战略"思维就是把战略问题转化为确定的"战略"，然后做出准确的判断，并确定合理的行为的方法。在这一表述里，战略问题至关重要，战略问题如果都搞不清楚，那我们是没有办法进行思考的。那么，什么是战略问题呢？大体上有这样几个方面的问题：一是事关全局的问题；二是事关成败的问题；三是两者择一的问题；四是决定方向的问题；五是事关发展的问题。我们在处理具体问题的时候，如果分不清什么是战略问题、什么是战术问题，那是绝对不可以的。战略问题决定全局的谋划，因此一定要分得清、看得远，切不可将战略问题看漏或看走了眼。

表述里还有一个问题就是"确定的战略"。这可以说是"战略思维"的一个前提，没有这个前提，战略思维是无法思考问题的，也是不能成立的。所谓"确定的战略"指的是什么呢？它指的是某一个具体的"战略"而言。比如，我

第8章 怎样看待"战略"思维？

们在前面的章节中已经讲过,孔明在离开荆州时,为了确保荆州的安全,让关羽牢记八个字:东和孙权,北拒曹操。这就是孔明为确保荆州安全而确立的战略,也就是说,关羽只要遵循这一战略方针,那么荆州就能够确保得到安全。然而,关羽作为一代名将,却又是怎么做的呢？东吴的人前去荆州向关羽求亲,这本是"东和孙权"的好事,可是关羽却傲慢地说:"虎女焉能配犬子"。你看,关羽不同意把女儿嫁出去也就罢了,却还要以"犬"辱骂孙权父子,这怎么能不让孙权大动干戈呢？为此,关羽破坏了"东和孙权"的战略不说,不仅丢了荆州,也丢了自己的性命,死的实在不值。

所"确定的战略"就是这样,一旦战略得以确立,剩下来的所有事情就都是战术问题,在战术上那就是"顺战略者昌,逆战略者亡",也就是,围绕确立的战略为核心而施展的手段这就是顺者昌,与确立的战略相对抗采取的手段那就是逆者亡。我们说了,所确定的战略,这是"战略"思维的基础,没有这一"确定的战略"现代企业若想得到长期的发展,那是绝对不可能的事。没有这个前提,也就是说,没有这个"确定的战略",你就无法网罗到有用的人才。没有"确定的战略",你也不知道该需要哪方面的人才。没有"确定的战略",你也就无法做出决策,因为决策要有一定的"战略"作为依据。没有"确立的战略",就信息而言,你就难以分清信息的轻重,也许一个非常有价值的信息,也会因你没有战略而视而不见。没有一个明确的战略目标,仗该怎么打？企业该怎么运作？老板都说不清楚的话,企业的员工又怎么能发挥才智呢？没有办法,那只能维持现状。维持现状实际上就是一种无奈的自杀行为,只不过是一种慢性的自杀过程。

当然,确定"战略"不是一件容易的工作,也正因为它有这样的难度,所以才成为一个企业领导者的工作重点。企业经理人员的能力大小,关键就是要体现在战略的制定和把握上。制定战略,可以说是企业家最头痛、最费时间、最费精力的一项核心工作,应当竭尽全力地去做好。当确定了"战略"以后,剩下的工作就是要在把握战略的基础上,精心安排,精心布置,精心组织,这就是一个企业家的工作要领。同时,这也是任何企业内部员工所应树立的战略意识,这一点绝对不能有所忽视。如果每一位员工都能把握战略而各尽其责,那么企业的整体战略意识,都将得到提升。这对于谋求发展的企业来说,也是至关重要的,具有战略意义。

"战略"思维
"STRATGIC" THOUGHT

我们说了,战略思维就是把战略问题转化为所确定的战略中,然后进行准确的判断。"准确的判断什么呢?"在这里,判断的对象有两方面的含义:一方面是对于战略决策的判断,另一方面是对于具体问题上的判定,也就是战术方面的评价和判定。前一方面,对于战略决策,是战还是降?选择 A 还是选择 B?是向前进,还是向后退?是向左还是向右?这对于决策者来说,必须要依据所确立的战略来进行选择,最后做出决策。后一方面,对于具体问题,我们常说"具体问题具体对待",可我要问,"具体问题要怎样具体对待呢?"这是一个非常现实的问题。那么,是不是也有一个是非标准呢?其实,我们每一个人的行为都表达了一定的内容,任何具体的问题或行为,都会与他头脑中的某一意识相联系。所谓具体问题具体对待,指的就是具体的问题或行为要有相应的意识来反映,就是说,自己所确定的"战略",作为一种意识存在于自己的头脑中,当遇到相应的具体问题或行为时,就要与"所确定的战略"相联系,这可以说是一个判断的标准。但是,当所确定的"战略"没有在头脑中形成意识或意识淡忘,在遇到相应的"具体问题或行为"时,往往就会被另外一种意识所取代,这就会出现意想不到的结果,甚至是不利的局面发生。

所以,我们常听到有识之士一再强调要有"战略意识"、要有"战略眼光"也就不足为奇了。在此,我想你一定能理解其中的道理。比如,前面讲了,由于关羽没有把孔明留给他的"八个字"加以认真对待,也就是说战略意识没有到位,至此,当遇到东吴"前来求婚"的具体问题时,就无法联系到"东和孙权"的战略意识。由于没有树立牢固的"东和孙权"的战略意识,所以就被关羽"北拒曹操取得胜利的傲慢"意识所取代,这才有了"虎女焉能配犬子"的不利于"东和孙权"的言行,结果却发生了意想不到的事:即丢了荆州,又丢了性命。因此"准确的判断"无论是战略问题上的决策,还是具体问题即战术上的判断,都需要有"确定的战略"来作为衡量的标准。如果没有"所确定的战略"做衡量的标准,那么,我们就无法从容地进行决策,更不能随意去言谈或行动。

在这里需要说明一点,尽管你有了一个"所确定的战略",这并不等于说你就能获得收益,这还需要具体问题上的配合,也就是说,战术要与战略协调一致,才能真正获得收益。"战略思维"所强调的也正是这种完整的协调一致的有效配合。当我们对"战略问题"有了明确的判断后,那么,"确定合理的行为"也就有了方向。"应该怎么办?"这一点作为人才是应该能够看到的。无论是决策行为,还是为解决问题而采取的措施,也就是在战术方面的计算、组合和积累方面,都要朝着所确定的方向努力。只要"所确定的战略"目标没有实现,那么努力就不应该停止。在一定环境条件下的"所确定的战略",我们要强调它的连续性,也就是我们讲的"要树立牢固的战略意识"。但当环境有了质的变化时,我们还要强调"战略"的转变意识。

总之,"战略思维"作为一种思考问题的认识和方法,它既有很强的原则性和实用性,又有很理性的辩证观点,具有普遍性。从开发脑力的角度讲,任何人都能通过"战略思维"得到启发、得到思维锻炼。当今的中国已经进入新时代,可以说是一个"人才竞争"的时代,人才竞争推动创新、推动创业,如果没有一个过硬的战略意识,要想谋求个人发展、事业发展,那都是非常困难的。而"战略思维"却能够在你谋求发展的道路上,不断地为你注入活力。因为你已经学会了用"战略眼光"去看待一切,这就是书中所讲的"战略思维"。

8.2 【人才至上】

关于人才,有很多的人都会认为"人才当然很重要",不过,真正把人才作为战略资源来对待,却只有少数人,尤其是国有企业,真正把人才当作战略资源来看待的少之又少。在民营企业、私营企业人才的价值还真能够得到重视,这与国营企业多少有些区别。这一点其实并不奇怪,因为多数人只把人才放在嘴边加以默认,一旦看到使用人才的代价过高时,便退避三舍,却看不到因使用人才而带来的巨大利益。由于缺乏战略眼光,自然也就看不到将来,所看到的也仅仅是眼前的利益。目光短浅的人,是不能期待他对将来能有所发展。

人才的战略意识,应当主要表现在两个方面:一方面是对于人才的认识上,就是说,站在使用者的立场上如何看待人才。另一方面则是人才自身的认识上,就是说,站在人才自身的立场上如何看待人才。应该说,这两方面都应该需要我们树立牢固的人才意识。一为"确定的战略"网罗人才。魏蜀吴三国,之所以形成"三足鼎立"的局面,就在于曹操、孙权、刘备这三人都能根据战略的需要,网罗到了至关重要的人才。曹操网罗了众多人才,像荀彧、荀攸、程昱、郭嘉等人,都是能够谋划全局的战略人才。孙权也有张昭、鲁肃等人。刘备则有诸葛孔明、邓芝等人。在这三国当中,人才最为充足的当属曹操,而人才相对过少的当属刘备,因此三国之中最先被灭亡的就是蜀国,所以有那么一

"战略"思维
"STRATGIC" THOUGHT

句话叫"得人才者得天下",这可不是虚言。

刘备之初,之所以被打的东奔西跑,毫无立足之地,始终难成气候,关键就在于,他没有一个正确的战略目标。尽管他有"匡扶汉室"的愿望,但这还远远不够,如何实现愿望,这需要战略来谋划,就是说要有战略目标。因为没有战略目标,因此也就不可能网罗到所需要的人才。孔明虽然为刘备确立了战略目标,但是,孔明提出的战略目标本身却是一个存在缺陷的战略目标,孔明相当自信地认为凭自己的战略谋划,完全能够逆势而为一统天下,但这也是孔明的一厢情愿,还有一句话叫"逆时者亡,顺时者昌",跟谁斗,也不能跟天斗、跟时势斗。难怪当得知孔明要出隆中时,水镜先生万分感慨地说:"卧龙虽得其主,不得其时,惜哉!"

刘备自认为有关羽、张飞、赵云这样的虎将,定能夺取天下。

请看原文:

水镜问曰:"明公何来?"玄德曰:"偶尔经由此地,因小童相指,得拜尊颜,不胜万幸!"水镜笑曰:"公不必隐讳。公今必逃难至此。"玄德遂以襄阳一事告之。水镜曰:"吾观公气色,已知之矣。"因问玄德曰:"吾久闻明公大名,何故至今犹落魄不偶耶?"玄德曰:"命途多蹇,所以至此。"水镜曰:"不然。盖因将军左右不得其人耳。"玄德曰:"备虽不才,文有孙干、糜竺、简雍之辈,武有关、张、赵云之流,竭忠辅相,颇赖其力。"水镜曰:"关、张、赵云,皆万人敌,惜无善用之人。若孙干、糜竺辈,乃白面书生,非经纶济世之才也。"玄德曰:"备亦尝侧身以求山谷之遗贤,奈未遇其人何!"水镜曰:"岂不闻孔子云:'十室之邑,必有忠信。'何谓无人?"玄德曰:"备愚昧不识,愿赐指教。"水镜曰:"公闻荆、襄诸郡小儿谣言乎?其谣曰:'八九年间始欲衰,至十三年无孑遗。到头天命有所归,泥中蟠龙向天飞。'此谣始于建安初。建安八年,刘景升丧却前妻,便生家乱,此所谓'始欲衰'也;'无孑遗'者,不久则景升将逝,文武零落无孑遗矣;'天命有归','龙向天飞',盖应在将军也。"玄德闻言惊谢曰:"备安敢当此!"水镜曰:"今天下之奇才,尽在于此,公当往求之。"玄德急问曰:"奇才安在?果系何人?"水镜曰:"伏龙、凤雏,两人得一,可安天下。"

可实际上怎么样呢?刘备带领着这些人打打杀杀的闯荡江湖多年,也没能杀出个安身之地,刘备为此也很苦恼。后来刘备经水镜先生的指点,这才醒悟,原来自己身边没有真正的人才啊。而自从有了孔明以后,刘备这伙人的势

— 162 —

第8章 怎样看待"战略"思维？

力才开始有了发展,不仅取得了荆州,还在西蜀成就了帝业,形成了当时中国"三分天下"的格局。那么,三国中的其他人物,像董卓、马腾、袁绍、袁术、刘表、刘璋这些人,之所以被消灭掉,就在于这些军阀人物普遍地缺乏人才的战略意识。这些人不仅网罗不到优秀的人才,同时在他们身边也留不住人才,这些人岂能不输。到最后,剩下来的也就只有曹操、孙权和刘备三人。

二是尊重人才恭敬待人。认识到了人才的重要性,那么,如何得到人才呢？或许你会说了"那还不简单吗,只要有钱什么层次的人才得不到呢？"是的,在当今社会,有钱确实能办很多事情,也确实能够聘请到所需要的人才。但是,你花高薪聘请到的人才,是不是就能够真诚地为你的企业服务呢？这就不好说了。如果你不懂得尊重人才的话,那么你永远也别想得到真正的人才。要想得到人才的话,你没有别的选择,只有真诚地向人才低下头来,恭敬待人,否则的话,你就是花了很高的价钱,也未必能得到所期待的回报。

我们还是说说刘备,刘备三顾茅庐确实是向人家低下了头,并且恭顺地把孔明请出了山。没有这份真情,孔明恐怕是不会去的,因为他也知道此时被请出山真不是时候,刘备虽是明君,但明君未必就能驾驭乾坤,孔明心里非常清楚。但是迫于刘备的真情,孔明也是身不由己,就这样跟随刘备出了隆中。遗憾的是,一些公司的领导或一些私企的老板,他们给人的印象确实有些盛气凌人,也常常说"公司里没有人才"这样的话。这些人可以说经不起推敲,他们总觉得自己在整个公司,就只有他自己才是人才,跟自己比起来,其他人都差得太远了,怎么可能向"不如自己"的人低下头来呢？你想想看,这样的人有谁想出来帮助他呢？真正的人才对他来说只能是敬而远之。所以,低下头来与人互相谦虚地交往,相信会有人站出来帮助你,人才才能够挺身而出。人才得到与否,关键是能否把自己的头低下来,真正地从心里恭敬待人。

三是说干就干的人要抓住。说到人才,究竟什么样的人,才算得上是人才呢？说得实在一点就是,能够亲自动手、有行动能力、能够准确表达意见,这样的人就是人才。有一些人看似能言善辩,伶牙俐齿,就喜欢动嘴说的人,其实是"言过其实"的人。即能动嘴,又能动手,还能动脚的人,可以说就是说干就干的人。要网罗人才,就要网罗这样的人。最忌讳的就是网罗那种言过其实的人。

在机关工作,最重要的一项技能就是要会写材料。不会写材料那是很难

"战略"思维
"STRATGIC" THOUGHT

胜任机关工作的。但是,在现在的企业里,尤其是国有企业机关,真正具备这项能力的人实在不多。很多人一遇到领导交代任务,拿出文章或材料就头疼,为什么?他们总说"不会写文章、写材料"。我有时甚至很疑惑,这些人都是大学生啊,难道写个文章、写个材料就那么难吗?文章或材料其实就是一个载体,文章或材料要是写出来的,那就不是文章了。文章一定是表达逻辑思维与逻辑语言的载体,简单说文章就是一个载体。当你有了逻辑思维和逻辑语言之后,那就要通过笔端亲自动手把逻辑思维和逻辑语言落实到纸上或者说落实到 word 文档当中,最后成为文章或材料。有些人写文章或材料为什么会感觉很难呢?难的不是下笔,不是写的问题,而是没有逻辑思维和逻辑语言。就某一方面的问题,如果不进行逻辑思维,也就是说不进行深入的思考,那又怎么会下得了笔呢?如果没有一定的逻辑语言的表达能力,你又能写得了几行字呢?所以,逻辑思维和逻辑语言的缺失,这才是让这些人写文章写材料备感困难的真正原因。可遗憾的是,在机关工作的人群当中,有太多的人只是把前人写的东西拿来照搬照抄,换汤不换药,交差了事,这已经在机关中形成恶疾。不仅干事的人是这样,就连有些领导干部也是如此。

好了,我们再看《三国》中"挥泪斩马谡"的故事。

挥泪斩马谡的故事,说的是孔明把守卫街亭的重要任务交给了马谡,而马谡在守卫街亭时,按照兵书"置之死地而后生"的战术,将兵马驻扎在靠近街亭的山上,结果被仲达轻而易举打败,致使孔明蒙受了巨大的损失。为了严明军纪,孔明按照军律处斩了马谡,为此孔明流下了眼泪。事后,有人问孔明为什么会流眼泪呢?是不是因为杀了马谡而有后悔之意呢?孔明说:"不是。"因为刘备在死前曾经问孔明:"你认为马谡此人如何?"孔明说:"此人是个杰出的人才。"刘备又说:"马谡言过其实,切不可委以重任。"孔明因为忘记了刘备的告诫,而有负刘备的重托,因此感到十分的内疚,这才流了眼泪。马谡从小熟读兵书,但是缺乏实战经验,让这样一个人去守一个战略要地,失败那是在所难免的了,这对孔明来说是个非常深刻的教训。这也是孔明一生中少有的错误之一,当然,孔明最大的错误就是,当荆州陷落之后,没能及时调整"出秦川进军中原"的战略,致使六出祁山皆无功而返耗费了国力,最后蜀亡。所以,我们看人,绝对不能被那种能言善辩、能说会道的人所迷惑。不管他是不是能说会道,但必须要用那些实干家,也就是说干就干的人,能够亲自动手、有行动能力、能够准确表达意见的人。

四是锋芒不可太露。从做人来讲,应该有进有退,能伸能缩,这是做人的分寸。我们常说在现实生活中做人要有四个基本原则:爱情里不要过于依赖,生活里不要刻意伪装,倾听时不要急于反驳,说话时不要有意冒犯。现实生活中的很多朋友,都存在这样或那样的问题,以至于不被人待见,得不到应有的尊重。其实我们自己反思一下,很多情况下都是自己原则性不够强。说实在的,人都是好人,就是因为自身缺乏约束,自律性不够强,所以有时不被人喜欢也是可以理解的。不过一旦通过自身多历练原则的话,那么有尊严的生活就会离你不远了。

作为人才,非常必要的分寸一定要具备,上面说的做人需要四原则,那么,人才除了具备四原则之外,最忌讳的就是锋芒外露。锋芒太露,很容易引起一些人的忌恨,有了忌恨,那么说不定什么时候就会有不幸的事要发生,所谓"锋芒毕露必自毙"就是这个道理。

在《三国》人物中,杨修可以说是个很有才干又有头脑的人物,曾多次得到曹操的称赞。不过他最致命的毛病就是对于自己的才干太过张扬,以至于在某些场合失了分寸,结果不可避免地给自己的生存增添了几分危险,最后被曹操以鸡肋为借口而杀掉。曹操性忌,这一点历史上是有评价的,但是,曹操所忌恨的人物大多都是些缺乏分寸而喜爱张扬的人物,也就是一些锋芒太露的人物。这一点,过去的人和现代的人,在心理活动方面,那是一脉相承的。所以,作为人才来讲,你一定要认识到,"锋芒毕露"的危害性,必须要绝对把握分寸,建立"锋芒不可太露"的意识。

五是人才一定要有战略意识,它体现了你的能力和水平。战略意识的有无决定了你是否能把握整个局面的能力。战略意识的强弱,显示了你水平的高低。一个企业如果能有一位出色的人才去管理,那么这个企业的员工就会信心十足。但是,如果一个企业要是摊上一个蠢材的话,那么企业的员工就会丧失战斗力,不仅影响稳定,而且还会担心企业破产、下岗失业等问题。在企业内,如果员工真的有这种心态的话,我敢说这家企业一定会很危险。如果说企业内真的存在内耗的话,那么根本的原因就是人的问题,也就是决策者的问题。

在过去十多年,企业跟风是一个很典型的想象。盲目跟风说得明白一点,

"战略"思维
"STRATGIC" THOUGHT

就是由商家内耗所引发的商战。盲目跟风的结果是,十个跟风九个赔。因为低层次的重复建设,只能重复低层次的价格战。还有一些企业,一旦做出点规模,便耐不住寂寞头脑发热起来,要么进行收购,要么进行低成本扩张,要么就涉足新的领域,愿望虽好,但是事实上很多企业进行收购,本想收购的是面包,而得到的往往是石头。低成本扩张的成本,事实上往往并不低。而进军新的领域,有些企业出师未捷身先死。有的企业甚至连合法的途径都不想走,只想摘桃子不愿种树。更有甚者,使出空手套白狼的招数。还有的企业把经营企业作为押宝行为,看准一个行当,或抓住一个机会狠赌一把,赢了接着来,输了也只好认了,就当付了学费。还有些企业,干脆融入世界产品供应链,根本不关注自己的核心技术,也不知道自己的核心技术在哪里,一旦核心产品供应链断裂,企业立马进入休克甚至破产。有的企业,虽然有自己的核心技术,却疏于精心的呵护,造成重心失衡。

以上这些所反映出的问题,实质上来说,都反映出企业经营者所缺失的"战略意识"。缺乏大局观,没有自我的战略意识,可以说是造成企业盲目跟风、贪大求全、喜走捷径、押宝经营、内耗严重,最后无法生存的重要原因。"战略"危机,可以说是影响企业进一步发展的重大问题。有的企业所采取的战略是"摸着这石头过河",可是,河里一旦没了石头,到头来往往是车到山前方知此路不通,不仅如此,最后连摸脑袋的机会也失去了。

过去我们讲,良好的效益来自出色的管理水平,向管理要效益,可以说是当时现代企业家的共同意识。在新时代,我们讲要向创新要效益求发展,这一观点可以说正逐步取得共识。经营者的管理水平低,导致经营成本暴涨,这是内耗,致使企业陷入发展规模越大,企业亏损越严重,企业负载也就越大,负载越多,经营成本就越高的困局。这实际上是把企业带进了可怕的怪圈,直到把企业拖死。这都反映出一个企业所面临的战略危机。

在改革开放初期,率先导入CA战略的太阳神集团,在1993年曾经创造了十亿元的销售额,这可以说在当时是一个奇迹。但是,太阳神集团虽然确定了"CA战略",但却忽略了一个致命的因素,那就是企业的"创新意识"。由于创新乏术,致使企业风光不再。这说明,作为企业的经营者,不仅要有很强的创新发展战略,更要有创新发展的人才意识。

六是放弃分歧,共同为确定的战略服务。我们在前面已经讲了,在战术上存在分歧,这不是什么坏事,但是在战略上要是存在分歧,那可就不是什么好事情。战术方面的手段措施越多越好,就是说可替代的方案越多越好,这个方案在执行过程中如果出现问题,那就尽快用替代的方案来执行,有多种方案,意味着可替代的选择就多。然而,战略是二选一,是不能同时存在的。当我们在谋划战略时,如果真的有多个"战略"主张出现的话,那么在决策时就会出现对立,选择哪一个"战略"主张,这需要经过讨论而最终做出决策。在这个时候,人才应该有的意识是,无论谁的"战略"主张被确定为战略目标,那么另外其他的"战略"主张就必须要放弃,转而共同为所确定的战略而服务,这是人才必须要具备的态度,否则的话,你干你的,我干我的,这不乱了套嘛。

战略意识要求我们只能为所确定的战略去工作,不能存在其他的一切幻想,这就是人才所要建立的战略意识。

8.3 【决策果断】

做决策,这是具有这一权力的人所固有的特权,用老百姓的话来说,就是说话算数的人,才能够做决策。不过,如果你过分地强调这种特权的话,决策不免有些机械。为什么这么说呢?当具有这种特权的人无法在第一时间第一现场对发生的"突发事态"进行处置的话,那么,在他周围其余的人就无法对出现的"突发事态"积极地去处置,这样的话,就可能意味着丧失一次机会,甚至会带来极大的危害。不过,作为人才来讲,你应该有敢于处置的战略意识,就是说你应该有敢于承担责任的战略意识。如果掌握权力的人无法对"突发事态"在第一时间第一现场进行处置,而你又在第一时间第一现场面对"突发事态"时,你怎么办?尽管现在的移动通信已经相当的发达,你是第一时间在现场向领导汇报,还是先积极应对"突发事态"呢?人才的战略意识,就是要让你不能无动于衷,而是要以最快的应急反应,通观全局果断地加以处置,这或许叫"先斩后奏",这一举措,看似有些鲁莽,但却能反映出一个人才的良好的心理素质,同时也能带来"战略"上的利益。不过,在你的决策意识里,如果你很希望其他的人都能面对出现的"突发事态"做出合乎"战略"的正确决断的话,那么,你就必须要把"所确定的战略"或你的"战略意图"拿出来,让你周围所有的人都清楚,也就是说,让所有的人都树立一个大局观,只有这样,当面对"突发事态"时,人人都能够做到"有所为,有所不为"。

"战略"思维
"STRATGIC" THOUGHT

我们再看看决策的对象,"突发事态"无非是人或事两个方面。就"事"而言,比如企业在发展过程中,是继续进行扩张呢,还是进行适当的收缩呢?做这样的决策,我们将根据什么来做定论呢?这样的决策关系到企业的发展大局,所以要根据企业的总体发展战略来做出决断。如果说企业大发展战略是走"规模效益"的话,那么,企业自身的综合实力,也就是经济实力、人才实力、科研实力,以及自主创新能力等等,具备了这一挑战的能力,那么从容地做出"扩张"的决策,自然是顺理成章的"突发事态"。但是,在这种情况下,如果你反而考虑收缩,这似乎与"战略"就不够协调,这说明决策人还缺乏必要的战略意识。如果说企业的发展战略是"完善机制,重在基础",而在此时,企业却考虑进行扩张,这显然不合时宜。如果盲目地扩张,受损害的肯定是企业自身的发展。况且,确立"完善机制,重在基础"的战略,显然是看到了企业自身还存在着制约发展的不利因素。所以,彻底解决制约发展的不利因素,则是企业当务之急。只有在企业内部或外部的不利因素得到化解和改善,这时你才能考虑对"战略"进行调整。当然,重新确定"战略",那是要对企业自身和外部环境做实事求是的评估,没有这一步那是不行的。

就人而言,做决策是权力者最为难、最头痛的工作。选人和用人会影响到全局的利害关系,因此,无论是历史,还是当代社会,关于人才的选用,总的经验就是要"知人善用"。比如,《三国》中孔明在任用马谡守街亭这件事上,就做出了非常错误的决策,给全局造成了很不利的局面。为此,孔明挥泪斩了马谡。为什么挥泪呢?是因为爱惜马谡的才能而有悔意吗?完全不是。那是因为孔明没有听信刘备在死前对他说过的关于马谡的一句评语,致使自己在用人上犯了大错,从而有负刘备的重托,深感内疚,因而挥泪斩了马谡。

又比如,清代康熙皇帝为了选立太子,就经历了多年的考虑,始终对太子人选没有做出明确的决断。康熙死后,雍正继位。但康熙临死前拟好的诏书,是不是选定雍正作为接班人,有人认为是诏书被人巧妙地篡改了,雍正才得以继位。不管怎么说,从雍正的政绩来说,康熙选用雍正的可能性最大。因为,确立太子人选事关大清王朝的千秋基业,所以,康熙皇帝不得不反复考察、衡量,以免做出错误的决断。正是由于雍正各方面的能力高于其他人,所以才被康熙钦定为接班人,这是最为客观的依据。

"知人善用"这话说起来很容易,但是具体的操作却很不容易。不过,只要你建立了相应的决策意识,那么决策起来就能顺利地下定决心。首先,不管怎么说还是要建立相应的人才标准。要提高自己识别人才的能力,为决策提供帮助,不建立相应的人才标准那是不行的。我们识别人才的目的,根本上说就是为了要选好人、用好人,选用好人才可以说是关系到全局的整体利益,因此选用人才具有战略意义。那么,相应的人才标准是什么呢?从战略上讲,凡是具有大局观、战略意识强,能独立运用战术而解决实际问题的人,就是人才。从战术上来讲,凡事能够手脚口并用,并具有创新意识的人,这也是人才。当你在考察人才时,就可以用以上人才标准来衡量。为什么说要有相应的标准呢?因为,如果你本身的标准就低的话,那么你选用的人才标准就低,甚至还会有眼无珠看不到人才。所以,要选用好人才,你就必须要有相应水平的人才标准。只有这样,你才能对你的决策给予支持。

还要有"人才+"的决策意识。当今时代有"互联网+",指的是互联网加传统产业,形成不同以往的市场经济发展新模式。然而"人才+"指的是人才加斧钺。我们选用人,不是用来让他"这么干"或"那么干",而是用来让他一举打开局面,为企业的发展提供动力。我们都知道,汽车在公路上奔驰,靠的是汽车的发动机源源不断地给它提供动力。人才就好比是发动机,如果让发动机正常地运转,他就必须要有充足的燃料作为保障。人才要想发挥他的力量和作用,他也必须要有充足的燃料来保障,那么,这个"燃料"就是"斧钺"。作为决策者,你能否给他这样的斧钺,这体现了你的战略意识的强弱。

中国历史上自古就有"用人不疑疑人不用"的说法,实际上能真正理解并努力去做的人并不多见。但是,能真正努力去做的人,却大多获得了成功。比如说,汉代的刘邦,在用人决策上是非常值得现代人加以学习和借鉴的。起初,萧何向刘邦推荐韩信,刘邦同意并封韩信作了将军,而萧何却不满意,他说:"要用韩信就要封他为大将军。"刘邦也同意了。可萧何还不满意,他又说:"不仅要封他为大将军,还要亲自登台拜相,并授予他斧钺才行。"刘邦都同意了。刘邦在战胜了自己不可割舍的权力欲望的同时,最后,他赢得了自己一生最大的权力顶峰,掌握了皇权。"斧钺"有什么用呢?斧钺就是大将军位置上所拥有的生杀权力。也就是,对那些违犯军纪的人有先斩后奏的权力,就是说,他可以不必请示就可以砍任何违犯军纪的人的脑袋。谁拥有斧钺,谁就拥有生杀大权。

"战略"思维
"STRATGIC" THOUGHT

一次，一名刘邦的爱将因违犯军纪，按律当斩。刘邦知道后，前来为爱将求情，对此，韩信对刘邦说："如果你想平定天下的话，重视军纪应该比起一位家臣的感情更重要。"听到此话，刘邦无话可说。在这里，遇到问题，孰轻孰重，刘邦心里是有数的。这个时候，如果刘邦执意求情的话，那他也许就不是历史中的刘邦了。刘邦后来之所以取得天下，一条成功的经验就是顺应了"人才 + 斧钺"的决策意识，否则的话，他也未必能成为汉高祖。战略决策，没有回旋的余地，只能是两者取其一。对两者兼而有之，那是绝对不可以的。战略是决定全局的谋划，而决定全局的谋划，也许会有多种主张，但是一旦取舍时，那可就没有回旋的余地了，只能做两者取其一的决策。"兼而有之"那是不行的，也是无法工作的，这是战略上的特点。战略是相对固定的，应该具有连续性。而战术则是相对灵活的，应该具有变通性。战术可不能固定，也就是说，战术不能一条道跑到黑，要善于根据事态的发展，适当地加以调整。从这个意义上讲，战术方案当然是越多越好。就是说，你准备的方案越多，就越能适应事态的变化和发展，这是战术的特点。这说明，我们在做具体的工作时，要做到细心，还要有灵活的应对能力。

作为决策者，你一定要有这样的着眼点，即决策时你要做战略性的指示，不要做战术性的指示。战略性的指示是安排给你的任务只是目标而已，没有具体的措施和方法。而战术性的指示是安排给你的任务不仅有目标而且还有具体的措施和方法。举例来说，当刘备确立了"联吴抗曹"的战略之后，刘备向孔明做了指示："你去东吴吧，要力争与东吴促成联吴抗曹的局面。"这是刘备在决策时给孔明做的战略性的指示。在这个指示中，刘备并没有交代孔明到达东吴后，"要这么做"或"要那么做"，或者如何如何等，而就是交代孔明要力争与东吴联合抗曹这样一个任务目标，刘备的这个指示就是战略性的指示。

当我们真正领悟到了"战略性的指示"后，战术性的指示就不难理解了。举一个我曾经了解到的例子，有一家公司，由于缺乏资金周转，急需派人去催缴欠款。而该公司的经理在对负责催缴欠款的人进行交代任务时，做了这样的指示："你去那家公司后，直接找他们的老板，当面告诉他我们目前的困难处境，让他务必在三天之内把欠款还清，否则的话，我们就向法院起诉了。"你看到，在他的指示里，都是一些"你应该这么办""再应该那么办"，否则"就……"负责催款的人一听，心想好啊，既然经理都这么交代了，那只好照办吧。可结果呢,公司的官司是打赢了,但是欠款却还是没能拿回来,公司也只好被迫停产停工。从这个例子我们看到,该公司的经理所做出的指示,就是典型的战术性的指示。也就是说,凡具有"你应该先这么办,然后再那么办,最后再这么干"倾向的指示交代,都属于战术指示一派的人。那么,具有战术指示倾向的决策,有什么坏处呢?首先这种倾向不利于培养人才。这种倾向往往造就了一些只会听吆喝干活的人。其次是不利于人才作用的发挥,更重要的是还会损坏全局的整体利益。像上面的经理对负责催款人的交代,催款人心想"既然经理这么交代了,那就照办吧。"负责催款的人,在这里只是起到了传声筒的作用。既然是这样,又何必派专人去呢?往那家公司打个电话不就完了吗?作为一家公司的老板,如果不能在这方面有所认识的话,那么在他的手下,肯定不会有人才的。再说,真正的人才也一定不会在他手下工作的。在一家企业,如果要由这样的人做老板或做领导的话,那么这个企业是绝对不会有什么发展前途的。

8.4 【战术细心】

战略与战术就像一对孪生兄弟,有的时候你不注意区分,还真分辨不出来。要想真正地理解战术意识,那么你就必须要把战略与战术区别开来,这是你建立战术意识的前提,没有这个前提,你的战术意识是建立不起来的。那么,为什么非得要把战略与战术加以区分呢?一个根本的原因就在于战略与战术是两个不同性质的概念,如果不加以区分就很容易造成难以估量的损失,甚至影响到全局的成败。我们所犯的错误以及企业的衰败,归结起来无非只有两种情况:一种是战略性的错误,一种是战术性的错误。战略性的错误一旦发生,将会给自身带来致命的打击。而战术性的错误一旦发生,在不影响全局的情况下,还可以设法弥补。战略强调专一,战术强调多样。战略解决的是大局即方向性问题,而战术解决的则是操作方面的具体问题。战略一旦确立,剩下来的问题就是战术要解决的问题。为此,建立战术意识,不明确与战略的区别是要犯战略性的错误。

战略要大胆,战术要细心。战略如果不是在客观现实的基础上确定而来,那么战略失败也只是时间问题。战术如果不经过周密的计算,战术方面的错误就可随时显示出来。所以,战略只有在尊重客观现实的基础上,才能放手一

"战略"思维
"STRATGIC" THOUGHT

搏,要放手一搏,就必须要大胆地去做,胆小懦弱是成不了气候的。战术也只有经过周密的计算,精心的安排,适宜的组合,才能达到战略目的。因此,战术尤其要强调"细心"二字。这一点如果不与战略加以区别的话,战略一大胆,战术也跟着大胆起来,战术一大胆,那么错误就随之而来。毛泽东说过"战略上要藐视敌人,战术上要重视敌人",说的就是这个道理。没有大胆,如何藐视对手?没有细心,又怎么能重视对手呢?我们在这里强调战略与战术的区别,就是为了避免"大胆"和"细心"用错了位置。有些战术问题是很容易被误认为战略问题,从而引起在战术上的盲动。在赤壁之战中,曹操正是犯了这样的错误,才遭到了无法补救的失败。

战术在实际执行过程中,说实在的,是很不容易取得成功的。为什么呢?就是因为战术具有两面性。什么是"两面性"呢?"矛"和"盾"是一对相互对立的兵器,如果你有了锋利的"矛",又有了使"盾"必破的条件,也就是说,如果我们有了"胜敌之策"这个矛,又有了"使敌必败"的条件,那么胜败也就一目了然,战术的两面性其含义就在这里。战术能够顺利实现,可以说就是由于这两面性共同发挥作用的结果。战术之所以很难实现,多数原因就在于我们常常只重视"必胜"的一面,却总是忽略了"必败"的一面。要知道,真正的对手是不会轻易按照我们想的那样行动的。如果对手总是按照我们的想法来行动,这说明对手如果不是蠢材,那就是我们的战术非常的成功。毛泽东在第五次反围剿失败后带领红军四渡赤水,调动国民党军队,摆脱了国民党军队的围追堵截,顺利到达陕北建立根据地,反映出了毛泽东出色的战略与战术的运用指挥才能。战术本来就没有一帆风顺的,但只要能够认识到战术上的两面性,就能够夺取主动,这一点非常重要。

战略具有唯一性、排他性,战术讲究的是手段的多样性。当战略还没有确立之前,战略主张可能会有多个,但是战略一旦被确立,那么其他的战略主张都要统统地扔掉,战略是唯一的并且是排他的。战略多了,就意味着冲突、对抗,甚至分裂,"窝里斗"正是战略冲突的结果。然而,战术则不然,战术讲究的是多多益善。战术多了,难道就没有冲突和对抗吗?不会的,你要坚信这一点。之所以会出现"窝里斗"这说明我们太缺乏"战略意识"。如果我们都有一个相同的"战略"主张,那么,无论在战略还是在战术上,都不会存在冲突或对抗。有的也只是不同意见而已,这种不同意见,或意见分歧,可不是冲突。

第8章 怎样看待"战略"思维?

意见越多,战术也就越丰富,这倒是一件好事。人的精力和经验各有不同,有分歧这是理所当然的事。意见多,证明可替代的方案就多,至于先选择什么方案,对此就不要固执己见。完成任务的方法有很多,如果说第一套方案出了问题,那就用替代的方案来弥补。作为战术,就必须要有可替代的方案,这是战术的特点。什么叫战术?当制定了四五套作战方案后,这才能从容地根据情况的变化,及时地改变步伐或改变方案,这就叫作战术,必须要明白这一点。

毛泽东运用战术是有一定境界的,也可以说是近代中国少有的军事天才。其实,战术的境界就是要让所有的人都理会"战略"的分量。企业所制定的"战略",不是光给自己看的。作为经理,"战略"不是你身边的装饰品,如果你希望公司内所有员工都能发挥每个人的作用,并为企业做贡献的话,那你就必须要让所有的员工都懂得"战略"的分量。战略意识的提高,意味着凝聚力的增强,人的创造力及创新能力也能得到充分的开发,这是企业可以不用投资就能实现增长的有效途径。你若是不信的话,你可以在你的公司亲自实践一下。战略意识的培养,可以说是企业文化所不可缺少的重要内容。

战术的两面性告诉我们,在制定胜敌之策的同时,还要制定或创造使敌必败的条件。如果说你采取了"A的行动",随后就会产生"B的反应",那么,A的行动就是对手必败的条件。像这样的因素当然是越多越好,这样的条件越多对我们越是有利。然而,这样的条件或因素,往往无法预知,怎么办呢?这就需要我们去努力创造这样的条件,也就是说要创造对手必败的条件。什么是战术?战术就是要调动对手朝"必败"的方向转化,这就是战术。

赤壁之战,东吴方面一连串的战术组合,就是要创造对手彻底必败的条件。那么,东吴的胜敌之策是什么呢?就是孔明与周瑜手掌中的"火"字,即采取"火攻"的战术。好了,战术的两面性,东吴都做了细心的布置。利用蒋干、黄盖等一连串的战术动作,最终完成了创造对手必败的一切条件。结果,曹操的百万大军败得那么快那么惨,而东吴则以弱胜强,成为后人的经典战例名垂千古。因此,我们不仅要重视"胜敌之策",更要重视"创造对手必败"的条件,这种战术意识要牢固地加以确立。

模仿不是办法,创新才是出路。在现实生活中,普遍存在的东西,也就是人所共知、理所当然的东西,往往不是被人所关注。而特殊性的东西,却往往被人所关注。比如说,在东北下了一场大雪,这在东北算不了什么。可是在海

"战略"思维
"STRATGIC" THOUGHT

南岛要是下了一场大雪,那可就成了特大的新闻被人所关注。中国改革开放已经四十年,因为对外开放,致使特殊性的东西越来越多,尤其是前二十年当中,出现了许多是不是模仿或是借鉴的问题。比如说,欧美企业的管理经验或者模式,是在欧美这个特殊的环境里形成的,那么,是不是也适合中国的环境呢?机械的模仿肯定是不行的,借鉴也只是当特殊性较为接近或者相似时,才能拿过来加以利用。因此,这里需要注意的是,决不能把这种特殊性的东西不加分析和判断就拿出来错当成了"普遍性"来看待。比如,看到别人的企业在搞资本扩张,你也跟着扩张起来,看到别人都在搞价格战,你也马上参与其中,看到别人搞项目赚钱,眼红了,恨不得马上搞。其实这都是被特殊性左右了我们的视线。中国的国情与其他国家相比特殊性的东西有很多。所以,邓小平提出了要"建设有中国特色社会主义"伟大事业,那么自己特色的东西怎么来呢?只能靠自身的条件自主创新而来。中国改革开放已经四十年,现在已经是全球第二大经济体,正是由于中国持续不断的稳定发展,得益于自主创新,不受制于人,才有了今天的发展成就,进入了一个新时代。中国改革开放是具有战略性的举措,具体怎么搞,模仿不是办法,借鉴也是有限的,那么,唯一正确的出路就在于持续不断地创新,不断地增强自主创新能力,掌握尖端核心技术,永远不受制于人。

8.5 【计算组合】

在前面讲的战术意识,应当说是着眼于战术的基本方面,是立足于横向的意识。而落实到具体操作上,这就是纵向的战术意识,也就是订立战术的意识,订立战术实际上就是要计算、要组合,也就是要有计算、组合的意识。首先要看"战略",然后再去计算组合。为什么要看"战略"呢?战略要是没有确立,战术就无从计算组合。没有战略,制定战术又有什么用呢?这就好比要盖房子,总要打个地基吧,没地基就忙着盖房子,那也不靠谱啊,万一来个地震,那可是人财两空啊。所以,这盖房子,就好比要确立战略,有了战略,才可以动手盖房子。因此,我们在做任何事情之前,都要先把"战略"放在第一位,就是说,只有先确立了企业的发展方向,即战略目标,然后再考虑战术的订立,也就是具体该怎么办的问题,也就是计算组合的问题。

就我们个人而言,同样也是这样,如果你从小就接受正确的人生观的教育,比如说"崇尚科学",这是人生观的组成部分,有了"崇尚科学"这一人生观,那么对于社会上出现的反科学、反人类的邪教学说,你就能自觉地加以抵制。"崇尚科学"的人生观,不仅要建立,更要牢固地树立在自己的心目中,这才具有了现实人生的战略意义。所以,"战略"这个东西,不仅要建立,还要牢固树立,这对于你的人生才会起到战略作用。人生的道路,每到一个关键节点,该怎么走,绝对不能盲从,一定要从自己的人生观中,或者人生战略中求得结果,然后再迈开脚步,该怎么走就怎么走。

其次,订立战术要有分寸,既要有自己的风格,又能体现自己的素养。所谓"分寸",就是一种尺度,当进则进,当退则退。这就好比两人对弈棋局,那么,该走的棋,一定要走掉,不该走的棋就一定要保留。不动或保留,那是因为没有后续的手段,时机还不成熟,有了后续手段还要着眼于全局。动与不动,这就是分寸。战术是什么?战术就是在什么时候?在什么地点?搬动谁?如何搬动?这就是分寸,也是战术的基本内容。作为人才,就是要努力培养自己的战术风格,培养自己的战术分寸,体现自己的战术素养。假如你的公司现在很需要人才,那怎么办呢?其实也就只有三种办法:一是招揽人才。二是自己培养人才。三是任用蠢材。那么,你的风格属于那种方面呢?要记住,凡是属于手下人应该干的工作,你就不要随意地去指手画脚,说:"你应该这么干""你应该那么做"。至于怎么干才好,你要记住,不要为此多说一句话。培养自己手下人的独立工作能力,这是你应该尽的责任,这就是你的风格。作为经理,你如果能有这样的意识,这就体现了你的战术素养,一个企业家如果不重视人的创造力,以及创新意识的培养,那么,这个企业是没有发展前途的。

第三,计算组合战术要以"普遍性"为主,"特殊性"为辅的原则。任何事物都有普遍性和特殊性,正因为这两性的存在,事物的发展才具有了必然和偶然。比如说,亲生父亲和亲生女儿关系很好,这是大多数家庭都存在的事实,因而具有普遍性。然而,亲生父亲和亲生女儿的关系非常差,这样的父女关系却很少有,因此是特殊性的父女关系。那么,我们在订立战术时,就应当着眼于"普遍性",尤其要重视人心的"普遍性"。当然,我们在考虑普遍性的问题时,也不能忽视特殊性的东西,"普遍性的"当然是主流,"特殊性"当然是支流。"特殊性"一旦发生作用,就会让计算组合的战术前功尽弃,所以决不能忽略它的存在,一定要有相应的措施来补救。因此,我们要从普遍性的角度来考

"战略"思维
"STRATGIC" THOUGHT

虑问题,把握人心,推测人心。我们既不能用"特殊性"来考虑问题,同时也不能忽略它的存在。否则的话,战术是难以成立的。

第四,在计算组合战术时,若是出现"如果……"那怎么办?那就立刻把它解决掉。我们在计算组合战术时,一定要围绕"战略"为中心进行思考,订立战术时,如果是有利于战略意图的战术行动,就可以立马做出决断。普通的人在考虑战术问题时,不是用普遍性来考虑问题,而往往是用"特殊性"来考虑,正是由于首先考虑了"特殊性",这才出现了"如果怎么怎么样"的问题。比如,刘备去东吴完婚,这本是进一步加强"联吴抗曹"的好事,所以孔明一再强调"要去"。然而有人却以"特殊性"来考虑问题,认为"如果去了,刘备要是被杀被扣怎么办?如果是这样的话,还是不去为好。"普通的人都会这么想,而人才的想法是这样的:"去东吴完婚,这有利于加强双方之间的联盟关系,符合双方的战略利益。"这是从普遍性来考虑问题的。"不过,去东吴完婚可能会有一定的风险,如果去,东吴真的想借完婚的时机把刘备杀掉,那么就应该把这一风险化解掉,那么如何化解被杀被扣的风险呢?"这是你要考虑的关键因素。尽管这一风险会有百分之九十九的可能性,但只要有百分之一的机会,你就要在这1%上做文章好了,这是订立战术的正确思路,也就是订立战术的基本逻辑思维。只要有"如果"的问题,那就把它解决掉。不错,"去东吴完婚"在战术上的确存在"被杀被扣"的缺陷,但我们不能因为战术上存在这样的缺陷,就否定"有利于战略的战术行动"。我们讲了,在战术上如果有不利的因素,那我们就订立控制"不利因素"发生的战术措施。一旦有利于战略的战术行动被确定下来,订立战术时,就要把"如果"的问题解决掉。决不能因为有"如果"的问题要发生,就放弃你的战术或搞垮你的"战略"。

8.6 【信息优先】

我们这里所说的信息,也可以说就是情报。所谓"信息意识"指的就是"情报意识"。情报的作用,我想大家都是很清楚的,没有情报我们的工作就无法顺利开展,尤其是在当今信息化时代,对手之间的竞争日趋激烈,生存和发展对每个人或每个企业来说,都将面临严峻的挑战。因此,不把信息意识提升到战略意识来认识的话,那是不行的。对信息来讲,越是理所当然的东西,就越不能忽视它的存在。一个企业如果想要参与竞争并想击败对手,就必须要

第8章 怎样看待"战略"思维?

对企业的内部和外部环境要有百分之百的熟知。那么,我们要熟知什么内容呢?我们要熟知的是内部或外部最基础的情报。这些最基础的东西,往往是被认为"理所当然"而常被人所忽略,所以我们要熟知,并且要用自己的眼睛去观察、去体会,然后把它牢牢地抓在自己的手里。越是最基础的东西,越是理所当然的东西,我们就越不能忽视它的存在。

没有"战略",就是再有用的信息也会从身边擦肩而过。我们在前面的章节中,讲到《三国》时期的西蜀刘璋,原本想归顺曹操,于是就派张松去见曹操,然而曹操却没买他的账,为什么?因为当时曹操的对手只有刘备和孙权两家军阀势力,并且暂时还没有要取西蜀的想法,因而曹操也就没有加以重视,冷落了张松。然而张松心想,"既然不被重视,那就算了,回西蜀再做打算吧。"不难看出,张松出西蜀对任何一方来说,都是一块肥肉。由于曹操没有取西蜀的战略意图,所以,送上来的肥肉就这样从嘴边溜走了。

然而,没想到这块肥肉却意外地让刘备抓到了,这个偶然出现的肥肉,怎么就这样让刘备抓到手了呢?当时的刘备正处在南北夹缝地带,地理位置很不安全。早在隆中时,孔明就确定了以西蜀为家的总战略,因此,谋取西蜀的战略意识非常强烈。但是,因为没有西蜀的有关情报,因此刘备不敢贸然西进。可就在这个时候,一个偶然意外的机会来了。那就是,张松在回西蜀的路上,途径荆州,不成想这块肥肉竟被刘备抓住了。刘备对张松的款待超出了应有的规格,与张松在曹操那里受到的款待形成了鲜明的对比,对此张松深有感触,心想:"玄德公如此宽仁爱士,我本想把西蜀送给曹操,看来莫不如送给刘备。"就这样,张松把西蜀所有的地理图本全部送给了刘备,并愿为刘备日后取蜀助一臂之力。你看,正是由于刘备有着急切"取蜀"的战略意识,这才抓住了这次意外的机会。你再看看曹操,由于曹操没有取蜀的战略意图,所以,有用的信息却从身边溜走了。

信息是不是具有真实性,要靠确定的事实来说话,不能靠推测来判断。信息真实与否,这是每个面对信息的人所产生的第一反应。要对信息做出正确的判断,这是很不容易的事。"推测"具有很强的主观意识,凭感觉所做的推测,那是靠不住的,也是不科学的。那么,辨别真伪是不是就无法进行了呢?不是的,我们还是要学会用"确定的事实"来进行衡量。首先是自己亲眼所见以及未经加工的第一手信息,这是确定的事实。其次对于外部反馈的信息,要

"战略"思维
"STRATGIC" THOUGHT

从至少两方以上一致认同或强调一致的地方，就可以认定，这是确定的事实。所以，我们要树立以"确定的事实"来处理各方面的信息或情报。推测毕竟存在着不确定性，或者说存在着可能或不可能这两种结果，尤其要强调一点，对于那些容易被人忽视，被人看漏的东西，或者说是理所当然的东西，更要引起你的注意。决不能认为理所当然的事就是确定的事实。要知道，事物是变化的，反常规、反常理的突发事件时有发生，不能掉以轻心。

有战略，信息才有价值。没有战略，信息那就是一文不值。没有战略，你能说清楚你最需要的是什么吗？比方说，你想要做点什么项目干点事业，可是究竟想干点什么事业呢？如果你连干什么都还没有选择，就是说你连战略性的问题都没有搞清楚，那你不是在想入非非吗？再比如说，你要去外地出差，参加一个重要的会议，那么，首先想到的是怎么去。一是乘坐民航的班机，二是乘坐火车，三是乘坐长途汽车。这三种出行方式都是可以选择的，乘坐飞机当然比较快，可不幸的是，最近的天气总是那么不给力，据国家气象台播出的未来两天的气象预报显示，未来两天东北大部分地区，尤其是目的地沈阳将有强烈的降雪天气。对于这样一个突发的信息，我想你肯定会特别关注的。因为两天的降雪，有可能使民航的班机延误或停班，一旦出现这种情况，那就不能确保按时到达沈阳，这样的话就会影响按时参加会议。所以，经过考虑之后，还是选择乘坐火车去较为安全。这个例子，是我亲身经历的事，我想其他人也会遇到这样的问题，想想看，这样的天气情况，也就是信息，对于要去沈阳的人来说，那是非常有用的，有用就说明信息是有价值的。但是，这个信息对于那些不出家门的人来说，确实没有什么价值，一文不值。

有些人不但自己得不到信息，反而还拒绝信息。这些人都是些什么人呢？我们不妨对这些人进行一下分类：一是喜欢别人听自己意见的人，这类人善于搞一言堂，别人想要把问题说明白，可还没说两句话，他就下结论，"应该这样""应该那样"。这类人过于相信自己的判断能力，以至于外面的情况进不来，这是典型的维持现状的人。二是那种夸夸其谈的好半路插话的人。这类人以年纪稍大富有经验者居多。在他们眼里，年轻人现在没有价值，而体现价值则是要到将来，因此年轻人无论如何要往前走。而年纪稍长的人，多半要维持自己已经获得的荣誉、学识和经验，以期获得良好的待遇，这些人多少还可以理解。但是年轻力壮的人如果也有这种倾向的话，那就是不可原谅的。能不能获得信息,克服这种倾向非常重要。

还有就是那种具有专家意识的人。什么是最有价值的信息呢? 说实话,"发明和创新出的东西"才是最有价值的东西。搞发明、搞创新就是要搞过去所没有或未能办到的事。发明无非是把不同种类的东西重新组合起来搞成新的组合。如果不是对任何事物都有兴趣的人,那是搞不了新的发明,尤其是当今科技创新时代更是这样。所以,对专家之所以不抱太大的期待,就是由于专家太过专一。如果盲目地追崇专家或对专家抱有很高的期待,那就是维持现状的思维,如果再没有其他的人合作和支持,那么新的组合就建立不起来,就不能有所突破,更不会有发明和创新出现。发明和创新出的东西,到什么时候都是最有价值的信息。而维持现状的人到什么时候都不会得到信息,甚至是拒绝信息、排斥信息。

我们需要的信息最首要的是核心的信息。收集信息,一定要依据"战略"来衡量、来观察,我们要养成这样的习惯。没有"战略"你需要什么呢? 信息不是胡乱去收集的,而是要养成抓核心的习惯。"核心"是什么呢? 我们还是要看一看三国时期的案例,司马仲达在与孔明的交战过程中,总是吃败仗。孔明可以说是当时司马仲达唯一的对手,所以仲达心想,"既然仗我打不过你,那我们就看谁先死吧!"仲达有了这样的意识后,在其后的作战中,总是拒不出战,与孔明形成了对峙。而孔明呢,为了能让仲达出城作战,派使者给仲达送去了巾帼,以此来羞辱仲达。但仲达不为所动,却询问来使:"孔明寝食及事之繁简若何?"使者回答说:"丞相夙兴夜寐,食不过数升,鞭打二十以上的刑罚都要由孔明一人裁决。"想想看,仲达询问这事有什么用意呢? 仲达从使者的回话中,知道孔明"食少事繁",因此断定孔明不久将劳累而死。仲达的判断是准确的,不久之后,孔明就因劳累而死。当使者回去后,孔明问使者说:"仲达都询问了什么?"使者回答后,孔明叹息道:"仲达拒不出战,深知我也。"

请看原文:

且说孔明自引一军屯于五丈原,累令人搦战,魏兵只不出。孔明乃取巾帼并妇人缟素之服,盛于大盒之内,修书一封,遣人送至魏寨。诸将不敢隐蔽,引来使入见司马懿。懿对众启盒视之,内有巾帼妇人之衣并书一封。懿拆视其书,略曰:仲达既为大将,统领中原之众,不思披坚执锐,以决雌雄,乃甘窟守土巢、谨避刀箭,与妇人又何异哉! 今遣人送巾帼素衣至,如不出战,可再拜而受之。倘耻心未泯，犹有男子胸襟，早与批回，依期赴敌。

司马懿看毕，心中大怒，乃佯笑曰："孔明视我为妇人耶！"即受之，令重待来使。懿问曰："孔明寝食及事之烦简若何？"使者曰："丞相夙兴夜寐，罚二十以上皆亲览焉。所啖之食，日不过数升。"懿顾谓诸将曰："孔明食少事烦，其能久乎？"使者辞去，回到五丈原，见了孔明，具说："司马懿受了巾帼女衣，看了书札，并不嗔怒，只问丞相寝食及事之烦简，绝不提起军旅之事。"某如此应对，彼言："食少事烦，岂能长久？"孔明叹曰："彼深知我也！"

从上面的例子我们看到，信息不是胡乱地去搜集，而是要抓住核心之点。核心之点是什么呢？由于仲达有了"看谁先死"的意识，所以核心自然就是孔明的健康状况。仲达询问了与战场无关的话题，表面上看是关心孔明的身体，而实质是在收集最核心的信息。仲达在掌握了第一手信息后，更加坚定了自己的作战意图，以静观其变。

8.7 【"战略"与"战术"】

战略与战术既是两个不同的概念，又是两个不能分割的概念。战略是第一位的，没有战略就没有战术，有战略就一定要有战术。战略与战术之间的关系即规律性的东西，可以说是战略思维的核心，也是其他战术的灵魂。战术必须要服从战略的需要。我们在前面已经讲过了，在订立战术时，要先战略而后战术，就是说，只有确定了自己的"战略"，战术才能成立。没有战略，战术无从谈起，只有确立了战略，战术才能够服从服务于战略的需要，这样的战略意识要牢牢的树立起来。前面的例子已经讲到，关羽驻守荆州，不但没保住荆州，反而连自己的性命也丢了。为什么关羽会有这样的结果呢？就是因为一句话，"虎女焉能配犬子！"就这一句话，却破坏了"东和孙权，北拒曹操"的战略意图，无形中使刘备走上了与东吴对抗的道路。关羽的战术处置，不是服从"东和孙权"的战略需要，而是与战略意图背道而驰。因此，关羽的失败也就带有必然性，是不可避免的。战略一乱，满盘皆输。自从刘备与孙权结盟以后，孙刘联手在赤壁一战大胜曹操，奠定了刘备西蜀建立基业的基础，可以说，"吴蜀联盟"在当时的条件下是唯一可以抵御曹操的有效的战略手段，也正是这一战略才最终形成了"吴、蜀、魏"三分天下的战略格局。那么，对刘备来说，既然已经达到了隆中时的"三分天下"的战略目标，是不是就可以说"吴蜀联盟"的战略目标就算完成了呢？这就需要用战略眼光来审视一下。虽然刘备已取得了西蜀之地，但论实力，刘备还不能与曹操单独进行对抗。为了西蜀的安全，从战略角度讲，还必须保持与东吴的战略联盟关系。不过，就在这时，关羽犯了战略性的错误，致使"吴蜀联盟"的战略关系受到了破坏。本来，出现这样的错误，作为刘备就应及时地加以修补"吴蜀"之间的战略关系，可是刘备非但没走这一步，为了报仇，却亲自率军征讨东吴，致使吴蜀两家的战略关系遭到了彻底的破裂。

关羽死于东吴之手，而关羽又是刘备的义弟，刘备报仇的心情是可以理解的，但刘备在个人感情和战略大局的选择上，却牺牲了"战略大局"，带着复仇的心情与东吴进行了决裂，这意味着"吴蜀联盟"的战略关系发生了逆转，不再是联盟关系，而变成了敌对双方，这是曹操最希望看到的结局。战略一改变，后果怎么样呢？刘备亲率五十万大军，在不听从孔明的劝阻之下，领军与东吴进行了生死决战，结果，刘备的大军被东吴军队火烧连营数十里，致使刘备的五十万军队几乎全军覆灭。正所谓战略一乱，真的是满盘皆输。蜀军这次失败，不仅元气大伤，也为日后孔明六出祁山，埋下了"无功而返"的伏笔。

没有战略的日子，说白了就是混日子。人生也罢，军事、经济领域也罢，没有战略的日子，都是白白混日子。虽然"好死不如赖活着"，但这种活法，不是一个正常人的活法。正常人的活法，那是有计划、有目标、有乐观精神的活法。说到刘备，刘备的崛起，大致可分三个阶段：第一个阶段，可以说就是一个没有战略而混日子的阶段；第二个阶段就是有"战略"而飞黄腾达的阶段；第三个阶段，就是维持现状而走向灭亡的阶段。前两个阶段是以孔明出山为界限，第一个阶段，刘备虽有宏图大志，但却没有可用的人才，更没有明确的"战略"目标，因此，刘备带着关羽张飞杀来杀去，混来混去的，始终没有一块安身之地，不得已只能寄人篱下。而第二个阶段，情况就大不一样了。自从有了孔明之后，刘备这才有了明确的"战略目标"，其事业这才有了飞速的发展，实力逐步扩大，最终占据西蜀为家，初步实现了"三分天下"的战略目标。后两个阶段，是以刘备率军与东吴交战失败，导致"吴蜀联盟"的战略关系彻底破裂为界限。在第三阶段，由于吴蜀的战略联盟已彻底破裂，再加之隆中时的战略基础已发生了根本性的变化，这种变化主要是荆州易手而引起的整个战略基础的变化。面对这种变化，孔明应当及时地对总的战略进行必要的调整，可是孔明却没有这

"战略"思维
"STRATGIC" THOUGHT

么做，反而是继续维持现状，六出祁山作战，不仅毫无意义，更为重要的是大大削弱了蜀国的国力，以至于后来无法与实力强大的魏国相抗衡，最终导致蜀国被灭亡。维持现状最终的结局还是无法维持而走向灭亡。

我们从中不难看到，有没有"战略"结果是多么不同，有了"战略"就等于有了根基，有了根基，事业就能得到发展。没有"战略"就没有根基，本质上就是混日子。而"战略"到了需要调整的时候，你却要维持现状，这同样是走向灭亡。没有"战略"的日子，你就是做什么事，也不可能干好。这种战略意识应当牢固地树立在自己头脑中。只要你想要发展，你就必须要有这样的意识。"战略"需要调整的时候必须要调整。我们在前面的序章中讲到了，"战略"要有"连续性"，既然战略要有连续性，那么战略调整不就是没有要了吗？不是的。我们确定的"战略"，有可能是由于我们对客观环境认识不足，或战略的基础发生了根本性的变化，这样就可能是现行的"战略"达不到战略所要达到的目的。就是说，你所确定的"战略"已对全局起不到决定性的作用。能不能决定全局的命运，如果看不到这一点，你可能还是要连续你的"战略"意图，这样的话，你就是在维持现状。作为一个真正的企业家，或者是战略家，是不会看不到这一点的。在现实生活中，你会遇到很多关乎企业发展的问题，那么，这些问题的出现，如果你视而不见，那你可就要出问题了。既然你看到了这一点，那怎么办呢？你就要坐下来，重新评估一下你所确定的"战略"，看是不是到了必须要进行调整的时候，这样一个过程是绝对不能忽视的。在权衡利弊之后，"战略"需不需要调整，那不就非常清晰了。

中国改革开放前的经济发展模式，几十年一直遵循苏联"计划经济"体制，后来为什么要打破这种体制而在战略上做了必要的调整呢？根本原因就是这种"计划经济"的战略模式，已经对国民经济的发展起到了制约作用，中国经济已经到了面临崩溃的边缘，进行战略调整已经刻不容缓。以邓小平为首的党中央，坚持改革开放，使国家走上了一条具有中国特色的经济发展之路。调整后的中国经济，在经历了四十年的高速发展，我国已经崛起为世界第二经济强国，百姓生活水平也得到了显著提升。调整后的市场经济体制，显示出了勃勃生机。为此，改革开放不仅应当继续完善，还应当继续不断地深化，实现中华民族伟大复兴。

我们在实践过程中，如果在战术方面出现一点差错，还不要紧，错了我们

第 8 章 怎样看待"战略"思维?

就及时改正过来,总结经验教训再往前走。但是,如果在战略上出现差错,那就会招致大的失败。一旦发现"战略"有问题时,那就要进行彻底的修正,不进行战略上的调整,那是没有出路的。我们在观察人生也好,观察企业也好,如果能够退一步,看自己这么做是否有利于"战略",如果你发现这么做会给"战略"带来不利的影响,那么你就能够避免失败,牢牢地保持着"战略",倾听别人的意见,这才是一个企业家所应该有的战略意识。

在正反两面中求得突破。什么是"正反两面"呢?正反两面就好比上下、左右、前后、好坏等等这样相互对立的两面,我们叫他正反两面。对某一个人来说,我们不能因为他做了一件坏事,就认定他是个坏人,同样的道理,也不能因为他做了一件好事,就认定他是个好人。全面的认识就是要从正反两个方面来观察,这样才能得出正确的判断。就工作而言,也是这样,同一件工作也会有容易做的一面和难做的一面,这就是为什么会有做同一件工作,有的人能干好,有的人就干不好的情况出现。干不好的人,不是回避难点,就是对不好干的一面不尽心尽力。而干得好的人,就是因为他把"干不好"的一面认真地干好了,这才成了能干事、想干事、干成事的人。做任何工作,人们常说要有个方式方法,所谓"方式方法"就是指战术而言。有没有战术意识,体现在工作上就是要看有没有方式方法。其实做任何事,都要有个比较,每一项工作,肯定都会有好做的一面,也有难做的一面,要想工作做得顺利、容易,其实并不难,只要用心把"不好做的地方"认真的干好,工作就顺利容易得多。好干的工作就是这样从不好干的地方求得突破,也就是说,要在正反两方面中求得突破。从这个意义上讲,只有当问题或危机出现后,机遇才随之而来。

我们还是看《三国》中的孔明"七擒七纵"的故事。孔明为什么要"七擒七纵"呢?因为南蛮王孟获,反复无常,不愿意归附西蜀刘备的节制,素有侵占西蜀之意。这个情况,对孔明北进中原是一大心腹之患。因为,孔明如果要北进中原,就必须要先解决好后顾之忧。那么,怎么解决好这一后顾之忧呢?我们按照上面的"正反两面"的原理,要让南蛮王孟获真心地归附西蜀,如果说这是正的一面,那就必须要解决孟获"反复无常""不愿意归附"的心态,这就是反面,也就是不好干的一面。"反复无常、不愿归附"这是由心性所定,因此,征服南蛮王孟获,关键是在征服其心,也就是"攻心为上"。你看,有了这样的意识,孔明是怎么办的呢?既然"攻心为上",那就来个"几擒几纵"吧。就这样,孟

"战略"思维

获被孔明"七擒七纵"这才真心地归附了西蜀。事后孟获说:"孔明真神人也,我心服口服,今后永不背叛西蜀。"

孔明不愧是一位战略家,在战术上也非常有耐心,体现了他在战略与战术上的非凡素养。其实,我们任何人只要有这种意识,谁都可能成为像孔明这样的人,想想也没有什么神奇的地方。只要我们养成这样的意识,如果发现有干不好的地方时,就应当想到还有干得好的一面。干得好,怎么来呢?就得把干不好的地方,好好地去干好它,这样干得好就出来了。在干不好的地方,一次干不好,那就再来一次,切不可打退堂鼓,要多干几次,反复地干,还有什么比"七擒七纵"更难办到的事呢?所以,要反复来,要有耐心,成功确实是需要很好的耐心。

第9章　怎样看待经典战略

[**本章提要**]本章编辑了八篇在中国春秋战国历史上很有影响的经典战略,这些经典战略对中国历史的发展有着积极的推动作用,对历代纵横家、思想家、战略家也有着深刻的影响。中国五千年的文化,之所以延续不断,传承至今,文化传承至关重要。

成功的战略,总是朝着所预见的方向发展,没有预见,也就不会形成你所确定的战略。战略失败,一定是没有按照预见的方向来发展,这说明,我们的预见存在着偏差,也就是说,我们看问题还不够全面,从而导致战略的失败。没有科学的预见,失败那是必然的。我们所预见的"东西"要想科学而准确,那就必须要认识和掌握"必然的东西",也就是规律性的东西。比如,在自然科学中,数学中的等式"$1+1=2$",物理学中的"能量守恒定律",社会科学中的"历史发展规律"如"人类历史必然要向前发展"等等。在自然科学里,"必然的东西"是能够通过科学的演算而观察到的,当然这是在人类力所能及的范围内所看到的东西。然而,在社会科学里,"必然的东西"就很难观察到。但无论是自然科学家,还是社会科学家,如果没有一个全局观,或缺乏对全局的判断能力,那么,寻找"必然的东西"那就更不容易。

那怎么办呢?可以说没有什么灵丹妙药。但是,"尊重科学,崇尚科学"则是提高预见能力的根本保证。自然科学也好,社会科学也好,如果不能真正地认识和掌握科学知识或科学规律,那是不行的,这也就是为什么规模企业要不惜代价高薪聘请那些具有高学历、高素质专门人才的原因。为什么这么说呢?因为他们掌握着丰富的科学知识,他们的眼光,他们的预见能力,都是普通人所无法超越的。科学之所以成为科学,就在于它经过实践所证明,是确定的事实。因此,确定的事实,可以成为预见的必然因素。要想搞发明和创造,不掌

"战略"思维
"STRATGIC" THOUGHT

握一定的自然科学中的知识,那是不行的。如果你想要在金融领域里有所成就的话,那么研究和掌握金融领域中那些必然的东西即规律性的东西,这才能有所预见,有了预见就会形成"战略",有了战略才能够在把握全局的基础上达到我们想要达到的最终目标,这在任何领域里,其道理都是一样的。

历史是一份珍贵的遗产,尤其是中国上下五千年的历史,留给世人的遗产就更加丰富夺目。有人曾预言,二十一世纪,中国是世界最大的文化输出国。历史之所以有价值,就在于人类的进步与发展总是在历史的唤醒下,豪迈地向前发展。中国崛起于二十一世纪,这在中国改革开放四十年后的今天已初见端倪。中国崛起是必然还是偶然,我们从中国几千年的历史中看到,在大清王朝中期之前的中国就一直站在世界的最高峰,这是不争的事实。正因为中国延续而厚重的历史,这才给了我们中国人必然的智慧和创造力。

我们研究历史,也正是着眼于未来,着眼于当代中国,并能够以新的视角、新的思维方法真正融入中国社会,融入每一个拥有良知的人。在这里,我真诚地希望每一个读者在读懂历史的同时,也能够读懂自己的人生。不过,要永远记住,读懂历史就意味着你的眼光、你的智慧有别于他人,对此你要有充分的自信。同时你也要明白,历史固然有价值,但其意义对于今天活着的人来说,就要为自己所创造的历史而负责。历史与今天,虽然在物质上已经有了质的飞跃,但前人与今人在思维方式上确实永远相同的,这也就是为什么总是要取材于历史的原因。

9.1 【尊王攘夷的总战略】

[**关键人物**] 齐桓公 管仲 鲍叔牙

"尊王攘夷"是由被称为"九合诸侯,一匡天下"的名相管仲提出的总战略,这一战略的实施,使当时的齐国成为春秋时代第一个霸主之国。

从周平王东迁(前770年)至周敬王四十四年(前476年),周朝王室虽然还保持天下宗主的名义,但实际上地小贡少,十分的贫弱,对各诸侯国的统治力量更加衰弱。而各诸侯国的势力却逐渐发展强大起来,并且发生了频繁的兼并战争。管仲,出身于周朝王室,但从小家境贫穷。自幼与鲍叔牙一同做生意,但每到分钱的时候,管仲总是多取一份,为此,鲍叔牙的随从每每心怀不平。鲍叔牙说:"管仲并非贪此区区之金,只因家境贫困,我是自愿让给他的。"

第9章 怎样看待经典战略

也曾领兵随征,每到战场上,管仲就居于后队,等到还兵之日又居于前队。为此有些人讥笑他胆怯,而鲍叔牙却解释说:"管仲有老母在堂,要留身奉养,哪里是真的害怕打仗啊。"

> 管仲(前723—前645年),姬姓,管氏,名夷吾,字仲,颍上人,周穆王的后代。春秋时期法家代表人物,是中国古代著名的哲学家、政治家、军事家。被誉为"法家先驱""圣人之师""华夏文明的保护者""华夏第一相"。
>
> 自幼与鲍叔牙为知己,后经鲍叔牙的举荐,任齐相,在任内大兴改革,即管仲改革,富国强兵,辅佐齐桓公成就春秋第一霸主。蜀汉名相诸葛亮经常把自己比作管仲。诸葛亮相蜀,使刘备与曹操、孙权三分天下。二人皆呕心沥血,鞠躬尽瘁,而且居功至伟。公元前645年管仲病逝。

公元前645年,管仲病了,齐桓公去慰问,说:"仲父,你老如果病情继续恶化,我该找谁接你的班,掌管国务?"管仲说:"你打算交给谁?"齐桓公说出了鲍叔牙的名字。管仲说:"不行。鲍叔牙为人廉洁,做清官可以,做宰相不行。能力比他低的,他不放在眼里,谁犯错误,他知道了,终身不忘。他掌管国务,不当和事佬,上不讨好君心,下不迎合民意。这样下去,要不了多久,就会得罪你啦!"鲍叔牙听后笑说管仲说得正确,他这样是为国不对朋友有私心。

> 鲍叔牙(? —前644年),鲍氏,名叔牙。颍上人。春秋时期齐国大夫。早年辅助公子小白(即后来的齐桓公),后协助公子小白夺得国君之位,并推荐管仲为相,自己甘心情愿地在他的领导下为官做事。
>
> 鲍叔牙为政重教化,使齐国迅速由乱转治,由弱变强。能够识才荐贤不妒,谦和爱国忠君。但过于刚正。管仲去世后,齐桓公没有听从管仲的建议,任命鲍叔牙为宰相,后因齐桓公亲近小人最后抑郁而终。

管仲又屡次与鲍叔牙谋事,也总是挫折重重。鲍叔牙为此劝慰他说:"人

"战略"思维
"STRATGIC" THOUGHT

固有遇不遇,假使你遇其时,定当百不失一。"管仲不禁感叹道:"生我者父母,知我者鲍叔牙也!"对此,他十分感激鲍叔牙,鲍叔牙也了解管仲看重大义、不拘小节、坚韧不屈的个性,也因此两人结成了患难与共的挚友。时齐桓公继位,管仲在鲍叔牙的极力推荐之下,齐桓公拜管仲为相。

管仲任相之后,首先致力于经济的发展,提出治国"必先富民"的改革政策。认为只有国家财力充足,远方之人才会自动归附齐国,本国之民才会安居乐业。在政治上,管仲强调"以民为本"的思想,认为"政之所兴,在顺民心,政之所废,在逆民心。"以此争取民心以巩固国家的政权。在军事上,管仲采取了"兵政合一"的制度,也就是说,农夫在战时要去充军打仗,闲时则从事田猎,使民习于武事。这种"战则同强,守则同固"的制度,提高了齐国士兵的战斗力。

由于管仲大兴改革,更张国政,发展经济,数年之后,齐国便由一个分封在海滨的百里小国,成为春秋时期举足轻重的大国,同时也激发了齐桓公想要立盟定伯的决心,也就是说想要成为各诸侯国的盟主。为此,管仲为齐桓公制定了战略方针:"当今诸侯,强于齐者甚众,南有荆楚,西有秦晋,然而他们自逞其雄,不知尊奉周王,所以不能成霸。周王室虽已衰微,但仍然是天下的主人。东迁以来,诸侯不去朝拜,不知君父。大王可遣使朝周,请天子旨意,大会诸侯,奉天子以会诸侯,内尊王室,外攘四夷。对于诸侯各国,扶持衰弱小国,压制强横之国,昏乱不听从号令者,统帅诸侯讨伐他。海内诸侯,都知道我齐国无私,必共同朝于齐国。这样不动兵车,霸业就可成了。"这就是管仲"尊王攘夷"的总战略。

总"战略"出来了,也就是说齐国确立了"战略"目标,那么管仲又是如何实施这一总战略的呢?

齐桓公遵从了管仲所制定的"战略"主张,于是在公元前684年,齐桓公就以周王之命,通告各诸侯国,约定三月一日,共会于北杏。管仲对齐桓公说:"此番赴会,君奉王命,以临诸侯,根本不必用兵车。"到了赴会这一天,前来赴会的只有宋国、邾国、陈国、蔡国等四国国君到会。这四国国君见齐国未用兵车,相互叹道:"齐桓公诚挚待人以致于此!"于是,四国各自将本国兵车退驻二十里之外。五国诸侯相见礼毕,并订立盟约,济弱扶倾,以匡周王室,并推齐侯为盟主。于是,管仲提出"鲁、卫、郑、曹,故意违背王命,不来赴会,不可不治罪,请诸君共同出兵讨伐。"陈蔡邾三国国君齐声答应,只有宋桓公不语,夜里率众而去。齐桓公得知后大怒,想要派兵追赶,管仲劝道:"齐国派兵马追赶不合道理,应该请天子王师共同伐之。而且现在有更迫切的事要办,宋远鲁近,如果先征服鲁国,宋国自然也就服从。"

齐桓公(?—前643年),春秋五霸之首,先秦五霸之一,春秋时齐国第十五位国君,姜姓,吕氏,名"小白"。是姜太公吕尚的第十二代孙。

齐桓公任管仲为相,推行改革,实行军政合一、兵民合一的制度,遵从管仲提出的"尊王攘夷"的战略主张,九合诸侯,北击山戎,南伐楚国,成为中原第一个霸主,受到周天子赏赐。齐桓公晚年昏庸,管仲去世后,任用易牙、竖刁等小人,最终病死。

于是,齐桓公依据管仲之言,亲率王师伐鲁,管仲献计说:"鲁国的附庸国遂国,国小而弱,若用重兵攻打,一朝可下。鲁国听说后必然害怕,我们此时派使者出使鲁国,责备鲁君不来赴会。可同时和鲁夫人取得联系,鲁夫人文姜是齐桓公之妹,自然想使儿子与娘家关系亲密,定会极力怂恿。鲁侯内迫母命,外惧兵威,必求会盟。等他前来求和,我们就答应他。"就这样,齐桓公发兵至遂国,一鼓而下,然后驻兵济水。这时鲁庄公害怕了,又加上鲁夫人令其约请会盟,鲁庄公只好向齐国修和请盟。而齐桓公以汶水为界,把侵占的土地归还鲁国。各诸侯听说两国会盟之后,都称赞齐桓公的信义。卫国、曹国也都谢罪请盟。接着齐桓公又兵临宋国,派使臣说服宋君会盟。而郑国由于发生内乱,于是齐桓公协助郑伯突复国,郑伯突为感激齐侯之德,也朝拜于齐国。

至此,齐桓公威望布于天下,德名远播于诸侯之间。接着齐桓公又听从管仲的建议,于公元前679年春与宋、鲁、陈、卫、郑、许等诸国在甄地,歃血为盟,始定盟主之号,天下终于归心于齐国。周天子赐齐侯为方伯,授姜太公之职,得以掌管兵权。这标志着齐桓公在事实上已成为诸侯之长,开始登上了霸主的地位。

在公元前693年,齐国顺利地吞并了纪国,然而纪国的附庸国彰国依然存在,为兼并彰国,齐桓公向管仲问计。管仲考虑到齐桓公新得诸侯,霸权初建,为了巩固霸主地位,进一步赢得人心,不宜"以兵威得志",而应积"存亡兴灭之德"。于是回答说:"彰虽小国,其先乃太公之支孙,为齐国姓,灭同姓,非义

"战略"思维
"STRATGIC" THOUGHT

也。君可命王子成父率大军巡视纪域,示以欲伐之状,彰必畏而来降。如此则无灭亲之名,而有得地之实!"于是,齐桓公依计派大军压向纪域,大有吞掉彰国之势,彰君果然害怕,于是求降。就这样齐国不战而达到预期目的。齐桓公眼见一举成功,十分满意,称赞管仲说:"仲父之谋,万不失一。"

齐桓公的霸名传到了荆襄,楚成王也有志争霸,屡屡派兵伐郑,欲图中原。管仲向齐桓公进言道:"数年以来,国君救燕存鲁,成邢封卫,恩德加于百姓,大义布于诸侯,若欲用诸侯之兵,现在正是时候。伐楚必然要联合诸侯,楚国也一定会有准备。以前蔡国得罪了你,你早就想讨伐他了。楚国和蔡国接壤,我们可以讨蔡为名,乘机袭楚。兵法所云:出其不意,攻其不备。"于是,公元前656年,管仲率军讨伐蔡国。蔡国国君得到消息后,自知无力与其抗衡,于是逃奔楚国。楚国得知情况后,急忙撤回了伐郑的兵力,准备应战。管仲兵至上蔡,七国诸侯陆续赶到,合兵一处,八国之师往南而进,直达楚界。没想到,当管仲到达楚界时,碰上楚国在此等候的大夫屈完,管仲料定有人泄露了消息,于是当机立断放弃了原来的计划,决定和楚使谈判。屈完说道:"齐楚各治其国,齐国居于北海,楚国居于南海,风马牛不相及也,不知齐国为何要入侵我国?"管仲回答道:"自周王室东迁以来,诸侯放恣,齐君奉命主盟,修复先业。楚国处于南荆,应当岁贡苞茅,以助王祭。现在楚国缺贡,王祭无以缩酒,这次征讨正是为此。而且周昭王南征而不返,也是你们楚国的缘故,你如何能推卸责任?"

屈完答道:"周失其纲,朝贡废缺,天下都是这样,岂只有楚国?况且不贡苞茅我们也认为是错的。但周昭王不返,是他所乘的船不牢固的缘故,我们国君不敢随便引咎请罪,这些我会回复楚君的。"说完麾车而退。

管仲发现,仅靠谈判还是不能解决问题,要使其屈服,还必须依靠相应的军事手段。于是传令八军同发直至陉山,屯兵不再前行。诸侯不解,都问道:"兵已深入,何不渡过汉水,决一死战,反而逗留于此?"

管仲说:"楚国既然已派遣使臣,必然有所准备,一旦交战,胜负难以预料。如今我们驻扎在此,遥观其势,楚国惧怕我们人多势众,必定会派使求和。此次征战,是以讨蔡为名,以服楚归,难道还不可以结束吗?"各诸侯都未深信,议论纷纷。

此时,楚国大臣对楚戍王说:"管仲通晓军事,没有万全之策不会发兵。今以八国之众,逗留不进,其中必有谋划。莫如遣使再往,休战请和。"楚君无奈,又派屈完到齐营面见齐桓公,说明来意:"我们国君已知不贡之罪。您若肯退避一舍,我们国君怎敢不唯命是听。"齐桓公答应讲和,屈完称谢而去。就这样,八国军马退三十里至召陵。楚王命屈完用八车金帛犒劳八路之师。还准备一车苍茅,向周天子进贡。

管仲于是下令班师,途中,鲍叔牙问管仲:"楚君之罪,僭号为大,你却以包茅为辞谢罪,我不明白。"管仲笑说:"楚国僭号已三世之久,倘若责其僭越,楚岂肯听命于我,如果楚国不服,势必交兵,一旦开战,彼此报复,后患将数年不解,南北从此争斗不宁了。"

这次战争之初,八国军队如潮水般地向蔡涌去,楚王一开始没有觉察,说明管仲提出的"以讨蔡为名,行伐楚之实"的方略,确实达到了蒙蔽楚国的目的。然而由于走漏了消息,管仲根据不同的情况,灵活地变换策略,终于达到了讨楚的目的。

经过近三十年的苦心经营,管仲辅佐齐桓公完成了使天下诸侯朝齐的大业,靠的就是他制定的"尊王攘夷"的总战略。齐国数十年的政治、军事,都是紧紧依据这一战略,才逐步建立和巩固了霸主地位。而且在具体实施过程中,他能因势利导,灵活多变地使用各种战术,有效地克敌制胜,体现了管仲高深的谋略和超人的才智。

9.2 【以礼治国的总战略】

[关键人物] 齐景公 晏婴

春秋时代,是我国奴隶制瓦解和封建制出现的时代。这个时期诸侯崛起,风云变幻,国与国之间的关系错综复杂,国势彼消我长,变幻异常。

从历史角度来看,这与当代国际之间的关系,多少有些相似。春秋时代与当代社会,虽然在文化物质上有着根本的差别,但是在"礼"上却有相似之处,因为中国文化在全世界来说,是唯一延续至今从未断代的文化,因此,文化的传承那是一脉相传的。

"以礼治国"的战略主张,正是在风云变幻的春秋时期,由我国古代杰出的政治家和外交家晏婴所提出。晏婴出生于齐国,也就是今天的山东高密。春秋时代,做过齐国的相国,也就是后来的宰相,是辅佐齐灵公、齐庄公、齐景公

"战略"思维
"STRATGIC" THOUGHT

的三朝相国,又是继管仲之后,齐国的又一名相。晏婴头脑机敏,语言锋利而又幽默,善于坚持原则性和灵活性相结合的原则,是一位不可多得的智者谋臣。齐国曾经是春秋时期的强国,齐桓公任用管仲为相,使齐国成为当时各诸侯国的霸主。然而,到齐庄公时,齐国的国势已经衰弱。由于齐庄公喜好武力,而不重视礼教,那些勇武之士、赳赳武夫很受齐庄公的青睐。在朝廷内外,这些武夫趾高气扬,骄横跋扈,不把一般官吏看在眼里,对待平民百姓更是肆无忌惮为所欲为。每当他们的车骑从街上路过时,家门紧闭,人人自危,鸡飞狗跳,儿哭娘叫,老百姓们敢怒不敢言。一些忠正耿直而有韬略的文臣得不到齐庄公的重视,都被冷落、被疏远、被排挤。这样一来,齐国的风气日下,朝野怨声载道。晏婴身为相国,曾多次力谏齐庄公,齐庄公拒不纳谏,无奈之下,晏婴将家中贵重物品上充国库,其余尽散周围百姓,然后携带妻儿老小来到东海之滨的一个小村,靠打鱼耕田为生,过着清苦而平静的生活。

> 晏婴(前578—前500年),别名晏子。春秋时齐国夷维人,齐国大夫,是一位重要的政治家、思想家、外交家。
>
> 有政治远见和外交才能,作风朴素,闻名诸侯。爱国忧民,敢于直谏,在诸侯和百姓中享有极高的声誉。
>
> 传说晏子五短身材,"长不满六尺",貌不出众,但足智多谋,刚正不阿,为齐国昌盛立下了汗马功劳。

几年之后,昏聩无能的齐庄公终于被手下大臣崔杼所杀。晏婴知道后,随即带着随从前往齐都去吊唁齐庄公。晏婴的随从担心晏婴的安危,极力劝阻他不要自投罗网。晏婴说:"我虽然曾贵为相国,但不是齐庄公的近臣,我对齐庄公倒行逆施的所作所为,都是尽力加以谏劝,已经尽到了一个臣子的责任。崔杼为什么要杀我呢?再说,作为一个相国,不应考虑个人的安危恩怨,而应把国家的利益摆在首位。"

晏婴到齐国都城后,有人建议崔杼杀死晏婴,崔杼沉思之后说:"晏婴深得民心,我若是杀他,我就会失去民心。"随后,崔杼立景公为国君,自己为右相。为了巩固权势,崔杼将文武大臣驱赶到太公庙上,逼迫大家宣誓并服从他的命令。文武百官慑于他的淫威,都歃血为誓,不服从者当即被处死。轮到晏婴

第9章 怎样看待经典战略

时,大家都屏住了呼吸,想看看晏婴在威逼之下说些什么。晏婴端起血杯对天悲叹道:"可恨!崔杼无道弑君王,凡为虎作伥,助纣为虐者均不得好死!"说吧,将一杯血喝了下去。崔杼大怒,用剑顶着晏婴的胸膛,逼他重新发誓。

晏婴怒斥道:"在刀尖的逼迫下改变志向,就不是一个勇敢的人。在剑戟的威逼下背叛国君,就是一个不义之徒。刀砍头,剑刺胸,我晏婴决不屈服。"

崔杼怒火中烧,正要下手,他的手下却说:"千万杀不得,您杀庄公,是因为他无道,国人反应不大,您若是杀了晏婴,那可就麻烦了。您还是暂时放掉他,慢慢想办法再说。"

晏婴并不罢休,进一步质问崔杼:"你弑君是大不仁,不杀我仅仅是个小仁,你这样做对吗?"说完离开太庙乘车而去。随从担心崔杼会派人来追,快马加鞭地急着逃命。晏婴镇静地说:"不必慌张,快,不一定生,慢,不一定死。山野之鹿虽然跑得飞快,可是他的肉却到了厨房。不是吗?"

在这里,我们可以看到晏婴的性格,刚正不阿,廉洁无私。崔杼专权弄国,上欺国君,下压群臣,涂炭百姓,朝野怨恨。一次齐景公暗伏人马,借以崔杼商议国政之机,将其处死。景公下令召回被放逐的公子和大臣,为表彰晏婴的气节,除任命他为相国外,又加封给他六十个城邑。晏婴谢绝了加封,一如对待先王那样,谏劝王非,开始了"以礼治国"的战略主张。

景公曾经派晏婴去治理阿县,三年后,有很多人说晏婴的坏话,齐景公没有调查,也不了解实情,因此准备撤掉他的官职。晏婴知道后对齐景公说:"我知道自己的过错了,请让我重新治理阿县,三年后,您会听到有很多人讲我的好话。"三年之后,齐景公果然听到很多人说晏婴的好话,于是很高兴,下令召见晏婴,并赐以奖赏。不料晏婴却拒绝恩赏。齐景公很是奇怪,细问其故。

晏婴对他说:"以前我治理阿县时,铁面无私,治理很严,因此得罪了很多的人。严肃法纪,打击邪恶,因此他们怨恨我,到处说我的坏话。提倡勤俭安分,您罚盗贼懒汉,因此那些坏人、惰民怨恨我,到处说我的坏话。审理罪案我不畏权贵,秉公断案,因此那些权贵之人怨恨我,到处说我的坏话。亲朋好友有求于我,不合法的我坚决不答应,因此他们也怨恨我,到处说我的坏话。对于地位高的人,我不超过礼的规定,因此他们也怨恨我,到处说我的坏话。这样下来,三年中,阿县虽然得到了治理,社会安定,民乐耕作,但总是有那么些人因不满而到处说我的坏话,传到大王的耳朵里也就不奇怪了。后来,我改弦

"战略"思维
"STRATGIC" THOUGHT

易辙,听之任之,无为而治,不干得罪人的事,经过三年,好话又传到大王耳朵里了。实际上,我以前治理阿县是应该得到奖赏的,可是您却怪罪我。我现在治理阿县是应该受到惩罚的,可您却要奖赏我,我不能接受大王的奖赏。"

通过这件事,齐景公这才真切地感受到晏婴的确是个贤能之人,从此对他更加信任,并委以国家重任。

晏婴在政治上可以说是吸取了管仲"以民为本"的思想,成为具有爱民思想的政治家。他认为,作为上层人士,应该多体察穷苦百姓的温饱疾苦,反对国君与贵族的穷奢极欲以及官府对百姓的残酷压榨。他说:"德莫高于爱民,行莫厚于乐民",这与管仲"以民为本"的思想是一脉相承的。晏婴虽贵为相国,但常常站在受压迫受剥削的一方,为他们维护切身利益。

齐景公(约前550—前490年),姜姓,吕氏,齐灵公之子,齐庄公之弟,春秋时期齐国君主。

既有治国的壮怀激烈,又贪图享乐。早年的景公非常勤政,善于纳谏,关心臣民。以晏婴为齐相,齐国的国势渐渐恢复。在位58年,国内治安相对稳定。然因无有嫡子,身后诸子展开了激烈的王位之争。

有一年,齐景公带着妃妾和群臣出游,一路前呼后拥,人欢马叫。在一片桃林面前,齐景公坐下来休息。然而在不远的乱草丛中有几堆白骨,齐景公看后感到晦气,换了一个地方又和妃妾们说笑嬉戏起来。晏婴在一旁潸然泪下。齐景公见状,惊问其故。

晏婴指着白骨说:"我悲叹这些人生不逢时,死也不逢时啊。从前先君齐桓公出游,路遇饥饿之人就给吃的,遇有病亡之人就给赏钱予以治病,看到百姓过于劳累,就下令减轻劳役,见百姓过于困苦,就下令减轻赋税。所以老百姓都高兴地说,国君出游我们乡里,真是我们的大幸啊。如果这些人生在那时,就不会挨饿而死,死了也不会露骨荒郊而无人收尸埋骨。"齐景公沉默不语,心有所动。

晏婴随即谏劝说:"现在大王出游,方圆四十里的百姓,都得献出财物供您使用,交出车马供您驱使,而他们自己却饥寒交迫,甚至死尸白骨相望,您却不闻不问,这就有失君主之道了。财穷力竭,则下难以养上;骄奢淫逸,则上不能慈下。上下之间离心离德,君臣之间不能相亲,这就是国家衰亡的原因。如果要保住祖宗基业以使江山万代,爱恤百姓黎民这才是根本啊!"齐景公听后很是惭愧,下令随行武士收拾死尸白骨,加以埋葬。回宫后又下令打开府库赈济百姓。

晏婴在国内推行"以礼治国"的战略主张,经过几年的实践,齐国又逐渐兴盛起来。这之后,晏婴的德行及才智便逐步在其他各诸侯国之间流传。

一次,齐景公派晏婴出使楚国,当时的楚国国君楚灵王,以楚强大而非常傲慢自大,听说晏婴身材矮小,又很瘦弱,然而却闻名于诸侯各国,便想拿他开个玩笑,羞辱他一番,借以显示楚国的威风。群臣也出谋划策,认为晏婴善于应对,机敏过人,一事不足以辱之,必须有连环之计,才可使他窘态毕露,于是进行了充分地准备。

晏婴身穿破旧的皮衣,驾着瘦马拉的轻车,来到郢都东门,见城门不开,便停车命人叫门。早有事先安排的守门侍者出来,指着刚刚凿开的小侧门说:"相国出入此门,宽绰有余,为什么还要开大门呢"晏婴看了看那又窄又矮和自己身材差不多的小门,心想这是楚灵王有意侮辱我才这样搞的。于是,他提高了嗓门喊道:"这是狗门,不是人所出入的门,出使到狗国才从狗门进入,而出使到人国,就应当从人门而进!"守门人无言以对,飞报国君。楚灵王说:"我本打算戏弄他一下,不料却反被他所戏弄。"于是命人打开东门,请晏婴入城。

晏婴将入王宫时,看到朝门外十余位官员列于两旁,心想一定是楚国的精英豪杰,慌忙下车与众官一一相见。这时,一位名叫斗成然的年轻人说:"我听说齐国是姜太公所封之国,武力可与秦国楚国相比,财力更是鲁、卫等国不可比拟,但为什么自齐桓公称霸之后,国势日渐衰微,宫廷屡有政变发生,宋、秦两国发兵攻伐,君臣奔走,朝秦暮楚,没有安宁的时候呢?如今齐景公之志不下桓公,先生之贤能不让管仲,你们君臣合德,不考虑大展宏图,重振旧业,而服侍大国,如同臣仆一般,实在是我所不可理解。"很显然,此话不但是对晏婴的嘲讽,也是对国家的一种侮辱。

晏婴高声回到:"识时务者为俊杰,通机变者为英豪。自周王朝衰微以来,齐晋曾称霸中原,秦曾称霸于西部,楚称霸于南蛮,虽说这些国家人才辈出,但也是气数命运使然。晋文侯雄才大略,屡被兵侵。秦魏公强盛,他的子孙也弱小下来。贵国自楚庄王之后,也曾被晋、吴两国所污,怎么能说仅仅是齐国大

"战略"思维
"STRATGIC" THOUGHT

不如前呢？今天来到贵国，是邻国往来的礼节，周王朝的典制里早有记载，怎么能说是臣仆呢？成然先生的祖辈子文先生曾经是楚国的名臣，识时变通，难道您不是他的嫡系后裔吗？否则，为什么您说话，这么不讲道理？"

晏婴这一番话，有理有据，最后针对斗成然也给予了反击。这使斗成然满面羞愧。

这时又有人站出来说："晏婴先生，您自诩为识时务善变通，可是贵国崔杼弑君发难时，齐臣贾举等为义而死者无数，先生乃齐国世家，上不能讨贼，下不能避位，中不能致死，为什么您还这样留恋名利地位呢？"

晏婴毫不退让，立即回应道："怀抱大义之人，不拘小节。有长远考虑之人，怎能只争眼前的得失？我听说，国君为国家而死，臣当从之。我们的先王齐庄公并非为国家而死，跟从他而死的人都是他的宠幸之辈。我虽称不上是有德之士，但怎么能厕身于宠幸之列呢？怎么能用死来沽名钓誉呢？人臣遇有国家危难，有能力就应该匡扶拯救。没有能力就只能离开。我之所以没有离开齐国，只想树立新王，保住宗祀，并非贪图什么功名利禄。如果人人都离开，国家大事依赖谁？何况弑君的变故，哪个国家没有发生过呢？贵国也发生过，难道贵国在朝诸位大臣，人人都是为讨贼而牺牲的烈士吗？"

这时，又出来一人说："大丈夫有大才略，必有大才略的样子，我看先生恐怕是个悭吝之徒吧？"

晏婴回说："足下何以知道我是个悭吝之徒呢？"

此人回复到："大丈夫身事明主，贵为相国，固然是衣着漂亮，车马华丽，以张扬国君的宠赐。然而，先生穿着破旧的皮衣，居然三十年没有换过，驾驶着瘦马拉着破车出使外邦，祭祀的奉献之物中猪肉很少，连豆子也盖不上，这不是悭吝又是什么呢？"

晏婴拊掌大笑说："足下之问是何等的浅陋啊！我自相位以来，父族皆穿好衣，母族都可以食肉，妻族也没有挨冻受饿的，草莽之中，我接济供养的有七十多户人家。我家虽然节俭，然而亲族富裕。我自身虽然悭吝，但是大家却很都很富足。用这些来彰杨国君的宠赐不是更恰当吗？"

此时又有人指着晏婴嘲讽说："我听说成汤身高九尺而成圣王，子桑力敌万人而成为名将。古代的明君达士，都是因为相貌魁梧，雄勇冠世，才能立功当时，名垂后代。先生您身高不足五尺，力气不能缚鸡，仅仅凭着嘴舌，还自以

第 9 章 怎样看待经典战略

为是,这不是很可耻吗?"

晏婴轻蔑地扫了一眼微笑说:"我听说,秤砣虽小能压千金,船桨虽长却被水所驱役。乔如这个大个子在鲁国被杀遇难,南宫万这个大力士在宋国被杀戮,囊瓦先生身高力大,可要小心重蹈覆辙啊。我自知无能,但有问我就能答,怎敢炫耀口才呢?"

晏婴舌战楚臣,这与三国时期的诸葛孔明在东吴舌战群儒如出一辙。晏婴真的是不卑不亢。

这时,楚国的贤臣伍举赶来,引晏婴进入王宫,晋见楚灵王。楚灵王见晏婴果然瘦弱且其貌不扬,于是冷笑说:"听说你国人才济济,为啥把你派到我这里来呀?哈哈……"

晏婴冷静地说:"我们齐国有个规矩,朝廷选使臣要看对象,派往礼仪之邦去朝见德高望重的君王,要挑选体面能干的人为使。派往粗野无礼之国去拜见昏庸无能的君王,则挑选丑陋无才的人为使。我在齐国无德无能,人又矮小,所以只配充当出访楚国的使臣!"

楚王在众文武百官面前被晏婴反而戏弄,心中又羞又愧,在场的楚臣无不暗中佩服晏婴的机智和才干。在酒宴上,楚王与晏婴举杯对饮,突然差役押着一个犯人从殿下经过,楚王装作生气的样子斥责说:"你们这是干什么?难道你们没有看见我这里有贵宾吗?"然后又装作漫不经心地问道:"他犯了什么罪啊?"

差役回答说:"我们抓的是一个偷东西的贼。"

楚王放下酒杯又问道:"他是哪国人?"

差役马上回答说:"他是齐国人!"差役故意把齐国两个字喊得响亮。

楚王随即问晏婴说:"你们齐国人都善于偷盗吗?"

晏婴早已看出这又是一出戏,反唇相讥:"大王,我听说橘子树生长在淮南,它就结出枳子,如果移栽到淮北,它就结出橘子。他们虽然叶子很相似,但果实的味道却大不相同。这是什么缘故呢?因为淮南淮北两地的水土不相同。如今,齐国人生长在齐国不做偷盗,来到楚国后却做起盗贼来,难道楚国的水土能使人做盗贼吗?"

楚王瞠目结舌,良久说:"先生无异于圣人,和圣人是不能开玩笑的,这是我自讨没趣。"

"战略"思维
"STRATGIC" THOUGHT

对于所发生的一切,楚王心里对晏婴肃然起敬,不由得赞叹道:"晏婴不愧为礼仪之邦的使臣啊!"

晏婴在强大的楚国,每受到侮辱,都能从容不迫,用巧妙的辞令给楚以有力的反击,既维护了国家尊严和自身的人格,又做到了维护"以礼治国"的战略主张。

晏婴回国以后,为表彰他的功绩,齐景公给予了嘉奖,赏赐价值千金的皮衣并打算割地以增其封,晏婴都一一谢绝了。因晏婴的房子陈旧破陋,齐景公准备为其翻修,也被晏婴极力谢绝。一天,齐景公到晏婴家去,见其妻又老又丑,便要将自己年轻而漂亮的女儿嫁过来,晏婴说:"我妻年轻时也是容貌姣好,将她的终身托付于我,现在她老了,我怎能忍心背叛她呢?"齐景公暗中想,晏婴不背其妻,何况是国君了,足见其忠心,于是更加信任晏婴。

晏婴的"以礼治国"的战略主张,在他身上处处得到体现。其实"以礼治国"的"礼"就是要"以德""以才"治国,就是说,只有德才兼备的人,才能够治理好国家。齐桓公时,正是有了管仲这样德才兼备的人才,这才成就了齐桓公成为春秋第一霸主的地位。而其后,由于缺乏像管仲这样的人才,齐国又开始衰微,而到了齐景公时,又由于晏婴的出现,齐国又逐渐兴盛起来。这说明,晏婴的"以礼治国"的战略主张,正是顺应了春秋这一特定的历史时期的特点。晏婴认为,"礼"不但是治理国家的根本,而且在处理和调整人际关系时,也是离不开的。他说:"今齐国五尺之童子,力皆过婴,又能胜君,然而不敢乱者,畏礼也。"他认为,"人君无礼,无以临其邦。大夫无礼,官吏不恭。父子无礼,其家必凶。兄弟无礼,不能久同。"

晏婴不仅经常以"礼"来规劝景公,规劝群臣,还能以"礼"身教百姓。尤其是对景公在用人上更是这样。一次,晏婴和景公及群臣到原纪国的纪地游览,无意中捡到一个精美的金壶。金壶里边还刻着"食鱼无反,勿乘驾马"八个字,景公想要卖弄聪明,抢着解释说:"吃鱼不吃另一面,是因为讨厌鱼的腥味。骑马不骑劣马,是嫌它不能跑远路。"众人无不随声附和,恭维他的理解非常深刻。而晏婴却不失时机地说:"臣觉得这八个字里面包含的却是治国的道理。食鱼无反,是告诫在上位的人不要过分压榨百姓。勿乘驾马,是告诫不要重用那些无德无才的人。"

景公反问道:"纪国既然有这样好的名言,为什么他还亡国了呢?"

第9章 怎样看待经典战略

晏婴回答说:"我听说,君子们的主张都是高悬于门上或墙上,牢记不忘。纪国却把名言放在壶里,不能经常看见,并且对照去做,能不亡国嘛!"

景公高兴地说:"相国说得好啊!"并对群臣说:"大家都要记住金壶的名言。"

春秋是我国历史上风云变幻的时代,诸侯并起,互相征伐又互相联合。如何处理好国与国之间的关系,就显得十分重要。齐桓公时,齐国有管仲而称霸,但到了齐景公时,国势早已大不如前。晏婴根据实际情况,主张对外既不惧怕大国的淫威,始终保持和捍卫齐国的完整和尊严,同时对比自己弱小的国也不乱加挞伐,而要以礼相待,不能穷兵黩武,害人害己。晏婴的这一主张,不仅适合当时各诸侯国之间的现状,更体现了晏婴"以礼治国"的总的战略方针。

有一年,齐景公下令加紧练兵,赶造兵器,准备进攻鲁国,重振国威,名扬诸侯。晏婴知道后极力反对,他对景公说:"鲁国的国君实行德政,是个仁义之士,颇受国人爱戴。鲁国虽小,但人民因此比较团结,政局稳定。进攻正义的国家会受到谴责的,既损害了他国,也会给自己带来祸害。征伐他国的人,自己的德行应该能使他国安定,政令教化能够使他国的人民受益并走向进步。然而大王您纵情酒色,国事不修,这怎么能使鲁国人心服呢?您的进攻会使鲁国人团结起来奋勇抵抗,也可能引起齐国的内乱,是万不可行的。"

景公听了之后,问道:"依相国之计,如今该怎么办呢?"

晏婴说道:"依臣看来,首先要使齐国富强起来,修明政令,爱恤百姓,仓粮充实,民乐为所用。然后等待时机,也就是说只有对方上下相怨,分崩离析,民不聊生时,才可考虑用兵。合乎正义的就可以少树敌,得益多百姓就拥护。"经过晏婴的劝谏,景公于是取消了征伐鲁国的打算。使人民避免了战争的离乱,睦化了友邦的关系。

晏婴实际上执行的是一条和平的外交路线,这与晏婴"以礼治国"的总战略也是一致的。但对于那些总想称霸的国家,对其挑衅性的言行,晏婴却是寸步不让,以无私无畏的精神和卓越的才智,都给予应有的回击。

一次,晏婴出使吴国,吴国国君很想称霸诸侯,当晏婴来到吴国后,便吩咐掌管接待的官员要如此如此。该官员随后对晏婴说:"天子请见!"晏婴一听,先是一愣,"吴与齐都是诸侯国,他怎么可以自称是天子呢?这岂不是有意蔑视我们齐国吗?"

"战略"思维
"STRATGIC" THOUGHT

"天子请见!"侍从官连喊三声,晏婴装聋作哑,一声不抗。侍从官飞报夫差,夫差大感不解,走出来依礼接见了晏婴。晏婴首先施礼,然后说:"我受齐国君王之命来到贵国,我是一个糊涂人,糊涂人常常受骗。方才听侍从官高喊天子请见,您既然以天子自称,那我今天就是踏上了天子之朝了。不过请允许我大胆地问一句,原来的吴王夫差现在该往哪儿放呢?"

夫差自觉无礼,于是只好改变称呼,行了诸侯国的礼节,与晏婴正式会见。就连吴国的官员见到这般情景,私下叹道:"晏婴真是一位勇敢而机智的外交家啊!"

晏婴经常出使各国,与诸侯修好,和睦共处,智拒强敌,使齐国的周边环境得到改善,也消除了不少被入侵的忧患,为齐国创造了一个良好的周边环境。

晏婴虽说"以礼治国",但从不忘却完善自己,还经常反省自己的错误,这样的战略意识,不仅提高了自己的德行,也保持了"以礼治国"的连续性。晏婴虚怀若谷,努力提高自身修养的气度,确实应成为我们今天的人,尤其是做官的人的榜样。

一次,晏婴奉命出使晋国,路过中牟时看见一个相貌举止都很不一样的奴隶,从谈话中知道他叫越石文,因家穷,为免全家老小冻饿之患,才做了人家的奴隶。晏婴立刻把车上左马解开,把他赎了出来。然后用车把他送回家。到了越石文家门口,晏婴便大摇大摆地走了进去。越石文很生气,于是把晏婴撵了出来。晏婴感到委屈,问道:"我把你赎身,你为何要撵我呢?"

越石文说:"我听说,一个贤德君子,对人应该谦虚恭敬,讲究信义。我给人家当了三年奴仆,并没有人真正了解我。今天您把我赎出来,我以为您是知己,可是您不打招呼就大摇大摆地进了家门,不讲礼节,毫无尊重之意,这不是仍然把我当奴隶对待吗?既如此,就请您再把我卖掉吧。"

听了越石文很有见解的话,晏婴深受感动。他马上诚恳地说:"先生的高风亮节,令我惭愧。我希望您能原谅我的过失,我一定改正。"

晏婴这种严于律己,知错必改的精神和高尚的道德修养,我们今天的人是不是也非常需要呢?

9.3 【顺自然以处当世的总战略】

[关键人物] 勾践 范蠡 文种 伯嚭 庄生

范蠡,字少伯,原是楚国宛人,后被人举荐给越王封为大夫,辅助勾践二十余年终于灭掉吴国。后急流勇退去齐国经商,被称为陶朱公。范蠡是我国先秦时期杰出的政治谋略家,他既能治国用兵,又能齐家保身,是先秦罕见的智士能臣,同时又是一位杰出的经济学家,后人将他的经商思想和商业道德,总结为"陶朱公理财十六则",对后世影响深远,不愧为古代杰出的智者。

范蠡年轻时就学富五车,满腹经纶,而且头脑聪敏,胸藏韬略,有圣人之资,然而却不为世人所识。于是他愤世嫉俗,装疯卖傻,浪迹江湖。越国大夫文种曾到宛县访求名士,听到范蠡的情况后心中诧异,便派了一名小吏前去看他,小吏回报说:"范蠡是个狂人,生来就有此病。"文种笑着说:"我听说,一个贤俊饱学的能人,肯定会被俗人讥笑为狂人,因为他对世事有独到的见解,智慧超人,非寻常人所能及,所以才被诽谤,这是你们一般人所不懂的。"

范蠡(前536—前448年),字少伯,华夏族,春秋时期楚国宛地三户(今河南淅川县滔河乡)人。春秋末著名的政治家、军事家、经济学家和道家学者。范蠡为中国早期商业理论家,楚学开拓者之一。被后人尊称为"商圣","南阳五圣"之一。出身贫贱,博学多才。因不满当时楚国政治黑暗、非贵族不得入仕而投奔越国,辅佐越国勾践,兴越国,灭吴国。功成名就之后急流勇退。期间三次经商成巨富,三散家财。后定居于宋国陶丘(今山东省菏泽市定陶区南),自号陶朱公。世人誉之:"忠以为国;智以保身;商以致富,成名天下。"后代许多生意人皆供奉他的塑像,称之财神。

于是亲自乘车前去拜访。范蠡避而不见,后来范蠡知道文种不见到他决不罢休,为这种思贤若渴的诚心所打动,便对他的兄嫂说:"近日有客人来,请借给我一套衣服和帽子。"不久,文种再次拜访,两人竟然一见如故,十分投机,

"战略"思维
"STRATGIC" THOUGHT

终日而语,邻里们看了都感到很奇怪。文种认为,范蠡是个奇才,于是郑重推荐给了越王勾践,勾践也很器重他,封他为大夫。

春秋时期的越国(位于今天浙江一带),被中原诸国称为"蛮夷之邦",文身断发,披草革为衣,经济和文化都比较落后,一直臣服于他的邻国吴(位于今江苏一带),年年纳贡,岁岁进献。到了春秋时期越王第二十一世勾践即位后,国势才逐渐强大起来。此时,吴越两国都想吞并对方,问鼎中原,称霸于世,两

文种(？—前472年)也作文仲,字会、少禽,春秋末期楚之郢(今湖北江陵附近)人,后定居越国。春秋末期著名的谋略家。越王勾践的谋臣,和范蠡一起,为勾践最终打败吴王夫差立下赫赫功劳。灭吴后,自觉功高,不听从范蠡劝告,为勾践所不容,最后被勾践赐死。

勾践为什么要杀文种？在要和平还是要称霸的战略方针上,主张养民的文种与勾践发生了战略对抗。某种程度上说,文种之死无法避免！是"王者之道"与"人本性"不可共存的必定结果。

国因此时有战争发生。勾践继位那一年,吴王曾趁越王允常死去之机,发兵征讨越国,双方大军陈兵醉李,结果勾践掩兵打败吴军,吴王在这次战争中受伤,死于回国的途中,夫差继吴王之位后,时刻不忘父仇。两年后,勾践得知吴王夫差举兵要进犯越国,勾践因此十分焦急。

面对严峻的形势,勾践心想,与其坐等吴人来打,莫不如先发制人去攻吴国,趁其准备不够充分的时候,胜负之数也许未定,勾践兴兵之志已决,于是召集群臣商议北上破吴。

范蠡知道勾践的心情,对吴军的实力缺乏清醒的认识,贸然出击,难免要吃败仗,于是,范蠡坦率的加以劝谏说:"战争是十分残酷的事,主动挑起战争,应当慎之又慎,万不可轻举妄动。夫差为报父仇,三年来秣马厉兵,同仇敌忾,其志愤,其力齐,兵精将勇,实力雄厚,应当避其锐气,以逸待劳,坚固城防,以守为上。"

范蠡对形势的判断是准确的,他的主张对越国来说是积极的、正确的认

识。然而勾践不听,调动全国精兵三万人,主动北上攻吴。结果越兵大败,勾践率残兵败将退守会稽山,被吴军团团围住。勾践陷入绝境,他无奈地对范蠡说:"我很后悔没听先生的话,以致有此一败,现在怎么办呢?"

> 越王勾践(约前520—前465年),姒姓,又名鸠浅,夏禹后裔,春秋末年越国国君。公元前494年,被吴军败于夫椒,勾践被迫向吴求和。三年后被释放回越国,返国后重用范蠡、文种,卧薪尝胆使越国国力渐渐恢复起来。
>
> 公元前482年,吴王夫差兴兵参加黄池之会。越王勾践抓住机会率兵而起,大败吴师。夫差仓促与晋国定盟而返,与勾践连战惨败,不得已与越议和。公元前478年,勾践再度率军攻打吴国,在笠泽之战"三战三捷"大败吴军主力。
>
> 公元前473年,破吴都,迫使夫差自尽,灭吴国称霸,迁都琅琊,成为春秋时期最后一位霸主。

范蠡说:"为今之计,只有卑辞厚礼,贿赂吴国君臣,倘若不许,可屈身以事吴王,徐图转机,这是危难之机不得已之计。"勾践也只好如此,于是派文种前往吴军大营请求议和。然而,吴王夫差却拒绝了文种的请求,没有办法,勾践再次派文种前去贿赂吴国权臣伯嚭,并送去了美女、白璧和黄金。伯嚭被买通后,于是对夫差进谏说:"如今越国已经彻底臣服,勾践也愿意充当大王的臣妾,愿意将国内的宝器珍玩,全部献于吴宫,再诛杀灭国已没有什么意义,接受越国投降,我们可以得到实惠,赦免越王之罪,我们还可以得到仁爱的名声,名实俱得,吴国才好称霸啊。"夫差说:"太宰之言有理,那就赦免越王死罪吧。"

就这样勾践通过贿赂免去一死。再去事吴之前,勾践准备将国事交给范蠡,范蠡却说:"四海之内,百姓之事,我不如文种大夫,与人周旋,临机应变,文种大夫不如我。因此,请留文种大夫主持国政,我与君王前往吴国。"勾践同意。就这样范蠡跟随勾践去吴伺候夫差。两个月后的一天,夫差召见勾践,勾践跪伏于前,范蠡伺立身后。夫差对范蠡说:"寡人曾闻:贤妇不嫁破亡之家,名士不仕灭绝之国,如今勾践无道,国已将亡,你们君臣俱为奴仆,囚于石屋喂马养马,先生不觉得可鄙吗?如果你能改过自新,弃越归吴,寡人将赦免你的

"战略"思维
"STRATGIC" THOUGHT

罪过,并重用你,让你去忧患而享富贵,先生意下如何?"

范蠡说:"臣也曾闻:亡国之臣不敢语政,败军之将不敢言勇,臣在越不忠不信,没能辅佐越王以行善正,因而得罪了大王,幸亏大王赦我等不死,入吴奔走扫除,臣已满足,哪里还敢奢望什么富贵呢?"夫差说:"先生既不愿移志,那么就回石屋去吧。"

回石屋后,勾践、范蠡专心养马,毫无半点怨恨的表情。勾践夫妇坐在马粪堆旁歇息,范蠡伺立在侧,情景凄凉,这些都被夫差望见,回头对伯嚭说:"勾践不过是个小国之王,范蠡不过是一介亡士,即使处于困厄之中,仍然不失君臣之礼,殊为可敬。"伯嚭附和说:"不但可敬,也很可怜那!"夫差点头。伯嚭又说:"大王以圣王之心,仁爱之意,有大恩于越,如果他们有机会,能不厚报大王吗?"从此,夫差便有心要放勾践回国。吴国权臣伍子胥听说吴王有心要放勾践回国,急忙拜见夫差,竭力陈述杀父之仇,夫差便萌生杀勾践之意,于是派人召见勾践入宫。勾践内心十分恐慌,范蠡说:"大王不必害怕,吴王既然把您囚禁三年而未杀您,难道今天能杀您吗?不会有什么危险的。"于是君臣二人入宫,伯嚭传旨让勾践仍回石屋。然后悄悄告诉勾践:"吴王有病,我从中斡旋才可化险为夷。"

过了些日子,范蠡听说夫差的病仍未痊愈,但要不了多久,自然会好的。便心生一计,让勾践去亲尝夫差粪便,以取悦夫差。勾践很为难。范蠡说:"吴王有妇人之仁,而无丈夫之决,本想赦你归国却又中变,时间一长还是会有危险的,如今这可是早日归国的好时机。"勾践也只好听从了范蠡的建议。勾践通过伯嚭传达了对吴王的关切之意,并请求探视病情。见到夫差,勾践叩首启奏:"臣闻龙体失调,如摧肝肺……"恰好这时夫差大便,勾践手取其粪,跪而尝之,左右仆人尽皆掩鼻。勾践哑哑嘴,大声祝贺说:"大王之疾,近日即可痊愈。"夫差问:"何以知之?"勾践按照范蠡所教的说:"臣曾跟人学过医术,只要亲尝病人的粪便,便可知生死寿夭。臣适才所尝大王粪便与谷味相似,味苦且酸,正应春夏发生之气,由此方知大王之病不日即可痊愈也。"夫差很高兴,也很感动,伯嚭也趁机说了无数的好话。不久夫差的病果然好了。于是夫差决定释放勾践回国,并置办酒席相送。伍子胥大怒,对夫差说:"勾践尝大王粪便,是吃大王之心。"夫差不听,如期释放勾践回国。

勾践能活着归国,这都是范蠡"屈身事吴,徐图转机"的战术手法所起的作用。

勾践范蠡等人回国之后,勾践向范蠡请教振兴越国的方略。范蠡说:"天时、人事都是不断变化的,因此制定方针政策要因时和事而定。万物生长各有定时,不到一定的时机,是不可能勉强生长的。人事的变化也是一样的,不到最后的转折点,是不可能勉强成功的。因此,应该顺乎自然以处当世。等到机会来到的时候,就会把不利于自己的局面扭转过来。"

在这里我们看到,范蠡为振兴越国提出了"万物有变,顺乎自然,以处当世"的总的战略方针。这是范蠡根据当时春秋时期各诸侯国的具体现状,也根据越国的具体现状,为勾践制定的战略目标。也就是范蠡强调的:对内,大力发展生产,积蓄力量,富国强兵,让百姓不旷时废业,勤于稼穑,生活日益富足,国家的钱粮尽快充实起来。对外,对弱小的国家要礼待,对大国要外柔内刚,对吴国要使其走向衰落,等到时机成熟,才可一举而灭之。范蠡说:"但愿大王时时勿忘石室之苦,则越国可兴,而吴仇可报矣!"

勾践听言,心里很高兴。根据范蠡的建议,勾践任命文种主持国政,范蠡治理军旅。勾践自己也苦身劳心发奋图强,从此卧薪尝胆。对吴国依然"屈身事吴"。范蠡亲自到民间选得美女西施、郑旦,派专人教习歌舞,派专车送到吴国。吴王夫差以为神仙下降,魂魄俱醉。同时为吴国送去大梁,引诱吴国大兴土木,建造楼台馆所,沉湎于酒色之中。同时暗中亲楚、结齐、附晋,最大限度地孤立吴国。

勾践十二年,越国经过整顿,国力逐渐强大,此时,勾践想要发兵伐吴,以报会稽之仇。范蠡谏阻说:"时机还不成熟,勉强去攻打吴国,对自己是不利的,应徐而图之。"勾践纳谏,隐忍不发。

一年之后,吴国准备发兵攻打齐国,勾践知道后大喜,特派官员前去朝贺,并携带大批礼物,除奉送给夫差外,还分送诸位大臣卿士,人人自喜。另外还派出300名甲士助吴伐齐。夫差大喜,征齐凯旋回吴后,将劝谏伐齐的伍子胥赐剑自裁。伍子胥死后,太宰伯嚭专权,朝政日益黑暗。这时勾践问范蠡说道:"吴王已杀了子胥,可以伐吴了吧?"范蠡说:"反常的迹象虽已萌芽,但从整体看,吴国灭亡的征兆还不明显,此时伐吴,胜负难料,还得再等时机。"

又过一年,吴国遇天灾,粮食吃光,百姓饥馑。勾践认为时机已经成熟,于是召见范蠡商议伐吴,范蠡说:"天时以至,但人事未尽,大王还需隐忍。"大王

"战略"思维
"STRATGIC" THOUGHT

勾践怒言:"我与你谈人事,你说天时未到,现在天时已至,你又以人事来推诿,到底是为什么?"

范蠡说:"大王,人事必须与天时地利互相参合,方能大功告成。现在吴国遭灾,君臣上下反而会同心协力,拼死抵抗外侵。为麻痹吴国,大王可到外面去射猎,但不要过分入迷。在宫中不妨饮酒作乐,但不要沉湎忘返。这样做是为了消除吴国对越国的戒心,等到吴国百姓财枯力竭,以至于食不果腹怨恨其君时,届时可马到成功。"勾践无奈只好听其言。这一年,越国正好丰收,勾践采纳了文种的建议,奉送一万石蒸熟了的粮食,吴人见籽粒肥大,种子优良,于是都以此作为种子,可第二年,所种下的种子颗粒不收,终于酿成大灾。

而就在这一年,吴国又征调数万民夫,修筑邗城,开凿运河,意欲与中原和盟,争霸天下。吴国太子却以"螳螂捕蝉,黄雀在后"的寓言故事劝谏夫差不要穷兵黩武,而要注意越国的威胁。夫差大怒,痛斥太子。夫差不顾国内灾情民意,又亲率国中精兵到卫国大会诸侯,准备与晋国争夺盟主之位。这时,范蠡认为时机已经成熟,于是带兵直捣吴都姑苏。双方交战后,吴兵立刻大败,太子死于战场,王子们急忙关闭城门,并派人到夫差处告急。而夫差在黄池,知道这一消息后,暗中派使臣请求勾践赦免吴国。范蠡对勾践说:"现在还难以彻底灭吴,大王姑且准和,等待时机在给予毁灭性打击。"于是勾践班师。

四年后,即勾践十九年,勾践知道吴王沉于酒色,国内连年受灾,民心愁怨。而越国人力物力则愈加强盛,于是大起兵马,再次北进伐吴。吴军慌忙应战,结果惨败于笠泽(今太湖附近)。越军继续挥师,将吴都姑苏团团围住,依据双方形势,范蠡提出高筑营垒,围而不歼。勾践同意,就这样,越军对姑苏的围困长达三年之久。这期间吴兵多次求战,越兵就是围而不战。勾践心急,范蠡说:"大王想得到的是吴国的宗庙社稷,如果与吴交战不慎失手,那就不好办了。"

在这里你看看,范蠡如果不是沉着应对,贸然交战,那么取舍之间变化莫测,有可能就会前功尽弃。当采取守势一方的潜在力量尚未耗尽时,看去虽似柔弱,那也不可贸然进逼与之发生正面冲突,以免做无谓的牺牲,付出惨重的代价。用兵之道,固然没有一成不变的定法,但总是要谨严周密,从容沉着才能稳操胜券,无懈可击。范蠡主张,"在敌人还没有灯油耗尽之时,不与其正面作战,以尽量减少损失,确保全面胜利。"范蠡的这一军事作战理论,对我国军事理论做出了贡献。

三年之后,勾践增调大军继续围吴。吴王夫差,此时已经是势穷力尽,日暮穷途,不战而自败。这时夫差派人求和,被范蠡拒绝。吴使又来求和,说辞谦卑,礼物更加丰厚,勾践有些犹豫,范蠡说:"大王早朝晚罢,卧薪尝胆,谋划了二十年灭吴大计,一旦捐弃前功,后果不堪设想。"于是范蠡果断对使者严肃地说:"越王委我为政,请你赶快离去,否则将失礼有所得罪了。"使者无奈涕泣而返。不久,越军攻入姑苏,吴国宣布灭亡。勾践下令诛杀奸佞伯嚭,夫差悔恨交加,对左右人说:"我深悔当初不听伍子胥之言,死后还有什么面目和这些忠良之士相见呢?"于是蒙面自杀而亡。勾践卧薪尝胆二十年终于灭吴报仇雪恨。

灭吴之后,勾践率兵北渡淮河,与齐晋等诸侯会盟于徐州(今山东滕县南),成为春秋战国之交争雄天下的最后一位霸主。范蠡因有功官封上将军。越王勾践班师后,君臣设宴庆功。乐师做《伐吴》之曲,曲中盛赞文种、范蠡之功,群臣大悦而笑,唯独勾践面无喜色。范蠡观察到了这一细微的变化,立刻引起了警觉,心想,勾践为了灭吴兴越,不惜忍辱负重,卧薪尝胆,如今如愿以偿,功成名就,他不想归功于臣下,猜疑嫉妒之心已见端倪。大名之下,难以持久,如不及早急流勇退,日后恐无葬身之地。

次日,范蠡拜见勾践,说道:"臣闻,主辱臣死,二十年前大王受困会稽,臣之所以不死,只是为了隐忍一时而使越国兴盛,如今吴国已亡,如果大王能赦免臣于会稽当诛之过,我愿意辞官,退隐江湖。"

勾践听此,神情凄然,说道:"寡人依先生之力,才有今天,如果先生留在我身边,我将与你共享越国,若不尊我言,您将身死名裂,妻子为戮!"对于宦海沉浮,世态的炎凉,范蠡是有深刻的认识,关键时刻要头脑清醒。于是他断然地对勾践说:"君行其法我行其意,死虽为王,臣不顾矣。"当晚,范蠡不辞而别,携带家眷私属和珠宝玉器,乘一叶扁舟,涉三江,入五湖,辗转来到齐国。

勾践知道后,召文种问道:"还能追得上吗?"文种说:"范蠡有鬼神不测之机,恐难追也。"文种回府后,有人送给他一封信,知道是范蠡亲笔书信,信中写道:"您还记得这样一句话吗:狡兔死,走狗烹,敌国破,谋臣亡。越王为人长颈鸟喙,忍辱妒功,可以共患难,不可以共安乐。先生如果不及早离开,灾祸在所难免啊!"文仲看完信后,心想范蠡跳出是非之地时,还能想到与他风雨同舟的

"战略"思维
"STRATGIC" THOUGHT

战友,也不枉当年三户知遇之情啊。但是他认为范蠡思虑过多了。后来,勾践称霸之后,并不行灭吴之赏,而且与旧臣日渐疏远。文种这时才想起范蠡之言,如梦初醒,假托有病,不复上朝。不料勾践暗中让人诬告文种图谋作乱,于是勾践赐给文种一剑,并言:"先生请去追随先王于地下,去实行余法吧。"文种取剑仰天长叹,自刎而亡。

后人评论说:"文种善图治,范蠡能虑终。"又单赞范蠡说:"始有灾变,蠡专其明,可谓贤焉,能屈能伸。"从文种、范蠡二人的不同结局看,可见范蠡确非一般智士可比。

范蠡来到齐国后,与家人耕作于海边,父子一同治理产业,没多久,便得到极大的回报。由于经营有方,家产竟然多达数十万。齐国人听说他很有才能,叫他出任宰相。他叹息道:"居家则致千金,居官则至卿相,这是一般人的极致,久受这样的尊名,不是什么好事。"于是他交还相印,将资财分给亲友邻里,自己则只带少数几件珠宝,离开齐都而到了陶(今山东定陶)。在陶定居后,便以经商为业,每日买贱,卖贵,取百分之十的利,没过多久,又积聚资财巨万,成了天下的首富,号称陶朱公。

范蠡居陶时,次子因为杀人而被囚楚国。他想,杀人者偿命,古今一理,然而千金之子,不死于市,托个人情,也许会有个体面的结局。于是准备派他的小儿子前往探视,并在褐色的器皿中装有千镒黄金,以便料理官司。小儿将要起身出发时,范蠡的长子却坚持要去,范蠡没有同意。长子说:"家有长子,称为家督(主管),现在弟弟有罪,父亲不派我去,而让小弟前去,是我不好吗?"并声称如不让他前去就准备自杀。范蠡的夫人急了,忙对范蠡说:"如今派小儿子去未必能救活次子,却反而要搭上长子,那怎么行呢。"范蠡不得已只好派长子前往楚国,临行前写了一封信让长子带好,到楚国后交给他的好友庄生,并说:"见到庄生,立即送上千金,一切都要听从他的安排,切勿与他争计较。"长子连声答应,并私带数百金,然后上路。

庄生家看起来很贫困,长子将父亲的手书及千金送给了他。庄生说:"你赶快回去,千万不要停留!你弟弟被释放后,不要打听其中的原委。"长子满口答应了。但却私自留了下来,并将自己随身带来的数百金,去贿赂楚国的达官贵人。不久,宫中传出消息,楚王准备下一道赦令,释放大批罪囚,范蠡小儿即在其中。长子不知此乃庄生从中运动的结果,却以为是自己百金贿赂的结果,

— 208 —

很后悔白白送给庄生千金之资,心中殊为不忍。于是长子去见庄生,庄生大吃一惊,问他为何迟迟不归,长子言语支吾,闪烁其词。庄生明白了他是舍不得所送千金,便不快地说:"金字仍在室中,你自己去取走吧。"长子财迷心窍,自去室中取走千金而去,还暗自庆幸自己的机敏。

原来,庄生家居虽贫,却以廉直而深得楚王君臣的敬重。范蠡进金,并非有意接受,而是准备事成后找机会奉还范蠡,不料范蠡长子不但不知他为了其事而煞费苦心,反而索回千金,以为他是爱财之人。他羞于被此子戏弄,又进皇宫重新摆弄一番,楚王收回成命,结果范蠡之次子即被处以死刑。范蠡长子持弟之葬而归陶。范蠡的夫人和全家以及乡里尽皆大哭不止。唯独范蠡连声惨笑,人问其故,范蠡才有感慨地说道:"我已估计到了次子非死不可,并不是长子不爱惜他的弟弟,而是因为他有所不能忍者。长子从小跟我操持家业,深知生计艰难,所以不忍重弃资财。至于我的小儿子,从小生活富足,每天狩猎游玩,挥金如土,不知资财来之不易,所以也就从不吝惜。起初我之所以要派小儿子前往,正是考虑他弃财不惜这一点,然而长子不能,所以最后使其弟被杀。事情就是这个道理,悲伤有何用呢?长子赴楚后我身自通悔,同时也深知他带回来的绝不是一个活生生的弟弟,而且只能是他弟弟的噩耗。"

范蠡不愧是一位杰出的政治家、军事家,他爱国恤民,忠心耿耿,勇于忍辱负重。他以"屈身事吴,徐图转机"的战略,使勾践顺利归国。又以"促吴衰落而灭亡"的战略,消灭了吴国。最后,又以"大名之下,急流勇退"的战略,齐家保身。可见他由小见大,以大律小,对万事万物之理均能体察得十分深透。所以,每遇事皆能稳操胜券,体现了范蠡"万物有变,顺自然以处当世"的战略思维,同时又是一位杰出的经济学家,后人将他的经商思想和商业道德总结为"陶朱公理财十六则",可见他影响深远,范蠡不愧是我国古代的一位著名的智者。

9.4 【以法治国的总战略】

[关键人物] 秦孝公　商鞅　公叔痤

在我国古代战国中期,正是由奴隶制社会向封建制社会急剧转变的时期。这时的各诸侯国之间,兼并战争连年不断,狼烟四起。这个时期最大的特点,就是一些新兴的地主阶级已初步登上政治舞台,各种矛盾错综复杂。"依法治

"战略"思维
"STRATGIC" THOUGHT

国"的战略,正是在这种大动荡、大变革的形势下,由被称为"致力于改革的政治谋略家"商鞅所提出,并实施。

商鞅,卫国国君后裔,姓公孙,名鞅,战国时期政治家、改革家、思想家,法家代表人物,因在河西之战中立功获封商于十五邑,号为商君,故称之为商鞅。他的政治生涯虽然只有二十年,但他在中国的历史进程中却起着极其重要的作用,秦国之所以能够统一全中国,一个很重要的原因,就是得益于商鞅一生致力于"依法治国"的战略。后来由于政敌当政,而惨遭杀害。人虽死了,但商鞅所制定的法律却长期在秦国得到实施,这是秦国统一中国,建立郡县制中央集权国家的主要原因。

商鞅(约前395—前338年),战国时期著名的法家代表人物,在秦国进行了两次政治改革,史称商鞅变法,也是战国时期各国改革中最彻底、最成功的改革,使秦国成为富裕强大的国家,为后来秦灭六国,统一中国奠定了基础。毛泽东评价认为,商鞅是首屈一指的利国富民的伟大的政治家,可以称为中国历史上第一个真正彻底的改革家,他的改革不仅限于当时,更影响了中国数千年。秦孝公去世的同年,商鞅因被公子虔诬陷谋反,战败死于彤地,其尸身被带回咸阳,处以车裂后示众。商鞅执法严酷,也被称为酷吏。

商鞅为什么会提出"以法治国"的战略主张呢?从战略上讲,商鞅不大可能会预见到他提出的"以法治国"会朝着向封建中央集权制国家的方向发展,但从当时的环境来讲,他之所以提出"以法治国"的战略主张,主要还是基于两方面的原因:一是为了"变法图强"。二是为了维护新兴地主阶级利益,削弱和打击奴隶主贵族阶层。"以法治国"的战略主张,之所以能在秦国得以实施,是由于"变法"触及的是没落的奴隶主贵族阶层,而并没有触及统治者本身的统治地位,所以"以法治国"的战略主张能够得以实施。

商鞅,出生在一个没落的贵族家庭,是卫国国君的后裔。因为他是庶出,也就是旁系子孙,因此没有世袭官职的特权,其地位只是一般的"士",也就是平民而已。因此在后来的变法改革中,代表的是新兴的地主阶级,维护的是地主阶级的利益。他出生在卫国,卫国虽然是个小国,但经济却很发达,早在春秋时期,这里的手工业就已经初具规模,是当时丝织品和漆器的主要产地之一。卫国由于地处中原的中心地带,交通便利,是各大国之间相互贸易的通衢要地,卫国的国都濮阳自然就成了中原地区最繁华的城市。正因为卫国的商品经济很发达,才使社会经济制度较早地发生了变化,政治结构也随之变化。奴隶主贵族世袭制开始崩溃,代而起之的则是新兴地主阶级的土地占有制。由于家庭和社会环境的影响,商鞅从小就萌生了要干一番大事的决心,尤其看重李悝、吴起等人,并在他的老师尸佼的指导下,系统地学习了被称之为"法家"的这一派学说。

在二十五岁时,他认为卫国太小,难以实现自己的远大抱负,于是便去了魏国。魏国是三晋之一,自"三分晋室"之后,便废除了奴隶制社会通用的井田制,开始实行按照农民实际耕种面积收取地租的"赋税制",国家逐渐强盛。尤其是到了魏文侯亲政的时期,他任用李悝为相,对国家进行了全面的治理,使国家政治进步,经济实力雄厚,兵强马壮,一度成为列国之中的霸主。商鞅到魏国后,投拜在相国公叔痤门下当门客。没过多久,公叔痤就发现商鞅才智过人,于是让他担任掌管公族事务的"中庶子"职务。每当遇到重大事务,公叔痤总要先征求商鞅的意见,请他出某划策。后来公叔痤一病不起,魏惠王到相府探望时说:"想不到您病成这样,万一治不好,国家可怎么办呢?"

公叔痤说:"臣有个中庶子,名鞅,虽然年轻,却有奇才,如果您任用他来管理国家的话,要比我强多了。"魏惠王面带疑虑。又说:"如果您不想任用他,那就把他杀掉,否则,别的国家一旦任用他,这对魏国将是一个重大的威胁。"

魏惠王回宫之后对左右的大臣说:"公叔的病真是不轻啊,像他这样明智的人,竟要我将国家大事交给商鞅,这不是在说胡话吗?"

公子印上前说:"公叔的话一点不错,据我所知,商鞅却有才能,希望您能重用他。"

魏王一摆手说:"小小年纪,能有多大本事!"

公叔痤在魏惠王走后,将商鞅叫到床前,把刚才对魏惠王说的话对商鞅讲了一遍后,又说:"我看魏君的样子是不会用你的,你快逃走吧,以免被他抓住。"商鞅却说:"不要紧,既然他不信您的话任用我,怎么会信您的话杀我

"战略"思维
"STRATGIC" THOUGHT

呢。"就这样,在公叔痤死后,商鞅心怀大志去了秦国。

> 公叔痤(？—前361年),战国时期魏国大臣。公叔痤在田文死后,担任魏国相国,并娶魏国公主为妻。公叔痤有知人之明,但为国家利益考虑得相对少一些,为自身的利益考虑得多一些。他排挤吴起,是出于保全相位的需要,并不是不知道吴起对魏国的重要性。荐举公孙鞅,是直到病重才提出。太史公司马迁于此特著一笔,"公叔痤知其贤,未及进",很有深意。若过早地推荐公孙鞅,可能会取代他的职位,而在临终时郑重托付,博得荐贤之名,对自身利益也没有什么影响。假如从人才流失的角度来论魏国的成败,公叔痤是应负一定责任的。

当时的秦国怎么样呢？秦国在春秋时期,也曾经鼎盛一时,是春秋五霸之一。进入战国时期后,便开始衰落。内忧外患接连不断,西面经常受到戎、狄等游牧部落的袭扰,南面和东面分别被楚国和魏国占去了大片领土。国内政治大权都落在奴隶主贵族手里,甚至国君的废立也全部由若干庶长来做主,经济上也远远落后于中原国家。秦献公继位后,虽对一些制度做了研究和改进,国情也稍有好转,但仍留有大量积弊,秦孝公就是在这种局面下继位的,继位后他就下令说:"有谁能拿出使秦国强盛的方略,我将给他高官和封地。"

然而就在这时,商鞅来到了秦国,通过秦孝公的宠臣景监的推荐,商鞅第一次见到了秦孝公。由于初次和秦孝公见面,商鞅还不掌握他的思想脉搏,因此会谈时保留了自己的主张,大谈了帝王安邦定国的事例和道理,这没引起秦孝公的兴趣。五天后,商鞅再次与秦孝公见面,又大谈武王和文王,也没能引起秦孝公的兴趣,通过两次试探性的对话,商鞅摸清了秦孝公的思想脉络。在第三次面见秦孝公时,商鞅针对秦孝公不依法古人、注重实际、急于求成的心态,全盘推出了"以法治国"的战略主张。一连三个昼夜,最终赢得了秦孝公对商鞅改革图强的信任。

消息传出后,立刻遭到奴隶主贵族阶层的强烈反对,他们纷纷晋见秦孝公,百般诋毁商鞅的改革主张,对此商鞅早有心理准备。一次在宫廷会议上,

第9章 怎样看待经典战略

秦孝公说:"我很想采取改革的办法,以此来振兴国家,不过有很多人反对这样做,那么这个办法到底行不行呢?"秦孝公此时也举棋不定。商鞅见秦孝公发问便说:"臣曾听说过这样的话,怀疑自己行为的人,不可能有所成就;怀疑自己事业的人,更不可能成功。胸怀大志的人,常常不被人理解,有独特见解的人,开始必然会受到他人的抨击。但是,聪明的人对还没有发生的事情就已经看出了苗头;而愚蠢的人,在事情结束之后,还弄不清楚原因。民众是不会考虑事情是怎么开始的,只会在事成之后感到满意。所以,法制的编订是为了爱民,礼制的推行是便于行事。因此圣人在遇到对人民有利的事情,就不一定非要遵循过去的礼制来束缚自己。"

一位贵族大夫叫道:"不对,臣曾听说'圣人不改变习俗以教导人民,聪明人不改变法制来治理国家。'依照习俗来教导人民可以不劳而成。根据旧有的法制来治理国家,官吏既熟练,人民也安定。如果现在变更礼制和法制,不尊寻秦国旧有的制度,恐怕天下人都要议论国君了。"

商鞅说:"这是世俗之见。安于旧俗和孤陋寡闻的人,居官守法还可以,怎么能问他们谈论变法呢?夏商周三代,可以不同礼而称王,春秋五霸,可以用不同的礼制而称霸,聪明人制定法制,愚蠢的人只知道守旧法;有作为的人变更礼制,没有出息的人才被拘束呢。"

另一大夫说:"俗话说'利益不到百倍,不能变法;功效不超过十倍,不更换器具。'臣又听说:'效法古代是不会有过失的,遵循旧礼是不至于出错的。'"

商鞅紧接着说:"前世所有的礼教是不相同的,究竟效法谁的好?各个帝王所用的法制是不相袭的,究竟遵循谁的为好?"众大夫无言以对。商鞅又说:"伏羲、神农统治人民是教而不诛的;皇帝、尧、舜统治人民是诛而不怒的;后来周文王、周武王又各就当时的情势来立法,各按当时的客观环境来制礼,礼法因时而定,方能各得其宜。治世从来就没有一成不变的办法,只要求其有利于国家,不一定要效法古代。商汤周武王是没有效法古代而称王的;夏桀殷纣是没有改变礼制而亡国的。由此可知,反古未必错,循礼未必对。"

经过一番激烈的舌战,秦孝公终于下定决心变法,于是秦孝公正式任命商鞅为左庶长,正式实行变法。

商鞅的改革步伐,基本上是采取渐进的措施,并没有一哄而上。他知道,如果那样的话,可能会带来消极的作用,甚至会断送改革。因此,商鞅将改革

"战略"思维
"STRATGIC" THOUGHT

分为三步走:第一步是秦孝公部分采纳了变法措施。几年后,这些措施显露出了一定的成熟,并为百姓所拥护。在正式担任庶长以后,他开始了第二步改革计划。

> 秦孝公(前381—前338年),嬴姓,赵氏,名渠梁。秦献公之子,21岁继位秦国国君,前361—前338年在位。秦孝公重用卫鞅(即商鞅)实行变法,奖励耕战,并迁都咸阳(今陕西咸阳东北),建立县制行政,开阡陌,在加强中央集权的同时,不断增进农业生产。对外,秦与楚和亲,与韩订约,联齐、赵攻魏国都城安邑(今山西夏县西北),拓地至洛水以东,自此国力日强,为秦统一中国奠定了基础。

这一阶段的改革,商鞅主要把李悝在魏国颁布过的,实施之后确实有效的部分法律,然后再稍加修改后,在秦国加以推行。这部法律的主要内容是如何惩办"盗""贼"和怎样加以"囚""捕"的条文。颁布时尤其加强了"连坐法",这是商鞅主张的"轻罪重罚"理论的具体体现。他认为这样能迫使人连轻罪也不敢犯,轻罪不犯,重罪就更不易犯,这也叫作"以刑去刑"。

从表面上看,商鞅颁布的这些法律基本上属于刑法的范畴,但实质上却包含着深刻的政治内容。因为当时秦国还是一个奴隶制国家,沦为奴隶的农民没有人身自由,绝大多数的自由人的命运也掌握在奴隶主贵族的手中,因此他们很少有机会在社会上为非作歹。而能在社会上四处游荡,花钱住店的奸人只能是奴隶主贵族。商鞅是代表着地主阶级利益的政治家,当他的对手,也就是奴隶主贵族的势力还很强大的时候,是不会轻易暴露自己的意图的。所以在这一阶段,他还是把前人已经使用过的法律拿过来稍加修改后实行。目的还是在于避免树敌太多,从而影响整个变法的大局。

在这一阶段,为了让更多的平民得到官爵,以逐步扩大新兴地主阶级的势力,商鞅采取了奖励军功的做法。也就是说,军功可以斩得敌人多少来计算,官爵按照军功大小来排列,斩得敌人一个首级就赏给爵位一级,以此类推。而当时的秦国,官爵多数都是世袭的,而平民百姓是根本无法获得的。这些法律措施,对生活在底层的百姓来说,是相当有吸引力的。

在改革的第三年,秦军大举东伐,秦军兵卒争先恐后地冲向敌人,一次斩得首级七千,魏军大败。一举扭转了挨打割地的被动局面。二年后,商鞅亲率大军进攻魏国,横扫黄河以西地区,并渡过黄河,包围了魏国旧都安邑,迫使其投降。这是秦国自改革以来的第二次胜利,军威大振,尤其是将士们热衷于砍杀首级的疯狂情绪,更使敌军闻风丧胆。又过两年,在围攻另一个重镇固阳时,守城的军士们惧怕城破后被割去脑袋,连忙投降了。秦军三战三捷,从此军威大振。由于他的政绩显著,善于用兵,为此,秦孝公将他提升为大良造,这是相当于中原国家相国的职务。中原国家的相国没有军权,而在秦国则是同时掌握军政大权的要职。

商鞅在取得军政大权的要职后,便开始积极准备第三阶段的新法实施。商鞅深知,这次新法的实施,是要真正触及奴隶主贵族阶层的利益,而贵族阶层不仅有封地,还有可观的私人军队,其势还很强大。因此商鞅决定避实就虚,将国都迁离奴隶主贵族集中的雍州(今陕西凤翔县),到二百里外的咸阳重新建都。咸阳在雍州的东西,地处渭河平原的中央,不仅土地肥沃,交通便利,农业发达,而且有利于将来向东扩展领土。商鞅在征得秦孝公的同意后,立即征派工匠去咸阳修建新都。在公元前350年,秦国正式迁都咸阳。随同王室一同搬迁的还有三千多户安分守己的平民。

在新法正式公布之前,商鞅知道,新法如果得不到人民的信任,法律是难以实施的。为了取信于民,商鞅采取了这样的办法:一天,一队侍卫军士护卫着一辆马车向城南走来,车上装了一根三丈多长的木杆,百姓觉得好奇,便跟着马车到了南城门外。等到了南城门外,军士们将木杆抬下车竖在地上,便对众多的百姓说:"大良造有令,谁能将此木杆搬到北门,就赏给黄金十两。"这时人们议论纷纷,可就是没有人肯上前试一试,城门楼上,商鞅注视着当时的场面,看没人站出来,于是对侍从吩咐了几句。侍从下楼后对守在木杆旁的官吏说:"大良造有令,谁能将此木杆搬到北门,赏黄金五十两。"

这时众人一片哗然。此时,一个中年男子,走出人群对官吏说:"既然是大良造的发令,我来试一试,不过五十两黄金就算了,赏几个小钱就行。"于是这名中年男子扛起木杆向北门走去,到了北门后,这名男子放下木杆,来到了商鞅的面前。商鞅笑着对中年男子说:"你真是一条好汉。这五十两黄金你拿去

"战略"思维
"STRATGIC" THOUGHT

吧。"说完之后便将五十两黄金付给了中年男子。这一消息迅速从咸阳传向四面八方，国人纷纷传颂商鞅言出必行的美名。商鞅见时机已经成熟，于是下令立即在全国推行新法。就这样第三阶段的改革开始了。

对商鞅来说，如果前两个阶段的变法只是用于削弱奴隶主贵族势力的话，那么这一次的变法则是对他们进行致命的一击。

首先是在全国建立县制，县和奴隶主贵族的封邑不一样，它有一套完全属于国君的政治组织和包括军备、军役在内的征赋制度。在全国设立县制，就等于解除了奴隶主贵族的私人武装，加强了中央政府的集权统治和军事力量。其次是拓开了"阡陌"和"封疆"。在奴隶制社会，土地是按照爵位一层层分封下来的，凡是分封到土地的人，都有自己的封疆，而封疆和封疆之间常常有很大空隙的荒地，叫疆场。而封疆之内又有很多纵横交错的地界，这也是荒地，叫"阡陌"。商鞅规定，凡是封疆和阡陌必须由当地的农民来开垦，并承认开垦者的土地所有权，然后按照农民实际耕种的田地面积来规定赋税。土地还可以自由买卖。该法一颁布，立刻在全国引起了震动，农民眉开眼笑，立即着手开垦荒地，由此，国家的耕地面积迅速得以扩大，财政收入也相对提高。

然而这一法令触动了奴隶主贵族的自身利益，他们百般抵制和抗拒，有的不惜动用武力。对此，商鞅早有准备，他下令全国，凡是抗拒变法的人，不分高低贵贱，一律拘捕，没过几天便抓了三千多人。在渭河岸边，一次就杀掉了七百多人抗法的贵族分子，反抗终于被镇压了下去。有两位大夫也因指责变法而被贬为庶民。由此国内的局势得到了基本的好转。由于商鞅能够秉公执法，罚不避上，赏不私亲近，终于使法律得到了彻底的贯彻执行。此外，商鞅还规定了度量衡的进位制度，颁布了标准度量衡器，建立了秦国统一的度量衡制。这对于建立统一的赋税制度和俸禄制度，防止官吏舞弊，加强国内经济联系，巩固集权政治具有战略意义。

商鞅的变法，使秦国彻底摆脱奴隶制的枷锁，完成了历史性的变革，解放了生产力。国家的经济实力和军事实力飞速增长。仅用了十年时间，就基本达到了"变法图强"的战略目的，商鞅"以法治国"的战略，在秦国终于得以实现。

然而，商鞅在秦国推行了改革，剥夺了奴隶主贵族世袭的政治特权和经济特权，因此他们对商鞅恨之入骨。秦孝公死后，太子驷继位，在众多贵族的诬告下,商鞅被抓,惨遭车裂。不过,商鞅推行的新法却早已深入人心,商鞅虽死,但新法已不可逆转。

9.5 【连横亲秦的总战略】

[关键人物] 秦惠文王　张仪　苏秦　楚怀王熊槐

春秋战国时期,是我国古代人才辈出的时期,正是这些人才在政治舞台所发挥的作用,这才先后有五个诸侯国成为天下盟主。自秦国商鞅变法改革以后,秦国便逐步确立了霸主地位,一直到秦始皇统一天下。而商鞅之后,其他的各诸侯国便与秦展开了一场旷日持久的"联合与反联合"的斗争。在这场斗争中,取得胜利的一方便是"反联合"的秦国,其关键的人物就是确立"连横亲秦"战略的张仪。

张仪是战国时魏国贵族后裔,善于游说,智谋过人,可谓策士之雄。秦惠文王时,担当秦国的相国,秦武王即位后,因政治失宠他又到魏国担当相国,第二年便死于魏国。

"联合与反联合"的形成,应当说是很自然形成的。由于当时的秦国取消了"分封制",建立了由商鞅确立的"郡县制",加强了中央集权制以后,秦国的国力得到了极大的增强,这对于其他各诸侯国来说,确实是形成了极大的威胁。面对这种形势,其他各国日益感到有被吞并的危险,因此这些国家都隐隐约约地感到"联合"的必要。这时,在赵国担任相国的苏秦,首先提出了"合纵抗秦"的战略主张,并得到了赵王的一致赞同,于是苏秦被派往其他诸侯国进行外交活动。

苏秦和张仪,曾一起从师鬼谷子学习游说之术,苏秦自愧不如张仪,然而苏秦却凭着自己的能力已在赵国当上了相国,而此时张仪尚在家中穷困潦倒。

苏秦在其他各诸侯国进行穿梭外交,历经坎坷,终于在公元前333年游说六国成功,在赵国正式订立了合纵联盟。各国诸侯还都将本国的相印交给了苏秦,使他成为历史上唯一的身挂六国相印的人。"合纵抗秦"形成以后,苏秦料到,赵国作为合纵抗秦的盟主,势必要被秦国视为眼中钉,理所当然地被列为首要进攻的目标,为此,苏秦为了掣肘秦国,便想派一个人去秦国,不但要能够被秦王所重用,而且还能劝阻秦国对赵国的进攻。可是有谁能够担当这一重任呢?苏秦在赵国选来选去,始终没有选中一个人。这时苏秦想到了一个

"战略"思维
"STRATGIC" THOUGHT

人,那就是张仪,非他莫属。况且张仪赋闲在家,生活也很贫穷。苏秦深知,如要与张仪明说此事,恐怕张仪不会同意。于是苏秦采取了"请将不如激将"的策略,暗中派人乔装打扮,寻机接近了张仪,然后再三启发张仪应该投奔苏秦,以求的发展。

> 苏秦(？—前284年),字季子,雒阳(今河南洛阳)人,战国时期著名的纵横家、外交家和谋略家,与张仪同出自鬼谷子门下,跟随鬼谷子学习纵横之术。苏秦到赵国后,提出合纵六国以抗秦的战略思想,并最终组建合纵联盟,任"从约长",兼佩六国相印,使秦十五年不敢出函谷关。联盟解散后,齐国攻打燕国,苏秦说齐归还燕国城池。后自燕至齐,从事反间活动,被齐国任为客卿,齐国众大夫因争宠派人刺杀,苏秦死前献策诛杀了刺客。

可是,张仪万没有想到,一到赵国,张仪便被拒之门外,无法见到苏秦。几天之后,张仪终于得到了苏秦的接见。尽管先前的冷遇已使张仪没料到,但此番接见肯定也不会很热情,但实际情况要比他预料的情景还要糟糕。苏秦高傲地坐在堂上,而让张仪像个卑微的下属坐在堂下,还用刻薄的话羞辱他说:"凭你的才能本不该这样的,可你却让自己落魄到这步田地。我完全可以说句话使您得到富贵,只是您不值得录用啊!"说完,起身离去。就这样,张仪千里迢迢而来,本希望苏秦能给自己一个机会好得到发展,谁知老同学却反倒羞辱自己一番。张仪悔恨交加,不禁怒火中烧,心想凭自己的伶牙俐齿应当狠狠地辱骂他一顿,又一想这样做恐生出事端自毁前程。于是他不动声色地忍受了莫大的侮辱,并暗自下决心一定要出人头地洗刷耻辱。

在张仪看来,要想血洗耻辱,就必须要去一个能够掣肘赵国的诸侯国,那么当今天下,唯有强大的秦国能有这样的实力。于是张仪决定投奔秦国。然而要想去秦国,去见秦王,没有钱那是不行的,张仪一筹莫展。可就在这时,一位自称有万贯家资的人声称愿意帮助张仪到秦国谋求事业的发展,就这样,这位好心人就像忠实的仆人一样对待张仪,他们同行同宿,一帆风顺地到了秦国。为了让张仪见到秦惠文王,这位好心人不惜重金帮他在朝廷内外频繁活

第9章 怎样看待经典战略

动,终于为张仪铺就了走向秦王宫殿的道路。没有多久秦惠文王便召见了张仪。秦惠文王见张仪能言善辩,足智多谋,立刻拜为客卿。张仪如愿以偿,不胜欣喜。不料好心人这时却要告辞,为此张仪深感困惑不解,于是这位好心人全盘托出一切,却令张仪吃惊不已。当张仪知道这一切都是老同学苏秦一手策划所为,张仪百感交集,想当初苏秦在赵国百般侮辱自己,这一切都是为了今日,因此,张仪对苏秦感激备至。于是,张仪让这位好心人回去禀报苏秦:"请替我拜谢苏先生。让苏先生放心,在他当权的时候,我绝不会做出有损赵国利益的事。"

> 张仪(?—前309年),魏国安邑(今山西万荣)人,魏国贵族后裔,战国时期著名的纵横家、外交家和谋略家。张仪首创连横的外交策略,游说入秦。秦惠王封张仪为相,后来张仪出使游说各诸侯国,以"横"破"纵",使各国纷纷由合纵抗秦转变为连横亲秦。张仪也因此被秦王封为武信君。秦惠王死后,因为即位的秦武王在当太子的时候就不喜欢张仪,张仪出逃魏国,并出任魏相,一年后去世。

苏秦自从游说六国结成"合纵"联盟以后,成了唯一的身挂六国相印的响当当的人物。面对六国诸侯"合纵抗秦"所造成的威胁,秦惠文王越来越深感不安。一天,秦王召集群臣商讨对策,一位大臣马上进谏说:"如今的六国联盟,是由赵国发起形成的,要想扫除因六国联盟所造成的威胁,大王应该发兵首攻赵国,谁胆敢救赵国,咱们就打谁。六国诸侯哪一个不惧怕我们秦国,有谁为了赵国而自找挨打呢?这样一来,合纵联盟不就瓦解了吗?"众臣也都赞成这一对策。唯独张仪提出反对的意见,他说:"六国刚订立联盟不久,彼此无隙,硬拆怎么能拆散呢?如果我们发兵赵国,那么其他五国真的联合起来攻打我国,那后果将不堪设想。"

秦惠文王也觉得有理,于是问:"那么,依你的意见呢?"

张仪说:"硬拆不如软拆。依我看,无须大动干戈,只要设法让他们相互猜疑,破坏他们的联盟就指日可待了。离咱们最近的是魏国,最远的是燕国,咱们不妨先从这一远一近入手,咱们把从魏国拿来的城邑退还他几个,魏国肯定会感激秦国。另外,只要把大王的女儿许配给燕国太子,这就和燕国成了亲

"战略"思维
"STRATGIC" THOUGHT

戚,这样一来,我们秦国就不再孤立了,而且六国也会彼此暗存戒心,如此合纵联盟就可以不攻自破。"

秦惠文王(前356—前311年),一称秦惠王,嬴姓,赵氏,名驷,秦孝公之子。秦惠文王年十九即位,以宗室多怨,诛杀卫鞅。公元前325年改"公"称"王",并改元为更元元年,成为秦国第一王。

秦惠文王当政期间,北扫义渠,西平巴蜀,东出函谷,南下商於,为秦统一中国打下坚实基础。重用张仪连横破合纵,是他一生中最大的亮点。对张仪,嬴驷求之,试之,任之,信之。在秦与列国间复杂的邦交斗争中,多次逆转危势,击溃五国灭秦之兵。

自此,直到秦始皇统一中国,秦国用士"不唯秦人"成为不变的路线。用张仪,又不唯采张仪之策。当张仪与司马错对是否平蜀发生激烈辩论时,嬴驷毅然委任司马错领军平蜀,展现了嬴驷审时度势、高屋建瓴的王者风范。

秦惠文王听了之后,觉得非常有道理,于是秦王便同意了张仪"连横亲秦"的战略主张。在张仪的操纵之下,果然魏国和燕国为贪图眼前的利益,相继脱离了联盟和秦国建立了关系。不过,秦国也为此白白地送给了魏国两座城邑。张仪心想,既然魏国已经脱离了联盟,有些事就由不得魏国了。张仪赴魏国暗含机关地劝告魏王说:"秦国对魏国如此宽厚,魏国可不能失礼啊!"魏王听出了张仪的弦外之音,但魏国此时已经孤立无缘,无奈只好忍痛割爱,献出了上郡和少梁两座大城,以感谢秦王。张仪的这一招叫"先失后取",魏国因小失大,而秦国却获利很大。张仪此举,既帮助了赵国免遭战火,又破坏了联盟使秦国从中渔利。否则,要么损于秦利于赵,要么利于秦损于赵。如此两全其美,显示了张仪非凡的谋略。

这样的局面,不禁使我联想到当今的国际形势,自从美苏冷战结束之后,美国成为唯一超级大国,在世界推行霸权主义。美国一方面极力维护自己在世界的霸权地位,大力推行单边主义,另一方面又联合西方国家联手遏制以中

第9章 怎样看待经典战略

国、俄罗斯为代表的新兴国家倡导的多边主义,形成了当今世界霸权与反霸权的斗争格局,这与战国时期张仪和苏秦的联合与反联合、"连横亲秦"与"合纵抗秦"有着相似的形势和局面。美国为了维护单极世界的霸权,穷兵黩武,不愿意看到世界的和平与稳定,"世界越乱越好",美国好从中渔利,为国家谋取最大的政治利益和经济利益。而以中国为代表的新兴国家,倡导的是多极化的世界,以及更加开放、贸易更加便利的全球贸易自由化,高举和平与稳定、发展与对话的旗帜,与美国的单边主义、霸权主义针锋相对。一旦世界趋于缓和,和平的呼声日益高涨时,不乱不足以取利,于是美国又跳出来,打着"人权高于主权""大规模杀伤性武器"的幌子为借口,意在破坏世界的稳定与和平,好从中谋利。对于美国的这种霸权主义、单边主义、贸易保护主义,全世界爱好和平的国家和人民,就应该加强团结,努力维护国家的稳定,尤其是各国领导人应以"和平与稳定"为大局,处理好本国内部事务,尤其是宗教和种族的热点问题,本着种族平等、和睦共处的原则,团结共进,共同发展,以防止霸权主义以用宗教种族等问题,借口人权以及大规模杀伤性武器,行霸权之道。因此,凡是爱好和平的国家,都应该建立这样的意识:只有和平、稳定和发展,才会有真正的民主和自由。在一九九九年发生的科索沃战争,就是以美国为首的西方国家利用种族问题,打着"人权高于主权"的幌子,悍然对一个主权国家进行侵略,还公然挑战国际法,对中国驻南使馆进行有预谋的轰炸。近二十年来,美国先后对主权国家以各种借口直接进行侵略,先是海湾国家伊拉克,紧接着利比亚、阿富汗、叙利亚等国家,美国还先后利用颜色革命对埃及、约旦、乌克兰等许多国家煽动暴乱以颠覆国家政权,造成许多国家政治动乱,民不聊生。因此,坚定维护世界的和平与稳定,是对霸权主义最有力的反击,各国爱好和平的政治家,应牢固树立"和平与稳定"的战略意识,共同推进人类文明的进步。

秦惠文王十年,张仪相继战胜对手坐上了秦国相国的宝座,成了秦王手下最有实权的人物。张仪更加以秦王为中心,竭力拥戴秦王在诸侯中称霸天下。当时,除秦国以外,齐楚两国也是大国,为了防范秦国的吞并,齐楚两国缔结了共同抗秦盟约。很显然这一盟约是针对秦国的,那么秦国很自然地要考虑对策,群臣纷纷向秦王献计献策,而秦王很不满意。而独有张仪的计策令秦王甚为满意,于是张仪出使楚国,对于楚国的情况张仪是非常了解的,楚大夫靳尚

"战略"思维
"STRATGIC" THOUGHT

在楚国很受宠,张仪为了能顺利见到楚王,就向靳尚施以厚礼,请他代为引荐。楚怀王对秦国本来就望而生畏,没想到秦王主动派使交好,不胜惊讶。于是颇为谦恭地向其请教治国安邦之策。张仪对楚王恭维后不胜惋惜地说:"秦王派我来,意在和贵国交好,只是很可惜啊,我来迟了。"

> 楚怀王熊槐(约前355—前296年),芈姓,熊氏,名槐,楚威王之子,楚顷襄王之父,战国时期楚国国君,前328年—前299年在位。
>
> 继位早期,破格任用屈原等人进行改革,大败魏国,楚国成了当时世界上最大的国家;执政中期他误信秦国宰相张仪,毁掉齐楚联盟,国土沦落,楚国从鼎盛走向了衰亡。楚怀王对战国后期形势认识不清、用人不当、智力不高。在位期间罢免改革派屈原,是一大败笔。当时楚国开辟了海上丝绸之路,与西亚、南亚的一些国家进行经济交流,印证了"世界第一大国"之说。
>
> 忠于社稷,客死于秦,表现出高度的晚节,赢得了后人的尊敬。

楚王忙问:"怎么迟了呢?"张仪叹道:"大王不是和齐国结成了同盟吗?"楚王回答说:"楚国之所以和齐国结成同盟,无非是为了防范被人攻打而已。难道你不认为这种危险存在吗?"楚王这是在试探秦国的态度。

张仪则说:"这种危险当然存在,不过由于楚国和齐国缔约结盟,这种危险就更大了。很明显,齐楚联盟是针对秦国而来的,秦王本想与天下的诸侯交好,可一旦有人故意要与秦王为敌,秦王恐怕不会等闲视之。"

楚怀王听出了张仪话中暗含的杀机,颇为愤懑,但一想如果惹恼了秦国,秦国发兵伐楚,到那时齐国真的能发兵救援? 一旦齐国背信弃约,楚国岂不是自讨苦吃。

张仪接着说:"齐王一向野心勃勃,想要与秦王争高下,他与大王联盟,无非是想利用大王而已,试想,如果秦楚两国真的交战,齐国会不惜损兵折将前来救援吗?齐王巴不得秦楚两国两败俱伤,他好坐收渔利,以图霸业,请大王想想,到那时楚国的处境会怎样呢?"

楚怀王忙说:"依你之见呢?"

张仪说:"大王如能听取我的意见,应该跟齐国废除盟约,断绝往来,而和秦国交好,那时我就请求秦王把商於一带六百里土地献给贵国,让秦国的女子成为大王的姬妾,秦楚两家互通婚姻,世代结为兄弟盟邦。这样一来,既削弱了齐国的势力,又从秦国得到了好处,岂不是两全其美?"

楚怀王一听不禁欣喜万分,心想废除齐楚盟约,不仅可以与秦国友好,还可以不动干戈就得到了六百里土地,看来秦国虽表面强大,但秦国还是从心里惧怕齐楚啊,楚怀王唯恐夜长梦多,当即拍案而定:"好,就照你的意见办!"

楚国的大臣们此时争相恭贺楚王,唯独策士陈轸满面愁容,直言相劝说:"依我看,我们如果废除齐楚联盟,不仅得不到一寸土地,还会导致齐国和秦国的联合,如果齐秦两国一联合,那么楚国可就大祸临头了。秦国之所以看中楚国,关键在于楚国和齐国的联盟,只有齐楚联盟才能与秦国相抗衡。如果大王与齐国废约断交,楚可就孤立无援了。到那时,秦国怎么会把土地白送给楚国呢?一旦张仪回到国内,他就不会兑现承诺了,这时再看楚所面临的局势,北面与齐断交,西面却从秦国招来横祸,为稳妥起见,不如跟齐国暗地合作而假装断交,同时立刻派人跟张仪去秦国,如果秦国真的给我们土地,我们再与齐断交不迟,一旦是个骗局,我们也好有备无患。"

楚怀王得地心切,断然地说:"不要说了,先得商於再说吧。"陈轸无奈,只有默默长叹。楚怀王唯恐张仪产生疑虑,从而失去得地的机会,给了张仪丰厚的馈赠,还把楚国的相印授给了张仪,同时宣布与齐国废除盟约,断绝关系,然后派使臣跟张仪去秦国接收土地。

张仪回到秦国以后,假装登车时摔伤了腿,居家养伤,不能上朝。楚国接管土地一事,自然也就无法付诸实施。谁知,日复一日,月复一月,张仪始终伤不见好,楚国的使者急了,担心情况有变,急忙回报楚王。楚怀王闻听后心急如焚,坐卧不宁,楚怀王认为,张仪之所以如此,肯定是对楚国心存疑虑,一旦交出土地,齐楚还会重归于好。于是,楚怀王挑选了一位勇士,手持楚国符节,匆匆赶赴齐国,这位勇士唯一的任务就是一个字,骂!面对面地大骂齐王,骂得越凶越好。

齐宣王见楚怀王如此背信弃义,决心报复楚国。当机立断,派使臣求见秦

"战略"思维
"STRATGIC" THOUGHT

王,表示齐国愿意与秦国交好,并约秦国一同进攻楚国。

张仪装病在家,就是等待齐国登门与秦交好,只有这样秦才能即可摆布齐国,也可要挟楚国。一夜之间,张仪突然康复,上朝了。

楚国的使者听说后,急忙求见,说他已久等三月有余,希望张仪尽快办理商地交接事宜。不料张仪故作莫名其妙:"什么?你说什么商於?"使者情知不妙,据理力争说:"这是你对楚王的许诺,言犹在耳,您不会忘记的,我是奉楚王的命令前来接管商於,希望您能履行前言。"

张仪坦然一笑说:"那肯定是楚王听错了,我说的是我的封地六里。秦王的土地别说是六百里,就是六十里我也没权利馈赠于他人呀!"

楚国使者无奈,被张仪下了逐客令。

楚怀王听说这是张仪的骗局,非常气愤,于是派出精兵十万,向秦国发动了声势浩大的进攻。而秦国呢,却早已严阵以待,齐国也虎视眈眈。楚国和秦国刚一交战,齐国便从侧翼向楚国发动猛攻,楚国在齐秦两面夹击之下,楚国主将被杀,十万大军只剩下两万余人,秦国趁机夺取了丹阳、汉中等地,在这种情况之下,楚国只好割让两个城邑为妥协条件,忍气吞声地与秦国讲和。

就此,让秦国忧心忡忡的齐楚联盟,就这样被张仪略施小计便土崩瓦解,不仅如此,秦国还得到了大片土地。然而,秦王并未满足,秦王对楚国黔中地区早已垂涎三尺。黔中地区既是富庶之地,也是战略要地,得到黔中是秦王的愿望。为此张仪说:"要想得到黔中,可将商於六百里土地划给楚国,以此换回黔中之地。"

秦惠文王一听要拿商於之地去换黔中,不免有些不忍。张仪说:"大王不必担心会失去商於,就是您真的想给,楚国也不敢真的要。"

于是,秦王派出使臣前往楚国,商谈换地一事。楚怀王听罢秦王的意图,知道秦王以地易地是假,逼其献出黔中是真,如果真的要以地易地,肯定要遭暗算,如果公开拒绝,秦国会找借口发兵,楚国难免又遭战败之苦。楚王左右为难不知所措,情急之下,楚王决心要以张仪来楚做人质以割让黔中之地为代价,楚王的这步棋确实将住了秦王,如果楚王要的是别人,恐怕不会犹豫,而楚王要的偏偏是张仪,这让秦王难以割爱,举棋不定。张仪闻听此事后,拜见秦王要求前往楚国,在看到秦王的忧虑后,张仪毫无惧色地说:"大王不必替我担心,世人皆知秦强楚弱,我奉大王之命前往楚国,谅他楚王也不敢加害于我,即

— 224 —

使楚王不计后果杀了我,我能为大王换回黔中,也是值得的。"

秦王对张仪十分宠爱,又见他不顾个人安危,也动了真情说:"好吧,如果楚王胆敢对你非礼,那我将不惜千军万马也要保证你平安回国。"张仪十分清楚,无论秦国有多么强大,但楚王盛怒之下杀了他,秦王即便是举国之兵攻打楚国,自己也无法起死回生,张仪既不想有负使命,也不想人头落地。于是,张仪到了楚国,随后张仪秘密拜访了靳尚。靳尚抱怨张仪不该前来送死。张仪却说:"有您靳尚在,我张仪的脑袋是不会掉下来的。"靳尚说:"我若冒险在楚王面前为您求情,一旦救不了你,我的脑袋也会搭上的。"

张仪说:"我听说,楚国国王的宠妃郑夫人对您十分爱惜,对您的话一向信赖无疑,对吧?"靳尚说:"对呀,不过这对您生死有什么关系呢?"

张仪笑道:"楚王对郑夫人一向言听计从,如果让郑夫人在楚王面前替我求情,楚王还会伤害我吗?"

靳尚摇头说:"这恐怕不行,郑夫人与您素不相识,她怎么会为您求情呢?"

张仪却说:"让她为了巩固自己的宠妃地位而为我求情,她是会做的。"随后张仪对靳尚说出了锦囊妙计,靳尚如梦初醒,连声叫绝。

楚怀王见了张仪之后,就命人将张仪囚禁起来,决心杀掉张仪以解心头之恨。靳尚按照张仪的吩咐,急忙拜见了郑夫人,并说:"夫人,大王要杀张仪,恐怕您早晚也会受到大王的轻视呀!"郑夫人一愣,说:"此话怎讲?"

靳尚说:"夫人,您是知道的,秦王极为宠爱张仪,绝不会弃之不顾,据说,秦王为救张仪,打算把上庸六个县的土地给楚国,把秦国最出色的美女嫁给楚王,还要将秦国美丽的能歌善舞的女子作为陪嫁,我们大王重视土地,尊重秦国,秦国的美女在大王眼里一定尊贵,一旦秦国美女得到楚王的宠爱,日久天长,夫人您恐怕就要受委屈了,弄不好还会……"

靳尚的话确实刺到了郑夫人的痛处,作为一国之君的夫人,最担心的莫过于失去大王的宠爱,他一向信任靳尚,说:"你看该怎么办?"靳尚说:"您不如在大王面前替张仪说句好话,放他出来,这样就断了秦女赴楚之路,夫人就可以高枕无忧了。"郑夫人很高兴,自此郑夫人一有机会,不论黑天白夜就极力劝说楚王要放张仪。而楚王一开始始终不答应,郑夫人见屡屡劝说毫无见效,最后只好以离君而去相要挟,并说:"大王如此一意孤行,秦王焉能不派兵讨伐,因此请让我们母子迁到江南去,以免惨遭祸害。"楚怀王见夫人如此执着,再说

"战略"思维
"STRATGIC" THOUGHT

杀张仪也只不过是解恨而已,要是因贪图一时之快,却导致秦楚大战,是有些得不偿失。楚怀王经过权衡利弊,还是赦免了张仪,并且还款待了张仪,就这样,张仪铤而走险,既未负秦王使命,又使自己化险为夷。

就在张仪获释,尚未离楚之际,传来苏秦遇刺身亡的消息,张仪无比悲痛哀伤,但同时,这对连横亲秦又是一件好事。苏秦的"合纵抗秦"毕竟与张仪的"连横亲秦"针锋相对,苏秦一死,张仪也觉得世上再无对手可言,实施"连横亲秦"也再无顾忌,于是张仪便主动开始游说各国进行连横之策。楚怀王见张仪说得头头是道,答应张仪跟秦国亲善,韩王也认为张仪所言颇具远见,表示脱离合纵,实行连横,与秦国交好。

就这样,张仪在各诸侯国之间穿梭外交,先后有到齐国、赵国,后至燕国,所到之处,无不表示愿意听从他的意见。至此,六国合纵联盟彻底瓦解,出现了各诸侯连横亲秦的大好局面。张仪见大功告成,欣喜若狂,秦惠文王也非常高兴,赏赐他五个城邑,封为"武信君"。

然而,不久却发生了一件大事,秦惠文王去世,秦武王继位。武王与张仪素有不和,朝中大臣又多嫉妒张仪,此时的张仪沮丧万分,已经感到有些凶多吉少。

张仪审时度势,觉得在秦国已不宜久留,如果不知难而退,迟早要惹来杀身之祸。那么如何脱身呢?张仪左思右想,既然要离秦投奔他邦,也要堂堂正正地脱身。如此略施小计。

翌日,张仪拜见秦王说:"大王,最近一段时间,东方各国均无战事,都能够友善相处,依我看,这样的局面对我们秦国极为不利。因为只有东方各国兵戎相见,战火不断,我们秦国才可以从中渔利,割得更多的土地。"秦武王继位以来,还没有什么大的作为,总想扩张土地,才是君王的作为,张仪正是迎合秦武王这一心态,并说:"我听说,齐王现在非常恨我,只是畏于秦国的强大,更惧怕于大王对我的厚爱,才不敢加害于我,大王如果派我去魏国,齐王肯定会派兵攻打魏国,当魏齐两国相互征伐时,大王就趁机进攻韩国,进入三川,出兵函谷而不进攻,以逼周京,周朝的祭器就会交给大王,到那时,大王就可以挟天子以令诸侯,成其帝王之业!"秦武王不胜欢喜,立即表示赞同并出动三十辆兵车,隆重地送张仪去魏国。张仪手持秦王的符节,一路离秦而来到了魏国。至此,张仪一帆风顺地完成了离秦赴魏的计划,到魏国担任了相国。

正如张仪所料的那样,齐王听说张仪到了魏国,果然出兵攻打魏国,魏王知道后,未免有所畏惧,于是请来张仪商讨对策。张仪见魏王恐慌,微微一笑说:"魏王不必担忧,臣略施小计即可让齐军退兵。"魏王见张仪胸有成竹,尽管心里忐忑不安,便说:"那好,退兵之事就权杖您去办了。"张仪早已有所安排。张仪派出了家臣冯喜,让他先赴楚国,而后以楚使的身份来到了齐王的面前。冯喜对齐王说:"大王憎恨张仪,杀了他恐怕也不解恨,大王如果因为张仪去了魏国就派兵去讨伐魏国,这恐怕是在救张仪呀。"齐王不解,问其缘故。

冯喜说:"据我所知,张仪离开秦国前,曾和秦王有密约。"

"什么密约?"齐王急问。

冯喜说:"张仪离开秦国前,对秦王说'现在各国无战事,平平安安,这不利于秦国。只有各国战事纷纷,越乱才越有利于大王割取土地。齐王最恨我,我到哪个国家,他必然会发兵攻之,我希望大王遣我赴魏,齐王必定攻魏,齐魏一旦交战,大王就可乘乱先攻韩国,入三川,进函谷,进逼周京,迫使周天子交出祭器,大王就可以挟持天子以令诸侯,帝王之业可成。'秦王见计,大有可图,才遣张仪赴魏。如果大王真的要攻打魏国,既耗费了国力,又使张仪得到了秦王的信任,这岂不是伤了自己而救了张仪吗?"

齐王一听如梦初醒,心里叹道,张仪呀张仪,我险些又中了你的奸计!于是,齐王急忙下令撤兵。

魏王听说齐国已经退兵,不胜惊讶,对张仪自然是宠信百倍。然而,可惜的是张仪担任魏相仅一年,公元前310年便并死于魏国。

张仪入秦为相后,极力推行"连横亲秦"的总战略,为秦国的强大,做出了杰出的贡献,不愧是当时独擅纵横的能臣。

9.6 【狡兔三窟的总战略】

[关键人物]　孟尝君　冯谖

生存这是人类最基本的权利,如何生存?这是任何人都无法回避的问题。中国古代战国时期的冯谖,对"如何生存?"却有着独特的战略眼光。

冯谖,是战国时期齐国贵族孟尝君门下的一位食客。他虽然没有在广阔的政治舞台展示他超人的智慧,但他却协助孟尝君在齐国为相数十年,以其见识深远,谋事有方,为孟尝君营造了一个"无纤芥之祸"的生存空间。

"战略"思维
"STRATGIC" THOUGHT

冯谖是齐国的一个普通的百姓,生活贫苦,常常是吃了上顿没有下顿,无奈之下,他穿着破衣草鞋前去投奔齐国贵族孟尝君。

冯谖(又称冯驩),约公元前300年人,齐国公子田文的门客。

在战国达官贵人无数门客中,他和毛遂一样自我推荐,并用自己深谋远虑的智慧,为主人立下了不朽功勋。见识深远,谋事有方。曾替田文到封邑收取债息,把不能还息的债券烧掉,替田文收买民心。

后因以"冯谖弹铗"成为怀才不遇或有才华的人希望得到恩遇的典故。

在战国时代有四位以养士(门客)而闻名遐迩的公子,即魏国的信陵君、赵国的平原君、楚国的春申君、齐国的孟尝君。孟尝君姓田名文,世袭其父田婴的封爵,封于薛地(今山东滕县南),称为薛公,号孟尝君,是齐国炙手可热的权势之人,门下养有食客二千余人。当冯谖很顺利地见到了孟尝君后,孟尝君问道:"先生有什么爱好吗?"冯谖回答说:"没有什么爱好。"孟尝君又问道:"先生有什么技能吗?"冯谖回答说:"没有什么技能。"

孟尝君向以礼贤下士而著名,他所收养的门客,即便是平庸之辈,一般也都有点特别的本领,可是这位新来的"士",却既无"好",又无"能",孟尝君心想此人倒也有几分诚实,随后笑笑,还是接受了他,随后便把他安置在"传舍"。

孟尝君,名田文(?—前279年),中国战国四公子之一,齐国宗室大臣。其父靖郭君田婴是齐威王的儿子、齐宣王的异母弟弟,曾于齐威王时担任要职,于齐宣王时担任宰相,封于薛(今山东滕州东南),号靖郭君,权倾一时。

田婴死后,田文继位于薛,是为孟尝君,以广招宾客,食客三千闻名。孟尝君一生的成就,说到底就是得益于他善于网织人才,然后再借助这些人才的力量来实现他的抱负,此即唯有善于借梯者才能登高望远。

孟尝君对待门客分为上中下三等,上等被安排在"代舍",代舍之客可以食肉;中等被安排在"幸舍",幸舍之客可以食鱼;下等被安排在"传舍",传舍之客只能食素。

客舍主管见孟尝君轻视冯谖,便把一些粗劣的食物给他吃,对他非常轻慢。过了几天,冯谖倚在门前的房柱,用手弹起所佩戴的长剑,唱到:"长剑啊,咱们回去吧,这里有饭却无鱼!"客舍主管听到后,便向孟尝君做了汇报。孟尝君心想,剑为器中长物,冯谖以剑自喻,或许有其不实之能,便对主管说:"请把冯谖先生重新安排在幸舍吧。"就这样冯谖每天都可以吃到鱼了。然而没过多久,冯谖再次弹剑唱道:"长剑啊,咱们回去吧,出入而无车!"孟尝君手下的人听到后,又去报告了孟尝君。孟尝君还是满足了他,把他又安排到了代舍。代舍饮食精良,不仅有肉吃,还有车坐。于是,冯谖安然地坐在马车上,带着他的长剑,访问他的朋友,并告诉他们说:"孟尝君把我作为尊贵的客人看待。"

可是没过多久,他又弹起所佩长剑唱到:"长剑啊,咱们回去吧,难以养家!"这个时候孟尝君手下的人大为不满,心想这个穷小子真是得寸进尺,自从他来以后,还没有看见他为主人做过什么事,反倒要求提高待遇,真是不知深浅。孟尝君听说后,并没有生气,反而问:"冯先生有高堂在世吗?"

冯谖回答说:"我有老母。"孟尝君于是派人送去衣食及生活必需品,从未间断过。于是,冯谖不再弹剑唱歌。

冯谖衣食无着,投奔于权门之下,本来胸有奇才,却并不自夸自诩,相反却自称"无好""无能",居数日,三次弹剑高歌,要求改善待遇,惹得孟尝君左右,由耻笑而愤怒。冯谖之所以出此怪招,并非真的是要求改善待遇,其实是在考验孟尝君的胸怀,以便决定自己是否可以在这里一展其才。而孟尝君毕竟是礼贤下士之人,但他却并不知道冯谖此举的用意,冯谖的要求,他都一一给予了满足。

冯谖在孟尝君门下默默无闻,始终没有机会为孟尝君献计献策,一年后,孟尝君被擢升为宰相,食邑万侯,其门下的食客已增至三千余人。由于其庞大的开支,以使他入不敷出,而自己的封地薛邑又连年受灾,而派出去收租的人又完不成任务,收不回本息,为此孟尝君忧心忡忡。一天,孟尝君拿出账簿,对门下的食客说:"你们哪一位先生善于会计之术,可以到薛地讨债?"冯谖马上说:"我可以去收债。"孟尝君奇怪地问:"这个人是谁?"客舍主管说:"他就是

"战略"思维
"STRATGIC" THOUGHT

哪位弹剑唱歌的先生。"孟尝君这才想起那段往事,笑着对主管说:"冯谖果然有能力,过去我一直没有重用他,很对不起他。"于是孟尝君单独接见了冯谖,向他道歉说:"我被琐事搞得很疲劳,被忧患缠得发昏,整天沉溺于国家事务之中,以至于没有更好地关照先生,有所得罪。先生不以为羞辱,还愿意到薛地去为我收债吗?"冯谖毫无怨言地说:"愿意。"就这样,冯谖整理好行装,并把契债券装到车上,临行前,冯谖问道:"债收完之后,用收回的债款买些什么东西带回来呢?"孟尝君一时也想不起需要什么,便说:"先生看我的府上缺什么就买些什么回来吧。"

冯谖带着车马,很快到了薛地,他深入民间,实地调查,凡是有能力偿付债务的,不是立即收取,就是限期缴纳,很快就收回了上万的债款。然而有一些人确实很贫困,无力偿还债款,对这些人,冯谖经过一一查明之后,不但没有强行逼债,反而将债户召集到一起,置酒款待,然后将自己带来的债券和债户的债券相合,验明之后立即以火焚之,并当众宣布说:"薛公考虑到大家的困难,无力从事耕作,便贷款给你们。薛公国事繁忙,宾客甚多,开销极大,理应按照契约收受债息,否则他也将陷于困顿。可是既然你们实在偿还不了债贷的本息,薛公宁可自己为难,也绝不为难大家,他决定将贫穷者的债务一笔勾销,方才不是把债券都烧掉了吗?这样的仁爱的君子,天下还能有谁呢?希望大家万万不要辜负了他。"众人听后都非常的激动,感激涕零。

冯谖处理完公务之后,乘车返回了齐都,一大早便去求见孟尝君。孟尝君穿戴着整整齐齐接待了冯谖,并问道:"债款都收完了吗?怎么这么快呢?"冯谖回答道:"债款全部都收完了。"孟尝君接着问:"先生用债款为我买回了什么东西呀?"冯谖从容地说道:"我向公子辞行时,公子曾指示说府上缺什么就买什么,我心想,公子家中金银珠宝应有尽有,猎狗和骏马不计其数,美女站满后庭,可以说公子府上什么也不缺。如果说缺什么的话,我认为您缺的只是仁义而已。"孟尝君不解地问:"缺少仁义是怎么样呢?"冯谖说:"公子的薛地并不算是很大,您本应该把那里的百姓作为自己的子女,好好的爱护他们,只有这样,民才能为公子所用。可是您却在他们身上做生意取利,当然,对于比较富足的人是要让他们如期偿还债务的,但对于贫困的人来说,您就是责罚他,他也无力偿还,这样的话,时间越久,债息越多,也就越难以偿还。一旦逼紧了,他们可能会弃家出逃,甚至谋反作乱,这样不仅毫无所得,而后果却不堪设想,因此,为营造公子仁爱士民的声誉,我假传公子之命,当场烧毁了无用的债券,百姓感激万分,皆称万岁。我使公子捐弃的是一点点虚利,却为公子博得了薛地民众的敬仰和信赖。"孟尝君觉得有道理,但白白损失了不少钱,心中还是郁郁不乐。

我们从冯谖处理薛地债务来看,可见他做事的果断以及用心的深远,他以政治家的眼光看待经济事务,以牺牲眼前利益来谋取长远利益,非常有战略眼光。

孟尝君身为宰相,权倾齐国,门下食客三千,谋夫勇士藏龙卧虎,加上近年来他礼贤下士和仁爱百姓的名声以及日益扩大的影响,功盖过主,这就引起了齐王的猜忌。而其他诸侯又不愿意看到齐国的强大,于是四处派出游士说客散布流言,挑拨齐国君臣之间的关系,就这样孟尝君终于失宠于齐王,以"寡人不敢以先王之臣为臣"为借口,罢免了孟尝君的相位。当初,孟尝君得志时,宾客如云,高朋满座,但到了丢官失意时,这些人都走了,门前冷落车马稀,使孟尝君饱尝了世态的炎凉,无奈之中,孟尝君只好回到了自己的封地。然而在回到封地时,他却没有料到,封地的百姓,男男女女老老少少,在道路上那样隆重地迎接他的到来。孟尝君本已失意的心情却被这一场面激动万分,就像温暖的阳光灌满全身。他知道,这都是冯谖一年前代他焚券弃息才赢得的民心,获得了百姓发自内心的拥戴,也正因为如此,才使孟尝君有了一块安身之地。孟尝君对冯谖说:"先生为我'市义',今天我算是看到了。"

冯谖说:"狡兔有三窟,才能幸免于死,如今公子仅有一窟,还不能高枕无忧,请让我再为您营造二窟。"孟尝君惊诧而又兴奋。冯谖接着说:"请公子借我高车使用数日,我要让齐王在不远的将来重新启用公子为相。"孟尝君当然很高兴,同意了冯谖的请求。

冯谖辞别孟尝君后,极速西行,数日后到达魏国国都大梁,很快便见到梁惠王。冯谖对梁惠王说:"近年来齐国之所以日渐强盛,是因为孟尝君当了宰相。孟尝君虚怀若谷,满腹治国韬略,是难得的相才,然而他在齐国却遭到了谗毁和嫉恨,竟然被罢相免官,放逐在外,如果哪一个诸侯国肯迎他为相,那么,不但他可以使该国国富兵强,而且齐国的政事、军情以及民情也可尽在该国掌握之中,攻取齐地,还不是易如反掌吗?这可是个千载难逢的好机会啊!"梁王一听正中下怀,何况孟尝君的贤名他早已耳闻,于是他下令虚出宰相之

"战略"思维
"STRATGIC" THOUGHT

位,派出使臣率领百乘的车队,携带黄金浩浩荡荡前往薛地,往聘孟尝君到魏国去任相。冯谖借机先行一步,急忙赶回薛地,提醒孟尝君说:"梁惠王用百镒黄金礼聘公子前去为相,而且派使臣率百乘车队前来迎你,这不仅礼重而且也很显赫。我想公子是不会背齐去魏的,但一定要造成一种声势,使齐国君臣朝野为之震动。"孟尝君当然言听计从。

魏国使臣赶到薛地后,孟尝君自然以礼相待,但是却没有立即答应魏国使臣的请求。使臣将这一情况报告了梁惠王,梁惠王心想一定是礼数未到,命使臣再次礼聘孟尝君,就这样,魏国使臣隆重地往返三次礼聘孟尝君,孟尝君也没有应聘。这件事,已传入齐都,齐王自然也知道了这件事。孟尝君不为重金所诱,坚辞不就魏相,使齐王很受触动,魏国上下这么大的筹码礼聘孟尝君,在朝中引起了震动和恐惧。如果孟尝君真的到其他诸侯国去任相,这对齐国的威胁是严重的。于是齐王派"太傅"携带黄金、佩剑和绘有文采的高车两辆,前往薛地,还亲自写了一封信给孟尝君,信中说:"我被那些小人的谗言所迷惑,以至于得罪了公子,虽然我本人是不值得您顾念的,但先王的宗庙是值得您顾念的。还是请您回来统率全国人民吧!"齐王的信还是诚恳的。

冯谖对诸侯各国都想称霸天下的心理了如指掌,他之所以成功说服魏王重金礼聘孟尝君为相,正是利用了诸侯这一心理。冯谖所以这样做,就是要利用魏王来哄抬孟尝君的地位和价值,使齐国上下为之震动。这一战术确实起到了惊人的作用。齐国上下都一致同意恢复孟尝君的相位。事情发展到这一步,是赴魏任相,还是回齐任相呢?孟尝君难以决断,而这时冯谖力劝孟尝君返齐为相,他建议孟尝君,请求齐王在薛地建立先王的宗庙并安置先王的玉器。这是冯谖为孟尝君所策定的安身之计。因为有齐王先王的宗庙玉器在薛地,将来不管发生了什么事,齐王也不能随意攻伐薛地。如果有他国来犯,齐王也不能不救。至此薛地的生存就可以稳如泰山。齐王按照孟尝君的要求,立宗庙于薛地。庙成后,冯谖对孟尝君说:"三窟已经营就,公子这以后就可以高枕无忧了!"孟尝君复握相国大权以后,声威赫赫。

孟尝君再次为相,富贵空前,一时间宾客如水东流,纷纷前来投奔。其中也有一些是在他失意落权后离他而去的人,如今见到他复为相国便又厚颜复归,对此孟尝君很是反感,并说:"那些出走的宾客如再回来,我必当口唾其面,重重的羞辱他一番。"可是冯谖听了以后却不以为然,他认为,作为一个政治家,襟怀必须宽宏,能容常人所难容之人之事,善于弃人小恶而成己之大德,这样才能众望所归,使天下英雄豪杰都为我所用。对于世间冷暖,人情淡凉,也应有个正确对待,否则不但徒生烦恼,而且于功名大业无益。身处逆境时,应该挺直腰杆,声威显赫之时,则应豁达谦和,尝得了人间百味。于是他对孟尝君说:"大凡物有必致之道,事有固然之理。有生必有死,这是物之必致之道;富贵多友,贫贱少友,这是事之固然之理。他们日出时挤门而入,日落时又匆忙离开。难道他们喜欢日出而厌恶日落吗?不是的,他们只是为了追逐利益而已,我们不能责怪他们。世态人情本来如此,何必萦萦于怀,而绝用人之路呢?"

孟尝君听了这番洞晓世事、练达人情的话,胸中的恶气渐渐平息。人世间有富有贫,有贵有贱,趋富贵而轻贫贱,一般人很难超俗,冯谖对于世事人情了解得可谓透彻,并从中归纳了万事万物的道理和必然的规律,实在是难能可贵。

冯谖初为门客,其奇才奇谋不为人所识,他不自夸自诩,隐忍以行,弹铗咏志,等待时机同时也在努力创造时机。焚券弃息是他超人谋略的第一次亮相,虽然并未立即得到主人的赏识,但他却为主人的长远利益铺下了牢固的基石,其眼光之深远,非一般谋士可比,及至他使孟尝君挽狂澜于既倒,充分利用诸侯之间的心理弱点和矛盾,在魏齐两国之间设下圈套,哄抬了孟尝君的地位和价值,使其不费吹灰之力得以复为相国,更显示了冯谖机谋权变,把握矛盾,利用矛盾而事半功倍。

冯谖对主人说的一番"练达人情"的话,不但是社会生活规律的总结,而且突出强调了"物质利益"的现实作用,带有朴素的唯物主义的观点。《战国策》中说:"孟尝君为相数十年,无纤芥之祸者,冯谖之谋略也。"

对冯谖来说,他选择的政治舞台,太过于狭小了,但也正因为如此,才充分体现了他的"狡兔三窟"的政治处世哲学,这与春秋时期楚国政治家范蠡,功成名就之后急流勇退有着相似的理念。以冯谖的才智,他更应该到更大政治舞台去施展自己的才智,就像范蠡那样功成名就之后急流勇退,给后人留下更加传奇的人生。尽管如此,冯谖辅助孟尝君舞台虽小,但其智慧依然光彩照人,依然是中国历史上最杰出的奇才谋士之一。

"战略"思维
"STRATGIC" THOUGHT

9.7 【固干削枝远交近攻的总战略】

[关键人物]　秦昭王　范雎　须贾　魏齐　白起

该战略是由秦国名相范雎所提出并付诸实施。范雎,字叔,是战国时代的魏国人,因遭人陷害,从魏国死里逃生来到秦国,后出任秦相,为强化秦国中央集权,统一中国,范雎提出了对内"固干削枝",对外"远交近攻"的总战略主张,是使秦国成就帝业的政治谋略家。

范雎早年家贫,因无人引荐魏王,只好投到魏国中大夫须贾门下,等待时机以谋出头之日。不久,魏王派须贾出使齐国,范雎以舍人身份一同前往。当初,齐湣王无道,燕国大将乐毅纠合四国一同伐齐,魏国也发兵助燕,后来齐国大将田单打败燕军,国势日盛。这时魏王担心齐国报复,于是派须贾赴齐与其修好。齐襄王对须贾很不客气,责问魏国反复无常令人切齿腐心。须贾无言以对。这时范雎见状从旁代为辩驳,严正指出:"齐湣王骄爆无厌五国同仇,并非魏国一家,今大王光武盖世,应重振齐桓公之威,如斤斤计较齐湣王的恩恩怨怨,但知责人而不知自反,恐又要重蹈覆辙了。"齐襄王听了他一番不卑不亢、在情入理的雄辩,内心甚为敬重。

范雎(?—前255年),字叔,战国时期魏国人,著名政治家、军事家、谋略家,秦国宰相,因封地在应城,所以又称为"应侯"。范雎见秦昭王之后,对外提出了"远交近攻"的策略,对内"固干削枝"加强王权,拜范雎为相。范雎为人睚眦必报,掌权后先羞辱魏使须贾,之后又迫使魏齐自尽,报了大仇。前262年,长平之战爆发,两军对垒三年后,范雎以反间计使赵国启用无实战能力的赵括代廉颇为将,使得白起大破赵军。长平之战后,白起功高震主,违王命,后被昭王赐剑自杀。有认为白起自杀与范雎妒忌白起的军功有关,因而存在争议。此后因失去秦昭王的宠信,辞归封地,不久病死。

当晚,便派人说与范雎,欲留他在齐,并以客卿相处。范雎义正词严地推辞说:"臣与使同出,而不与同入,无信无义何以为人!"齐襄王非常爱惜,特赐给范雎黄金十斤以及牛酒等物,范雎坚持不受,而须贾身为使臣,不想却遭遇冷落,而随从却备受优惠,心中很不是滋味。范雎如实告知须贾,须贾令他回绝黄金而留下牛酒,范雎唯命是从,但万万没料到,自己一身正气,却会遭小人冷枪暗箭,差点丧命。回到魏国后,须贾向相国魏齐指控范雎私受贿赂,向齐国出卖情报,有辱使命。魏齐大怒,命人将范雎抓来严刑拷打,打的范雎肋折齿落,惨不忍睹。范雎心想:"我胸怀大志,未展一二,岂能就这样白白地冤死。"于是佯装气绝,徐图脱身。魏齐亲自下视,见其断肋折齿,体无完肤,在血泊中一动不动,便命人用苇席裹尸弃于茅厕之中,让家人宾客在尸身上撒尿,用以警戒后人。看看天晚,范雎从苇席中张目偷看,见只有一人在旁看守,便悄悄说:"吾伤重在此,虽暂醒,决无生理。你如果能让我死于家中,异日定当重金酬谢。"仆人见他可怜,又贪他利,便向魏齐谎报说,范雎已死。魏齐正在与宾客酣酒,随即命仆人将范雎尸体弃于郊外,范雎乘夜返家,让家人将苇席至于郊外,以掩人耳目,同时通知好友郑安平帮他藏匿起来,后化名为张禄,并告知家人明日发丧。范雎的估计果然不错,第二天魏齐酒醒后,疑心范雎未死,见野外仅存苇席,便派人至其家中搜查,恰逢举家发哀戴孝,方信范尸被犬豕衔去,从此不疑。

须贾,魏国人,是魏国的中大夫,也是一个能言善辩的人,掌管魏国议论之事的官职。范雎是须贾的门客。在历史上,须贾并不是一个功劳很大而出名的人,反而是因为诬陷范雎,又被范雎所报复而出名的。须贾赠以绨袍于范雎的恩怨故事则被改编成一出著名京剧《赠绨袍》、四川木偶剧《跪门吃草》。

半年后,秦昭王派使臣王稽出访魏国。秦国有个传统的政策,荐贤者与之同赏,所以秦国的有识之士,都很留意民间访求人才。范雎的好友郑安平听说秦国的使臣来魏,认为时机已到,假充仆人在公馆里服侍王稽,很得王稽的欢心。一次,王稽问他:"贵国是否有还未出仕为官的贤人,愿与我一同归秦吗?"郑安平正是为此事而来,便回答说:"今臣家中有一位张禄先生,智谋过人,只是有仇家在国中,不敢白日活动,否则早已仕魏,哪能等到今天呢?"王稽连忙表示,快引他夜间来我处相见。于是郑安平让张禄扮作仆人模样,夜深之后悄

— 235 —

"战略"思维
"STRATGIC" THOUGHT

悄来到公馆,见面后,范雎畅谈天下大事,指点江山,话还未说完,王稽便认定范雎是难得的人才,于是便与范雎相约,待办完公事后,可在魏国边境的三亭冈处等候,然后一同返秦。

魏齐,战国时魏国相国。魏人范雎随魏中大夫须贾出使齐国得到齐襄王的欣赏,须贾怀疑范雎与齐国有染,将这种情况告诉了魏相魏齐。魏齐盛怒之下不分青红皂白,使舍人鞭笞范雎,奄奄一息,最终以诈死得以活命,在友人郑安平之助下,潜逃入秦。范雎入秦后,被秦昭王拜为相国,并为范雎报仇。秦昭王向赵国索要魏齐人头,魏齐走投无路,绝望之下,怒而自刎。

当王稽办完公务驱车到三亭冈时,张禄和郑安平早已等候多时,王稽非常高兴,于是他们上车一同西行而去。当行至秦国湖关时,就看到对面有一队车骑蜂拥而来,范雎忙问:"来者何人?"王稽回答道:"这是秦国当朝丞相穰侯魏冉,好像是东行巡查县邑。"范雎虽身处下位,但对各国内政形势了如指掌,对穰侯当然早有所闻,便说:"我听说穰侯专权弄国,嫉贤妒能,尤其反对招纳诸侯宾客,我若与他见面,恐其见辱,我且藏于车厢之中,免生意外。"王稽依其所言。等到穰侯车马到时,王稽赶忙下车迎拜,穰侯问道,"关东情况怎么样?诸侯之中有什么事吗?"王稽回说:"没有。"穰侯目视车中,又查看了一下随行人员,又说:"你这次出使魏国,没有带来诸侯的宾客吧?这些人依靠说辞扰乱国政,只为一己富贵,都是一些无益之人。"王稽忙说:"丞相所言极是。"于是穰侯率众离去。虚惊过后,范雎从车厢里出来说:"穰侯性疑而见事迟,方才目视车中已经起疑,虽然当时未搜查,一会肯定会回来复查的,我还是再避一下为好。"于是范雎和郑安平下车,从小路步行前去。

不一会,果然有二十余骑从东如飞而来,声称奉丞相之命前来查看,搜遍车中见并无外国之人,方才转身离去。王稽叹曰:"张先生真智士,吾不及也!"于是催车前进,遇范雎二人登车向秦都咸阳进发。

这时的秦国国君为秦昭王,已在位三十六年,国事相当的强盛,这是其他各诸侯国不能相比的。秦国之所以有这样的强盛局面,这完全得益于商鞅的变法改革,秦国自商鞅变法以来,强化了中央集权以及"以法治国"的战略方

第9章 怎样看待经典战略

针,秦国便开始了振兴。商鞅之后又先后涌现出了很多人才,他们在政治舞台以及军事领域,在当时战国时期都是最有成就的人,商鞅之后有张仪为相,推行"连横亲秦"的战略,后又有著名战将白起和王翦,他们为秦国开疆拓土,兼并六国,为统一天下立下了不朽功绩。

然而,此时的秦国,国势虽然强盛,秦军南伐楚国,力克鄢、郢两座重地,秦军向东大破强齐,数困魏韩赵三国之师,使魏韩两国俯首听命。但是国内政局却日益复杂,当朝宰相穰侯魏冉是宣太后之弟,秦昭王之舅,他把持朝政,专权弄国,昭王虽然不满,但心畏太后,也只好听之任之。穰侯魏冉与华阳君、泾阳君、高陵君并称秦国"四贵",而穰侯久居相位,又有太后作为政治靠山,权位已经是登峰造极。每年他都要带着大队车马,代其王周行全国,巡查官吏,扬威作福。"四贵"掌权,极力排除异己,秦昭王深居王宫,又被权臣贵戚所包围,一些能人志士却无法报国跻身政治舞台。当范雎来到秦国,还是难以跻身秦廷,一展平生所学。无奈之下,他开始对秦国进行深入的调查和研究,历经一年的时间,他掌握了秦国各方面的情况,对秦国大局以及各诸侯国的情况了如指掌。于是,他提出了要想治国兴邦,唯有对内"固干削枝",对外"远交近攻"的总的战略方针。但他知道,要想跻身秦廷,只有等待时机,时机一旦成熟,就要抓住它争取一举而成功。

秦昭王(前325年—前251年),嬴姓,赵氏,名则,又名稷,秦惠文王之子,秦武王异母弟,战国时期秦国国君。

早年在燕国做人质。继位后,由其母宣太后当权,外戚魏冉为宰相,史称"王少,宣太后自治事,任魏冉为政,威震秦国"。魏冉推荐白起为将军,先后战胜三晋、齐、楚等国,取得魏国的河东和南阳、楚国的黔中和楚都郢。公元前266年,昭王听从相国范雎的建议,对外"远交近攻",对内"固干削枝",对秦国进行了重大的政治改革,夺了宣太后、魏冉等人的权,发起长平之战,大败赵军。

公元前251年,昭王去世,终年75岁。在位56年,为中国历史上在位时间最长的国君之一。

"战略"思维
"STRATGIC" THOUGHT

公元前270年,丞相魏冉想要率兵攻打齐国,占取刚、寿两地。得知这一消息后,范雎认为这是天赐良机,他认为自"四贵"专权弄国以来,其家私富有已超过王室,秦昭王如芒刺在背,肯定有苦难言。此次穰侯想要攻占齐国刚、寿二地,也是因为这两地与穰侯的封地紧紧相邻,目的就是想占为己有以达到扩充实力的目的。这就助长了枝繁干弱、尾大不掉的弊端。鉴于此,范雎大胆地再次上书昭王,阐明大义。

范雎在信中说道:"明君执政,对有功于国者应给予赏赐,有能力的人应委以重任,功大者禄厚,才高者爵尊。故无能者不敢滥职,有能者也不能遗弃,昏庸的君王却不然,赏其所爱罚其所恶,赏罚无据,全凭一时感情使然。我听说善于使自己殷富者大多取之于国,善于使国家殷富者大多取之于诸侯,天下有了英明的君王,那么诸侯便不能专权专利,这是为什么?因为明主善于分割诸侯的权柄,良医可以预知病人的生死,明主可以预知国事的成败,利则行之,害则舍之,疑则少尝之,自古以来,舜禹这样的圣君明主都是这样做的。有些话,希望能当面容我直言,如果我所讲的对于治国兴邦的大业无效的话,我愿意接受最严厉的惩罚。"

范雎的信,很显然表达了两个意思,一是主张选贤任能,赏罚均以功过而论,反对用贵任亲,赏罚均以好恶用之。二是抨击了权臣专权的现象,指出了枝繁干弱的危害,这对于加强中央集权,巩固君王的统治地位是很有见地的说辞。秦昭王作为国君,其王室中显亲贵戚盘根错节,对他厉行富国强兵大计多有掣肘,这正是他的心病。

范雎的信正中要害,秦王见信后,果然心动,立即传令派专车将范雎接入王宫。当范雎到了秦宫快步走入宫闱禁地时,一宦官怒斥他说:"大王来了,还不回避!"范雎并不惧怕,反而说:"秦国只有太后和穰侯,哪里有王?"昭王听此非但没怒,反而将范雎引入密室,待之以上宾之礼,单独交谈。范雎见昭王求教心切,态度诚恳,也不顾弄玄虚,经过充分的铺垫,范雎点出了秦国的弊端隐患,说:"大王上畏太后之严,下惑奸臣之诌,深居简出,不离阿保之手,终身迷惑,难以明断善恶,长此以往,大若国家覆灭,小若自身难保,此臣之所恐而。臣死而秦治,是死胜于生啊。"昭王说:"秦国僻远,寡人愚下,先生至此,是上天对秦的恩赐,自此以后,事无大小,上及太后,下至大臣,愿先生指教,切勿见疑。"

第9章 怎样看待经典战略

范雎说:"当今秦国,四塞以为固,秦地之险,天下莫及,雄兵百万,战车千乘,其甲兵之利天下亦莫能敌。以秦国之勇武用以治诸侯如同良犬搏兔,然而兼并之谋不就,霸王之业不成,莫非是秦国大臣计有所失吗?"

范雎考虑到自己初涉秦廷,根基不牢,不敢言内,便先谈外事借以观察秦王的心态。他接着说:"臣闻穰侯将越韩魏而攻齐,其计谬矣,齐国离秦国很远,中间又隔着韩魏两国,秦出兵较少,则不足以打败齐国;如出兵甚众,则首先使秦国受害。假若伐齐而不胜,为秦之大辱;即使伐齐取胜,也是使韩魏两国从中取利,对秦国有什么好处呢? 远交则可离间他国关系,近攻则可以扩大我国的领地,自近而远,如蚕食叶,倘若兼并了韩魏两国,齐国和楚国还能存在多久呢?"

在这里,范雎明确提出了"远交近攻"的对外战略构想,这一战略思想为秦逐个兼并六国,最后统一中国奠定了战略基础,为中国后来的政治外交增添了丰富的思想理念。范雎在"远交近攻"的战略方针下,进一步阐述了秦国统一天下的具体设想,韩魏两国地处中原,好比天下的枢纽,其地理位置具有战略意义,所以应该首先给予重创,以解除心腹之患。一旦魏韩归于秦国后,再北谋赵,南谋楚,最后再与最大的敌手齐国争锋,消灭齐国,进而一统天下。

秦昭王听后很赞赏范雎的战略主张。于是拜范雎为客卿参与国家大政,主谋兵事。二年后,昭王按照范雎的谋划,派兵攻占了魏国的怀地,两年后又攻克邢丘,紧接着范雎又布置了收韩的计划。昭王四十二年,秦国按照计划对韩国采取了一系列攻伐,一举将韩国拦腰斩为三截,致使韩国摇摇欲坠。秦国在攻伐韩魏两国中又获得了巨大的实地,实力更加强盛。范雎此时备受昭王的信任,地位也日益巩固,于是他开始了对内进行整治。他向昭王奏议道:"臣居山东时,闻齐但有孟尝君,不闻有齐王;闻秦有太后、穰侯,不闻有秦王。制国之谓王,生杀予夺,他人不敢擅专。今太后凭国母之威,弄权专国四十余年,穰侯和四贵生杀自由,私家之富十倍于王。大王拱手而享其空名,不亦危乎?今穰侯内仗太后之势,外窃大王之威,用兵则诸侯振恐,解甲则列国感恩,广置耳目,布王左右,恐千秋万岁后,有秦国者,非王之子孙也!"

对于穰侯在秦国的功过,司马迁有一段评语,说:"天下皆西向稽首者,穰侯之功也。"司马迁的意思说,穰侯在秦国历史上有着不可抹杀的历史功绩。然而当时的范雎却全然否定穰侯,这或许是因为当时的内政环境以及范雎的

"战略"思维
"STRATGIC" THOUGHT

生平经历决定了他对穰侯的态度,这多少有失公允,但是范雎对宗亲贵戚的专权和势力的膨胀,他是坚决反对的。而昭王对此也早已忌恨在心,因此两人一拍即合。昭王说:"先生所教,乃肺腑之言,寡人恨闻之不早。"于是,昭王在当年便罢免了穰侯的相位,命其回到封邑。穰侯搬家时,竟动用了上千辆车乘,奇珍异宝,皆秦国国库所未有。昭王后来又驱逐其他"三贵",并将太后安置在深宫,不许与闻政事。后昭王任命范雎为国相,封以应城,号为应侯。

魏冉,因食邑在穰,号曰穰侯。战国时秦国丞相。宣太后异父同母的长弟,秦昭王之舅。秦武王23岁因举鼎而死,没有儿子,各兄弟争位。魏冉实力较大,拥立了秦昭王,帮秦昭王清除了争位的对手。之后魏冉在秦国独揽大权,一生四任秦相,党羽众多,深受宣太后宠信。曾保举白起为将,东向攻城略地,击败"三晋"和强楚,战绩卓著,威震诸侯。公元前284年,秦、韩、赵、魏、燕五国,合纵破齐,他假秦国的武力专注于攻齐,夺取陶邑,为己加封,扩大自己的势力。由于他权势赫赫,导致人心不附,对秦王政权构成了严重威胁。公元前266年,被秦王罢免,由范雎代相,最后卒于陶邑。

从此,以秦昭王为首的中央政府的权力更为集中,这是秦国历史上的又一次重大的政治改革。范雎"固干削枝"的对内政治改革,从根本上促进了从封建割据走向封建大一统,推动了历史的进步,这是范雎对秦最后兼并六国、统一中国大业的重要贡献。

范雎虽然为一代著名的政治家、谋略家,但他的个人品行后人有所争议。司马迁对他的评价是"一饭之德必尝,睚眦之怨必报",既有褒扬的一面,也有批评的一面。至于白起自杀是否与范雎有直接关系,也存在争议,仁者见仁、智者见智,最客观的态度,还是要依照当时的历史环境来评价,决不能以今天的观念来看待古代历史。

魏王听说秦昭王任用张禄为丞相,将要东伐韩魏,急招群臣商议。王弟信陵君力主发兵相拒,而丞相魏齐认为秦强魏弱,应与秦求和。于是魏王派中大夫须贾赴秦求和,范雎听到消息后,扮作百姓来到须贾下榻的馆驿,谒见须贾。

须贾一见,大惊说道:"范先生身体好吗?我以为先生被魏相打死,何以得命在此?"

范雎说:"当年我被弃尸荒郊,幸得苏醒,被一过客所救,亡命于秦,为人打工糊口聊以为生。"时值冬日,见范雎衣薄而破,战栗不已,命人拿出一件绨袍给他穿上。范雎称谢不已。

须贾问:"当今秦国丞相张禄权势盛大,我想拜见他,却又无人引荐,先生在秦日久,能为我通融一下吗?"

范雎说:"我与丞相关系甚好,可以为你引荐。"并同意为须贾借得大车供其驱使。范雎取来大车,亲自为须贾执辔御之,街市人望见丞相驾车而来,全部拱立路旁,须贾颇感奇怪。到了相府,范雎说:"大夫少待于此,容我先去禀报。"

须贾下车立于门外,良久也无消息,便问守门者:"我的故人范叔入府通报,久而不出,您能为我招呼一下吗?"守门人奇怪地说:"这里哪有范叔,刚才驾车者,那是当今丞相啊!"须贾大惊,于是脱袍解带,跪于门外。守门者进去报告说:"魏国人须贾在外领死!"范雎在鸣鼓之声中缓步而出,坐于堂上。须贾跪地伏,连称有罪。范雎历数须贾三大罪状,说:"你今至此,本该断头沥血,以酬前恨,然看你还有旧情,以绨袍相赠,因此且饶你性命。"

须贾叩头称谢,匍匐而出。范雎入见秦王,将往事一一报告,并说魏王恐秦,遣使求和。秦王大喜,同意范雎意见,准魏求和,须贾之事任其处理。

过了几天,范雎在丞相府大宴宾客,尽请诸侯之使,济济一堂,酒菜甚为丰富。而须贾却安排在台下,两黥徒手夹之而坐,席上不设酒席,只准备炒熟的料豆,两黥徒手捧而喂之,如同喂马一般。众人奇怪,范雎便将旧事诉说一遍,然后厉声说于须贾:"秦王虽然许和,但魏齐之仇不可不报,今留你一条狗命归告魏王,速将魏齐人头送来,否则我将率大军取你大梁,那时悔之晚矣。"须贾吓得魂不附体,诺诺连声而去。

须贾归魏后,魏齐得知此事后十分恐惧,弃了相印,连夜逃往赵国,私藏于平原君家中。秦昭王闻之,欲为范雎报仇,设计诱骗平原君入秦,以为人质,如不送魏齐人头至秦,将不准平原君还赵。魏齐走投无路,怒而自刭。

至此,范雎当年之仇得以雪耻。在这里,范雎报当年之仇,这是人之常情,无可厚非。能否就说明范雎心胸狭小,还不能这么下定论。尤其是白起被秦

"战略"思维
"STRATGIC" THOUGHT

昭王赐剑自杀,有人认为是范雎嫉妒白起的军功而从中作梗,致使白起遭秦昭王赐剑自杀,这一说法也存在很大的争议。最直接的逻辑思维就是,范雎早已经是身居相国,他没有必要跟一位军职人员争什么长短,作为相国维护君王的统治和权威是他的责任,这跟他对内"固干削枝"加强中央集权统治的理念,是一脉相承的。

公元前260年,秦赵两国大军对垒于长平,秦军虽然勇武善战,但赵军老将廉颇行军持重,不与秦军决战,以待时局变化。秦昭王问计范雎:"廉颇智多,战事如久拖不决,秦军恐不能自拔,为之奈何?"

范雎根据时局的形势,如要速胜必先除掉廉颇,于是向昭王献了一个反间计。

范雎派了一名门客,进入赵国都城,随后散布流言说:"廉颇老而怯,屡战屡败,现已不敢出战,不日即将出降。秦军所怕者是赵奢之子赵括,年轻有为,且精通兵法,他如若为将,锐不可当!"

赵王听说,不分真伪,匆忙之间拜赵括为上将,持符节领兵二十万前往取代廉颇。赵括虽然精通兵法,但仅仅是纸上谈兵,并无实战经验。接管廉颇后,便将军垒合并大举准备同秦军交战。

而这时范雎及时派白起将军前往长平指挥作战,经过周密的安排,两军于是在长平开始交战。起初白起佯败,赵括大喜过望穷追不舍,结果却被秦军左右包抄,断了粮道,团团围困于长平。经过四十六天的围困,赵兵无粮,自相杀食,赵括也死于乱军之中,秦军大获全胜,俘虏赵兵四十余万,全部被坑杀。就这样,赵国元气大伤,白起乘胜进军攻克韩国重镇上党,力拔十七城,进而率大军杀奔赵国都城邯郸而来。

赵王于是派苏秦之弟苏代前往咸阳以挽救赵国的倾亡。苏代诡计多端,尤善说辞,他找到范雎说:"武安君白起用兵如神,收城七十余座,斩敌首过百万,伊尹、吕望之功亦不过如此。今举兵攻打邯郸,赵国必亡,秦一统天下的大业可成矣,届时论功行赏,秦国的第一功臣恐怕不是你范丞相而是白起将军了!"忌恨之心果然在范雎心中升起。苏代为其出谋划策说:"丞相不如准许韩赵两国割地求和,这样一来,割地之功在于丞相,又可解除武安君白起的兵权,如此,先生的地位则可稳如泰山了。"

此时,范雎不顾秦国的大局,而从一己私欲出发,听从了苏代的建议,随后建议昭王就此罢兵，召回白起，秦昭王准奏。白起连战连胜，势头正旺，正想围攻邯郸，忽闻班师之诏，知是范雎嫉妒自己的功劳，从中作梗。

> 白起(？—前257年)，《战国策》作公孙起，战国时期秦国郿县人，中国战国时代军事家、秦国名将，兵家代表人物。白起善于用兵，与穰侯魏冉的关系很好。白起在秦昭王时征战六国，为秦国统一六国，做出了巨大的贡献。曾在伊阙之战，大破魏韩联军，攻陷楚国国都郢城，长平之战重创赵国主力，功勋赫赫。白起担任秦国将领30多年，攻城70余座，歼灭近百万敌军，被封为武安君。白起是继中国历史上自孙武、吴起之后又一个杰出的军事家、统帅，《千字文》将他与廉颇、李牧、王翦并称为战国四大名将，位列战国四大名将之首。白起在长平之战中坑杀四十余万赵国俘虏，留下争议的一面。后被秦昭王赐剑自裁。

同年9月，秦国又发兵攻打赵国邯郸，因战事不顺，于是秦昭王调派白起前往前线统兵作战。由于白起当时重病在家休养，接到秦昭王的命令后，白起拒不服从命令，范雎亲自劝说白起要服从王命，白起这才带病出发。由于耽误了行程，秦昭王迁怒于白起，将白起贬为士伍。范雎回报秦昭王时说："白起怏怏不服，大有怨言，此行如去他国，定为秦之祸患。"于是秦昭王赐剑给白起，令其自裁，就这样一代名将结束了自己的生命。

白起的死，有学者认为"罪在范雎"，这给范雎的政治声誉增添了瑕疵。但也有学者认为，白起的死跟范雎并无关系，有这样几点看法：一是范雎身为相国，权高位重，没有必要与军职白起争长争短。本身他们之间也没有个人恩怨。二是白起在秦国军队中的作用无人能比，要不是白起几番违抗王命，引起秦昭王的震怒，秦昭王又怎么可能杀白起，而除了王杀之外，又有谁能杀得了白起。三是范雎在秦国推行"固干削枝"和"远交近攻"的总战略，最终的目的就是要加强中央集权实现一统，而白起正是实现范雎政治抱负的有力推手。在整个对外作战过程中，范雎一直都是在运筹帷幄，范雎根本没必要嫉妒白起的军功。四是范雎作为一代名相，应该具有敏锐的政治头脑，他怎么会在苏代的贿赂说辞之下，就轻易毁掉自己的政治声誉，又怎么可能违背自己的政治抱负。因此,不可能因苏代几句话就起了嫉妒之心或忌杀之心。五是白起被贬之后,又几番拒绝王命赴前线指挥作战,在秦昭王强迫之下,这才动身前往前线。从为维护秦国国家利益的角度出发,范雎提醒秦昭王,"白起大有怨言",不能成为秦国之患,这也是作为丞相的职责。

以上五点如果不能说明问题的话,那么就看一下白起在自裁前说的话。白起仰天长叹:"我对上天有什么罪过,竟落得如此下场?"过了好一会儿,他又说:"我本来就该死。长平之战,赵军降卒几十万人,我用欺骗的手段把他们全部活埋了,这就足够死罪了!"从他最后的话语中,看不出白起对范雎有什么怨怒。

好了,白起的死到底跟范雎有没有关系,不是我们要讨论的问题,不过,从范雎对历史的贡献而言,范雎可以说是我国古代不可多得的政治谋略家。秦始皇的丞相李斯在《谏逐客书》中曾高度评价范雎对秦国的建树和贡献:"昭王得范雎,强公室,杜私门,蚕食诸侯,使秦成帝业。"的确是这样,范雎相秦十余年,对内实行"固干削枝"以加强中央集权的战略措施;对外推行"远交近攻"的对外战略,上承商鞅,下开李斯,对秦国历史的发展起到了继往开来的作用,为秦统一天下,奠定了坚实的基础。

9.8 【剪贴诸侯成就帝业的总战略】

[关键人物] 秦王政　李斯　吕不韦

李斯,楚国上蔡人,布衣出身,青年时既胸怀大志,提出"择地而处,择主而仕"的人生战略,同时遍观天下诸侯,唯秦能够取而代周统一天下。于是西行入秦,为秦国及时确立了"剪灭诸侯,成就帝业"的明确的战略主张。统一中国后,李斯官至丞相,坚持君主专制的郡县制,影响深远。是集功过于一身,个性鲜明的政治谋略家。

李斯青年时曾为郡中小吏,主管乡文书事宜。他常常在茅厕中看到老鼠辛苦觅食,且都是污秽不堪的食物,又常受人和狗的惊扰。在看粮仓中的老鼠,吃的是人囤积的粮食,而没有人和狗的干扰,饱食终日,无忧无虑。从而得出结论:人或贤达富贵或贫贱不屑,如同老鼠一样,关键在于所处的环境不同啊。由此他产生了"择地而处,择主而仕"的人生观。他的这种思想,也就是人生战略,对他的一生取向,可以说具有决定性的意义。

第9章 怎样看待经典战略

李斯(约前284—前208年),李氏,名斯,字通古。战国末期楚国上蔡人。秦代著名的政治家、文学家和书法家。

李斯早年为郡小吏,后从荀子学帝王之术,学成入秦。初被吕不韦任为郎。后劝说秦王政"灭诸侯、成帝业",被任为长史。秦统一天下后,李斯尊秦王政为皇帝,被任为丞相。他反对分封制,坚持郡县制。参与制定了法律,统一车轨、文字、度量衡制度。李斯政治主张的实施对中国和世界产生了深远的影响,奠定了中国两千多年政治制度的基本格局。

秦始皇死后,他与赵高合谋,伪造遗诏,迫令始皇长子扶苏自杀,立少子胡亥为二世皇帝。后为赵高陷害腰斩于咸阳闹市,并夷三族。

后来他从师大儒家荀卿名下,学习儒家学说,学成之后,他开始考虑"择地而处,择主而仕"。纵观天下诸侯,楚王胸无大志,不足为谋;而韩赵魏燕齐五国又相继日渐衰弱,根本无从建立号令天下之奇功。而只有秦国,经历了秦孝公以来的六世,特别是秦昭王以后,已奠定了雄踞于七国之首,可对诸侯国颐指气使、发号施令的政治、军事、经济基础,渴望代替名存实亡的周室而一统天下。于是他对老师荀卿说:"我听说,得到了时机不得怠慢,而应及时把握住。当今各诸侯倾力相争,游说者参与政事,而秦王想吞并诸侯,一统天下,成就帝王大业,这是智谋之士奔走效力、建功成名的大好时机。处于卑贱地位而不思有所作为改变这种环境的人,与禽兽无异。人的耻辱莫大于卑贱,悲哀莫甚于穷困,永久处于卑贱的地位,困苦的境地,却表示非议世俗,厌恶功利,自托于无为,这绝不是士人的思想。所以我将西行入秦去辅佐秦王建功立业。"很明显,李斯青年时的"入仕"思想是受到了儒家荀卿的影响,与另一派"无为"思想相比是积极的。而李斯"择强而仕"的人生选择就更具深谋远虑,足见李斯的政治谋略远远高于同时代众多的学者智士。

公元前247年,李斯满怀壮志,西入咸阳。这一年正值秦庄襄王病故,秦王政继位。李斯作为异国平民,想钻进统治阶级的核心去参谋政事,却谈何容易。于是他充分利用自己的智慧,审时度势,经过权衡利弊,最终选定了以投

"战略"思维
"STRATGIC" THOUGHT

吕不韦门下为仕途的第一步阶梯。看得出,李斯的眼力还是很高的,他的第一步选择还是对的,这要得益于他"择主而仕"的战略意识。

吕不韦是个智慧过人,巧于投机的人。他原是卫国商人,后一跃而成为秦国丞相,权倾一时。从商时,一次吕不韦问其父:"种庄稼一年可得几倍利?"

> 吕不韦(前292—前235年),姜姓,吕氏,名不韦,卫国濮阳人。战国末年著名商人、政治家、思想家。因扶植秦国质子异人进入秦国政治核心,异人继位,为秦庄襄王,任吕不韦为相国,封文信侯,食邑河南洛阳十万户。庄襄王去世后,年幼的太子政立为王,吕不韦为相邦,号称"仲父",权倾天下。被誉为中国历史上最成功的商人。

其父说:"好年景十倍。"吕不韦又问:"贩珍珠宝玉之类呢?"其父说:"多的可几十倍乃至百倍,但风险大。"吕不韦最后问:"若拥立一个国君能得多少利?"其父说:"一本万利,但风险会更大啊!"吕不韦说:"只要利高,宁可铤而走险。"自此以后,他便把眼光投到了在赵国当人质的秦国公子子楚身上,在他身上进行了大量的投资。后来子楚被吕不韦用重金疏通回国成了太子,又继承了王位,成了秦庄襄王,吕不韦自然当上了丞相,被封为文信侯。三年后,庄襄王病死,吕不韦拥立13岁的太子继位,即秦王政,也就是后来的秦始皇。就在这一年,李斯来到了秦国,并投于吕不韦门下,受到吕不韦的赏识,被任为郎,从此参与政事。

这时的秦国,自秦孝公任用商鞅改革以后,国力逐渐强大并收复了过去失守的河西之地。秦惠王时又重用张仪为相,司马错等人为将,实施"连横亲秦"的战略方针,向秦地周边攻取了大量的土地。到秦昭王时,任魏冉为相、白起为将,开始了长达数十年的兼并战争,后又任用范雎为相,实施"远交近攻,固干削枝"的内外战略,不仅削弱了其他诸侯国的实力,同时进一步巩固和强化了中央集权制,使秦国成为各诸侯国唯一的超级霸主。到秦王政时,名义上的周天子已不复存在,秦国完成统一大业已成水到渠成之势。而这时的李斯,却敏锐地看到了这一形势的变化,明确认识到这对秦一统天下是个千载难逢的好机会。于是李斯大胆地向秦王政进谏说:"庸人常常失去机会,而成大业者

第9章 怎样看待经典战略

在于当诸侯有了可攻击的罅隙之时,应当机立断去攻取它。而过去为什么不能兼并六国呢?那是因为当时诸侯还很有实力,周德未衰,秦以自己的胜利役使诸侯已历六世。如今,周室已亡,统一六国已名正言顺。以秦国之强大,秦王之贤达,剪灭诸侯,成就帝业而一统天下,犹如扫除灶上的灰尘那样容易,这可是万载逢一的好时机啊!现在若有怠慢不极速行动,等到诸侯重新强大相互联合约纵之时,纵然有皇帝之贤能,也无法吞并他们了。"

秦王政是个有远大政治抱负的国君,听了李斯的话,不禁大喜过望,当即提升李斯为长史。李斯在与秦王政的交谈中,明确提出了"剪灭诸侯,成就帝业"的战略主张,并尽快付诸实施,得到了秦王政的赞同。

李斯首先清醒地分析了当时的形势,看到,以往秦国用"远交近攻"的战略,曾对近邻韩魏进行了沉重打击,而远邦赵燕楚等国因受秦绥靖的影响没有及时合纵抗秦而援韩魏,使秦得手扩大了地盘,并采取一系列鼓励生产的政策,国力日强。而如今,完成统一大业的条件已经成熟,应把握时机对六国各个击破。在分析了各国形势后,一方面暗中派遣谋士去游说各诸侯,离间各国关系;另一方面派人携带珠宝金帛对各国权臣名士进行重贿,以使其充当秦的内奸。同时对那些不受贿赂,对本国忠心不二而成为秦国吞并六国障碍的人坚决除掉。在被杀掉的人当中,当属韩国公子韩非最为著名。

秦始皇(前259年—前210年),嬴姓,赵氏,名政。秦庄襄王之子。出生于赵国都城邯郸,十三岁继承王位,三十九岁称皇帝,在位三十七年。

中国历史上著名的政治家、战略家、改革家,首位完成华夏大一统的铁腕政治人物。建立首个多民族的中央集权国家,是古今中外第一个称皇帝的封建王朝君主。

秦始皇在中央创建皇帝制度,实行三公九卿,废除分封制,代以郡县制,同时书同文,车同轨,统一度量衡。对外北击匈奴,南征百越,修筑万里长城,修筑灵渠,沟通水系。还把中国推向大一统时代,奠定中国两千余年政治制度基本格局,他被明代思想家李贽誉为"千古一帝"。

"战略"思维
"STRATGIC" THOUGHT

由于李斯分析了各国形势之后，认为韩国最弱，而且又是秦国的近邻，应当以此为突破口，"先取韩以恐他国"，这是李斯的既定战略方针。然而韩国国君知道这一消息后，十分惊恐，急忙召见韩公子韩非，商议救亡图存的办法。韩非为韩国贵族，早年曾与李斯同就学于荀卿。但李斯和韩非两人所选择的人生道路却截然不同。李斯是"择地而处"，韩非却眷恋故国，渴望力挽狂澜扶社稷于既倾，振兴韩国。然而韩王一心只在享乐，韩非屡屡进谏韩王都听不进去。而此时情势危急关头，这才想到韩非，急忙派韩非出使秦国，以说服秦王，以图存韩。

韩非的到来，这引起了李斯的高度警觉。韩非当年就学时，才学在李斯之上。更善于著说撰文，文笔锋利洗练，非李斯可比。李斯怕他受秦王重用，从而会破坏"先取韩以恐他国"的既定战略方针，于是下决心除掉韩非。李斯以韩非入秦时建议秦王先伐赵而缓伐韩为借口，在秦王面前揭露韩非说道："韩非身系韩国公子，终究是心向韩国，必不肯为秦国效力，这是人之常情。日后若放他归国，定然贻害不浅。应当寻他过错，依法诛杀了事。"秦王于是同意了李斯的主张，将韩非拘捕入狱。李斯担心日久生变，于是派人送毒药给韩非，催他自杀。韩非无奈被迫服毒自杀。韩非死后不久，李斯派军队向韩国进攻，公元前230年，秦灭掉韩国。

李斯毒杀韩非，应该说并非出自个人恩怨，更何况他们之间并没有个人恩怨，而更多是出自"剪灭诸侯，成就帝业"的战略需要。没有办法，作为一代政治家、谋略家，李斯这么做也是承担了一定的风险，但为了实现战略目标，成全大局，也就不考虑个人荣辱，展现了他坚定的战略意识。

在战争中，凡遇强敌难以制胜时，李斯又暗施阴谋，以假他人之手除之。秦灭韩国后第二年，也就是公元前229年，秦大举攻赵，受到赵将李牧、司马尚的顽强抵御，秦军久战不能取胜。于是李斯派使臣潜入赵国，贿赂赵王的宠臣郭开等人，造谣说李牧、司马尚意欲谋反。赵王听信了郭开等人的谗言，中了秦国的反间计，杀了李牧，罢免了司马尚。派赵冲、颜聚接替李牧、司马尚之职，二人武功与智谋远不及前任。次年，王翦大破赵军，杀了赵冲，俘虏了赵王，吞并了赵国。将赵都邯郸一带划入了秦的版图，改称邯郸郡。

七国之中，仅次于秦的强国就是齐国，秦为破坏六国联合，特别是阻止齐国支援别的国家，就用重金买通手握重权的齐国相国侯胜，使其不仅在秦攻

第 9 章　怎样看待经典战略

韩、魏、楚、燕、赵五国时坐视不援，而且自己也不做任何防秦的准备。公元前221年，秦将王贲率军刚灭了燕国，就直接南下攻齐，一路没有遇到任何抵抗，势如破竹，直取齐都，生擒齐王建。至此，李斯入秦后，运用所学，客观地分析各国形势，不失时机地谋略策划，这些又多被秦王政所采纳，经过十余年的纵横捭阖，南征北战，终于先后荡平了韩、赵、魏、楚、燕、齐六国，于秦王政26年，公元前221年，以秦军入齐都临淄、齐王投降为标志，秦王政于"奋六世之余烈，振长策而御宇内"，完成了统一六国的大业。李斯因功业卓著，累迁官至廷尉，位列九卿。

秦国统一天下后，秦王政由一方诸侯变成了一统天下之王，地位和形势发生了重大变化，他觉得应重议帝号定制度，为此他召集群臣计议。李斯等人则建议："古有三皇五帝，可他们管辖的地方不过千里，如今陛下兴兵诛伐暴乱，荡平六国统一天下，这是自上古以来未曾有过的壮举，三皇五帝岂能相比，为此要合'三皇'和'五帝'之尊。"为此，秦王政改称"皇帝"，又因为他是振古至今的第一位皇帝，即称为"始皇帝"，以后继位子孙则依次称为"二世皇帝""三世皇帝"……，从此秦王政成为秦始皇。为表权威，将"朕"定为自称的专用词。并宣布今后凡重大制度之命称为"制"，通常之令称为"诏"。为了永久维护自己的统治，秦始皇开始专心研究治国安邦之道。他问李斯："朕观前代史籍，见数百年间，常常是战乱迭起，兵戈不息，哪一朝的帝王权臣，都难免成为百姓攻击的目标。而每一次动乱中，一些豪门大户又总是争权夺利，趁势发迹，这到底是什么原因呢？"

李斯说："依臣看来，其主要原因是历朝历代或不能明法，或执法不严，所以使得豪杰兼并，百姓造反，祸乱不息。陛下圣明，只要严执秦律，使天下人都能做到令行禁止，哪个还敢作乱呢？"对李斯的进谏，秦始皇表示赞同。于是李斯进一步辅佐秦始皇酝酿和制定了一系列诏命和法令。为防止百姓反叛，收缴了民间全部的兵器，并加以熔毁，铸成了十二个大铜人，以示丰功伟绩。为防止富豪大户聚众起事，令各地十二万户以上的豪门大户迁居国都咸阳，以便就近监督以防相互反叛勾结。原六国中的富甲豪绅，迁居巴蜀，让他们失去世代居住和统治所奠定的威望的基础。为防止六国旧部死灰复燃，东山再起，将原六国构筑的堤防通通拆毁，使反叛者无险可据，无塞可依，难以作乱。同时又拟定了"书同文"的诏令以统一文字，为民间传播文化、交流思想奠定了基

"战略"思维
"STRATGIC" THOUGHT

础。同时又进行了统一货币,促进了经济的繁荣。统一了度量衡,颁布了标准量器在全国统一使用。

公元前221年,秦王政改称秦始皇后,召集群臣议定朝政体制,以丞相王绾为首的大臣一致赞成按周天子当年的分封制。然而,只有李斯力排众议向始皇进谏说:"陛下,臣观前代史籍,但见西周初年,周文王、周武王所封的亲属、子弟甚多,而传到后世,亲属关系渐渐疏远,相互攻击如仇,诸侯的兼并战争不断发生,就连周天子都无法制止,最后导致衰亡。如今陛下统一天下,应当遍设郡县,派官吏去治理。皇帝的儿子们和大功臣,可以立为封君,以国家征收的赋税重赏他们,这即可让他们富足尊贵,又便于国家统一辖治。天下没有分裂之异,这才是国泰民安的好办法。分封诸侯的主张,绝不可取!"李斯的主张实际上就是力主郡县制,这也是商鞅时代变法改革的重心。秦始皇的确不愧为千古一帝,他赞同了李斯的建议,说道:"朕曾深思此事,长久以来,天下苦于兵戈,都是因为列侯对峙。如今依靠祖宗之得,初定天下,若沿袭旧制,重新封王许国,这其实是树立兵患,要想再求得安宁岂不难哉!廷尉之意正合朕意,可照此施行。"当即命李斯规划疆土,定明法制以颁天下。

李斯所制定的郡县制与分封制有明显的优劣之分。分封制是按照血缘的亲疏,将国土和百姓像国王自己的家产一样分给子孙后代。分封初期,由于中央王权的强大和血缘关系的密切,还且有较强的维系力量,随着亲属关系逐代疏远,各分封国渐渐划地自治,拥县自守,诸侯之间就不再是兄弟、亲属,而是仇家敌国,彼此该互相攻伐,而此时的中央集权,由于有了分封,必然削弱了自己的实力,等于是渐渐沦为与诸侯等同的地位,从而失去了对诸侯的控制权和能力,因此,对诸侯的相互攻伐,天子便不能禁止。春秋战国以来的历史就是证明。秦统一六国可以说,既有历史的必然,又有主观的因素。如果说这是历史的必然,那么商鞅的变法改革就是关键的因素。如果没有商鞅的变法改革,那么秦国也就不可能从一个百里小国,一跃而成为列国中的超级强国。正因为商鞅的变法改革,这才加速了生产力的发展。随着生产力的发展,国家制度则不可避免地要相应演变,从这个意义上讲,秦统一六国,则是历史的必然结果。建立中央集权制国家就是顺应了历史发展的主流,因而具有强大的生命力。李斯在这一点上能站在历史发展的前沿,力主郡县制,也就是建立中央集权制,确属远见卓识。从这个意义上说,李斯对中国历史统一的、健康的发展做出了重大贡献。

"兼并六国,统一中国"这是李斯很强的战略意识,也因此明确提出了"剪灭诸侯,成就帝业"的战略主张。当然,自商鞅、张仪、范雎以来,已经为李斯那个时代创造了这种客观的必要环境,但作为政治谋略家,如果没有对形势的准确判断,那就很可能丧失了大好的历史机遇,也许秦国的统一大业还会延迟很久。而李斯正因为有了这种眼光,这才把握住了历史机遇,及时地提出了"剪灭诸侯,成就帝业"的总的战略,从而实现了统一天下的最终目的。应该说,李斯是开创新时代的历史人物,也因此名垂千古。

"战略"思维
"STRATGIC" THOUGHT

第10章 怎样看待心智历练？

[**本章提要**]本章所讲述的内容跟我们自己密切相关,每个人多少都要有点心智,否则我们又怎么对得起自己的内心。人活着总要与周围的人打交道,与自己的家人相处,练练自己的心智无论对他人还是对自己总会有益处。改善与周围人的关系,改善与亲密家人的关系,都是我们一生要做的事,而且要做好、做的高兴、做的舒服、做的有成就感。

10.1 【调动人心】

[关 键 词]操纵 调动 人心 奇货可居 投资 趋吉避害
[关键人物]吕不韦 子楚 华阳夫人 张丑

调动人心,也就是操纵人心,不是一件很容易的事,但也不是一件特别难的事,关键是,你要怎么去做。调动人心有什么意义呢？它的意义就在于它的作用上。那么调动人心能有什么作用呢？首先它能使自己趋吉避害；其次是能诱导对方朝自己有利的方向发展；第三就是改变一下自己的心态。这种作用是不是带有必然性呢？我们都知道,世界上的任何事务都没有绝对的必然性。因为任何事物的运动规律是随着环境或局势的变化而变化,因此调动人心的作用也不是绝对的。但是,如果我们以人心的普遍性来看待它所起的作用,那么它的作用就会具有相对的必然性。为什么说是"相对的必然性"呢？因为我们在调动人心的时候,除了"普遍性"之外,还会有"偶然性"或"特殊性"的因素参与其中。如果我们不能排除或预防"偶然性"或"特殊性"的因素的话,那么"相对的必然性"也就不能够成立。我们要认真地考虑人心的普遍性,同时对可能出现的"特殊性"的因素要有所预防。这样调动人心,才能起到它应有的作用。

第10章 怎样看待心智历练？

如何诱导对方朝着自己有利的方向发展？吕不韦，我们在前面已经讲到他，他是我国古代战国晚期秦国的宰相，是一个权倾朝野的实权人物。吕不韦出生于商人之家，从小就跟随父亲在外经商，学到了买卖经商之道。吕不韦在赵国国都经商时，认识了由秦国到赵国当人质的子楚。子楚是秦昭王的王孙，其父安国君是秦国的太子。而太子有二十多个儿子，子楚是安国君诸多侍妾中之一所生，母不贵，子要显达也无望。子楚就是因其母夏姬失去安国君的宠爱才被选为人质而送往赵国的。子楚虽名为秦王太子之子，但在赵国生活却很穷困，几近潦倒。而吕不韦却以其商人的眼光认准了子楚为奇货，于是决定把他买下来。

吕不韦为此事在家询问了他的父亲，吕不韦说："庄稼种一年可得几倍利？"其父说："好年景十倍。"吕不韦又问："贩珍珠宝玉之类呢？"其父说："多的可几十倍，甚至上百倍，但风险也大。"吕不韦最后问："若是拥立一个国君能得多少利？"其父说："这是一本万利，但风险会更大。"吕不韦说："只要利高，宁可铤而走险。"于是吕不韦开始投资，他觉得秦国这位人质"奇货可居"。所谓"奇货可居"，买的目的还是为了卖，加价地卖，加价地卖给刚好需要这批货的客户。

吕不韦登门拜访子楚并谈了许久，走出门时决心已定。他把身边所有的货物、钱财统统换成了黄金，将半数的五百黄金赠给了子楚，另外半数携带上路直奔秦国而来，开始向秦国出售子楚。

从子楚的条件来分析，应当说子楚的处境是相当的恶劣，要与二十几位王子竞争得胜，待父王继位而自己当太子，可能性很渺茫，甚至几乎是不可能的事，但吕不韦却偏偏看准了这个穷困的子楚，非要与他做成一笔政治大买卖不可。吕不韦心想，这笔买卖应该从哪里入手呢？吕不韦看准了一个目标，那就是华阳夫人。华阳夫人是安国君的正室，也是安国君最宠爱的原配夫人。华阳夫人的权势是其他妻妾无法相比的。然而，华阳夫人唯一的缺憾就是没有儿子。安国君迟早要继承王位，华阳夫人自然是未来的皇后。可她心里永远有一个排解不掉的苦闷，那就是，如果一旦失去安国君的宠爱，怎么办？安国君若有个三长两短又怎么办？没有亲生儿子的后宫女人，结果恐怕不只是冷清而已，后宫之间历来就是相互倾轧，华阳夫人不是不知道后宫的这种凄惨情景，吕不韦正是看到了这点，这才敢冒风险而投资的。吕不韦决定要把子楚推

"战略"思维
"STRATGIC" THOUGHT

荐给华阳夫人,或者说要把子楚卖给华阳夫人。

然而,吕不韦又是怎么具体操作的呢?吕不韦到达秦国后,并不是直接找华阳夫人,而是直接找华阳夫人的姐姐。吕不韦深知,要是以商人的身份直接找华阳夫人展开说服,恐怕行不通,还不如假别人之力,由华阳夫人的姐姐去说服华阳夫人。于是,吕不韦对华阳夫人的姐姐进行了贿赂,并对华阳夫人今后所面临的处境进行了全面的分析,讲明了利害关系。华阳夫人的姐姐听到吕不韦的这番分析后,认为事关重大,于是对华阳夫人说:"作为我们女人,姿色稍有不足,便可能失去丈夫的宠爱。现在你虽然占有安国君的专宠,但遗憾的是你没有亲生的儿子,而王太子安国君的儿子有二十多个,因此你必须要选一位既聪明又孝顺的儿子收为养子,用他来继承安国君并在安国君在世时得到确认。万一安国君驾崩,你的养子就可继承王位,这样就可保你一世富贵。妹妹啊,趁你年轻,这事要抓紧办,力争把脚跟站稳,不要等到你年老失宠时,再顾及这个问题,到那时可能就悔之晚矣!"

姐姐的一番话也正是华阳夫人的忧虑所在。华阳夫人也希望这时能有人帮她出出主意,姐姐直截了当地说:"以我长期的观察,被送到赵国当人质的子楚就很不错,他不仅聪明,人又非常的孝顺,听说他常常提到你和安国君,只恨自己身处异国,无法在你们身边尽他的孝心。若是以子楚与兄弟们间的长幼顺序及他生母的地位,当然他是很难得到继承王位的资格,若依你的权势提拔他实现这个愿望,这个孩子肯定会对你誓死效忠,能做到这一点,你此生就可高枕无忧了。"

吕不韦的话,被华阳夫人的姐姐在这里表露得十分关切和诚恳。华阳夫人完全接受了姐姐的提议。她立下决心,一定要完成这件事。她选择了在安国君心情最好的时候,也就是最想要宠幸她的时候,百般媚态取悦,而后又娇声怜怜地哭诉说:"我这一生蒙你宠爱,实在不知哪个女人还有我更幸福,唯一的遗憾就是我不能为你生个儿子,如果夫君真的疼我爱惜我,就满足我的一个愿望,将子楚让我收养,并立为您的继承人,妾晚年就有所依托,此生足矣!"

第10章 怎样看待心智历练？

华阳夫人(约前296—前230年)，芈姓，楚国贵族，秦孝文王王后。秦孝文王为太子时封号为安国君。华阳夫人虽为安国君所宠幸，却没有儿子，后在吕不韦的推动下，收子楚为嗣子。秦昭襄王去世，安国君继位，是为秦孝文王，以华阳夫人为王后，子楚为太子。秦孝文王不久去世，子楚继位，是为秦庄襄王，子楚之母夏姬尊为夏太后，华阳夫人被尊为华阳太后。华阳太后在秦始皇十七年(前230年)去世，后与秦孝文王合葬寿陵。

安国君由于非常宠爱华阳夫人，又经不住她这一番请求，不久，安国君就将子楚从赵国召回并立为继承人。子楚就是后来继承王位的庄襄王，子楚的儿子就是后来成为千古一帝的秦始皇帝。而吕不韦则顺理成章地成了庄襄王子楚和秦始皇两代的宰相，权倾天下。

吕不韦从一个平凡的商人一跃而成为秦国两代的宰相，靠的就是他独到的眼光。那么，既然做了最大的投资，那怎么诱导对方朝自己的有利方向发展呢？他抓住了人心的普遍性，同时又预防了"偶然性"或"特殊性"等可能的不利因素。他看到了华阳夫人的忧虑所在，这也就是"人心的普遍性"所在，同时，他没有直接与华阳夫人进行对话，认为以商人的身份直接对话，可能会有不利的结果，于是他间接地假他人之口与华阳夫人进行了对话，好在华阳夫人有个姐姐，如果没有这个姐姐，吕不韦恐怕就要找个替代者，那么这个替代者或许就是她的父母、她的兄弟，或者是她身边最亲近的人，总之要找到这个替代者。由于有了华阳夫人的姐姐，因此就避免了出现"偶然性"和"特殊性"所产生的反作用。因此，这就为"诱导对方朝有利于自己的方向发展"创造了必然的条件。

当然，在这里有一点需要强调的是，吕不韦的"投资"，他的前提是对秦王室的内部情况有比较详细的了解，这一点要值得注意。尤其对当今的社会，人与人之间的心态，以及企业与企业之间的情报信息要有所掌握，对有关对手的要害及弱点的材料要充分翔实，这样我们在调动人心时才会产生"相对必然性"的结果。

如何趋吉避害？这是调动人心的另一个最直接的作用。人的本性中有很

"战略"思维
"STRATGIC" THOUGHT

多固有的弱点,要善于利用对方的弱点,给自己制造机会,从而达到趋吉避害的目的。

齐国有位名叫张丑的重臣,他被送到燕国当了人质。然而不久,两国关系恶化,张丑有随时被杀的可能。张丑不愿意坐以待毙,决心逃走。当他逃离燕都来到边界时,却不幸被燕兵抓获,这下可大难临头了。怎么办呢?人到绝境,能否绝处逢生呢?张丑身处绝境,决心孤注一掷。他向捉到他的燕兵撒了个大荒,说:"燕王之所以要追杀我,是因为有人向他诬告说我有许多财宝,但这些财宝早已被人偷走,燕王却一再逼我交出,我因为交不出这才逃走。你们若将我捉回送见燕王,燕王一定会叫我交出财宝。以前财宝被谁偷走我说不出姓名,今番你们抓我回去,我怎么回答燕王不好说,倒是逼急了我很可能说那些财宝是被你们抢走了。到时依燕王的暴躁脾气,他会立即要你们交出财宝,甚至有可能对你们严刑拷打,这样的话,我会被杀,但你们将会死在我的前面。"

贪生怕死的燕国官兵,听了张丑这番话之后,觉得有理,心想与其在主子面前为自己辩护,还不如放了张丑落个人情,这是一个烫手的山芋。张丑能在生死关头,千钧一发之际,临机生变,就是攻到了对手的弱点上,因为对手都深知燕王暴躁专横贪婪,搞不好自己抓到了人又赔了命,何苦呢?所谓攻其弱点,就是要攻其最脆弱的地方。在人的本性中,脆弱的地方实在是很多,攻其弱点这就是要看情势、看对手、看厉害。操纵女人之心,较操纵男人之心要容易得多。从某种意义上讲,女人即便是在最虚假的时候,也是最真实的。因为她们总是在受本能的支配,这是带有普遍性的倾向,但不受本能支配的人是有的,但这是少数,这也体现了"特殊性"的特点。向对方提出要求时,有时需要旁敲侧击,点到为止,从而诱导对方向自己方面转化。当与对方处在尖锐的对立之中时,就要设法找出与对方感情上的共同之处,这样才能缓和气氛,消除矛盾,进而达到说服对方向有利于自己的方向发展。当摸清对方的真实意图之后,找出对方的真正要害,一旦击中对方的要害,才能达到预期的目的。

10.2 【改变态度恭敬待人】

[关 键 词]态度　恭敬　恭维　待人

[关键人物]刘邦　韩信　李世民　魏征　李鸿章

第 10 章 怎样看待心智历练？

　　人的性格秉性一旦形成，要想改变那是很难的，但是生活在这个社会，需要改变的，再难也要改变。改变了自己，也就意味着改变了他人。要记住的是，任何时候改变他人远比改变自己要难得多，所以要想改变他人，最捷径的办法就是改变自己，改变了自己就是改变了社会。

　　恭敬待人这是一个人起码的个人素养，具备了这个能力，你就具有了相应的素质。需要加以区别的是，"恭敬待人"与"唯唯诺诺"这可是两个不同的概念。"恭敬待人"是一种主动健康的心理素养；而"唯唯诺诺"则是一种被动受压抑的心里表现，具有这种心态的人，从表面来看倒是很听话，从不与上司发生争吵，显得忠心耿耿，但从内心来讲，这种人却非常的阴暗，事不关己则高高挂起，越是到关键时刻，这种人就越是显得具有危害性。因此，对这种人要有足够的认识。然而，对于当今的社会，有些企业的经理或老板，就是很喜欢这样的人，不知是出于自身的利益，还是出于自身能力的限制，需要有这样的人唯唯诺诺地烘托自己，总之这是一个令人非常奇怪的现象。

　　"恭敬待人"既然是一种主动的健康的心理活动，那他究竟能给我们带来什么好处呢？它带来的好处往往是我们意想不到的利益。"恭敬待人"从某种意义上讲，它是一种战术手段，既然上升到战术层面了，那它就代表着一种个人素质，即能力，为达到某种目的而刻意体现的一种能力。恭敬待人，它的作用不仅能取信于人，赢得信任，而且还能在关键时刻化解风险，取得意想不到的效益。恭敬待人一个最直接的特点就是"恭维"二字。那么，恭维谁呢？恭维对手，恭维上司，恭维自己身边的人。恭维的话恐怕没有谁不愿意听，这是一种普遍的心理状态，具有普遍性。能很轻松地说出恭维的话，这也是一种能力，有的人天生就不愿意向他人说一句恭维的话，让他说一句恭维的话，简直太难太难，这样的人不会赢得周围人的尊重，大多数人都会敬而远之。干嘛要被人拒之千里？不受人待见，那也是自己所为。可以说要想赢得别人的好感，恭维对方，那是最廉价的贿赂，而且又是最有效的方法。

　　相反，批评的话或诤谏之言，恐怕也没有谁愿意听，这也具有普遍性。恭维的话很容易被人所接受，无论是作为对手也好，上司也好，你周围的朋友也好，都是这样。而批评的话则很容易被人所拒绝，甚至为此而掉脑袋。所以说，恭维话可以说是最便宜的一种投资，这种投入往往会产生很大的效益。批评的话和诤谏之言一定要有所克制，不得不说时，要由远而近、旁敲侧击、点到

"战略"思维
"STRATGIC" THOUGHT

为止,不然的话就会付出很大的代价。

我们都知道刘邦统一天下建立汉朝霸业,这第一功要首推韩信。韩信在帮助刘邦取得天下之后,虽有"飞鸟尽,良弓藏;狡兔死,走狗烹"的忧虑,但他不愿意放弃用生命换来的荣誉和地位,于是他在朝中格外的小心谨慎。而刘邦呢,看到韩信的势力已很大,对韩信十分的猜忌,所谓"功高盖主"之忌。刘邦虽想治他死罪,但苦于没有借口,所以常无缘无故地将其拘捕,以挫其锐气,显示自己的帝王之尊。再不就是常找机会与韩信对话,并出些刁钻的话题挑逗韩信。韩信也非常明白刘邦的心态,因此,在与刘邦对话时,他收起了锋芒,同时他为了掩饰自己的忧虑,他采取了不卑不亢的态度。一日,刘邦与韩信两人讨论到将军的气质该如何表现时,出现了意见分歧。

刘邦问:"你认为我有率领几万兵的能力呢?"韩信回答说:"陛下有率领十万兵的能力。"刘邦反问道:"那么你呢?"韩信说:"我是韩信,点兵多多益善。"这句话,刘邦听了很不舒服,觉得韩信有贬低自己的意思,因此有些生气。刘邦接着问:"虽如此,你却为什么被我抓到呢?"韩信此时已感觉到气氛有些紧张。于是,韩信机智地回答说:"陛下对兵士的影响力虽不及韩某,但你对将军的影响力却大大在韩某之上。陛下是将将之将,韩某是将兵之将,这怎可类比!"

这句话是韩信在情急之下费尽心思对刘邦的恭维,而且话说的也不夸张,可谓是恭维恰到好处。刘邦听了这句话之后心里舒服多了,一度紧张的气氛也得到了缓解,这就是恭维对手而产生的效果。

在中国历史上,大凡忠心耿耿,敢于直言的人,其下场大多不太好。为什么?一个根本的原因就是,能够"从善如流"的皇帝或者是当权者实在是太少了。人都有自尊心,位置越高的人,这种倾向就越强烈,这可以说是带有"普遍性"的倾向。因此,心直口快敢于直言的人,应从心理加以确认"恭敬"或"恭维"二字。当我们不得不直言诤谏时,要学会由远到近恭维为上。

唐太宗李世民可以说是历史上有名的明君之一,那么他明在何处呢?明就明在他善于接受臣属的谏言,可以说那个时候的谏言者还是很幸运的。魏征是唐太宗的第一名臣,他以谏言矫正了唐太宗许多不正确的想法和做法,唐太宗对他也非常的信任。尽管如此,魏征有时也会由远及近,以恭为谏。一次,魏征当着唐太宗的面,对唐太宗说:"老身自从追随陛下,可说是做到了以身报国，今后要更信守正道，才不负陛下圣恩，但请陛下不要把我当作忠臣，而让我以良臣的身份为国多尽义务。"

唐太宗李世民（598—649年），祖籍陇西成纪，是唐高祖李渊和窦皇后的次子，唐朝第二位皇帝，杰出的政治家、战略家、军事家、诗人。能积极听取群臣的意见，对内以文治天下，虚心纳谏，厉行节约，劝课农桑，使百姓能够休养生息，国泰民安，开创了中国历史上著名的贞观之治。

唐太宗感到诧异说："忠臣和良臣还有什么差异吗？"魏征说："所谓良臣就是不仅自己被百姓称赞，更须使陛下被百姓奉为一国之明君，并让陛下的荣誉和才德传给子子孙孙。而作为忠臣却随时都有杀身之祸，君王也会因此陷于不义，甚至亡国亡家，而将来史记的记载上不过仅有一句'曾有一位忠臣'而已，所以说良臣与忠臣，实有天壤之别啊。"魏征的这段话，直言起来意思就是，你要正确地对待忠臣，否则会影响你的名誉，甚至亡国亡家。唐太宗不愧是明君，一点即破。他对魏征说："寡人明白了，但愿我不会在这类问题上做出错误的决定。"

魏徵（580—643年），字玄成，钜鹿郡（一说在今河北省巨鹿县，一说在今河北省馆陶县，也有说在河北晋州）人，唐朝政治家、思想家、文学家和史学家。因直言进谏，辅佐唐太宗共同创建"贞观之治"的大业，被后人称为"一代名相"。

唐太宗在中国历史上是少数能够从善如流的明君之一，作为古代帝王尚能如此纳谏，而当代的人是不是也能如此呢？如今各阶层的领导或企业的经理，大多喜欢重用八面玲珑的人，为什么？因为他们可以在这些人面前不必从善如流。所以，直言快语之人要学会恭维他人。

"战略"思维
"STRATGIC" THOUGHT

作为谈判对手,在谈判桌上,面对众多的对手,要消除对方的气焰,诱导对方朝我方有利的方向发展,与其锋芒毕露,不如刻意恭维。在中国人的传统意识里,刻意恭维给人的印象不是太好,那是因为一些八面玲珑的小人,总是能以恭维主人而博得主人的重用,正是因为这些小人或奸臣之类的人惯用恭维的手法,才使得后人对恭维二字产生了不良的印象。恭维可以说是被小人所连累,才给人留下不好的印象。其实"刻意恭维"并非是小人或奸臣的特有专利,正常的人如果适当地加以运用,能取得良好的效果,因此,为什么我们就不能从心理上加以确认呢?

李鸿章,中国晚清时"丧权辱国"的代表人物,是中国人永远不可原谅的人物之一。中日甲午海战,中方失败后,中日两国便开始进行谈判。李鸿章作为军机大臣,自然是中方的全权代表。在谈判开始前,李鸿章很想在谈判中多挽回一些战争失败的面子,也希望谈判能朝着有利于中方的方向发展。于是他对日方全权代表说:"在此次战争中,最为遗憾的是两国的伤亡人数都很多,不过却也带来了两个教训,这是贵我两国不幸中之大幸。"

日方代表忙问:"请问阁下,两个教训指的是什么呢?"李鸿章说:"很多人说亚洲人与欧洲人比较起来,欧洲人优秀,但从这次战争来看,亚洲人并不逊色于欧洲人。因为我们亚洲人如果肯进一步努力的话,在各个方面绝不会输给欧洲人,这是第一个教训。""嗯,有道理,请继续说。"日方说。

李鸿章(1823—1901年),晚清名臣,洋务运动的主要领导人之一,安徽合肥肥东人,世人多尊称"李中堂",本名章铜。李鸿章作为淮军和北洋水师的创始人和统帅、洋务运动的领袖、晚清重臣,建立了中国第一支西式海军北洋水师。与曾国藩、张之洞、左宗棠并称为"中兴四大名臣"。因代表满清政府签署丧权辱国条约而被国人诟病。

李鸿章接着说:"我们大清帝国如能将这一次失败做以深深的检讨,然后进行国内改革,相信几年之后,我们也会变成强国。这是从这次战争中得出的第二个教训。"

"对,您说的有道理。"日方面说。

李鸿章闭口不谈战败国的痛楚,却大谈亚洲人与欧洲人的优劣比较,意在将日本人拉近,激起同感,强调共同点,以使后面的谈判处于主动。

李鸿章继续恭维说:"一国的命运,都依赖领导者所执政策之优劣来决定。比如贵国实行维新政策以后,进步很快,这都是像你们这样优秀的人才所带来的结果。可以说,有了你们,这才有今日的日本。"

"不,也不能这么说。"日本代表嘴上这么说,但心里还是很高兴。

李鸿章话说到这份上,恭维话倒是很地道,但他还觉得不够味。他已观察到了日本代表的得意神情,于是决心在这个痒处再抓他一把,给他一个似乎是极限的虚荣的满足。

李鸿章又说:"我们国家在目前的情况下,实在很需要像阁下这样的政治家来治理,但国内这样的人才却很难找到。所以,我诚心地请求阁下到我国来,并以宰相的身份协助我们国家进行重建工作。"

李鸿章的这番话让日本代表的荣誉心理得到了满足。当时的中国虽然是积贫积弱,但毕竟还是世界公认的大国。日本虽然是战胜国,但仍然是东洋三等国家。以三等国的宰相被邀请到大国去当宰相,这可真是抬举他了。从李鸿章前后的谈判内容看,撇开历史对他所做的定论不谈,单从谈判的技巧上来说,还是有可取之处。处于战败国的角度,为了将谈判由被动变为主动,诱导对手朝我方有利的方向发展,与其锋芒毕露,不如刻意恭维,以消除对方的气焰。当然,在国家荣辱,大是大非面前,我们的一言一行,都不能有辱国格和人格。

李鸿章丧权辱国,这在历史上早有定论。在这里之所以提到李鸿章,仅仅是从技术角度做点分析。但就他"丧权辱国"这一点,每一位华夏子孙都应该清醒,绝不能做历史或国家的罪人。

10.3 【必要时出其不意】

[关 键 词]出其不意 正话反说 强烈暗示
[关键人物]田婴 孔子 子贡 中期 齐貌弁

我们不妨先看一个例子:

孟尝君的父亲叫田婴,在担任齐国宰相期间,他很想在自己的封地薛,构筑一座城池,对于这个计划,田婴门下的食客们大都持反对意见。理由是此举

"战略"思维
"STRATGIC" THOUGHT

可能会导致齐王室内部的猜忌和摩擦,弄不好会因此而招来灾祸。因此,食客们纷纷拜见田婴加以劝阻,以期终止筑城的计划。由于谏言的人实在太多且又不得要领,田婴非常生气地下令:不允许任何人求见。可是有一位食客却贸然进谏,并说:"我只说三个字就走,否则杀掉我。"于是食客立于门口等候,田婴一听觉得很不寻常,于是放他进来。而这位食客进来后冲着田婴说:"海－大－鱼",说完转身要走。田婴被这三个字弄得不知何意。急忙叫道:"请回来,把这三个字讲清楚!"

食客说:"不,我还不想死。"田婴说:"有话说完,保你不死。"这时食客对田婴说:"你知道大鱼吗? 由于鱼身太大,用网无法将其捕获,那是因为鱼只有在水中才有这样的能耐;如果他要是自不量力地跳上了岸,那可就不堪设想。要是碰上一堆蚂蚁的话,足可以把它吃掉。齐国对你来说就是水,因此,宰相只要在齐国为相,那就没人敢动薛地。如果你离开齐国,区区薛地就是筑了再高的城池,又能防御谁呢?"田婴沉思良久,终于放弃了筑城计划。

按当时的场面,任何人都没有机会再来谏言,因为田婴已经封了嘴,不允许任何人再为筑城的事而谏言。然而,这位食客为了突破僵局,想出"海、大、鱼"三个字,以惊人之举,从而引起对方的注意,然后再将"海大鱼"的寓意讲给对方听,以此说服对方。

"正话反说"是具有刺激对手的作用。为什么要"正话反说"呢? 就是要刺激对方,达到说服对方的目的。我们都知道在我国古代春秋时代有一位教育家,他就是孔子。孔子的学生有数千人之多,那么其中佼佼者当属子贡和颜

孔子(前551—前479年),子姓,孔氏,名丘,字仲尼,祖籍宋国栗邑(今河南省商丘市夏邑县),生于春秋时期鲁国陬邑(今山东省曲阜市)。

中国著名的思想家、教育家、政治家,与弟子周游列国十四年,晚年修订六经,即《诗》《书》《礼》《乐》《易》《春秋》。是当时社会上的最博学者之一,被后世统治者尊为孔圣人。其儒家思想对中国和世界都有深远的影响,孔子被列为"世界十大文化名人"之首。

第10章 怎样看待心智历练?

回。子贡生性聪颖,口才也很好。有一回他问孔子说:"什么样的人物叫作'士'呢?"子贡所问的"士"也就是我们今天所说的人才。

孔子说:"对主人交代的事,都能办得一清二楚。"也就是说,对交代的工作,都能凭自己的能力办的干净利落,这样的人,才称为人才。子贡呢,可以说是孔子众多人才中的佼佼者。有一次,齐国田常因叛乱不成想把部队带到鲁国再谋良策。鲁国知道消息后,非常恐慌,这时,孔子便对自己的学生说:"如今鲁国有难,谁有良策能解鲁国之危?"子路马上说:"我愿去见田常,阻止他不要这样做。"子路是孔子的高徒,但性勇刚直,却不是外交人才,于是孔子没有答应他的请求。接着子石也提出要求,可孔子看他年龄太小,也没答应。到最后,子贡提出了请求,孔子却非常高兴,立即答应了子贡。子贡见到田常后说:"你企图攻击鲁国,我看这是一种错误。因为鲁国不值得任何国家的攻击。鲁国的城墙既单薄又低矮,城池既浅又窄。鲁国的国君很无能还很缺德。大臣不学无术,士兵又缺乏战斗力。像这样的国家,打他没有什么意思,不如攻打吴国,吴国城墙即高又厚,城池又深又宽,兵器有很尖利,战斗力又很强,况且物资非常充足,像这样的国家才容易攻下来。"这话是反说,暗含你田常没啥本事,不过是其软怕硬罢了。田常听后,大有受辱之感,说:"你把容易说成困难,把困难说成容易,你不是在戏弄我吗?"田常心里受到了刺激,接着说:"你要说清楚,否则你别想活着离开这里。"子贡要的就是这一效果,这是第一步。

> 子贡(前520—前456年),复姓端木,名赐,字子贡。华夏族,春秋末年卫国人。孔子的得意门生,曾被孔子称为"瑚琏之器"。子贡在孔门十哲中以言语闻名,利口巧辞,善于雄辩,且有干济才,办事通达,曾任鲁国、卫国之相。他还善于经商之道,曾经经商于曹国、鲁国两国之间,富致千金,为孔子弟子中首富。"端木遗风"指子贡遗留下来的诚信经商的风气,成为中国民间信奉的财神。有"君子爱财,取之有道"之风,为后世商界所推崇。

子贡坦然地说:"你不要生气,以政治家的眼光看问题,如果困难和烦恼是发生在国内,那么你就要进攻强国;如果是发生在国外,那就要攻击弱国。你的麻烦是来自国内,是由于齐王身边的一些重臣嫉妒你所产生的。你现在准

"战略"思维
"STRATGIC" THOUGHT

备要攻打鲁国,从实力上看,你一定会胜的,你越是胜利,那些嫉妒你的大臣就越是一致对付你,国王也因此会更加疏远你。如果你与强国交战,以齐军的战斗力来说,你必然要吃败仗,国内才会团结,嫉妒你的人才能转而关心国家的安危,而国王也会在困境中更加依赖于你,这样一来,执齐国牛耳之人,不就是你田常了吗?"子贡一席话,令田常吃惊不小,心想,在宫廷权力斗争中,只有增加外忧,加强外部的压力,才能使君王依赖于我,小人也才能有所畏惧,自己的地位才会巩固,地位巩固后才能寻机待变。

田常终于接受了子贡的建议,这就是子贡正话反说的效果,起到了出奇制胜的作用。当然,这是子贡在充分地掌握了田常的动机之后,所采取的说服方法,这一步是不能省略的。

强烈的暗示,也是一种很有技巧性的说服方法,往往具有四两拨千斤的效果。

在秦昭王的众臣中,有一位叫中期的谏臣,在一次议论国政时,中期坚持自己的见解,毫不退让,致使昭王怒气冲天。而这位生性耿直的中期偏不理会,悠然自得地离开了王宫。而众人见状却无人敢再言语。一些敌视中期的人,却暗自高兴,中期你死期临头了。昭王退朝下来,愤愤难抑,此时身边只有那位侍从在旁奉陪。刚才的情景侍从已经看到了,于是,侍从找机会插嘴对昭王说:"中期这个人个性刚烈,实在令人伤透脑筋,好在他面对的是明理宽容的君王,才不至于把僵局搞得不可收拾。如果这种场面是发生在桀、纣似的暴君身上,那就非遭诛杀不可了。"

这位侍从将中期比为"悍人"也就是指个性刚烈,而将昭王比为明君。如果以君王的傲慢和尊严,顺着怒气处罚中期,本属常理,没什么奇怪的,可是按照侍从刚才的一番话,这样做下去,就免不了和桀、纣同类了,也就是暴君了。那么所暗示的道理就是"如果为这么一件小事处罚中期,你就是桀、纣一样的暴君。"然而,侍从并没有直言,再说他也没有谏言的权力。侍从委婉地给君王戴上明君的高帽子,你不会像昏君那样办事,既维护了昭王的自尊心,又使他不能向置于不义的泥坑里陷。以一般情况而论,出面周旋或调节的人,往往都为被调节的人袒护,给被调解人戴上高帽子,比如此人如何如何好,如何如何有才华,出于忠心之心啊等等,而侍从却反其道,贬低中期,抬高昭王,并将其与桀、纣比较来说,用一种强烈的暗示来警告昭王,不要因小事而与桀、纣同

— 264 —

第10章 怎样看待心智历练？

类。其效果比正面直说要技巧的多。

为了要达到某种目的,还有一种技巧是非常有效果的,那就是在对方面前把自己扮演成反面人物,故意言不由衷,反而会使对方产生一种真实的感觉。从而达到说服对方或改变对方的立场。

我们还是讲田婴的一位食客,名叫齐貌弁。他在众多的食客中,是位缺点最多,最不合群的人,然而,田婴却以他独到的观察力不以此为意,反而对齐貌弁给予更多的怜惜,对他的饮食起居也给予超乎一般人的关心。

数年之后,齐威王过世,齐宣王继位。宣王与田婴是异母兄弟,王室间复杂的血缘关系与权力争斗,使他们二人感情不和。宣王一继位,田婴便辞掉了相职,回到封地隐居去了。齐貌弁随主人到薛地不久,便主动提出要回国都去住。田婴与齐貌弁神交已久,知其去意,诚恳地说:"宣王不但恨我,对你的印象也很坏,这次你回国都,怕是凶多吉少。"

齐貌弁平淡地说:"我已决定了,我不怕死,请不要为我担心。"齐貌弁此行是要完成一个主人无法开口,众人也无法完成的使命。齐貌弁回到齐都后经过一番周折,终于见到了宣王。齐宣王说:"据我所知,靖郭君最宠爱你,对你是言听计从呀!"

齐貌弁说:"是的,他很关心我,也很重视我,但是,一些最关键性的问题,他并不总是采纳我的意见。事到如今,我也不隐瞒什么,记得大王在当太子的时候,我曾对靖郭君说:'太子其貌不扬,下颚突出,眼里带有邪严的凶光,有谋反之相。我为主人着想,提议他早点下手,废立太子,以免将来不测。'可是,靖郭君听后,大声指责我,不许我再说,否则逐我出门。哎,他不听我之言,累有今日,这是天命。还有一次,靖郭君回到薛地以后,楚国大臣昭阳提议将一块面积两倍于薛地的土地与靖郭君交换。我力主交换,一是面积更大,二是可远避宣王你的迫害,为什么不换呢?可靖郭君说薛地是先王赠送,虽然现在与宣王交恶,但不愿做对不起先王的事。更何况先王的宗祠在薛,怎么能连祖宗宗祠都交给别人呢?就这样,我的两次重要的建议都给他否决了。我只有离开他回到京都另谋出路。"

齐貌弁的一席话,说得宣王非常感动,于是决定与靖郭君田常恢复兄弟情谊。

这种说服对方的方法,效果也是奇特的。如果按照一般普通的说法,你越

"战略"思维
"STRATGIC" THOUGHT

是替他说好话,宣王越是不信。而反过来,以一个背弃主子、过去又知道很多底细的人身份说坏话,越说对方越是觉得真实可靠。但坏话、坏主意又是出自齐貌弁第三者本人,这样就难免让宣王对靖郭君的忠贞产生了怀念,到底还是兄弟之情啊。走到这一步也就有了效果。一般来说,要排解甲和乙之间的矛盾,调解人不管怎样都不会伤到自己的立场。调解失败,调解人没有什么责任;调解成功,甲和乙都会感谢他。但齐貌弁一开始就是靖郭君的人,因此,他不得不反其道而行之,从头到尾扮演坏人的角色,也就是以反面人物出场,从而达到说服对方,改变对方的立场,这就是出其不意的作用与效果。

10.4 【要培养坚忍不拔的意志】

[关 键 词]反复　重复　以忍求安　以忍求变　曾参杀人

[关键人物]赵普　甘茂　张公艺　杜衍

我们为什么要有坚韧不拔的意志呢?理由很简简单,如果没有坚韧不拔的意志,那你就什么事也干不好、干不成。当我们有一条很有价值的建议,被对方无端地否定之后,怎么办?有两种选择:一是知难而退,不了了之;二是反复的去说服、去渲染、去强调,不达目的誓不罢休。不了了之是很多人所做的选择,这些人基本上都是维持现状的人,不可能有什么发展。不达目的誓不罢休,这是很少一部分人所做的选择,为什么说少,那是因为要为此付出很大的心力,付出心力要有坚韧不拔的意志,所以很多人便知难而退,而只有少数人越是艰险越向前,靠的是什么?靠的就是坚韧不拔的意志。

宋朝的赵普曾做过太祖、太宗两朝皇帝的宰相,他一生全力投身政治,以辅佐皇帝治理天下为己任,是宋代不可多得的名相。太祖时,赵普因政绩突出,被太祖选任宰相,然而任职不久,太祖就察觉赵普学问不足,于是,太祖就劝他多抽出点时间读些书。从此以后,赵普就利用闲暇时间闭门读书,手不释卷。太祖一句委婉的批评,使他养成了至死都手不释卷的习惯。反过来,在辅佐朝政时自己认定的事情,就是与皇帝意见相悖时,他也敢于反复地坚持。

有一次赵普向太祖推荐一位很有才学的官吏,太祖没有答应。当着满朝文武的面被拒绝,赵普不为此尴尬。第二天临朝,他又向太祖提出自己的建议,太祖还是没有答应。赵普并不灰心,到了第三天,赵普又提出了自己的建议,朝中的同僚也私下议论,"赵普真是脸皮太厚了。"太祖也动气了,很生气地

第10章 怎样看待心智历练？

把奏折撕碎扔在了地上，赵普默默地将那些撕碎的纸片一一捡起，回家后再仔细粘好，到第四天上朝，话也不说，便将粘好的奏折举过头顶立在太祖面前不动。太祖为其所感，长叹一声，只好答应了。

还有一次，有位官吏按政绩已该晋职，身为宰相的赵普上奏提出，但是太祖平常就不喜欢这个人，因此对赵普的奏请就没有同意。但赵普出于公心，不计皇上的好恶，前番使用过的那种韧性又来了，太祖拗他不过，勉强同意了。太祖又问："若我不同意，这次你还会怎样？"

> 赵普（922—992 年），字则平，幽州蓟人，后徙居洛阳，北宋著名的政治家。显德七年（960 年）正月，与赵匡胤发动陈桥兵变，以黄袍加于赵匡胤之身，推翻后周，建立宋朝。乾德二年（964 年），任宰相，协助太祖筹划削夺藩镇，罢禁军宿将兵权，实行更戍法，改革官制，制定守边防辽等许多重大措施。
>
> 992 年七月因病辞世，追封真定王。赵普虽读书少，但喜《论语》，有"半部《论语》治天下"之说。对后世很有影响，成为以儒学治国的名言。

赵普回答说："有过必罚，有功必赏，这是一条古训，不能改变的原则，皇帝不该以自己的好恶而无视这个原则。"意思说，你虽贵为天子，也不能用个人感情去处理刑罚褒赏的问题。太祖为此深受感动。赵普的这种行为，首先就体现了赵普心理上的坚韧不拔的意识。当然这种意识要有分寸，否则的话会起到反作用。

这种反复说、反复渲染、反复强调的做法，任何人去做都会起到一定的效果。但是，这一做法，若是被一些小人加以利用的话，也会带来可怕的后果。历史上的忠臣良将，有很多就是被一些小人在背后给君王反复地进谗言而遭到厄运甚至陷害致死。因此，对这样一种做法，要有预见的眼光，当自己的建议被接受后，还要做进一步的预防措施，也就是说，要对有可能出现的"偶然性"的因素做必要的防范。

秦国重臣之中有位叫甘茂的人，他是张仪推荐给秦惠王的说客。武王继位后，张仪被迫出奔魏国，甘茂却升到了左丞相之职。有一次，武王命甘茂出

"战略"思维
"STRATGIC" THOUGHT

使魏国,要其说服魏王结成同盟并合力攻击韩国。为了放心,武王又给甘茂派了一个特使向寿,实有督察之责。就这样,甘茂一行来到了魏国。甘茂在魏国经过一番苦心的游说,终于说服魏王达成了协议。这时甘茂对同行的向寿说:"请劳您大驾回国先向武王报告,就说魏国已经全部接受了我们的意见,但请不要马上攻打韩国。这件事你办到了,此次出使的全部功劳都归你。"武王听了向寿的报告后很高兴,于是按照约定赶到息壤迎接甘茂,并问甘茂不能立即攻打韩国的原因。

甘茂说:"攻打韩国是与魏国已经约定好了的事情,马上可付诸实施。问题在于我有话要先跟大王长谈,免得责臣谋事不周。"

武王说:"好,我今天专听你把话说完。"

甘茂说:"现今攻打韩国,目标是宜阳。宜阳虽只是县城,但其地理位置与军马屯驻实力,可与一大郡匹敌。宜阳集南阳、上当的财富,又可得两地支援,我们带兵到此,要过重重难关,这并不是一件容易的事。"甘茂把困难摆给了武王,意在让武王有个心理准备。

甘茂说:"另一件事非常重要,我甘茂受命于大王自当肝脑涂地以报君恩,但大家都知道我是外来人,而非本土秦人,若谋划不周,将来遇到困难,必受人责备。大王身边的重臣,若劝你停止攻击时,你会采纳他们的意见,如此一来,甘茂对外失信于魏,结怨于韩,对内有辱王命,何以立足天下? 对此,臣不得不虑。"

甘茂,姬姓,甘氏,名茂,下蔡(今安徽颍上甘罗乡)人,战国中期秦国名将,秦国左丞相。曾就学于史举,学百家之说,经张仪、樗里疾引荐于秦惠文王。公元前312年,助左庶长魏章略定汉中地。后遭向寿、公孙奭谗毁,在攻魏国蒲阪时投向齐国,在齐国任上卿。后卒于魏国。

接着甘茂给武王讲了一个故事,叫"曾参杀人":"在费这个地方,有位与曾参同名同姓的人,他杀了人,熟人听说后,跑去告诉曾母'曾参杀人',曾母坦然说'曾参不会杀人'。不久又有人来报'曾参杀人'曾母还是不为所动,照样织布。第三次有人报'曾参杀人'曾母变色丢杼,翻墙而走。"

故事讲完后,甘茂接着说:"曾母深信自己的儿子,但抵不住三次谎报。甘茂不是曾参,也没有曾参的人格高尚,大王对甘茂的信赖不会超过曾母对曾参的信赖。而不信任甘茂的人,在秦国又何止三位?所以,我担心事到关键处,大王不仅会丢杼翻墙,恐还会怪罪甘茂。"

武王听后坚定地说:"放心,我不会听那两三个人的话,我可以发誓。"甘茂放心了。

于是,甘茂开始策划攻击宜阳。战事开始后,果不出甘茂前之所料,进展非常艰难,攻城五月不下,损失不少,军心受挫。而就在这时,朝中就开始有人向武王进言,请求停止攻击。武王也因宜阳久攻不下,心中烦闷,听两位重臣如此一说,也就动摇了,于是武王叫来甘茂要他做撤军准备。甘茂有备而来说:"大王莫非忘了在息壤时的警言?果然'曾参杀人'重演也!"武王当即醒悟,立即收回成命,并投入全部军力攻击,甘茂终于攻下宜阳。

为了对付反对的人在背后反复的劝说,甘茂做了预先的准备,尤其是让武王在这一问题上做出了誓言,避免了可能出现的变故。所谓"人言可畏"。如果谎言被重复多次,往往会让人信以为真,可怕的谎言会导致可怕的后果。

多次重复的谎言真的就那么可怕吗?

庞葱是一位魏国的重臣,魏王为了加强与赵国的关系,决定派庞葱陪伴太子到赵国去做人质,庞葱鉴于对魏国及国内外各种利害关系的全面了解,知道此事凶多吉少,但王命难违。为了预防可能发生的后果,他也做了预防措施。临行前他与魏王说:"如果有人跑来告诉你,说街上出现一只老虎,大王能相信吗?"

"不会相信。"魏王说。

庞葱又问:"如果第二个人又说,'街上真的出现一只老虎',你会相信吗?"

"我有些怀疑。"魏王说。

庞葱又问:"如果第三次有人说,'街上出现了老虎'你相信吗?"

"这时……我可能会相信。"魏王回答说。

庞葱长叹一声说:"大王,老虎不可能出现在街上。只是因为有三个人反复来说,你就相信了。赵都离我国很远,消息从赵都过来,已经传来传去恐已

"战略"思维
"STRATGIC" THOUGHT

不实。我们此去辟别大王,背后说三道四的人肯定不少,这一点请大王留意。若能给臣以信赖,不为谣言所动,臣无后顾之忧矣!"说完便陪太子上路了。

果然,人还没有到赵都,庞葱的政敌就开始说话他的坏话了。坏话反反复复的在魏王面前说来说去,魏王终为谣言所惑。到庞葱陪太子从赵都归来,庞葱终于被人陷害。

甘茂也好,庞葱也好,他们都知道身处困境或远离君王时,反复说服的东西,对君王的影响很大,所以他们也都做了预防性的措施,但是甘茂成功了,而庞葱却遭到了陷害。这说明君王的仁德品行的好坏,将直接关系到下属臣民的身家性命,正所谓"良禽择木而栖"。

"坚忍不拔"体现的另一种精神就是"忍"字。"忍"是心头上一把刀,刀插心上,有两种态势:一是忍而不拔,以忍求安;二是忍而待发,以忍求变。

我们先看前一种态势:

在我国古代有一位著名的人士叫张公艺,其家族九代同居,并受到唐朝皇室的表彰。一次,唐高宗往泰山祭拜天地,率文武百官前往山东,途中顺访名门张公艺。高宗对张公艺很是钦佩,求教他治家之道有什么秘诀。

张公艺以和治家,仗义疏财,九代同居,人多家业大,骡马成群。有许多远亲近邻时常登门求助,有的借粮,有的借钱,有的使用农具和牲畜。讲信用的到时归还,也有些人借去不还,甚至把农具和牲口卖掉。天长日久,家人有的愤愤不平,提出今后决不再借给他们。张公艺却说:"如果他们都像我们一样,什么都有,还来求我们吗?因为他们有困难,所以,才求助于我们。"因此,在他的家里,每人都树立了一个助人为乐的思想。

张公艺(578—676年),郓州寿张(今河南台前县孙口乡桥北张村,一说今山东阳谷县寿张镇)人,生历北齐、北周、隋、唐四代,寿九十九岁。张公艺是我国历史上治家有方的典范,他们家族九辈同居,合家九百人,团聚一起,和睦相处,千年以来,备受历代人民尊敬,传为美谈。在当今建设两个文明的时代里,建立一个文明的家庭,更具有它新的现实意义。

像高宗这样被后宫女人们搞得鸡犬不宁,尤其大权被皇后独揽的情况下,实在困惑难言。而张公艺九代同居,能在一个和睦的气氛下生活,其中自有难解的奥妙。高宗有感于自身的烦恼,因而很想拜访这样一个大家族,以感悟一些道理。

面对高宗的问话,张公艺回答说:"老夫自幼接受家训,慈爱宽仁,无殊能,仅诚意待人,一'忍'字而已。"遂请纸笔,在上面写了很多相同的一个字"忍",然后呈送高宗。高宗接过纸看后,似有大彻大悟之感,于是送了很多礼物给张公艺。高宗终生没有什么大的成就,是无法与太宗李世民相比的,但他以忍求安,以忍超然现实的烦恼,保持了心境的平和以享天年,同样体现了坚韧不拔的心理优势。

我们再看后一种态势:

战国七雄之一的赵国,地处中原常常被卷入战争的漩涡。赵武灵王在位时,极力推行富国强兵的政策。赵武灵王经过多年的征战,他认为北方游牧民族骑马作战的方法值得效仿,但汉人的服装不适合骑马作战,于是赵武灵王下令,骑马作战要一律穿胡服。胡服就是今人穿的两条裤腿的裤子,可是服装样式的改变,在当时是一场大的改革。因此,大批的反对势力都坚决反对这一改革。作为一国之君,出于提高部队战斗力的原因,他不发王者之威,也不以王者之尊强令推广,而是反复地做说服工作,阐述己见。当时最关键的人物当属赵武灵王的叔叔,如果说服了他,那么推行就容易多了。然而,赵武灵王的叔叔,因反对改革而借口生病不去上朝,也不听劝,为此,赵武灵王便天天到叔叔的寝间探望,请医送药,问寒问暖,却绝口不谈正题。但双方心里都明白这是为了改革之事。就这样在赵武灵王的感动之下,他终于想通了。赵武灵王的忍,终于有了效果。他的忍则是忍而待发,以忍求变。

还有一种"忍",我们叫他"官场之忍"。中国传统的为官之道,都特别提倡"忍"。

宋代有一位任相只有七十二天的人,名叫杜衍。杜衍为相时曾有明显的政绩,西北异族入侵,杜衍施展些许外交手腕解除了这一场危机,有功于当朝。但是他根基不深,也正是由于他的政绩给他带来了反效果。一些窥视他相职的朝中大吏们,总是从中作梗,找茬对其大肆攻击,以至杜衍任相只有短短七十二天即被罢黜。对此他深有感慨地说:"在朝为官,首先要清廉,但更重要的是慎重,忽略了慎重,将会饱受种种困扰。你不能为求自我表现,尽露锋芒,同

"战略"思维
"STRATGIC" THOUGHT

僚们会因此对你产生嫉妒,培养报复的心理,他们会认为你是一心要爬得比他们高。你要有准备,能接受他人的误解甚至中伤,不要指望你的上司有能力洞察一切,知道谁真有才干,你常常好心不得好报,这是因你不能与人同流。据我的经验,最好的处事方法,就是稳扎稳打,不言而行,只求忠实做事,这才是最好的立身之道。"

杜衍(978—1057年),字世昌。越州山阴(今浙江绍兴)人。北宋名臣。庆历四年(1044年),杜衍拜相后,支持范仲淹等人推行的"庆历新政",为相百日而罢,出知兖州。杜衍为政清廉,平时从不营殖私产。一向为人低调,退休后的他或出游,或读书,或吟诗,还开始练习草书,追求精神的丰富,不追求物质的奢华,过着清贫自乐的生活。

后来他的一位晚辈被朝廷任命为县官,即将赴任前到杜衍处求教。杜衍说:"朝中可以说是器重你,才派你任职为县官。其主要原因,是凭你的才能不止于县官而已,而是十倍超出于县官所致。虽如此,你初上任还是要隐藏才干,不可求功心切。急功近利,一定会给你带来很多困扰,周围的人若团结起来反对你,这是最可怕的。所以,你首要掌握的本事是与同僚们圆滑地周旋,否则无形招灾,后悔迟矣。"

"你现在只是一个县官而已,今后的升迁须看上司对你的印象而定,要是你的才干一直超过上司,这对于州的长官们的地位是很危险的。那时,他们不但不会赏识你,反而会对你产生偏见,你会随时惹祸上身而不自知,又如何发挥你的济世之志呢?我今天多提醒你用心与周围的人协调,适应环境,暂时委屈,实在是为了你将来能有大的作为啊。"

杜衍以上说的话,大体上有这几个关键词:清廉、慎重,不可自我表现,不言而行,忠实做事,隐藏才干,不可求功心切,不可急功近利,与同僚圆滑周旋,用心协调,适应环境,暂时委屈,实为将来。

以上要点可以说处处都体现着"忍"字。以上七条处处都需要"忍"字。由此可见,官场最重要的就是一个"忍"字。"忍"的背后就需要有"坚忍不拔"的心里意识作为后盾,换句话说,如何坚忍不拔?那就是要由"忍"来体现。

10.5 【虚虚实实兼而有之】

[关 键 词]谎言　善意的谎言　恶意的谎言
[关键人物]苏代　淳于髡　陈轸　张仪

所谓"虚虚实实"也就是真真假假、假假真真。作为一种心里优势,首先应该知道,什么时候该虚?什么时候该实?从道德上来讲,我们应该以实为实,不欺不诈,这是做人的美德,也是主流。然而,从现实竞争的角度讲,以虚为虚,也无可厚非,当然这是支流。在这里我们要强调的是"虚实兼备"、主流支流并存的心理优势。也就是说,我们既要有"做老实人,说老实话"的主流意识,也要有"虚、谎、权、谋"的支流策略,所谓"兵不厌诈"就是这个道理。

有一年,东周要开始插秧,处在它上游的西周把水源给切断了。两家虽是同宗,在战国纷争中自身不保,却还互相掣肘。东周面对无法农耕的难题,十分烦恼。这时,苏秦的弟弟苏代出面为东周解决了难题。苏代来到西周,编了一套谎言说:"我刚从东周过来,那里的人,为大王刚刚切断了他们的水源而暗自高兴。因为今年东周的春耕是种麦,而不是种稻,你切断水源正合他们的心意。若大王现在放水下去,那他们的麦田一定遭殃,等到他们不种麦而改种稻的时候,大王再切断水源,如此操纵,东周的命脉不就掌握在你的手上了吗?"西周王经他这么一说,信以为真,于是打开了水坝。

就这样,东周经苏代的一番谎话,轻而易举地得到了上游西周的水源,解决了东周农耕的难题。苏代是聪明的,但这种带有欺骗性的手段,也只能使用一次。如果说,"善意的欺骗"是出于良好的动机,那么欺骗也只是一种形式上的手段。我们在人际关系交往的应酬中,你借故推辞一个你不愿参加的聚会,你找的借口,就不是真实的原因所在,对于这样的情况,谁又能过于苛求呢?相信你自己这样做了,心中也无任何愧疚感,大前提是,你不以损害别人为条件,你要的是维护、保持自己想要维护保持的东西。甚至别人明知这是一种托词,一种借口,一种编出来的谎话,广义上说这也是欺骗,只不过是一种"善意的""技术性的"或"战术上的"手段而已。

"战略"思维
"STRATGIC" THOUGHT

苏代，东周洛阳（今河南洛阳东）人，与哥哥苏秦、弟弟苏厉均为战国时期的著名纵横家，被称为三苏。

苏秦死后，他求见燕王，提出了以楚、魏为援国，共制齐、秦的主张。燕王遂使约诸侯从亲。苏代善于编织"谎言"。

在强手面前，弱者从一开始就处于被动、无助的地位，因此，出于无奈而编织的谎言，往往能为对方所同情并接受。弱者的谎言，常常使第三者在感情上容易得到体谅和理解。

战国时代的韩国一位宰相叫韩傀，他是韩国国王的叔叔，他依仗权势，十分霸道，朝野上下，对他多有不满。当时朝中有位直言之士叫严遂，他对宰相的霸道作风时有微词，并常常直言进谏，这样就不免得罪了宰相。韩傀怀恨在心，总想找机会报复严遂。

有一次韩傀在朝中当面侮辱严遂，严遂大怒，想要行刺韩傀，但计划不幸泄露，于是严遂只好出逃。而参与行此计划的另外一个人名叫阳坚，事发后阳坚并没有暴露，但阳坚为此事心虚，生怕有一天会大难临头，于是也外逃了。阳坚逃到西周后，受到西周王的礼遇。但过了一段日子后，西周王心中也有些畏惧，担心收了韩国宰相的仇敌后会遭到韩国的报复，这实在是一件很危险的事。西周王一时不知该如何处理才好。这时有一位游士，在得知国王的苦衷后，对西周王说："大王请不必为此事心烦，若韩国过问此事，你就可以这样回答说：'得知韩国宰相遭刺未遂，恰遇阳坚途经此地，我们认为可疑，曾把他在此拘留，以待贵国指示，可是过了一段日子仍然没有韩国方面的消息，我们以为拘留阳坚是错怪了他，于是我们就把他给放了，现在早都不知道又逃到哪里去了。'"

淳于髡(约前386—前310年),黄县(今山东省龙口市)人,战国时期齐国的政治家和思想家。齐之赘婿,齐威王拜其为政卿大夫。淳于髡身长不满七尺,滑稽多辩,数度出使诸侯,未尝屈辱。淳于髡以博学多才、善于辩论著称。长期活跃在齐国的政治和学术领域,上说下教,不治而议论,曾对齐国新兴封建制度的巩固和发展,对齐国的振兴与强盛,做出了重要的贡献。

　　这位游士给西周王出的主意不错,这段编造的谎话,让韩国也感到有了面子,至于兴兵犯境,总是于情于理不合,更不会得到诸国的同情。辩解,可以说是相当的费事,而需要辩解的人大多处于弱者的立场。既然是处于弱者的地位,多少说些谎言,并出于善意的立场,善意的动机,相信站在客观的第三者的立场就能够容忍,能够谅解,甚至还会报以某种称赞与欣赏。

　　一次,齐王召见淳于髡(音同昆)要他出使楚国,并要他将一只鹄鸟作为贡品献给楚王。鹄鸟是一种白色羽毛的鸟,相传是仙人所乘的那种鸟。但这种事让淳于髡有些犯难,鹄鸟虽然象征吉祥,但不是什么名贵的东西,送礼这就显得太薄了一点儿,也不知齐王动的是什么念头,竟拿一只鸟来作贡品,他作为使者,会让人家怎么看呢?而且,从齐都到楚都关山万里,要辗转一个多月才能到达,单为送一只鸟,真不是什么值得干的差事。没办法,王命难违啊。于是淳于髡带着鸟上路了。刚走出齐都,淳于髡就把鸟笼打开,把白鹄鸟放生了,只带着空鸟笼来到了楚国。淳于髡面对楚王说:"我是齐国使者,齐王为表示对大王的友好,特派我不远千里带一只美丽的白鹄鸟来献给您。在途中经过一条大河,鹄鸟要喝水,我打开鸟笼给鹄鸟填水的时候,一不慎,鹄鸟钻了出去就飞走了。为了此事,我非常自责,本想自杀了事,但又想,我有辱王命死固不足惜,但如果消息传出,人们会以为我们齐王为一只鸟儿逼的使臣而自杀,有损齐王形象。后来又想,鹄鸟在市面上有卖的,不如买一只来充数献给大王,也可以完成使命,不过这样一来就犯了欺君之罪,买来的鸟再好,它也不如齐王先给您的那只啊。我也想到要逃亡到别的国家的念头,可又怕此举有损两国关系,传达不到齐王对楚王您的一片好意,责任也是太重大了。想来想去,只好提着空鸟笼来见您,我已知自己的过错,诚请大王处罚。"

"战略"思维
"STRATGIC" THOUGHT

楚王听了淳于髡这一番话后，很受感动，又怎么会为一只鸟而生气呢？楚王感叹齐王身边有这等忠诚的人物，可见齐之君臣都是可敬的，楚王非但没有生气，还送了许多的礼物。淳于髡放鸟之举，表面上是有违王命，但王命的目的是十分清楚的，无非是表示两国的友好。既然是为了友好，那么表达友好的方式就有许多，淳于髡说的一番友好而深切的"谎言"，打动了楚王，同样也起到了最佳的效果，这是弱者对于强者的谎言。

那么，强者对于弱者来说，强者深知，人都有经不起利益诱惑的弱点，只要略施小利以诱惑对方，即使是弥天大谎也会得逞。张仪在秦国为相时，秦国的国力日渐强大，中原各国中的韩赵魏等国联盟对抗秦国，而东方大国齐国也与南方大国楚国结为同盟对抗秦国。一时间秦国不敢在军事上轻举妄动。为了"连横亲秦"张仪决心从齐楚联盟入手，以瓦解"合纵抗秦"的战略。张仪带着满肚子谎言出使楚国。当时的楚国是怀王在位，楚怀王对张仪来访很是重视，并亲自到馆舍看望张仪。楚淮王对张仪说道："你辛苦了，宰相此次出使，不知有何见教？"

张仪说："此次来访贵国主要是为了加强我们两国之间的信任和友好。不过贵国与齐国结盟，倒让我国深感不安！我国非常希望与贵国建立长期的友好关系，为了表达我国的诚意，只要贵国与齐国断交，我国愿意以土地换和平，将商於之地六百里给楚国。"楚怀王虽然对张仪的来访有所戒备，但在利益面前，他还是动心了。为此，楚淮王急忙召集群臣商议此事。

大臣陈轸进言道："依臣观察，张仪此举不善，他所说的要献商於之地六百里，这可是一个诱饵，目的是要破坏我们与齐国的联盟，秦为什么要重视楚呢？为什么要献地六百里给我国呢？原因就在于我们与齐国的联盟，使秦国不敢妄动。如果我们与齐国断交，那么楚即陷入孤立，而奉献六百里土地给一个孤立无缘的国家也是不可能的。张仪回国后，不但会毁约，反过来与齐联盟共同来攻打我们楚国，这也是他们的计谋。大王千万不要上当啊。如果大王非要商地不可，依臣之见，可表面上答应张仪，暗中派人监视他的行动，这才是明智的。如果此时就宣布与齐国断交，秦割地的事定会拖延。我们一定要秦先行割地，否则与齐断交之事免谈。请大王三思。"

陈轸确实是一位人才，他的话都在后来的事实中不幸言中。然而贪图小利的怀王，听不进忠言，抵不住张仪的诱惑，终于答应了张仪，正式宣布与齐国断交。

陈轸,战国时期纵横家、谋士。善于编织故事,比如画蛇添足、卞庄刺虎等成语出自他手。陈轸凭借口舌之利,为齐国击退楚国大军。甚至张仪要陷害他,都被他巧妙地运用讲故事的方式化解。即便是强大的秦王,也经常听他的主意,甚至还因此大败敌国。

然而张仪归国后,却借口身体有病躲了起来。怀王为求割地心切,竟派人到齐国面辱齐王,以示断交是真。齐王怎能受此大辱,也马上转变立场和秦国建立了联盟关系。陈轸担心的秦齐联盟果然也出现了。到了这时,张仪病也好了,他向楚使宣布"将秦之国土六里四方割让给楚。"楚使大惊,急忙回国向怀王报告。怀王一听不由怒气冲天,立刻下令发兵,攻打不讲信誉的秦国。这时大臣陈轸再次谏言:"目下不能攻打秦国,反而要与秦联合攻击齐国,这样才可能由秦国不能给我们的土地从齐国的手中得到。"被恼怒冲昏了头脑的楚怀王听不进去,发兵攻秦,结果被秦齐联军大败,反而以割让两个都邑给秦,才又求得了一次短暂的和平。这是强者对弱者使用的诈术或骗术,是非常成功的例子。

说到这里,我们看到"谎言"实际上是一把双刃剑。谎言是虚的东西,在伤害别人的同时,到头来也会伤到自己。秦武王在位时,曾对前来投奔秦国的公孙衍说:"以你的才干,将来我可能要任你为宰相。"此话被当时的宰相甘茂听到了,他心中很不安,于是他在武王面前说:"听说大王得到一位贤相,甘茂特来道贺!"武王很吃惊,问:"此话何来,我如此信任你,你所言贤相一事何指?"甘茂说:"听说不久要让公孙衍当宰相。"武王说:"这话你是从哪里听来的?"甘茂说:"公孙衍亲自对我说的。"作为君主,当然讨厌轻易流露自己机密的人,再有才干也因此而不被信任。公孙衍被莫名其妙地驱逐出秦国,而他却一无所知。甘茂用谎言做武器,一剑就置对手于死地,保住了自己宰相的宝座。不过,甘茂却也因为谎言终为自己付出了沉重的代价。

谎言如果是出于善意之心,本无可厚非,但如果出于恶毒之用心,那是不可原谅的,因为世上本来就有善恶之分,是个大是大非的问题,任何人都要有

"战略"思维

个正确的态度,即惩恶扬善,明辨是非。正是由于现代社会里谎言连篇,比比皆是,所以才需要拿出来让人知道说谎者的技术、技巧、故事及心理因素。展示谎言,实质就是为了辨别谎言。为了识别谎言,就要训练自己判断的能力,观察的能力。同时,我们在前面说了,"实"是主流,"虚"是支流,我们在强调主流的同时,也不能忽视支流所起的作用。虚虚实实,也就是要"虚实"兼备,做人既不能太虚谎,也不能太实在,这是现实社会,但不论怎样说,要有这方面的心理优势。

10.6 【收拢人心刻不容缓】

[关 键 词] 收揽人心　以德报怨　驾驭人心

[关键人物] 吴起　孙子　赵奢　郭解　张汤

所谓"人心齐泰山移",收拢人心正是为了要达到"泰山移"的效果。我们看例子一:

战国初期的名将吴起是中国历史上的军事家和政治家,他在魏国任将军时,衣食住行与士兵相同,处处以身作则。一次,他看到军中的一位士兵生了脓疮而苦不堪言,在这种情况下,他俯下身去用嘴把脏乎乎的脓血吸干净,又撕下战袍把士兵的伤口仔细包扎好,在场的士兵无不为大将军的举动而感动。后来这位士兵的老乡回家乡便把这件事告诉了士兵的母亲,老母听后大哭不已。当别人问时,她说:"其实我不是为儿子的伤痛而哭,也不是为吴将军的爱兵如子而哭。前年,吴将军用类似的做法吸取过我丈夫的脓血。后来我丈夫为报将军的恩德,奋勇杀敌,结果死在了战场之上。这次又轮到我儿子的身上,我知道儿子的生命已危在旦夕了,所以我为此而哭。"

吴起(前440—前381年),中国战国初期军事家、政治家、改革家,兵家代表人物。卫国左氏人。吴起一生历仕鲁、魏、楚三国,通晓兵家、法家、儒家三家思想,在内政、军事上都有极高的成就。在楚国时,曾主持"吴起变法"。后因变法得罪贵族,遭其杀害。唐肃宗时位列武成王庙内,被称为武庙十哲。宋徽宗时被追尊为广宗伯,为武庙七十二将之一。

第10章 怎样看待心智历练？

这位老妇以自身经历，知道这种收揽人心的办法，可以让人为之献出生命，对儿子的命运也有不祥的预感。吴起的战绩辉煌，成功的因素是多方面的，但他深知收揽人心的重要，特别是战争的环境，要想取得胜利，没有士兵齐心协力的奋勇作战，那是不可能的。对此，如何收揽人心，《孙子兵法》有一段记述是这样的："对于部下的惩罚需要相当的注意，在部下们没有了解自己作为的结果之前，如果犯了小的过错就不要处罚他们，否则他们不会心服。对上司不心服的部下就不好管。反过来，如果已经完全了解，犯了过错又不处罚，就会形成坏的惰性，任其发展也使管理成为不可能。"

孙子还说："对部下要有温情，常常接触，建立信任。同时要并行以严肃的军纪。两者兼备才使战争中可做到令行禁止，拼死效命。"可见他是非常注意臣服人心的。

再看例二：

收揽人心也是为了驾驭人心，所以必须要宽严兼济，恩威并举。孙子为表现其驾驭人心的能力，在训练宫女时可谓"杀一儆百"。

孙子将宫内一百八十多位美女分为两队，各执矛在手，分别由吴王的两位宠姬当队长。孙子向众人训令："今天不是做游戏，是真正的军事演练，希望大家听我的命令。我说向前，你们就看胸部；我说向左，你们就看左手；我喊向右，你们就看右手；我喊向后，你们就回头看背。"

孙子（约前545—约前470年），名武，字长卿，春秋末期齐国乐安人。中国春秋时期著名的军事家、政治家，尊称兵圣或孙子，又称"兵家至圣"，被誉为"百世兵家之师""东方兵学的鼻祖"。其著有巨作《孙子兵法》十三篇，为后世兵法家所推崇，被誉为"兵学圣典"，置于《武经七书》之首。他撰著的《孙子兵法》在中国乃至世界军事史、军事学术史和哲学思想史上都占有极为重要的地位，并在政治、经济、军事、文化、哲学等领域被广泛运用，成为国际上最著名的兵学典范之书。

孙子解说完毕开始操练，鼓声一响，他喊："向右！"这时，宫女们有的动了，

"战略"思维
"STRATGIC" THOUGHT

有的没动,多数人你瞅我,我瞅你,嘻嘻哈哈,乱作一团。孙子重复了前面的要求,并说:"刚才大家不甚明了,号令不清,是我的错。接下来,若再不执行命令,就要追究队长的责任。"说完鼓声又响,重新发布命令,然而,宫女们仍然是笑个不停。尤其是两个队长,哪里把孙子的军令当回事,带头嬉耍不停。孙子说:"有令不行,是队长的错。刚才已饶恕了一次,这次按军法当斩。"

吴王一听刚要制止,孙子已飞步入队,手起剑落,将两个任队长刺死,众人无不惊骇。孙子继续任命新的队长,并三声鼓响,发布新的命令。此时全队肃然,动作整齐,一一按令行事,把孙子的阵法演给吴王看。

孙子怒斩宠姬与吴起爱兵如子,其实都是为了收拢人心,只是形式和方法不同而已。

中国人无论是行军打仗,还是经商管理,都很重视"天时、地利、人和",这是中国人最传统的研究策略,只有在天时、地利、人和三者之间都有利的时候,这才进行决策。然而三者之中"人和"者当属重中之重,人和往往决定一切。所谓"得人心者得天下,失人心者失天下。"

例三:赵奢为战国中叶赵国名将,其儿子赵括自幼熟读兵书。由于是将军之子,再加上别人的刻意奉承,渐渐不知天高地厚,评古论今。赵奢对儿子的学问虽然很满意,但他也渐渐看到儿子的致命弱点,对此他对妻子说:"此子饱读诗书,也深晓兵法,但却是口头上的学问,特别是他又那样的骄狂,将来恐误国家大事。"所谓知子莫如父。

赵奢死后数年,秦兵来犯。秦军使用离间计,将当时赵军主帅廉颇从主帅的位置上拉下来。而赵王却任命赵括为主帅。为此,赵括的母亲据丈夫的嘱托,向赵王说:"赵奢在日,虽官拜将军,但平生谨慎,从不骄狂。他受大王厚爱,每次奖赏的礼物他都分赠给部下,每当受命出阵,他都专心研讨战略。但我儿赵括却与其父完全相反,升任将军之日,只会耀武扬威,大王赠予的金子全都用于自己挥霍。以我的观察,我儿恐难继承父志,今为国家社稷着想,建议大王免去他的职务为好。"然而,赵王并未深思详察,坚持了原来的任命。可结果,赵括在"长平之战"中被秦军打得落花流水,近四十万赵军被秦军坑杀,赵国因此而元气大伤。赵括死读兵书,性情骄狂,造成士卒心离,这就必然在情势危急时,无人效命,更无法力挽危局。战略战术固然重要,但如果得不到兵卒之心,那是不可能打胜仗的。

第10章 怎样看待心智历练？

弱势的刘邦,为什么能打败号称霸王的项羽呢？在这里,我们不提战略方面的问题,只是就刘邦和项羽二人品质方面加以说明。刘邦对待部下有两个特点:一是从善如流,听得进不同意见,采人之长;二是物欲淡薄,战利品全部分给部下。再看项羽,也有两个特点:一是过分自信,气量狭小,刚愎自用;二是过于贪婪,每战所获奇珍异宝,把玩在手,不能割爱,致使手下的战将对他不满,逐渐离心离德,甚至对有功的部下,理应按功行赏,他都犹犹豫豫,给部下加功就好像从自己身上割肉一般难舍。这些都是项羽缺乏成王者之业的品质的表现。

在对待民众方面,刘邦攻下咸阳时,对咸阳宫里的宝物及美女分毫未取,并将军队撤退至霸上屯驻,并公布"约法三章"。而项羽呢,他一进入咸阳,便大肆劫掠,烧了王宫,分了宫女。咸阳的民众经过对比之下,当然是甘心接受刘邦,而项羽人心向背则是不言而喻了。所以,天时地利固然重要,但人和不仅重要而且决定一切。

赵奢,嬴姓,赵氏,名奢,赵国邯郸人(今河北邯郸),赵武灵王之子,战国时代东方六国八名将之一,简曰马氏。主要生活在赵武灵王到赵孝成王时期,享年60余岁。赵奢作为良将,有着高尚的品格。他不徇私情,"受分之日,不问家事"。其子赵括少学兵法,自认为"天下莫能当"。赵奢以此"不谓善",他忧虑地对妻子说:"兵,死地也,而括易言之。使赵不将括即已,若必将之,破赵者必括也。"而他的忧虑,最终得到应验。赵奢死后,赵括为将,果然在长平之战大败于秦军,为秦军所杀,赵军全军覆没被坑杀四十余万。

赵奢 [战国] 清人绘

例四:收揽人心决不能好客图名,否则也不能期待在关键时刻人人都能现身相助。孟尝君手下食客三千,那是因为孟尝君有雄厚的物质基础作保障,以稳固人心。然而,当孟尝君失去宰相之位后,再看手下的人,一个个都离他而去,孟尝君的好客图名终遭背弃。可是孟尝君再次复出担任宰相时,孟尝君对忠心于自己的一名食客冯谖说:"你看到了,在我丢掉宰相之位后,这些人一一离我而去,这次复位,那些离我而去的人如果敢回来,我一定要羞辱他们不

"战略"思维
"STRATGIC" THOUGHT

可。"可冯谖说:"人,有生必有死,这是自然规律。富贵多友,贫贱少友,这也是必然的。我们不能责怪他们,世态人情本来如此,何必耿耿于怀,而绝用人之路呢?"

人世间有富有贫,有贵有贱,趋富贵而轻贫贱,一般的人很难超俗,然而对于有志者,襟怀必须宽宏,能容常人所难容之人之事,善于弃人小恶而成己之大德,只有这样才能众望所归,使天下英雄豪杰都为我所用。《史记》里有这样一句话:"世有孟尝君好客而得意",说明他品性还很肤浅,好客是为了炫耀身份和地位,而并非收揽人心,所以才有"人走茶凉"的炎凉世态。后来,孟尝君接受了冯谖一番洞晓世事、练达人情的话后,为自己的后半生创造了"毫无纤芥之祸"的生存空间。

冯谖对孟尝君说的一番话,其实就是在教孟尝君能够以德报怨,这是一种高尚的境界,也是一种大智慧。

例五:汉武帝时有一位叫郭解的大侠,年轻时脾气暴躁,但豪侠义气高人一筹。随着阅历的增加,逐渐成熟而稳重,尤其在个性修养方面有明显的进步,于是各方面的人也相继对他表示敬意,就是走在路上,相遇的人都自动地让路而表示敬意。有一次,一位陌生男子明明看见郭解向自己走来,他却躺在路中央,伸出双脚意在让郭解跨越而过,郭解心中当然不高兴,停下来让随从去问问那男子的姓名,他的随从误以为是郭解动气暗示他去杀掉那人,拔刀就要下手,郭解见状马上阻止说:"被人轻视一定有原因,也可能是我的错,不要轻易开罪于人,我们回去吧。"郭解回去后,他拜会了村长并提出一个请求:"以后服兵役时,请你从簿子上除去他的名字,这件事对我关系很大,请您务必帮忙。"后来,几次兵役交替时,那男子的兵役义务都被免掉,他感到不可思议。于是去问村长,村长推脱不过,只好将郭解相托的实情告诉了这个男子。这个男子大出意外,从心里被深深地感动。这件事传出之后,江湖侠客们为此更加敬重郭解。

第10章 怎样看待心智历练？

郭解，字翁伯，汉族，河内轵（今济源东南）人，其父亲因为行侠，汉武帝时被诛，郭解后成为西汉时期的游侠。郭解身材短小精悍，貌不惊人，性格沉静，勇悍，不喝酒。年轻时心狠手辣，恣意杀人。成年后改弦更张，重新做人，成为受白道黑道敬仰的人物。司马迁评价道："然天下无贤与不肖，知与不知，皆慕其声，言侠者皆引以为名。"

还有一次，洛阳某人因与他人结怨而心烦，多次央求地方上的有名望的人士出来调停，对方就是不给面子，后来他找到了郭解的门下，请他来化解这段恩怨。郭解接受了这个请求，亲自上门拜访委托人的对手，并做了大量的说服工作，最终才使这人同意了和解。按常理，郭解办完了委托人求办的事后，也就可以收场了，可郭解还有高人的一着棋，有更技巧的处理方法。他对那人说："这件事，听说过去有许多当地名人出面调停过，但因不能得到双方的认可而达成协议，这次我很幸运，你也很给我面子，总算了结了这件事。但我很为自己担心，我毕竟是外乡人，在本地人出面不能解决问题的情况下，却由我这个外地人完成了和解，未免使本地的那些名人会感到丢面子，这件事这么办，请你再帮我一次，从表面上要做到让人以为我出面也解决不了问题，等我明天离开此地，本地几位绅士、侠客还会上门，请你把面子给他们，算作他们完成此一美举吧，拜托了。"这件事的结果，使郭解的声望越来越高，郭解不炫耀自己，在已经做过的事情上却得到了两倍的收获，这是高超的技巧。

例六：在现代企业中最不得人心的领导人就是独断专行的人物，他们只对自己充满信心，对部下的所为总是充满挑剔的眼光，缺少体谅，缺少鼓励。常常会因为信不过部下的工作能力，而自己亲自来做。这既损伤了部下的自尊心，又遏制了部下发挥创造性才能的锻炼机会。一到最关键的时候，他终会发现原来自己身后一个人都没有。他们认为只有自己才是最有才能的人，可实际上，他们是最平庸的上司，他们只会贪功诿过。而高明的上司，他却会反其道而行之，将功劳和荣誉毫无保留地让给他的部下或周围的人。

张汤是汉武帝手下的副宰相，他从地方官做起，一级一级升上来，是个头脑清醒办事有方的人。他在处理人际关系上就有很高的技巧。对朝中重臣，

"战略"思维
"STRATGIC" THOUGHT

他自然谨慎奉和,对不喜欢的人,也从不流于言表。更高明的还在于常委婉地让功劳于部下,以此收揽人心。一次,须由皇帝亲批的案子,张汤擅自做主做了裁决。皇帝为此责问张汤,张汤当然只有谢罪,并按皇帝的旨意重新办理。张汤不放过任何一个机会,他除了谢罪认罪之外,又对皇帝说:"刚才皇帝指责的这一点,某某人曾向我提醒过,主张一定要请皇上亲自批阅后再办,但由于我没有采纳他的意见,才有今天的过错。"明明自己错了,却还要从中找出一个当皇帝面褒奖心腹的机会。对于提上去的案件,其处理意见得到皇帝赞许时,他又说:"这个案子不是我亲自办的,是某某一直在具体经手,他的意见很成熟,我只是全部采纳下来,呈给皇帝参考罢了。"无论是对是错,他都不放过任何一个机会,努力地给下属创造机会。

人人都有得到别人理解与承认的需求,若能满足这种需求,你将得到最大的回报。中国自古就有"士为知己者死"的传统,而在现代社会中,有许多的人也愿在能承认自己能力的上司手下服务,否则也会另谋他途。

其实,收揽人心最根本的东西,还是要靠人格的力量,权威来自于人格的力量,有了人格的力量,虽无权而自威。丧失人格,则有权而无威。人格的力量来自于一贯的生活态度、作风习气、品性修养以及能力和良好的人际关系。

张汤(?—前116年),杜陵(今陕西西安东南)人,因为治陈皇后、淮南、衡山谋反之事,得到汉武帝的赏识。张汤先后晋升为太中大夫、廷尉、御史大夫。颇受武帝宠信,多行丞相事,权势远在丞相之上。公元前116年,被朝中重臣诬陷,被强令自杀。死后家产不足五百金,皆得自俸禄及皇帝赏赐。张汤用法严酷,被称为酷吏,但为官清廉俭朴,被后人称为古代廉吏。班固评价说:"其推贤扬善,固宜有后。"

10.7 【深藏玄机强化定力】

[关 键 词]定力 处变不惊 临危不乱 斗鸡师 呆若木鸡

[关键人物]林冲 谢安 扬子 纪洁子

何谓"玄机"?按照字面的意思就是指深奥玄妙的道理。在这里我们指的是一种很深的韬略和意境。那么,它反映在什么地方呢?对此,宋代文豪苏轼

第10章 怎样看待心智历练？

回答得很好,他说:"天下有大勇者,猝然临之而不惊,无故加之而不怒。"可以说这是表现了一个人所持有的很强的心理定力。如何深藏玄机,就是要在强化心理定力方面多下功夫。深厚的心理定力能让人"处变不惊,临危不乱",而浅弱的心理定力,却容易让人"乱发虚势",也就是匆忙乱摆架势,这样的人很容易让人看出破绽,被别人一举击倒。在《水浒传》中,就有这样的例子。林冲在当了八十万禁军教头之后,其中一位洪教头不服,于是就要和林冲比起武来。洪教头冲着林冲连喊三声:"来!来!来!"结果被林冲抓住破绽一脚踢翻在地。就在洪教头摆开架势连喊"来!来!来!"时,林冲站稳脚跟深藏不露,看出破绽后,这才一脚将其踢翻,显示出了林冲处变不惊、临危不乱的勇者气质,也看出林冲较为深厚的心理定力。

在《庄子》里有一段非常有名的故事:从前有一位斗鸡师,名叫纪洁子,他对于当时流行的斗鸡很是在行,很多人都非常佩服他调教斗鸡的本事,于是,他的名声就传到了周宣王那里。周宣王是个贪图享乐的人,特别喜欢在当时很流行的斗鸡比赛。于是,他派人叫来纪洁子,命令他给自己训练一只能战胜所有对手的斗鸡,纪洁子答应了。

林冲,《水浒传》中的人物,绰号豹子头,东京人氏,原是八十万禁军枪棒教头,因其妻子被太尉高俅的养子高衙内看上,而多次遭到陷害,最终被逼上梁山落草。后火并王伦,尊晁盖为梁山寨主。他参与了梁山一系列的战役,为山寨的壮大立下汗马功劳。梁山大聚义时,排第六位,上应天雄星,位列马军五虎将,把守正西旱寨。抗击来围剿梁山军的官军、侵略北宋的辽国和剿灭国内造反的田虎、王庆、方腊势力时屡立战功。征方腊后病逝于杭州六和寺,追封忠武郎。

十天之后,由于周宣王实在等不及了,就直接找上门去催问:"我的鸡训练的怎么样了,可以打斗了吗?"纪洁子说:"还不行,您的鸡虽然长得英武,但乱发虚势,自以为强。"宣王回去了。

又过了十天,周宣王又迫不及待地上门催问:"这回我的鸡该可以打斗了吧!"纪洁子说:"还是不行。您的鸡只要听到声音就摆起架势,这是虚张声

"战略"思维
"STRATGIC" THOUGHT

势。"宣王听后很无奈。

又过了十天,这回可是纪洁子主动去找宣王。纪洁子说:"大王您这回可以取回自己的鸡了,别的鸡一叫,您的鸡却什么反应都没有,从稍远一点的地方望去,您的鸡就像是木头做的,这表示您的鸡已训练出效果了,这样的鸡虽然很呆,但却是战无不胜的。"结果,这只经过纪洁子调教的斗鸡,往斗鸡场里一站,呆若木鸡,而别的斗鸡一看都纷纷败逃而窜。

这篇故事,其含义在于喻事喻人,真的是"不可言传,只可意会"。所谓"不言之言"表现出的正是一种很深的韬略和意境。三国时期孔明,面对五路进犯西蜀的魏军,不出家门,运筹帷幄便决胜千里之外,将五路大军一一击退。所表现出的"处变不惊,临危不乱"的智者风范,为后人所敬仰,其深厚的心理定力更非常人可比。

下面介绍一位东晋时代的人物,名叫谢安。

谢安出身于名门贵族,且有高雅的情趣与学问修养,过着优裕而清闲的生活,很受人羡慕。当时的中国,是处于混乱的历史时期,王朝更废频繁,而此时异族的危险一步步临近,就在这个时候,许多有地位的人都力主谢安出面主持朝政,辅佐王室。于是,谢安在重臣的呼声中接任了宰相职位。他任宰相的时代,环境并不好,当时最大的威胁就是北方异族南下入侵的事实,这个时候担任宰相,责任是非常重大的。首要的任务就是防止北方异族的进犯。而谢安本人是位文官,又不会带兵打仗,为此,选谁为最高军事指挥官是谢安最关心的大问题。经过他细心的调查和了解,他举贤不避亲,正式启用自己的亲侄子谢玄为前锋,自己的弟弟为大都督。

不久,前秦大军号称百万向东晋攻来,当时东晋的兵力能在前方御敌的人数,不过八万人,两相对比,力量悬殊,差距很大。为此,朝野上下人心惶惶,而只有谢安能保持平静的心态在朝中主政。谢玄在出兵前,去叔父谢安那里告辞,并就一些重大的战略方案求教叔父。谢安则态度安然,表情平淡,与平日没有什么两样,只是淡淡地说了一句好话:"你的想法我都知道了。"谢玄告别叔父归去,心中仍很纳闷,于是就派手下人去叔父家相机请教。而手下人回报说:"谢安正在后花园与友人饮酒。"谢玄更是感到不安,随后也亲自赶到后花园,刚想开口,叔父一把拉他坐下,要与他下围棋一决高低。

第10章 怎样看待心智历练？

谢安（320—385年），字安石，号东山，东晋政治家，军事家，浙江绍兴人。历任吴兴太守、侍中兼吏部尚书兼中护军、尚书仆射兼领吏部加后将军、扬州刺史兼中书监兼录尚书事、都督五州、幽州之燕国诸军事兼假节、太保兼都督十五州军事兼卫将军等职，死后追封太傅兼庐陵郡公。世称谢太傅、谢安石、谢相、谢公。谢安多才多艺，善行书，通音乐。性情娴雅温和，处事公允明断，不专权树私，不居功自傲，有宰相气度。他治国以儒、道互补；作为高门士族，能顾全大局，以谢氏家族利益服从于晋室利益。王俭称其为"江左风流宰相"。张舜徽赞其为"中国历史上有雅量有胆识的大政治家"。

谢安在国难当头，还如此放纵，其实这里是深藏玄机，藏而不露。这是一场力量悬殊的战争，如何取胜就连谢安心里都没底，但是，当着谢玄的面，就不能流露出一丝的担心，不然的话，只会加重谢玄的压力，于事无补。保持平稳的情绪，不让部下察觉到主帅的忧虑，反而能使前方将士冷静下来认真研究问题。对于谢玄提出的战略战术问题，谢安避而不谈，只说了一句话："你的想法我都知道了。"这句话带有很强烈的心理暗示：你的想法我都同意，我没有什么可补充的话，你就放开手脚精心准备吧，打仗是你的事，我不干预。

就这么一句话，言少胜言多，无言胜有言。后来，谢玄真的是不负众望，创造了中国古代军事史上著名的战役"淝水之战"，成为古代军事史上以少胜多的著名范例。前方大捷的消息传来，谢安还在与友人下棋，看过战报之后，又轻轻地放下，继续下棋，脸色毫无变化。当友人询问发生了什么事情时，谢安才平静地说："小侄已将敌军打败了。"

在这里，我们从中看到，谢安在大难之际，处变不惊，临危不乱。在胜利之后也不喜形于色。尤其是在危急关头，坦然处之，用这种沉稳的态度给对方造成积极的心理影响，将人心忧虑、动摇防止到最小限度，帮助对方首先在心理上赢得信心打胜仗，这就是谢安深藏的玄机所在。

深藏玄机者，往往都是大智若愚。所谓"寓大巧于至拙，藏大智于极愚，人生修炼如此，可谓炉火纯青矣。"

"战略"思维
"STRATGIC" THOUGHT

战国时代，有位思想家名叫扬子，主张"利己"主义。有一天，扬子想要向当时著名的思想家老子讨教一些问题，当得知老子去了秦国后，杨子为表示自己的诚意，在老子归途必定要经过大梁的地方住下，专门等候老子的归来。终于扬子在此地等到了老子。然而，老子不管扬子是否虚心求教，见面之后就直言教训扬子，说："我以前认为你还值得一见，不想今日见面，我再也不想看到你了。"老子说完掉头就走，一点面子也不给扬子。扬子并不灰心，默默地跟在老子后边，到了老子的住处，进屋之后，扬子又跪下求教说："先生在大梁说的话，是我平生没有遇到过的训诫，越如此，越请先生坦白地把话讲完。"老子有感于他的态度，也就说出自己真实的想法："好吧，那我就告诉你，其实我的话只有一句：你要装的更愚蠢一点才合适。"老子说完就再不开口。

扬子听到这话以后深感羞愧，对自己来说这话真是金玉良言，一语道破。想当初到大梁时，自己大摇大摆，一副居高自傲的思想家气派，像个了不起的大人物，客栈的客人都谦让他，店主恭维地说话都不敢抬头，店小二打洗脚水送进门不算，还为他脱鞋去袜，他出去吃饭的时候，别人都得立即让位子。这一切的虚荣回想起来是真的很好笑。反思起来，自己聪明外露，与人争锋强辩，常计较一日之短长，这不像个深沉的思想家。老子叫他变得更愚蠢一点，是击中了杨子的要害。从此，扬子完全变成了另外一个人。

杨子（约前395—约前335年），名朱，杨姓，字子居，魏国人，中国战国初期伟大的思想家、哲学家。杨子主张"贵己""重生""人人不损一毫"的思想，是道家杨朱学派的创始人。在战国时期，有"天下之言不归杨则归墨的现象"，可见其学说影响之大。

10.8 【提高判断能力洞察人心】

[关 键 词] 识人　察人　言与行　察言观色
[关键人物] 孔子　孟子　墨子　李克　孟尝君

了解一个人，认识一个人，虽然不是很容易，但也并不是很难的事。说他很难，那是因为人都有着伪装和掩饰自己的心理倾向。因为人一旦完全地袒露给对方时，自己的安全就会受到某种挑战，任何人都不会毫无顾忌地把自己

第10章 怎样看待心智历练?

逼到危机的境地,这是正常的心理反应。说它不难,那是任何人都需要通过自己的言行来表达自己的意志。既然人必然有"言"或"行"的表现,那么,我们就不难从中去认识一个人。当然,这种言或行是否是伪装或掩饰下的表现呢?还是从内心流露出的真实表现?这就需要我们对其言行进行必要的判断。那么,你有没有这样的判断能力呢?如果没有,那你就必须要去培养这种判断能力。

在对人的观察方法上,中国古代春秋战国时期的孔子和孟子,就早已经为我们提供了独到的见解和方法。孔子主张以看人的"行为"作为判断的基准。而孟子则侧重看人的"眼睛"来进行判断。我们先说孟子,孟子认为,观察一个人的为人,没有比眼睛更加诚实的,每一个人的眼瞳都无法隐藏住心里的秘密。这和我们当今的人说的"眼睛是心灵的窗户"大体上是一致的。他认为,一个人只要心正,眼瞳必定明亮而稳定,而内心歪的人眼瞳不明而浊并闪烁其中,不管对方想尽办法来隐藏,只要是在面对面的交谈中盯住他的眼睛,他就无法隐藏住心底的邪恶。观察对方的为人,要注意他的眼睛,这是孟子很有见解的方法。但是,这种方法必须要经历长期的训练而非一夕之功才能形成,通过眼睛来观察他的为人,辨别真伪,这种直观的判断必须要有深厚的功力才能做到。

孔子所主张的观察人的方法,主要是看人的行为。他认为"君子的口词爽利,不如实践上扎实才好",尤其是在"言"与"行"相并时,孔子认为重点应放在"行"上。他说:"能说得出来,但却不表现在行动上,我会很不安心。"意思就是说,说的和做的要一致这才真实,如果说的和做的不一致,那就不是真实的。当然我们不排除说的和做的都存在伪装的可能,但这要看动机和目的是什么,分析之后,就不难对一个人有一个基本的认识。总之,综合孔子和孟子的观点,前人对孔孟的观人之法做了总结,那就是"听其言、察其色、观其行"。"听其言"就是要分析对方所说过的话;"察其色"就是要察看对方的眼色;"观其行"就是要观察对方的行为。孔孟观人之法,距今已有两千多年了,对于今天的人来说,依然是我们观察人的主要方法。

在战国时期,还有一位大思想家墨子,在评价人物的方法上与孔子很接近,都主张观人要看其"行为",只是墨子在观人"行为"的同时,特别重视对"行为"的动机和目的进行调查。有一次,鲁王向墨子求教说:"我有两个儿

"战略"思维
"STRATGIC" THOUGHT

子,一个喜欢读书,一个喜欢施舍,这两人中谁可立为太子?"墨子回答说:"喜欢读书,喜欢施舍,这都是好的行为,但是,为了某种隐秘的利益或需要而这样做的可能性很大,所以,要立太子,应首先考察他们为什么要这么做,目的在哪里,查清了这些问题之后,立谁为太子,自然不需要征求别人的意见了。"

墨子,名翟,东周春秋末期战国初期宋国人,是宋国贵族目夷的后代,生前担任宋国大夫。他是墨家学派的创始人,也是战国时期著名的思想家、教育家、科学家、军事家。墨子是中国历史上唯一一个农民出身的哲学家,墨子创立了墨家学说,墨家在先秦时期影响很大,与儒家并称"显学"。他提出以兼爱为核心,以节用、尚贤为支点。墨子在战国时期创立了以几何学、物理学、光学为突出成就的一整套科学理论。在当时的百家争鸣中,有"非儒即墨"之称。

还有一位法家的先驱,名叫李克,是一位著名的政治家。在他担任魏文王的政治顾问时,魏文王曾征求他关于宰相人选的意见。当时朝中呼声最高的当属魏成子和翟黄二人,这两人都是魏文王的重臣,才能和学问都很好,很难分出高低,文王对此也拿不定主意。那么谁来出任宰相呢?为此,文王来征求李克的意见。李克没有正面回答文王的问题,而是向文王提出了判断行为的五个标准:即不遇之时和谁最亲;富裕之时给谁最多;在高位时录用何人;陷窘境时有否不轨;出贫乏时有否贪取。

李克的这五个标准,并非针对人的才能和学问,所论的都是人的资质,也就是从人的行为中来判断人的资质。文王依据这个标准将两人往里套,在比较过程中文王发现,翟璜推荐的人才,都是文王的下属,地位比翟璜低,像吴起、西门豹、乐羊等,而魏成子推荐的人才却都是文王所敬仰的老师,像子夏、田子方等,他们的名声都在魏成子之上。翟璜推荐的人才也都不错,但与魏成子相比,在推荐人时的那种微妙的心理差别逊人一筹,这一点被文王察觉了出来,最后,文王终于选定了魏成子为相。

我们再看一个以行为来察看其心的例子:

齐国,在齐闵王的时代,齐国势日渐衰落。就在这个时候,闵王的正室去世了,那么由谁来补位呢?作为宰相的孟尝君当然很关心。因为正室长久空着总不是办法,而且后宫正室的确立有时对政治的影响会很大,因此正室的确立相当敏感。身为宰相,孟尝君对此不关心又不好,关心呢,又怕摸不准王上的旨意,贸然从事,又怕在确立正室的问题上给自己留下政治隐患,为此,孟尝君苦苦思索了好久,终于想出了一个办法。闵王有七位妙龄侧室,闵王对这七位都很怜爱,但孟尝君推测,其中肯定有一位是闵王最宠爱的,只要找出这个人,下边的事情就好办多了。怎样才能找出这个人呢?这个人只有闵王最清楚是谁,直接问闵王那是不行的。有一次,闵王心情非常好,正与七位美人共同饮酒作乐,这时孟尝君从怀中掏出早已准备好的玉制的耳环献给闵王,这七对玉制耳环大致看来一致,但只有其中一对是精美的上等美玉。对闵王来说,他正是行家,自有识别的眼光,那么,闵王一定会将这一对上等的玉环挑出来,送给他最宠爱的女人,那么,这个人就该是孟尝君向闵王进言应扶为正室的人选。这一切都在孟尝君的意料之中,经过观察闵王的行为,孟尝君抓到了被立为后宫正室的人选,顺利地为齐闵王确立了正室。孟尝君以他的智慧化解了这一次敏感的政治隐患。

所以,洞察人心,古代的人尚能察言观色,而今天的人为什么不能呢?尽管古代与今天时世不同,但其洞察人心的方法,却是古今相通的。虽然今天的人,比中国古代的思想开放,但万变不离之宗。"听其言,观其行,察其色"永远是识人观人的精髓。

"战略"思维
"STRATGIC" THOUGHT

第11章 怎样看待手段的应用？

[**本章提要**]本章着重编辑了需要必备的一些战术手段和战术方法。当我们遇到一些重大的事件或遇到一些特别棘手的问题时，我们必须要马上采取对策，也就是说，当我们遇到问题时该怎么办？那么，本章就为你准备了丰富的解决问题的手段和方法。每一种手段和方法，都是较为典型而且是非常常见有效的方法。每一种手段和方法，都有其独特的环境和背景，在运用时要对其环境和背景要有充分的认识，这是运用这些手段和方法能否成功的关键所在。我们在运用各种手段过程中，可能会出现一些偶然的因素，甚至可能导致失败，那么这些偶然性的因素，要在行动之前就要有充分的研究预判，否则会陷入被动的境地，因此要认真对待，不能马虎。

11.1 【"这种事莫须有"秦桧瞒天过海】

[**关　键　词**]岳飞　秦桧

[**环境背景**]在什么情况下需要使用"瞒天过海"的手段呢？在一个被人控制或处于不利的环境之下，可以使用这一手段。这是为了要争取主动、转危为安的方法。当然这一手段是以骗术为出发点，骗得过就是过海神仙，骗不过就是自欺欺人。

魏晋时期的刘备，应东吴的请求去东吴完婚后，过着非常舒适的生活，有美女娇妻，又有歌舞声乐，却不想着回荆州了。诸葛孔明早已预见到了有这样的情况发生，因此，在临出发前给了赵云三个锦囊。其中第二个锦囊写的是：告诉主公，曹操率大军前来攻取荆州，请主公速回主持大局。当赵云将这一消息告诉刘备后，刘备大吃一惊，心想这可了不得，荆州一旦失守，我在东吴也不会安全。于是带领赵云偷偷地返回了荆州。孔明的第二个锦囊，实际上使用的就是"瞒天过海"的手段。

中国的宋朝,是中国历史上政治最黑暗的朝代,既涌现出了许多民族英雄,如岳飞、文天祥等,又出现了许多历史上著名的大奸之臣,比如秦桧、高俅等。但有一个特殊的现象就是,宋朝政治虽然黑暗,但经济和科技却很发达,宋朝的经济规模,即GDP,已占当时世界经济规模总量的40%以上,是当时名副其实的唯一的超级大国。而宋朝的科技在中国历朝历代也是最发达最辉煌的朝代,在世界也是走在了最前列。宋朝还有一个显著的特征就是,国家长期受到金、辽等北方民族的侵扰,使得国家长期处于分裂状态。

宋代的秦桧是中国历史上著名的奸臣,是投降派。岳飞则是主战最强烈的爱国将领,被称为民族英雄。秦桧为了除掉岳飞走投降之路,却秘密以金牌召回岳飞并将岳飞迫害致死。秦桧所使用的手段也是"瞒天过海"的手法。但事情败露后,激起了公愤,当韩世忠当面问秦桧,岳飞犯了什么罪的时候,秦桧却说:"这种事莫须有。"韩世忠大怒说:"莫须有何以服天下!"秦桧瞒天不成,却为自己的后世留下了千古骂名。

岳飞(1103—1142年),字鹏举,宋相州汤阴县(今河南安阳汤阴县)人,南宋抗金名将,中国历史上著名军事家、战略家,位列南宋中兴四将之一。在宋金议和过程中,岳飞遭受秦桧、张俊等人的诬陷,以"莫须有"的"谋反"罪名,与长子岳云和部将张宪同被杀害。宋孝宗时岳飞冤狱被平反,改葬于西湖畔栖霞岭。

我们在使用这种手段的时候,一定要把当时的环境观察清楚,考虑周详,做得恰当,一定要干的秘密,否则会弄巧成拙。

11.2 【"二桃杀三士"晏婴一箭双雕】

[关 键 词]晏婴 二桃杀三士 围魏救赵

[环境背景]"一箭双雕"也叫一石二鸟,就是使出一个招数,击倒两个以上的敌手或对手。使用这一手段,可以说不是很容易,因为你面对的是几个对手,所以稍有不慎就会惹祸招灾。人与人争强好斗,无非是为了名和利,因为

"战略"思维
"STRATGIC" THOUGHT

大家好名,所以就要争。好利,所以就会产生夺。大有大争,小有小夺。根据这样的特点,那么对方好名的,就给他多织几顶高帽子;对方贪利的,就勤做些人情;如果对方名和利都想要的,也就是名利双收的,那就再给他织的帽子上嵌上几颗钻石。这是投其所好,在时机成熟的时候,暗出奇招,制造事端,让对方互相火并,自己便坐山观虎斗从而一举两得。一箭双雕,这一手法的关键处,就在于要把对方的思想状况、相互的矛盾、环境条件了解透彻,目的就是要利用对手之间的矛盾,然后制造事端,引发他们之间的争斗,从而击倒他们。

春秋时代的齐国,曾有三人,即田开疆、古冶子、公孙接结为兄弟,他们挟功恃劳、横行霸道,甚至连国王也没放在眼里。相国晏婴很担忧他们的这种恶势力会危害到国家的稳定,于是在一次宴会上,晏婴利用"二桃"神不知鬼不觉地除掉了这三个人,这就是著名的"二桃杀三士"的故事,所使用的手段就是"一箭双雕"。

首先,晏婴设了一个局,让齐景公把三位勇士请来,要赏赐他们三位两颗珍贵的桃子。而三个人无法平分两颗桃子,于是晏婴便提出协调办法,让三人比功劳,功劳大的就可以取一颗桃。公孙接与田开疆都先报出他们自己的功绩,分别各拿了一个桃子。这时,古冶子认为自己功劳更大,气得拔剑指责前二者,而公孙接与田开疆听到古冶子报出自己的功劳之后,也自觉不如,羞愧之余便将桃子让出并自尽。尽管如此,古冶子却对先前羞辱别人,吹捧自己以及让别人为自己牺牲的丑态感到羞耻,因此也拔剑自刎。就这样,只靠着两颗桃子,兵不血刃地除掉了三个威胁。

"围魏救赵"也是一种手段,做得好就可以起到一箭双雕的作用,也就是说,通过围魏,逼对手回军救魏,然后趁机在半路将对手一网打尽,既救了赵,同时又消灭了魏军,可谓一举两得。《史记·孙子吴起列传》中记载:战国时期(公元前353年),魏国举兵围攻赵国都城邯郸。赵国求救于齐国。齐将田忌、孙膑率军救赵,趁魏国都城兵力空虚,引兵直攻魏国。魏军回救,齐军乘其疲惫,于中途大败魏军,遂解赵围。"围魏救赵",其精彩之处就在于,以逆向思维的方式,表面看舍近求远,绕开问题的表面现象,从事物的本源上去解决问题,从而取得一招制胜、一箭双雕的效果。

11.3 【"孔子也霸道"借刀杀人】

[关 键 词]孔子　少正卯

第11章 怎样看待手段的应用？

[**环境背景**]"借刀杀人"即假手杀人的意思。这是在本身没有办法,而环境又受到限制的时候,自己不动手,叫别人去执行自己杀人的意图,这就叫借刀杀人。当然,"借刀杀人"不一定就是要杀人或置人于死地。引申一步讲,"借刀"也可以是借其他名义杀人而非真的借"刀","杀人"也并非要置人于死地,如果不用刀,或用其他的名义,只要击垮对手的心理防线,或者击垮对手的斗志,都可以用所谓的"借刀杀人"的手段。

"杀人"有贤愚之分,愚者杀人直截了当,表面英雄,但难逃法律制裁;贤者杀人,从不需要自己动手,而是借别人的手,将对方置于死地。

卯(？—前496年),卯是其名,是中国春秋时期鲁国的大夫,官至少正,也称为少正卯。能言善辩,是鲁国的著名人物,被称为"闻人"。少正卯和孔丘都开办私学,招收学生。卯多次把孔丘的学生都吸引过去听讲。鲁定公14年,孔丘任鲁国大司寇,代理宰相,上任后7日就把少正卯以"君子之诛"杀死在两观的东观之下,曝尸3日。孔丘回答子贡等弟子的疑问时说:少正卯是"小人之桀雄",一身兼有"心达而险、行辟而坚、言伪而辩、记丑而博、顺非而泽"五种恶劣品性,有着惑众造反的能力,和历史上被杀的华士等人是"异世同心",不可不杀。少正卯被杀后,其学说没有流传下来。

宋代高宗,为了巩固自己的帝位,借秦桧之手以"莫须有"的罪名将岳飞杀害,可谓"贤者杀人"。孔子虽然被称为"圣人",但他杀人却是笨的可以。在他做大司寇时不明不白地把少正卯杀了,当他的学生问孔子:"少正卯鲁之文人,老师刚刚从政就杀了少正卯,究竟是得是失呢?"孔子借口说:"人有大恶者五,少正卯兼而有之,所以不可不杀。"由于少正卯比孔子博学,这是孔子施政的障碍,于是借"大恶者五"将少正卯杀之。正所谓"庶民无罪,怀才其罪",孔子也有霸道的一面。比较聪明的还有曹操,他要杀祢衡,假手于刘表;他要杀杨修,却借"鸡肋"以扰乱军心的罪名,杀得干净利落,假也假的合情合理。

"战略"思维
"STRATGIC" THOUGHT

11.4 【冯异抢占栒邑以逸待劳】

[关 键 词]刘秀　冯异　隗嚣

[环境背景]"以逸待劳"出自孙子兵法军争篇,"军事以近待远,以逸待劳。"意思是在战术上自己先处于主动地位,以应付敌人的进攻。引申的意思是,凡事先做好充分准备,沉着应付外力的侵扰,不管什么事都可以称为"以逸待劳"。

我们都知道,做事的原则是当天的事要当天做完、做好。然而处事尤其是处理一个复杂的人事问题时,拖延是一个较为安全的手段,是一种权变的手法,要有自己的意志,不为猝然发生的事件所诱惑,使自己永远站在主动地位,这就是所谓拖延政策。消极地说,这是静观事态的变化,以作最后的决策;积极地说,就是设法使对方疲于奔命,挫杀他的锐气,然后伺机出击,使其一蹶不振。

采取这种手段,关键是要沉着应变,把自己和对方的环境和意图以及彼此间的实力,要大体摸清楚,并随时随地注意事态的变化,掌握时机,一旦时机成熟,机会来临就要立马出击。这种手段的结果,常常能力挽狂澜以弱胜强。比如,赤壁之战,周瑜以逸待劳在赤壁以十五万人大胜号称百万大军的曹操。而曹操也在官渡以逸待劳,以几万人大胜数十万人的袁绍,创造了以弱胜强的著名的"官渡之战"。还有谢玄率八万大军大战秦军九十万人的部队,在肥水以逸待劳为中国古代军事战史上创造了著名的"淝水之战"的典范。

西汉末年,陇甘军阀隗嚣脱离刘秀,去投靠在四川称帝的公孙述。刘秀大怒,派兵去攻打隗嚣,结果反被隗嚣打败。刘秀再派征西大将军冯异,前去占领栒邑。

隗嚣得到消息,命令部将行巡立刻去栒邑抢占有利地形。冯异的部将们知道后,都劝冯异不要和行巡大军作战。冯异斩钉截铁地说:"我们必须抢占栒邑'以逸待劳'。"冯异命令部队急行军,抢在行巡之前,占领了栒邑。冯异严密封锁消息,紧闭城门,偃旗息鼓,让将士们休整。行巡的部队急匆匆地刚赶到城下,城楼上突然鼓声大作,亮出了冯异的帅旗。行巡的军队毫无防备,吓得四下逃窜。冯异打开城门,领兵冲出城来,大败敌军。让自己的军队养精蓄锐,以等候从远方赶来的敌军,以达到消灭敌人的目的,称为"以逸待劳"。

冯异(？—34年),字公孙,汉族,颍川父城(今河南省宝丰县东)人,东汉开国名将、军事家,云台二十八将第七位。冯异原为新朝颍川郡掾,后归顺刘秀,随之征战,大破赤眉、平定关中。协助刘秀建立东汉。刘秀称帝后,冯异被封为征西大将军、阳夏侯。建武十年(34年)病逝于在军中,谥曰节侯。

11.5 【吴三桂请多尔衮发兵多尔衮趁火打劫】

[关 键 词]李自成　吴三桂　陈圆圆　多尔衮

[环境背景]"趁火打劫"也就是趁机捣乱,其目的就在于劫夺别人充实自己。"趁火打劫"有两种方式:一是趁火打劫;二是纵火打劫。不论趁火打劫也好,还是纵火打劫也好,其目的都是一样。趁火打劫的关键处就在于抓住机会,乘人之危去浑水摸鱼。而纵火打劫在于自己动手放火,自己去创造机会。

战国时期的张仪,为了破坏六国"合纵抗秦"的战略目的,施展的手段就是趁火打劫。他跑到哪里,那里就起火,他凭着一张伶牙俐嘴,把六国君臣"烧"得焦头烂额,实现了自己"合纵亲秦"的战略目的,为秦统一中国铺平了道路。

魏晋时期,孔明在"赤壁之战"中,施展的就是纵火打劫的手段,其目的就是要收取荆州之地。为了实现目的,孔明前去东吴煽动孙权"联吴抗曹",趁周瑜在正面火烧赤壁,曹操逃命之际,孔明却轻而易举"打劫"了荆州等地州郡,从而有了立足之地,为刘备初步奠定了"三分天下"有其一的战略格局。

明朝末年,李自成攻陷北京自称为帝,并将明将吴三桂的爱妾陈圆圆收归己有。对此,镇守关外的吴三桂知道实情后大怒,为了报仇,他亲自往见清朝摄政王多尔衮,请求发兵相助攻打李自成。多尔衮早有侵入中原之意,由于吴三桂镇守关外,因此多尔衮未敢轻举妄动。这时,李自成入京,吴三桂又来求兵相助,真是天赐良机。于是多尔衮趁火打劫,几天之间便直捣北京,李自成仓皇西遁,清兵占据了宫殿,居然做起皇帝来了,从此中原大好河山,尽归清朝之手。从这里可以看出,多尔衮抓住机会,随后趁火打劫一举攻占北京。

"战略"思维
"STRATGIC" THOUGHT

多尔衮(1612—1650年),清太祖努尔哈赤第十四子,阿巴亥第二子。清初杰出的政治家和军事家。皇太极死后,多尔衮和济尔哈朗以辅政王身份辅佐皇太极第九子福临即帝位,称摄政王;顺治元年(1644年)指挥清军入关,清朝入主中原。顺治七年(1650年)冬死于塞北狩猎途中。乾隆四十三年(1778年),评价其"定国开基,成一统之业,厥功最著"。

11.6 【南宋神偷"我来也"声东击西】

[关 键 词]南宋　神偷　我来也　班固

[关键人物]"声东击西"出自兵法"声言击东,实则击西",目的就是在转移对方的视线,使对方疏于防范,然后乘其不意,攻其无备。也就是说,凡是对任何一件事,要消除当前人为阻力,减少本身损失,一定要设法分散对方力量或松懈其注意力,才可乘虚而入达到目的。

如何"声东"呢?方法很多,可以制造谣言混淆视听,可以故意布置疑阵,使对方力量分散,所谓"佯攻""围点打援"等手段都是"声东"的办法。"声东击西"的关键处就是在于要让"声东"的假象得到对方的确认,为了让对方确认这个"假象",有时还需要付出一定的代价,以换取对方对"假象"的认定。因此,秘密是处事的最高原则,没有秘密就等于是自己不设防。

南宋都城临安,有一位神偷,每一次作案都留下"我来也"三个字。有一次他失手被擒,被监禁起来。面对铁窗,有一次他告诉狱卒说:"我是小偷这不假,但我不是'我来也'。看来出狱是无望了,只可惜我藏在外面的金银无人享用了。你对我不错,我要报答你,告诉你,在保叔塔顶上,有我藏的金银,你拿去用吧。"果然狱卒在保叔塔顶拿到了金银。过了几天,神偷又告诉了狱卒一处藏金的地方,狱卒又取到了金银,心里非常感激他。一天晚上,神偷对狱卒说:"今晚我二更出去四更就回来,要料理一件私事。"狱卒因受了两次恩惠不好回绝,就同意了。到了四更天,神偷果然按时回来了。第二天城内一名富甲赴县府报案,说有黄金千两在昨晚三更天被贼劫走。县太爷闻报大惊说:"原

第11章 怎样看待手段的应用？

来大盗'我来也'至今还逍遥法外,先前捉到的那个不是'我来也'。"于是下令放走了神偷。过了几天,狱卒返家,其妻说:"昨晚四更天,有人敲门,开门一看并无人影,却有一包东西放在门口,并闻声说,此是报酬你丈夫的,不要声扬出去。打开一看,原来全是黄金和白银。"狱卒一听,心里顿时明白,原来那贼就是"我来也",他是用此"声东击西"的诡计出狱的。

> 班超(32—102年),字仲升,扶风郡平陵县(今陕西咸阳东北)人。东汉时期著名军事家、外交家,史学家班彪的幼子,其长兄班固、妹妹班昭也是著名史学家。班超为人有大志,不修细节,但内心孝敬恭谨,审察事理。他口齿辩给,博览群书。不甘于为官府抄写文书,投笔从戎,随窦固出击北匈奴,又奉命出使西域,在三十一年的时间里,平定了西域五十多个国家,为西域回归、促进民族融合,做出了巨大贡献。官至西域都护,封定远侯,世称"班定远"。永元十二年(100年),班超因年迈请求回国。永元十四年,抵达洛阳,被拜为射声校尉。不久后便病逝,享年七十一岁。

东汉时期,班超出使西域,目的是团结西域诸国共同对抗匈奴。为了使西域诸国便于共同对抗匈奴,必须先打通南北通道。地处大漠西缘的莎车国,煽动周边小国,归附匈奴,反对汉朝。班超决定首先平定莎车。莎车国王北向龟兹求援,龟兹王亲率五万人马,援救莎车。班超联合于阗等国,兵力只有二万五千人,敌众我寡,难以力克,必须智取。班超遂定下声东击西之计,迷惑敌人。他派人在军中散布对班超的不满言论,制造打不赢龟兹,有撤退的迹象。并且特别让莎车俘虏听得一清二楚。这天黄昏,班超命于阗大军向东撤退,自己率部向西撤退,表面上显得慌乱,故意放俘虏趁机脱逃。俘虏逃回莎车营中,急忙报告汉军慌忙撤退的消息。龟兹王大喜,误认班超惧怕自己而慌忙逃窜,想趁此机会,追杀班超。他立刻下令兵分两路,追击逃敌。他亲自率一万精兵向西追杀班超。班超胸有成竹,趁夜幕笼罩大漠,撤退仅十里地,部队即就地隐蔽。龟兹王求胜心切,率领追兵从班超隐蔽处飞驰而过,班超立即集合部队,与事先约定的东路于阗人马,迅速回师杀向莎车。班超的部队如从天而

— 299 —

降,莎车军猝不及防,迅速瓦解。莎车王惊魂未定,逃走不及,只得请降。龟兹王气势汹汹,追走一夜,未见班超部队踪影,又听得莎车已被平定,人马伤亡惨重的报告,大势已去,只有收拾残部,悻悻然返回龟兹。

11.7 【"大楚兴,陈胜王"无中生有】

[关 键 词]刘备　完婚　陈胜王

[关键人物]"无中生有"也就是凭空制造事件,所谓"无风起浪,无事生端",其动机是唯恐天下不乱,目的在于浑水摸鱼,基本的手段就是造谣滋事。

造谣说起来容易,但要借谣言达到自己的目的,则相当困难。如果造谣仅仅是中伤对手,使对手受到伤害,那么就不是这里要讲的"无中生有"。中伤别人对自己并没有好处,造谣在于损人利己。如果撇开了自己的利益,那就不是谋略。造谣滋事就是借某一问题加深它的矛盾,扩大它的是非。谣言比什么都可怕,因为它无形可见。是非出自嘴巴,凭几句话,可让人轻生,英雄解甲。在战术上有所谓"谣言攻势",善加运用就能"不战而屈人之兵"。

魏晋时期,刘备应东吴的请求前去东吴晚婚,来到都城后,就大肆发动"谣言攻势",造成刘备与东吴孙权之妹完婚的声势,东吴都城的百姓互相言传,致使本想借完婚之名而杀刘备的阴谋却弄假成真。这样的声势使孙权和周瑜万万没有想到,留下所谓"赔了夫人又折兵"的笑柄。刘备之所以能够到东吴完婚而返,很重要的一个手段就是在到达东吴都城后,就大肆造完婚的声势,致使东吴反倒弄假成真。

陈胜吴广起义时,也利用迷信鼓动民心,他把"陈胜王"的帛布塞入鱼腹里以示天意,又叫人扮鬼半夜喊"大楚兴,陈胜王",以此吸引了很多的人参加了起义的队伍。凡此种种,都是以无中生有的手段,达到自己的真正目的。

陈胜(?—前208年),字涉,秦末阳城(今河南商水)人。秦朝末年农民起义的领袖之一,与吴广一同在大泽乡(今安徽宿州西南)率众起兵,成为反秦义军的先驱。不久后在陈郡称王,建立张楚政权。后被秦将章邯所败,遭车夫刺杀而死,陈胜死后被辗转埋葬在芒砀山。刘邦称帝后,追封陈胜为"隐王"。

第11章 怎样看待手段的应用?

11.8 【吕蒙智夺烽火台暗度陈仓】

[关 键 词]吕蒙　关羽　烽火台

[关键人物]在"暗度陈仓"的前面还有一句,"明修栈道",连起来就是"明修栈道,暗度陈仓",意思就是故意暴露假目标,以吸引对方的注意力,或将其他方面的注意力转移到所暴露的假目标上,暗地里却在积极地实施真正的目标。这一手段的目的,就在于出其不意,攻其无备。"明修"就是削弱之法。"暗渡"是攻虚的进行。也就是说,"明修"是给"暗渡"铺路,是暗渡的前奏。

刘邦自率部进入四川后,将唯一的交通栈道烧毁以防项羽的追击,后来刘邦拜韩信为大将军并让其进行反攻。韩信为了要达到出奇制胜的目的,特派数百名将兵去重修已毁的栈道,故意明示给项羽的守将,然后暗地里倾师出动,从陈仓的小路进军,出其不意,一举将守军章邯消灭,紧接着席卷项羽地盘,后又以十面埋伏大败项羽军队,项羽也被迫于乌江自杀,刘邦终于打下汉朝江山,从此华夏民族终于有了自己的、统一的民族称谓:汉族。

在魏晋三国时期,东吴将领吕蒙也曾使用过"明修栈道,暗度陈仓"的手段,一举歼灭关羽并收复荆州之地。吕蒙在接受袭取荆州的任务后,经过一番详查,认为关羽的布防很是严密,为了达到突袭的目的,吕蒙装病辞职,并将换帅的消息传给了关羽。关羽则认为新帅没有什么能力,于是将驻守烽火台的大部分守军调入北线。吕蒙见时机成熟,便派水军扮作商人,一举将烽火台的守军全部擒获,夺得烽火台,随后大军乘胜追击,顺利地夺回了荆州之地,关羽不得不败走麦城,最后把性命也丢了。吕蒙不负众望出色地完成了袭取荆州的任务。

11.9 【公孙康割二袁首级曹操隔岸观火】

[关 键 词]曹操　袁氏兄弟　公孙康

[关键人物]"隔岸观火",是指根据敌方正在发展着的矛盾冲突,采取静观其变的态度。当敌方矛盾突出,相互倾轧越来越暴露出来的时候,可不急于去"趁火打劫"。操之过急常常会促使他们达成暂时的联合,而增强他们的还击力量。故意让开一步,坐待敌方矛盾继续向对抗性发展,以致出现自相残杀的动机,就会达到削弱敌人,壮大自己的目的。"隔岸观火",就是坐山观虎斗,

"战略"思维
"STRATGIC" THOUGHT

"黄鹤楼上看翻船"。敌方内部分裂,矛盾激化,相互倾轧,势不两立,这时正确的方法是静止不动,让他们互相残杀,力量削弱,甚至自行瓦解。

东汉末年,袁绍兵败身亡,几个儿子为争夺权力互相争斗,曹操决定击败袁氏兄弟。袁尚、袁熙兄弟投奔乌桓,曹操向乌桓进兵,击败乌桓,袁氏兄弟又去投奔辽东太守公孙康。曹营诸将向曹操进言,要一鼓作气,征服辽东,捉拿二袁。曹操哈哈大笑说,你等勿动,公孙康自会将二袁的头送上门来的。于是下令班师,转回许昌,静观辽东局势。公孙康听说二袁归降,心有疑虑。袁家父子一向都有夺取辽东的野心,现在二袁兵败,如丧家之犬,无处存身,投奔辽东实为迫不得已。公孙康如收留二袁,必有后患,再者,收容二袁,肯定得罪势力强大的曹操。但他又考虑,如果曹操进攻辽东,只得收留二袁,共同抵御曹操。当他探听到曹操已经转回许昌,并无进攻辽东之意时,认为收容二袁有害无益。于是预设伏兵,召见二袁,一举擒拿,割下首级,派人送到曹操营中。曹操笑着对众将说:"公孙康向来惧怕袁氏吞并他,二袁上门,必定猜疑,如果我们急于用兵,反会促成他们合力抗拒。我们退兵,他们肯定会自相火并。看看结果,果然不出我料!"

11.10 【东方朔替汉武帝乳娘说话指桑骂槐】

[关 键 词] 汉武帝 乳娘 东方朔

[环境背景] "指桑骂槐"就是指着某一件事或某一物而骂一个人。为什么会有这样的情况呢?骂人本身是非礼的,可现实生活中就有那种非骂不可的人,或非骂不可的事,不骂,他还以为你懦弱,所以,对于不得不骂的人,而又在不便公开骂的环境里,要排泄心中的愤懑,就借一件事物,或者虚构什么事,来打击这样的人。表面上骂的是这件事物,但骨子里骂的却是那个人。当然,骂人也要讲究艺术,满嘴脏话的骂人,这太有失涵养。骂人的最高技巧就在于"微言讥讪",即讽刺,也就是所谓刺激,它犹如一把匕首,听起来既刺心又刺耳。

这一手段的效果,就在于能使对方知难而退,防患于未然。关键的地方就是不作正面冲突,而是旁敲侧击,既没有批评那种冷峻,也没有像谩骂那样泼辣,就算是骂也骂得高明。

西汉时期,汉武帝很讨厌自己的乳娘,嫌她好管闲事,事无大小都罗里罗唆,决定将她迁出宫外去住。乳娘在皇宫住了几十年,很不愿意离开这里的生活,无奈之时她想起了东方朔,因为他是汉武帝身边的红人,希望他能帮助说几句话。她把这件事告诉了东方朔,东方朔安慰她说:"当你向皇上辞行的时候,回头看皇帝两次,我就有办法了。"这一天,乳娘叩别汉武帝下殿,满眼泪水,便回头向汉武帝看了两次。这时东方朔乘机大声说:"乳娘你快走吧,皇上现在已用不着你喂奶了,还担心什么呢!"汉武帝一听这话,心里像雷击一般,顿感十分难过,想起是自己吃她的奶水长大的,于是收回了成命。

东方朔(前154—前93年),本姓张,字曼倩,西汉平原郡厌次县(今山东省德州市陵城区)人。西汉时期著名的文学家。汉武帝即位,征四方士人。东方朔上书自荐,诏拜为郎。后任常侍郎、太中大夫等职。他性格诙谐,言词敏捷,滑稽多智,常在武帝前谈笑取乐,但始终不被重用。

在这里东方朔用的就是"指桑骂槐"的手段,当然不是真的骂人,而是旁敲侧击,刺激汉武帝,意思就是说,你可是吃乳娘的奶水长大的,现在用不着吃奶了,你就一脚把乳娘踢走了,你还有良心吗?汉武帝听到这样刺激的话,心里也感到愧疚,情急之下,也就收回了成命。东方朔在使用这一手时,情景场合恰到好处,滴水不漏,看不出这是在演双簧,就连汉武帝都被这一情景所感动。

11.11 【铁拐李魂归无尸错投胎借尸还魂】

[关 键 词]铁拐李 孔明 司马懿

[环境背景]"借尸还魂"出自八仙中的故事,引申的含义就是自己在失败之后,要凭借或利用某种力量,做东山再起的意思。凭借的新力量就是"借尸",东山再起就是"还魂"的意思。这一手段用在商场之中最为普遍,也就是说,当自己的生意面临危机时,借召新股或借贷款扩张,以达到"还魂"的目的,或者说达到东山再起的目的。

八仙中有一位铁拐李,本是翩翩少年,因醉心为仙,拜太上老君为师,学得了长生不老之术。一日,他对徒弟说:"我要神离躯壳,跟师傅魂游太空去,你

"战略"思维
"STRATGIC" THOUGHT

好好守住,守到第七天,如果我魂还未返的话,那是我已成仙去了,这才可将肉体焚化!"说完静坐神游去了。徒弟守住尸体日夜加以防护,到第六日,忽然他的家人匆匆到来,说他母亲病危,促他回家。徒弟一听大哭起来说:"母病危及,师魂未还,如我回去,谁守师尸;不回家,母难瞑目。"在家人的催促之下,于是把李玄的尸骸焚化了,赶回家去。第七日,李玄的魂归来了,却没有尸首可投,变成了一个无主孤魂,日夜向空嚎叫,忽见路边有一具乞丐的死尸,猛然想起太上老君临别时说过的话:"辟壳不辟壳,车轻路亦熟,欲得旧形骸,正逢新面目。"便长叹一声:"罢了!既然劫数难逃,大限已定,也不能相强了。慌不择路,魂正无依,不如将错就错吧!"于是乃附丐尸而起,变成了一个蓬头垢面,露肚坡脚,要靠拐杖走路的人。魂是李玄的,形是乞丐的,所以叫"借尸还魂"。

铁拐李(前418—前326年),又名李玄,是中国民间传说及道教中的八仙之首。铁拐李幼年时天资聪慧而闻名于巴国(今重庆),李耳(太上老君)骑牛云游巴国机缘识得幼年李玄,见其非凡给予点化,巴王多次邀李玄为官均遭其拒绝。公元前316年巴国遭秦(秦惠文王)所灭,当时连年战乱,百姓民不聊生,处处饿殍,遭受国破家亡的李玄从此灰心丧气,看破红尘,离家出走,去华山学道访仙,晚年修道于石笋山。成仙后,铁拐李精专于药理,并炼得专治风湿骨痛之药膏,恩泽乡里,普救众生,深得百姓拥戴,被封"药王"。

魏晋时期,诸葛亮死于军中,为了使蜀军全身而退,诸葛亮事先做了安排,使的就是"借尸还魂"的手段。司马懿亲自率兵引司马师和司马昭一起来追击蜀军。眼见要追上了,就在这时,忽然一声炮响,树影中飘出中军大旗,上书一行大字:"汉丞相武乡侯诸葛亮"。只见中军姜维等数十员上将,拥出一辆四轮车,车上端坐着孔明。杨仪等将率领部分人马大张旗鼓,向魏军发动进攻。魏军远望蜀军,军容整齐,旗鼓大张,又见诸葛亮稳坐车中,指挥若定,不知蜀军又要什么花招,不敢轻举妄动。司马懿一向知道诸葛亮诡计多端,又怀疑此次退兵乃是诱敌之计,于是命令部队后撤,观察蜀军动向。姜维趁司马懿退兵的大好时机,马上指挥主力部队,迅速安全转移,撤回汉中。等司马懿得知诸葛亮已死,再进兵追击,为时已晚。司马懿最后叹道:"我能料其生,不能料其死。"

11.12 【诸葛恪随父上朝牵走驴顺手牵羊】

[**关 键 词**]诸葛瑾　诸葛恪　之驴

[**环境背景**]"顺手牵羊"按字面上的意思就是顺便牵走一只羊。也就是说,他走在路上或到某地有事要办,只是在路上或办完事后,意外的发现到羊,于是顺手便牵了回来。在这里,顺手牵羊表露的是一种贪爱便宜的欲望。现代社会里贪污腐败已成为社会顽疾,大人物大贪,小人物小贪,在贪污的行为中,最常用的手段就是"顺手牵羊"。

作为谋略而言,"顺手牵羊"有着与战略相一致的意识。需不需要牵羊,这完全取决于战略的需要。如果离开了这一点,那么顺手牵羊就不见得是一件好事,尽管你得了便宜,却能证明自己是个什么样的人。做人如果太贪婪,则不会有好下场。如果你能紧紧地依据"战略"的需要顺手牵羊的话,这说明你是一位有战略意识的人,尽管你也得了便宜,但那是为"战略"而服务的,并不为自己的私欲,所以你是聪明人更是智者。

诸葛恪是东吴大臣诸葛瑾(字子瑜)的长子。诸葛瑾脸长,常被人取笑。一次,孙权在大会群臣时,趁机让人牵入一头驴,驴的脸上写着"诸葛子瑜"四个字,以此来取笑调侃。那天,诸葛恪随父上朝,见此情景,他立即向孙权跪拜说:"请借笔一用,让我添上两个字。"孙权同意,让人拿来了毛笔。诸葛恪于是在"诸葛子瑜"后面添上"之驴"两个字。群臣尽皆哄笑,夸赞诸葛恪的聪明。孙权笑着对诸葛恪说道:"既然是诸葛子瑜之驴,你就牵回家去吧!"这样,诸葛恪不仅为父亲打了圆场,而且顺手得到了一头驴。

"战略"思维
"STRATGIC" THOUGHT

> 诸葛恪(203—253年),字元逊,琅邪阳都(今山东沂南)人。三国时期东吴权臣,蜀汉丞相诸葛亮之侄,大将军诸葛瑾长子。诸葛恪幼小以神童著称,成人后作为东宫幕僚领袖辅佐太子理政。神凤元年(252年)孙权病危时在孙峻的力荐下将诸葛恪任命为托孤大臣之首。孙亮即位后受封太傅。开始掌握吴国军政大权。建兴二年(253年)十月,同为托孤大臣的孙峻暗中联合吴主孙亮,将诸葛恪及其死党以赴宴为名诱入宫中,在宴会上将诸葛恪杀害,时年五十一岁。孙休即位除掉权臣孙綝之后,下诏为诸葛恪平反。

作为一种计谋,顺手牵羊常常不是等"羊"自动找上门来,而是着意寻找敌方的空子,或诱使敌方出现漏洞并进一步利用漏洞,从而使自己牵羊时很"顺手"。楚王外出狩猎,顺手牵了息妫这只美丽的"羊"回家,立为夫人,牵羊是真,顺手恐怕仅属表面的手法。司马懿千里急行军,在孟达工事未固时,平息了叛乱,斩了孟达,因为抓住了机会,打了孟达的空子,也算得上是成功的顺手牵羊了。

11.13 【冯瓒城楼一更变五更明知故昧】

[关 键 词] 宋太祖　冯瓒　宋太宗

[环境背景] 从处事角度讲,"明知故昧"就是明哲保身,目的是为了避免是非。"昧"是糊涂,不明白的意思。明知故昧也就是明明知道这件事,却装作糊涂或不明白、不知道。

从战术角度讲,"明知故昧"并不是用来避免是非,而是为了排除障碍。所谓"大智若愚",从表面上看是"愚",然而内心却包藏着才智,所以"明知故昧"不仅体现着高度的涵养,也体现着很强的战略意识。

公元965年,大宋发兵四川,铲除盘踞在此地的后蜀政权。这场战争是胜利了,但是后续的麻烦却不少。后蜀王孟旭虽早已投降宋朝,但是,他手下的杂兵却未投降,他们占山为王,四处打家劫舍,给百姓们造成了莫大的困扰,使整个四川鸡犬不宁。在这样的危急关头,宋太祖派遣冯瓒到四川东北部的资州担任知府,希望以他的聪明才智来解决此事。知府冯瓒刚上任没几天,忽得到情报说后蜀散将上官进,聚集了三千多亡命之徒,准备于晚上三更时分偷袭府城。冯瓒知道后,沉着老练不动声色,对将士说:"此等乌合之众,武器也不过长矛大棒,只要沉着应付,到天明匪帮自然会溃败的!"当即调兵分守各城门,无命令不得私自行动。随后,冯瓒坐镇在城楼上,暗地召集巡城更夫告诫到转更时要来城楼请示,将一更的时间缩短,时正深夜,已打五更了。上官进等匪帮在城外听到已打五更,以为天快亮了,乃大惊而逃。冯瓒乘机派兵追击,竟然把上官进抓获,立即斩首,从此漳州的四境大都太平无事。

冯瓒,据书中记载,冯赞生于宋初年间,曾在后周、后汉和后唐三个朝代当过官。因其足智多谋、富有才干,在宋朝建立后,便被宋太祖赵匡胤征召入仕,是赵匡胤重用的人才之一。太平兴国四年,冯瓒随太宗征太原,凯旋后任大理卿兼判秘书省。因足疾请退,不允,诏免朝请。冯瓒复抗章请退,拜给事中后辞职。翌年病卒。

北宋时期,有两名将领,在某一晚上随宋太宗饮宴,由于饮酒过量,二人便各夸功绩,互争长短。侍从官见状便对太宗说要办他们二人的失仪之罪,而这时的太宗却诈聋扮懵并吩咐侍臣送两人回家。第二天,二人酒醒想起昨晚失仪之事,惶恐万分,于是上殿请罪。太宗却说:"昨晚我也醉了,不曾听你们二人讲过什么,只是恍恍惚惚啊。"二人见皇上未加责罚,顿感皇上如此宽厚,从此,两人更是忠于职守,谨慎做事。这就是"明知故昧"的手段所显示出的效果,并非只是避免是非而已。

11.14 【庄公诱太叔段起兵造反调虎离山】

[关　键　词]郑庄公　太叔段　孙悟空　落胎泉

[环境背景]"调虎离山"字面的意思就是把老虎调离出山。为什么要把老虎调离出山呢?一是把老虎调离出山好一网打尽。目的明确,就是要灭虎,因为在山中打虎困难会很多,而且山中的环境有利于老虎辗转腾挪,所以要将

"战略"思维
"STRATGIC" THOUGHT

老虎调出山林是消灭老虎的最安全的手段。二是把老虎调离出山,目的不是为了灭虎,而是为了收拾山中平日恃虎横行的狐狸。因为若是有老虎在山中盘踞,那么收拾狐狸就会冒很大的风险,所以就必须要调虎离山才行。总之,调虎离山的目的,就是要削弱对方的抵抗力,减少自己的危险而已。当然,如何调虎离山,这就要根据当时的环境做出相应的布置。

周朝末年,郑武公娶申侯之女姜氏为妻,生两子,长子叫寤生,次子叫段。姜氏很讨厌长子寤生,很宠爱次子段。郑武公去世后,寤生继位,叫郑庄公。而太叔段则在小城"共城"居住,为此,姜氏要求将京城封给段,无奈,郑庄公只好答应。但是太叔段根据姜氏的要求,在京城招兵买马,大有推翻庄公之意。这一情况传入宫中后,有一大臣叫公子吕,极力要求庄公尽早征讨。庄公苦于没有对策只好观望。这时公子吕说:"主公可借朝见周天子的机会,引诱太叔段发兵造反,另派兵埋伏在京城附近,待他出京之后便占领京城,然后在一举消灭太叔段。"庄公听后同意按照此计去办。于是,太叔段果然上当出兵,结果埋伏在京城外的军队迅速拿下京城。而太叔段见京城被占领后,无奈逃到了封地共城,最后太叔段自刎而亡。

郑庄公(前757—前701年),姬姓,郑氏,名寤生,郑武公之子,春秋初期著名的政治家,被称为"春秋三小霸之首",是郑国第三位国君。

庄公一生功业辉煌,在位期间攻必克,战必胜。有战略眼光,精权谋、善外交。长于料事和智谋,具有高明的政治智慧,遇事能忍、出手能狠、善后能稳。毛泽东对历史上很多帝王都有评价,其中郑庄公被毛泽东评价为是一位"很厉害的人物"只此一人。

如何调虎离山?是此计能否成功的关键。为了调动太叔段离开京城,庄公听从了公子吕的建议,借朝见周天子的机会,诱使太叔段出京发兵造反,太叔段果然中计,被调出京城后,被事先埋伏好的军队占领了京城。调动太叔段离京,目的是为了占领京城,进而一举消灭太叔段。

《西游记》第五十三回中,提到唐三藏一行人西行取经时,唐三藏、猪八戒因误饮子母河照胎泉的水,腹痛成胎,于是孙悟空经由当地老婆婆指点想要寻求落胎泉水救治两人。但是,落胎泉被妖道如意真仙占据,要收礼才给水。且如意真仙是牛魔王的兄弟,与唐僧一行人有冤仇,不愿意让他取水。孙悟空于是叫沙和尚当他的助手,再一次来到聚仙庵。孙悟空想出办法,先把如意真仙引出聚仙庵交战,沙和尚再乘机进去,探井取水。这个方法果然奏效,沙和尚已取了水,告诉孙悟空事已成功。孙悟空一听,就告诉如意真仙,这次用"调虎离山"的计策,已经顺利取了水,且念在他之前不曾犯法,于是就放了他一马,并且警告他以后再有人来取水,不可以再有要挟、勒索的行为。后来"调虎离山"就用来比喻用计诱使对方离开他的据点,以便趁机行事,达成目的。

11.15 【东胡国挑衅匈奴遭灭国冒顿欲擒先纵】

[关 键 词]匈奴冒顿　东胡国

[环境背景]"欲擒先纵"是"欲抑之,必先张之;欲擒之,必先纵之",老百姓的话就是"养肥了猪猡再开刀"。意思是若想控制别人,当形势对自己不利时,必先纵容对手,满足其欲望,骄其志气,制造其矛盾,并加速其矛盾的激化,最终将其消灭。使用这一手段的关键处是要有战略眼光,要有过人的忍耐性。斤斤计较,点点见利那是不行的。

魏晋时期,刘备在临死前对孔明说:"我自得丞相辅佐,幸成帝业,可惜我不听丞相劝告,自取其败,现在悔恨成病死在旦夕,因恐嗣子阿斗孱弱,不得不以大事相托!"说完泪流满面,泣不成声。接着又说:"我快要死了,有一句心腹话对你说,我看丞相的才能,胜过曹丕、孙权万倍,必能安邦定国,终成大事。如果阿斗可辅则辅,不行的话,你可替他,自立为汉帝。"刘备此番话,先是泣不成声,后又取而代之,暗含锋芒很是厉害,难怪孔明听了"汗流遍体,手足失措",泣拜于地说:"臣安敢不竭股肱之力,效忠贞之节,继之以死乎。"在这里,刘备临死时还在玩"欲擒先纵"的把戏,意思是你要好好辅佐我的阿斗,否则那可要取而代之。孔明难道听不出来吗?孔明对蜀那可是忠君爱国,是懂得名节的人物,可谓"鞠躬尽瘁,死而后已"。刘备此番话实在多余,真不愧是奸诈枭雄。

汉初,北方有一东胡国,听说匈奴冒顿刚即位,便有意挑衅,于是派人去匈奴,要冒顿送他一匹千里马。冒顿知其来意微笑说:"我与东胡国为邻,不能为了一匹先王的千里马失了临谊。"于是送给了千里马。又过了十日,东胡国要冒顿的夫人。冒顿笑说:"他既喜欢我的夫人,那就给他好了。"东胡国王得了良马美人,从此心存轻视。又过了数月,东胡国派使到匈奴,要求要两国交界处的空地。冒顿勃然大怒说:"土地乃国之根本,怎得给人。"于是杀了来使,迅速派兵杀奔东胡国。东胡国毫无防备,很快被匈奴大军消灭。匈奴冒顿在即位之初就有侵占东胡国之意,而恰巧东胡国又有挑衅行为,于是冒顿来了个"欲擒先纵",以骄其心,最后顺理成章地灭掉了东胡国。

冒顿(前234—前174年),挛鞮氏,公元前209年(秦二世元年)杀父而自立。他首次统一了北方草原,建立起庞大强盛的匈奴帝国,是匈奴族中雄才大略的军事家、军事统帅。即位不久,先消灭东胡国,后又乘胜西攻河西走廊雍州的月氏,随后,征服了楼兰、乌孙、呼揭等20余国,控制了西域大部分地区。重新占领了河套以南地,成为北方最强大的民族。

11.16 【神偷进敌营三偷退齐兵釜底抽薪】

[关 键 词]孙悟空 伯母 提款 丘吉尔 子发 神偷

[环境背景]"釜底抽薪"是指一件事情应从根本上解决的意思,是预防事件爆发或爆发后寻求彻底整顿的一种治本的手段。也就是"兜底战术",也就是说,在互相对垒剑拔弩张的时候,不做正面的攻击,而是从对方的幕后下功夫,侧面暗算,扯其后退,拆起后台,使对方不知不觉中丧失战斗能力。

《西游记》中的孙悟空,可以说是最擅长这一手段。他保护唐僧去西天取经,所遇妖魔,如果自己能取胜就除妖,不能取胜的话就查明此妖的来历,然后请出此妖的主人,就这样,牛魔王被太上老君收了回去,黄袍怪也被弥勒佛收服,这就是兜底战术。

用于情场上,釜底抽薪的手段很有效力。有甲乙二人同时追求一位姑娘,而姑娘和乙较为密切,甲显然处于下风。于是甲来了个釜底抽薪的手段,对伯母进行了攻势。甲在女子母亲面前献尽殷勤,双管齐下,结果甲如愿以偿,终于在和乙的竞争中"定乾坤,钟鼓乐"。

在商场中也是如此。有一家银行吸收了很多存户,其老板从此盛气凌人,却招同行甲某忌恨，为了把他搞垮，甲某不惜耗费十多万元活动经费，叫手下人去该银行开活期存款，约有数千多个户口，一个星期后，这些存户同一时间集体去提款，大排长龙，同时在外面大放谣言，说该银行资金发生问题，因此别的存户也开始恐慌，都纷纷向银行提款，结果该银行因无法应付局面，被迫宣告破产。

英国首相丘吉尔曾用过此计。有一次参加一个福利会议，有一个人反反复复讲了个把钟头还不下台，听众都很讨厌，这时一位老太太对丘吉尔说："有没有办法叫他下台？"丘吉尔笑笑，随即写了一张纸条，让人交给演讲者。演讲者接到纸条一看，面红耳赤立即下台去了。原来纸条上写了一句"阁下的裤钮还没有扣好"。

丘吉尔（1874—1965年），英国政治家、历史学家，出身于贵族家庭，父亲伦道夫勋爵曾任英国财政大臣。1940年至1945年和1951年至1955年两度出任英国首相，被认为是20世纪最重要的政治领袖之一，领导英国人民赢得了第二次世界大战，是"雅尔塔会议三巨头"之一，战后发表《铁幕演说》，揭开了冷战的序幕。丘吉尔是历史上掌握英语单词数量最多的人之一（十二万多），被美国杂志《人物》列为近百年来世界最有说服力的一大演说家之一。

战国时期，齐伐楚，楚将子发率兵抵抗，眼看就不行了，子发愁眉苦脸。这时一位神偷进来求见子发，说："愿意去敌营扭转局势。"子发也没放在心上说："你要去就去吧。"于是神偷偷偷摸进了敌营，偷了齐将的帐子回来交给子发，子发公开还给了齐将。第二天神偷又偷了齐将的枕头，又送还了。第三天，神偷又偷了齐将的发插，子发又送还了。这时齐将大惊，这样下去，岂不连头都要被偷去了吗？于是急忙下令撤军。由此楚国转危为安。

11.17 【小孩房前量地解决叔父难题打草惊蛇】

[关 键 词] 中山国　阴姬　司马喜　婶母　量地

[环境背景] "打草惊蛇"顾名思义就是打草为了惊蛇，最终的目的就是为了调动对方做有利于我方的决断，或者说调动对方按我方的设想或意图发展。

— 311 —

"战略"思维
"STRATGIC" THOUGHT

借以比喻惩罚了甲而使乙有所警觉,多指因做事不谨慎、泄密,反使对方有所戒备。作为谋略,是指敌方兵力没有暴露,行踪诡秘,意向不明时,切切不可轻敌冒进,应当查清敌方主力配置、运动状况再说。因此,打草惊蛇,一则指对于隐蔽的敌人,己方不得轻举妄动,以免敌方发现我军意图而采取主动;二则指用佯攻助攻等方法"打草",引蛇出洞,中我埋伏,聚而歼之。

在山村里,人们走路,特别是走杂草丛生的山路时,总拿着竹棍子,一边打击杂草,一边行走。为什么打草呢?杂草丛是毒蛇出没的地方,毒蛇,喜欢潜伏在草丛中,袭击路人,不易被人发现,毒蛇咬人一口,致伤致残,甚至致命。但是,毒蛇怕竹棍,人们打草,受惊的蛇就会跑掉,否则就会被人一棍子打死。

中山国国王的两个爱妃阴姬和江姬都想做王后,私下里钩心斗角,争夺十分激烈。为此,阴姬派他的父亲去向司马喜求助,司马喜也答应帮忙。第二天,司马喜按自己的计划写了一份奏章给中山王,说他有一个削弱赵王的想法,并请求让他以使者的身份去一趟赵国,然后再提出一个详尽的方案。中山王准许了他的请求。司马喜到赵国后拜见了赵王说:"我早就听说赵国是一个出美女的地方,但来到赵国,我发现赵国的妇女没有特别出色的。我周游列国,还从未见过有哪个美女能与我国的阴姬相比。"赵王是个好色之徒,听了司马喜这番话顿时感到心跳加速,忙问道:"你若能把她弄到赵国,我重重赏你。"司马喜故作难色,说道:"尽管阴姬只是个嫔妃,可我们大王却爱如珍宝。不过我可暗中替大王做这件事就是了。"回国后,司马喜愤愤不平地对中山王说:"赵王不好仁义,而好武力;不好道德,而好女色。他甚至私下里打阴姬的主意,想让阴姬做他的妃子。"

司马喜,中山铭文作司马𧮫。卫国人,任中山相国,为中山国中山成公、王、中山王(妾子)三朝大臣。中山国是我国北方一个千乘诸侯国,诸侯争霸时代号称战国第八雄,与战国七雄并立称王八十余年。后来司马喜出任相国后,大量裁减军队,使国家失去了抵御外侵的能力,最终毁掉了中山国,被赵国灭亡。为此,毛泽东评价说"历史的经验值得注意",告诫我们要以史为鉴。

中山王听后气得大骂赵王。司马喜劝中山王息怒说:"眼下赵国比我们强大。如果赵王来要阴姬,恐怕我们只好送给他。若我们不从,就会招致兵戈之灾。话又说回来了,如果我们拱手送阴姬给赵王,天下人会讥笑我们中山国懦弱无能。"中山王为难了,问道:"这可如何是好?"司马喜见时机已到,忙献计说:"只有一个办法,就是大王立阴姬为王后,以绝赵王之念。世间还没有听说要他国王后做妃子的事情呢!"中山王认为此计甚妙。于是,阴姬在司马喜的策划下顺利地登上了王后宝座。在这个故事里,司马喜让赵王对阴姬产生不轨之心仿佛是"打草",使中山王恼怒不安恰似"惊蛇"。司马喜正是运用打草惊蛇激怒中山王,迫使他立阴姬为后。

从前有一个十五六岁的孩子非常聪明,父母早亡,只有一个叔父。一天,他见叔父愁眉苦脸,便问缘故,叔父告诉他,因为自己没有亲生儿子,很想娶个侍妾,但妻子又坚决反对,因而生气。小孩想了想后说:"叔父您不要忧虑,我有办法叫婶母答应。"叔父知他很聪明,但也没把他的话放在心上。第二天,小孩拿着尺在叔父的房子门前反复量度,故意引婶母出来。婶母出来后问:"你在这里干什么?"小孩说:"量地!"边说边量。婶母觉得奇怪又问:"量地干什么?"小孩理直气壮地对她说:"你和叔父年事已高,又没有儿子,将来万一百年之后,这房子一定是由我继承,所以我现在把房子量度好,准备日后重新改建。"婶母一听又气又急,二话没说跑回房里叫醒丈夫,催他赶快去找个侍妾回来。就这样小孩略施小计,就解决了叔父的难题。

在这里,最终的目的是要娶妾生子,为了要达到这个目的,就必须要调动婶母答应这件事,然而婶母的态度是坚决反对。面对这种情景,小孩来了个"打草惊蛇",打"草"即"量地继承财产为日后改建做准备",这一打草不要紧,却惊动了婶母,婶母又急又气,不得不在这一问题上向叔父做出让步,不仅如此,还主动催促丈夫赶快去办。这就是"打草惊蛇"的含义或用意所在。

11.18 【班超鄯善国一网打尽匈奴使臣先发制人】

[关 键 词]班超 鄯善国 项梁 项羽 殷通

[环境背景]"先发制人"就是指比对手抢先一步采取行动。"先发制人"与"后发制人"是相对的手段,只是"先发"和"后发",在时间上不同而已,并且在事态的紧迫性方面,"先发"是不得不发,不发就会毁灭。而"后发"是指事

"战略"思维
"STRATGIC" THOUGHT

态还没有到不得不发的境地,"后发"明显要比"先发"有利,而且"后发"时,还能寻找对方的破绽,然后再"后发制人"。"先发制人"关键处就在于"形势"或"事态"的紧迫性,不发就会带来灾难性的后果。因此,"先发制人"要求你要有足够的战略意识,否则,唯唯诺诺或畏首畏尾的人,就会丧失机会或遭受意想不到的打击。

在中国历史上,很多的历史事件,都呈现出"先发制人"的手段。比如李世民玄武门之变、武则天废立庐陵王、诸葛亮智取汉中、司马懿计禽孟达等等,都是以快打慢"先发制人"的经典案例。

汉代班超,在一次出使西域时,一次路过鄯善国,这个国家与匈奴临近,又是汉朝极力争取的对象。为此,班超拜见了鄯善国国王,国王也表示要和汉朝建立亲密关系。然而没过几天,鄯善国对班超一行态度又冷了起来。因为匈奴也派来了使臣,为此鄯善国国王很想靠近匈奴。面对这种情况,班超经过分析形势,觉得事态严重,如不先下手果断处理这一问题,自己的处境就很危险。于是班超经过周密的安排,在一天晚上突然将匈奴百余人一网打尽,并带着匈奴人的头颅,拜见了鄯善国国王。国王对班超的举动,吓得目瞪口呆。班超及时安抚鄯善国国王,并宣布汉朝的政策,从此国王对汉朝表示亲善。在这里看到,在事态危急时刻,也就是说形势对自己不利时,要果断采取措施,先发制人,只有这样才能避免匈奴人的迫害。

公元前209年,项梁和侄子项羽为躲避仇人的报复,跑到吴中。会稽郡郡守殷通,素来敬重项梁,为商讨当时的政治形势和自己的出路,派人找来了项梁。项梁见了殷通,谈了自己对时局的看法:"现在江西一带都已起义反对秦朝的暴政,这是老天爷要灭亡秦朝了。先发动的可以制服人,后发动的就要被别人所制服啊。"殷通听了,叹口气说:"听说您是楚国大将的后代,是能干大事的。我想发兵响应起义军,请你和桓楚一起来率领军队,只是不知道桓楚现在什么地方?"项梁心想我可不愿做你的部属。于是他灵机一动,连忙说:"桓楚因触犯了秦朝刑律流亡在江湖上,只有我的侄子项羽知道他在什么地方,我去叫项羽进来问问。"说完,项梁走到门外,轻声地叫项羽准备好宝剑,伺机杀死殷通。叔侄俩一前一后走进厅堂。殷通见项羽进来,刚站起身,想要接见项羽。说时迟,那时快,项羽拔出宝剑直刺殷通,随即砍下他的脑袋。项羽提着殷通的人头,佩戴着郡守的大印,走到门外,高声宣布起义。

项梁(？—前208年),秦国下相(今江苏省宿迁市宿城区)人。秦末著名起义军首领之一,楚国贵族后代,项燕之子。项羽的叔父。在反秦起义的战争中,因轻敌,在定陶被秦将章邯打败,力战身死。

11.19 【刘备借曹操之手杀恩人吕布落井下石】

[关 键 词]吕布　刘备　曹操　刘琮

[环境背景]"落井下石"字面的意思就是,看见人掉进井里,不伸手救他,反而往井下扔石头。借以比喻乘人有危难时加以陷害。有两种情况:一是乘人之危存心加害而置于死地。二是诱人落井,再投石块给以打击并置于死地。孟子把不加援手反以石对待的人,列为"无恻隐之心,非人也。"但从计谋上来说,又有所谓"无毒不丈夫",不打击对手,又怎能使自己占得上风。"恻隐之心"不可无,但也不能太过,自古就有"好心不得好报"的教训。对于竞争对手来说,对对手仁慈,就是对自己残忍。

魏晋时期的吕布,是一位很有争议的人物,单论武艺来说,吕布可以说在当时的天下,那是武功第一的人物。当初,刘、关、张三人大战吕布,都未能敌过吕布,说明吕布的武艺在当时那是最高的。吕布对刘备不仅有守望相助之情,又有辕门射戟之恩,可以说刘备是欠着吕布很大的人情的。然而刘备又是怎样还人情呢? 吕布在徐州一役,不慎失手被曹操擒获,曹操原本想收降吕布归为己用。而这时刘备却暗示曹操说:"公不见丁建阳董卓之事乎?"意思是吕布是无义之人,早晚要反叛的,就这样刘备借刀把恩人吕布害死,刘备还给吕布的人情就是一把要自己性命的刀,这种假手他人,落井下石的手段实在是无情而残忍。

曹操得了荆州之后,将刘琮改调为青州刺史,这是调虎离山,而刘琮有些不愿意,曹操说:"青州近京都,可避免他人陷害。"无奈,刘琮和母亲上路了,行到半路,却被曹操派来的人一网打尽。曹操先是诱降,是诱人"落井",得手后

"战略"思维
"STRATGIC" THOUGHT

便"下石"把全家杀死,永绝后患,这是很典型的诱人的"落井下石"。

吕布(?—199年),字奉先,五原郡九原县人(今内蒙古包头九原区),东汉末年名将,汉末群雄之一。先后为丁原、董卓的部将,后与司徒王允合力诛杀董卓,旋即被董卓旧部李傕等击败,依附袁绍。与曹操争夺兖州失败后,吕布袭取徐州,割据一方。建安三年十二月(199年2月)吕布于下邳被曹操击败并处死。吕布被认为是"三国第一猛将"。

11.20 【李广卸马鞍诱敌退匈奴虚张声势】

[关 键 词]李世民　李广

[环境背景]"虚张声势"是用来迷惑对方,紊乱其斗志,削弱其战斗准备,以渗透或压倒形势,以求达到目的。"声势"既然要虚张,那是因为本身的实力条件不足以制人,而且还必须要面对现实不能回避,是不得已而为之的手段。那么,声势要如何虚张呢?大体上有三种方法:一是以虚势假阵先声夺人吓倒对方,达到不战而屈人之兵。二是以欺骗勒索等讹诈的手段来达到自己的目的。所谓"政治敲诈"以及"核讹诈"等就属此类手段。三是使用各种阴谋,使对方互相猜疑、互相火并。

"虚张声势"如果用于个人行为,或呈智于人前,那就成了行为不端,尤其是有些人本身没有什么能力,却总想在人前装一装,以此抬高自己的身份。有些人本想装一装,谁知却弄巧成拙,反倒让人一眼看破。所以,"虚张声势"不可用于个人行为,而它的着眼点在于"取势",应着眼于大势。

魏晋时期,曹操率兵南下,号称是"百万大军",这就是虚张声势。曹操想以此吓倒东吴孙权,却被孔明看破,与东吴联合一举在赤壁大破曹操取得胜利。

唐朝李世民在十六岁时,曾率军解"雁门之围",救了隋炀帝杨广,用的也是虚张声势。当时杨广出巡塞北被突厥国王几十万大军围在雁门关。李世民把部队的行军队伍拉长前后几十里,满地都是大军,到处都是鼓声,突厥可汗听到密报后大惊,立刻下令全军退兵。年仅十六岁的李世民,就这样化解了雁

第11章 怎样看待手段的应用?

门之围,不战而屈人之兵。

西汉景帝时,李广为上郡太守。当时匈奴入侵上郡,景帝派宠幸之臣到上郡,助李广习兵击匈奴。一天,该臣与骑从十余人外出游猎,遇到三个匈奴人,与他们开战,随从尽死,仅该臣一人被射伤逃至李广军营。李广说:"一定是射雕的匈奴人"。乃率百余骑兵追击那三个匈奴人,三人因无马步行,行数十里被李广追上,果然是射雕的匈奴人,李广杀死其中二人,活捉一人。将活捉的匈奴人带上附近小山,突然发现不远处有数行匈奴骑兵。匈奴骑兵也看见了李广他们,认为是汉朝的诱敌之兵,于是上山布阵。李广的随从们非常害怕,想赶快逃跑。李广说:"我们离大军数十里,这样逃跑,匈奴骑兵一定追杀过来,那我们就完蛋了。如果我们按兵不动,匈奴兵以为我们是诱敌之兵,一定不敢袭击我们。"李广命令士兵继续往前靠近,又下令解下马鞍。随从们说:"敌人这么多,解下马鞍,万一情况紧急,怎么办?"李广说:"解下马鞍,可以让匈奴兵更加坚信我们是诱敌之兵。"匈奴兵中一骑白马之将出阵,李广上马带十余人追杀,射死骑白马之敌将,仍然回到原地,解下马鞍,让马卧下休息。直到天黑,匈奴兵始终怀疑,不敢前进,又恐怕汉朝有伏兵在附近会乘黑夜进攻,于半夜时退兵后撤。第二天天亮后,李广才带领随从回到大军营中。这是李广在形势不利的情况下,被迫使出"虚张声势"的手段,吓退了匈奴兵,使自己转危为安。

李广(?—前119年),汉族,陇西成纪(今甘肃天水秦安县)人,中国西汉时期的名将。汉文帝十四年(前166年)从军击匈奴因功为中郎。景帝时,先后任北部边域七郡太守。武帝即位,召为未央宫卫尉。元光六年(前129年),任骁骑将军,领万余骑出雁门(今山西右玉南)击匈奴,因众寡悬殊负伤被俘。匈奴兵将其置卧于两马间,李广佯死,于途中趁隙跃起,奔马返回。后任右北平郡(治平刚县,今内蒙古宁城西南)太守。匈奴畏服,称之为飞将军,数年不敢来犯。元狩四年(前119年),漠北之战中,李广任前将军,因迷失道路,未能参战,愤愧自杀。

"战略"思维
"STRATGIC" THOUGHT

11.21 【小寡妇师爷家翁县太爷反客为主】

[关 键 词]小寡妇　家翁　县太爷　秦将孟明　牛贩子弦高

[环境背景]"反客为主"即是在斗争中当处于被动地位的时候,想办法争取到主动控制权的意思。可以说这是斗争中的一个最高原则,主动就可以控制大局,被动则受制于人,任人摆布。所以,反客为主的目的就在于争得控制权,也就是说从被动中争取到主动权,这就是"反客为主"。

在清朝,有一位年轻的小寡妇要改嫁,其家翁却向衙门告她一状,告她淫奔私逃不守妇节。于是寡妇去请了一位师爷,师爷写了一个条子给她,并告诉她在开庭之时呈给县太爷。到了开庭之日,县太爷接过条子一看大怒,随后便将原告斥骂一顿,当庭判小寡妇允许改嫁。条子写的是"十六嫁,十七寡,叔长而未娶,家公五十尚繁华,嫁亦乱,不嫁亦乱。"意思是说,我十六岁嫁人,十七岁守寡,叔长到现在还未娶妻,公公五十岁正是好时候,我要嫁给他们那是乱了纲常,不嫁给他们,他们还总对我虎视眈眈。县太爷看明白了,心想这还了得,这样下去岂不乱套了嘛。县太爷大怒,于是做了这样的判决。师爷的一张条子改变了小寡妇的命运,这正是运用了"反客为主"的手段,达成了小寡妇的心愿。

春秋时期,秦将孟明率兵偷袭郑国。郑国有一位牛贩子叫弦高,这天正贩牛去周京贩卖,半路遇上从秦国回来的朋友,并告诉他说:"秦军已奉命攻打郑国,十二月丙戌日出发,这两天就到这里。"弦高心想,我生为郑国人,不愿做亡国奴。于是带了二十只肥牛,单独去迎接秦军。见到秦军主帅后说:"我国知道将军率兵要辱临敝境,特派臣弦高前来迎接劳军。"秦将孟明一听大吃一惊,心想郑国居然连我的出师日期都知道,看来郑国已做了准备,于是改口说:"本军不是去郑国,烦你多谢郑侯的礼物。"就这样,郑国避免了一场灾难。后来,当郑国君主要奖赏弦高时,他却婉言谢绝:"作为商人,忠于国家是理所当然的,如果受奖,岂不是把我当作外人了吗?"

弦高只是个牛贩子,他赶牛到周京去贩卖,正好碰到秦军。他知道了秦军的来意,要向郑国报告已经来不及。他急中生智,反客为主冒充郑国使臣骗了孟明,一面派人连夜赶回郑国向国君报告。郑国的国君接到弦高的信,急忙叫人到北门去观察秦军的动静。果然发现秦军把刀枪摩擦得雪亮,马匹喂得饱饱的,正在作打仗的准备。他就很不客气地向秦国的三个将军下了逐客令,说:"各位在郑国住得太久,我们实在供应不起。听说你们就要离开,就请便吧。"三个将军知道已经泄露了机密,眼看待不下去,只好连夜把人马带走。

弦高,是春秋时期郑国商人,经常来往于各国之间做生意。在国家危难之时,他临危不惧,机智用计骗了秦军,为救国做出了很大的贡献。弦高犒师是一个流传两千多年的爱国故事。

11.22 【王守仁布疑阵躲避追杀金蝉脱壳】

[关 键 词]明朝王守仁　宦官刘瑾

[环境背景]"金蝉脱壳"出自寒蝉的蜕变,即在千钧一发的危急关头,设法伪装一个形象,瞒过对方的监视,自己暗地里脱身逃遁的意思。由于形势已万分危急,自己又处于不利地位,拼不能,退不得,只能行险,谋脱险境,所以唯一目的就是求得自身的安全,因此,这时不可有仁慈恻隐之心。所谓"最后的胜利,决定于最后五分钟",实际上就是决定于最后五分钟的"残忍"。

有一家公司的老板要避债,叫来一名助手坐镇应付,自己却躲避起来。在谈判中,被人纠缠,故意遗下东西,托言去洗手间而逃之夭夭,这都是"金蝉脱壳"的手法。

在明朝有一位官吏名叫王守仁,他在兵部主事的时候,曾上奏武宗要办宦官刘瑾之罪,武宗大怒,将他贬为贵州龙场驿丞。于是王守仁不得不奉诏前往,当行到浙江钱塘江附近时,他的仆人前来向他告密,说刘瑾已派人要在半路上劫杀他,叫他做好防备。王守仁却说:"不必过虑,我料刘瑾不会这样做。"然而,到第二天仆人早起,却发现王守仁失踪了,在他的枕边检出一张纸,上有两句绝命诗:"百年臣子悲何极,夜夜江涛泣子胥。"仆人知道主人一定是投江而死了,连忙追到江边,只见江水上浮着冠履,捞起一看,果然是王守仁的东西,不禁放声大哭。前来劫杀王守仁的人,听说王守仁已死,又检验了王守仁

"战略"思维
"STRATGIC" THOUGHT

的遗物，于是回刘瑾处去复命了。原来王守仁使的就是"金蝉脱壳"的手法，他故意设置了一个疑阵，掩饰耳目，让人相信他已投江而死，而自己却换装匿居起来，过后才悄悄赶到了贵州龙场当驿丞。

王守仁(1472—1529年)，汉族，幼名云，字伯安，别号阳明。浙江绍兴府余姚县(今属宁波余姚)人，明代著名的思想家、文学家、哲学家和军事家，精通儒家、道家、佛家。弘治十二年(1499年)进士，历任刑部主事、贵州龙场驿丞、庐陵知县、右佥都御史、南赣巡抚、两广总督等职，晚年官至南京兵部尚书、都察院左都御史。王守仁(心学集大成者)与孔子(儒学创始人)、孟子(儒学集大成者)、朱熹(理学集大成者)并称为孔、孟、朱、王。王守仁的学说思想王学(阳明学)，是明代影响最大的哲学思想。其学术思想传至日本、朝鲜半岛以及东南亚，立德、立言于一身。弟子极众，世称姚江学派。

11.23 【姜太公杀贤人震慑自命清高者杀鸡儆猴】

[关键词]韩信　殷盖　姜太公　狂矞　华士

[环境背景]"杀鸡儆猴"也就是"杀一儆百"，具有威胁恫吓之意，是驭众的手段。无论是在和平年代，还是乱世或乱军的年代，都少不了使用这一手段达到治乱的目的。魏晋时期的孔明在挥泪斩马谡时曾说："昔孔武所以能治天下者，用法明也，今四方纷争，兵交方始，若废法何以讨贼，不明正军律何以服众？"这就是治乱的权术。

汉朝的韩信，出身寒微，又有胯下之辱的名声，为此，一些老臣武将都瞧不起他。在他当上大将军之后，立律极严，一次操演点名完毕，有监军殷盖未到，韩信也不追问便开始演练。午时已过，殷盖方从营外而来。韩信大怒，问："军曹何在？身为监军误了时辰，按军律当如何处置？"军曹回答说："按律当斩！"韩信紧接着说："即如此，就按军律处置。"于是殷盖被处斩。从此，将士都不敢小瞧韩信，更不敢违犯军令。韩信杀殷盖是明，但主要意图还在于驭众，这就是权术。

姜太公灭了商纣，周朝立基之后，要罗致一批人才为国家效力。在齐国有两位贤人狂矞、华士。很为地方上人士推重。姜太公慕名,想请他出来做事,拜访了三次,都吃闭门羹。姜太公忽然把他们杀了,周公旦想救也来不及,问姜太公:"狂矞、华士是两位贤人,不求富贵显达,自己掘井而饮,耕田而食,正所谓隐者无累于世,为什么把他杀了?"姜太公说:"四海之内,莫非王土,率土之滨,莫非王臣。在天下大定之时,人人应为国家出力。只有两个立场,不是拥护就是反对,绝不容有犹豫或中立思想存在,以狂矞、华士这种不合作态度,如果人人学他样,那还有什么可用之民、可纳之饷呢? 所以把他杀了,目的在于儆效尤!"果然,经此一杀,想背离周朝的人都不敢自命清高、隐居下去了。

姜子牙(约前1156—约前1017年),姜姓,吕氏,名尚,字子牙,因其先祖辅佐大禹治水有功被封于吕,故以吕为氏,也称吕尚。姜子牙辅佐武王伐纣建立了周朝,是齐国的缔造者,周文王倾商、武王克纣的首席智囊、最高军事统帅与西周的开国元勋,齐文化的创始人,亦是中国古代的一位影响久远的杰出的韬略家、军事家与政治家。

11.24 【康有为替苏州寒山寺向日本追索古钟日本偷龙转凤】

[关 键 词]狸猫换太子 寒山寺 康有为 日本游僧

[环境背景]"偷龙转凤"又名叫"偷梁换柱",意思是用偷换的办法,暗中改换事物的本质和内容,以达蒙混欺骗的目的。"偷天换日""偷龙换凤""调包计",都是同样的意思。在军事上,联合对敌作战时,反复变动友军阵线,借以调整其兵力,等待友军有机可乘,敌人一败涂地之时,将其全部控制。狭义的解释是欺上蒙下、盗弄政权,广义的解释是用卑劣的手段,把原货换了,拿假货色去欺骗人,就叫作"偷龙转凤"也叫"偷梁换柱"。

历史上"狸猫换太子"的故事,就是这一手段的典型范例。宋真宗时,东宫娘娘章献没有生育,她的侍婢与真宗有了身孕。皇后知道后,怕万一生下男孩就立为太子,将来母凭子贵,侍婢升娘娘,把自己打入冷宫。于是她采取了"偷龙转凤"的手段,好浑水摸鱼,也装模作样地在肚皮上塞了一个枕头,蒙蔽真宗说也怀了身孕,然后买通一班内侍,监视李宸妃的身孕情况,到了她要临盆,生下男孩的

"战略"思维
"STRATGIC" THOUGHT

时候，迅速地捧一只猫进去，把孩子换了出来，交给皇后，皇后也乘机解放了肚皮，说自己生了男孩。从此，她一直把孩子当亲生骨肉，从立为太子而登基为帝，是为宋仁宗。她的皇后宝座始终没有动摇过，霸住东宫直到死为止。

苏州寒山寺，始建于梁代，由于唐代高僧寒山、拾得二人在此修行，后易名寒山寺。寺内有两个大钟，一在钟楼，一在大殿，悬在钟楼的原是明代铸造，后已失去，到了清代才重铸，保存至今。悬在大殿的是唐代的古钟，在明代崇祯时，有两个日本游僧到此，得知此钟的来历后便将此古钟从寺内偷走，运回了日本。到了清代，康有为去寒山寺知道古钟被日本人所盗，十分愤慨。后来康有为到了日本，知道这个被偷的古钟藏在日本皇宫内，便向日本首相伊藤博文追索，谁知他耍起无赖，说古钟已经丢失，只答应重铸一个赔偿，康有为无可奈何，只好把这个日本钟带回寒山寺。现在寒山寺的大殿上悬挂的就是这个日本钟。日本无论如何都要归还属于中国的有千余年历史的古钟。

康有为（1858—1927年），原名祖诒，字广厦，号长素，广东省南海县丹灶苏村人，中国晚清时期重要的政治家、思想家、教育家，资产阶级改良主义的代表人物。康有为出生于封建官僚家庭，光绪五年（1879年）开始接触西方文化。光绪二十一年（1895年）得知《马关条约》签订，联合1300多名举人上万言书，即"公车上书"。康有为晚年始终宣称忠于清朝，溥仪被冯玉祥逐出紫禁城后，他曾亲往天津，到溥仪居住的静园觐见探望。后来他与袁世凯成为复辟运动的精神领袖。民国十六年（1927年）病死于青岛。

11.25 【西门豹为河伯娶妻擒贼擒王】

[关 键 词] 杜甫　西门豹　女巫

[环境背景]"擒贼擒王"这一手法带有战略性质，因为所谓首领或是王，是指握有实际大权而具有广泛影响力的人物，只要能把其首领人物击倒，就会令其组织群龙无首，从而乱了步伐。所谓打蛇打七寸，就是要打在要害处，一棒致它死命，否则蛇会随棍反被蛇咬一口。首领是一个组织的核心，是行动中

的枢纽,所以破坏了核心,打乱了枢纽就会使整个系统陷于瘫痪,不能使核心发生作用,有"牵一发而动全身"的作用,因此有战略意义。至于如何擒王,自然是不择手段,或"瞒天过海"或"调虎离山"或施以"美人计"等等,总之要因人而施,观势而行。

唐代诗人杜甫在《前出塞》中写道:"挽弓当挽强,用箭当用长,射人先射马,擒贼先擒王。"杜甫在他的诗句中,明确而深刻地阐述了他对复杂战争的高见之处。在军事行动中,攻打敌军主力,捉住敌人首领,这样就能瓦解敌人的整体力量,敌军一旦失去指挥,就会不战而溃。

"西门豹为河伯娶妻"的故事就是这一手段的典型案例。魏文侯时,邺都(今河南省)一带百姓非常疾苦,既有天灾又有人灾,其中最让人痛苦的就是每年要给河伯送一少女,以保年丰岁稔,这样一来凡有女孩的人家都纷纷迁徙别地,造成这一地区民间萧条。西门豹上任太守后,决心要整治这一恶习。这一年河伯娶妻的日子又到了,西门豹也前去观礼,并问:"请把河伯夫人带来给本官看看。"随后又说:"河伯是位显赫的贵神,要娶绝色的女子才相称,这位女子很是丑陋,不配做河伯夫人。请大巫先去报告河伯。"说完叫左右把老巫丢下河里。接着又说:"老巫做事太慢,许久不见回音,还是几名弟子走走吧。"说完,左右将三个弟子又抛入水中。随后又将一位绅士也抛入水中。这一班神棍吓得面如土色,异口同声地说,这都是女巫指使。西门豹正色斥责说:"今主凶已死,以后再有说起河伯娶妻的事,即令其人做媒往河伯处报讯!"至此,巫风邪说遂绝,远走他乡的居民也纷纷返回故里安居。

西门豹,战国时期魏国安邑(今山西省运城市盐湖区安邑一带)人。魏文侯时任邺令,是著名的政治家、水利家。初到邺城时,看到这里人烟稀少,田地荒芜萧条,于是立志改善现状。后来趁河伯娶妻的机会,惩治了地方恶霸势力,随后颁布律令,禁止巫风。同时,他又亲自率人勘测水源,发动百姓在漳河开围挖掘了12渠,使大片田地成为旱涝保收的良田。还实行"寓兵于农、藏粮于民"的政策,很快就使邺城民富兵强,成为战国时期魏国的东北重镇。

"战略"思维
"STRATGIC" THOUGHT

11.26 【孙膑受辱逃离魏国报仇扮猪吃虎】

[关 键 词]勾践　夫差　孙膑　庞涓

[环境背景]所谓"扮猪"就是孙子所说的"藏在九地之下"。所谓"吃虎"就是动在九天之上。也就是在无法力擒对手的情况下,收起自己的锋芒,"若愚到猪"一般,表面上百依百顺,脸上展开微笑,装出一副为奴为婢的卑躬样子,使对手对自己不起疑心;一旦时机成熟,有隙可乘之时,再以闪电手段,将对手击倒,这就是扮猪吃虎的妙用。

"扮猪吃虎"的目的就在于扳倒对手或击倒对手,如果不想击倒对手,那就是老子说的"大巧若拙",孔子说的"大智若愚",也就是顺自然而成器,也是孔子说的"容貌胜得"不露锋芒的表现。

孙膑,齐国阿(今山东阳谷东北)人,孙武的后代,大致与商鞅、孟轲同时,为战国时兵法家,是中国古代著名的军事家,其军事学说,对当代世界军事战略学说有重要影响,也是很多国家军事理论的必修课。他曾与庞涓同学兵法,后被庞涓迫害,处以膑刑(即去膝盖骨),故称孙膑。后经齐国使者秘密载回,被齐威王任命为军师,协助齐将田忌,设计大败魏军于桂陵、马陵。他继承和发展了孙武的军事理论,提出了以寡胜众、以弱胜强的战法,主张以进攻为主的战略,根据不同地形,创造有利的进攻形势,重视对城邑的进攻和对阵法的运用。著有《孙膑兵法》。

"扮猪吃虎"这一手段,做得最彻底的应首推越王勾践。勾践在被夫差俘获后,为了报仇,归降了夫差,囚禁在石屋之内,受辱在强梁之下,自己为奴,妻为婢,赤膊跣足,蓬头垢衣,扫牛栏,拾马粪,尝夫差的粪便以取得信任以求赦免回国,这种"扮猪"的精神,的确是忍常人所不能忍。一旦获释归越,便卧薪尝胆,十年生聚,十年教训,后终于报仇复国。当夫差被俘时,勾践却表现出了恶煞的一面,仗剑指住夫差说:"世无万岁之君,你总难逃一死。"由此看来,勾践扮猪时多么可怜,在吃虎时又何等恶煞。可见英雄之所以成为英雄,不在于

— 324 —

有吃虎的英勇气概,而在于有扮猪吃虎的涵养,肯吃亏的必有好处。"扮猪吃虎"消极地讲是可以避祸,积极地讲是可以夺权,也就是击倒对手。

战国时期的孙膑,早年曾经与庞涓一道跟鬼谷子学习兵法,后来庞涓在魏国做了魏惠王的将军,深得魏王的信任,可他自以为才能不及孙膑,恐日后对自己的政治前程不利,于是便阴谋派人给孙膑送信,邀请孙膑来魏国共事,意图用计陷害孙膑。孙膑接到庞涓的信后,感念庞涓的举荐之恩,立即打点行装奔赴魏国。庞涓见到孙膑后,假意欢迎,并盛情款待。然而不久,庞涓便伪造书信,设计陷害孙膑。在魏惠王面前诋毁孙膑,说其私通齐国。惠王一气之下,要处死孙膑。庞涓为了骗取孙膑所学的兵法,又假惺惺地以同学的面孔向魏王求情,把死刑变成了膑刑。挖去了孙膑的双膝盖骨,又用针刺面,然后以墨涂之。为了报答庞涓的恩情,他答应把《孙子兵法》13篇背诵下来写在竹简上。在一旁侍奉他的童仆实在看不下去,便把实情告诉了孙膑。孙膑恍然大悟,追悔莫及。为了报仇,他一方面与庞涓巧妙周旋,一方面努力寻找时机,尽早摆脱庞涓的监视,心想有朝一日驰骋纵横,报仇雪耻。于是他开始装疯,把刚写成的几篇兵书一片一片地烧毁,一会大哭,一会儿大笑,一会儿又做出各种傻相,不是唾沫横流,就是张目乱叫不绝。庞涓知道后亲自察看,只见孙膑痰涎满面,时而伏地哈哈大笑,时而又号啕大哭起来。庞涓生性狡黠,恐其佯狂,遂命左右将他拖入猪圈中,孙膑披发露面,倒身卧于粪秽之中。庞涓仍半信半疑,但看管则较从前大为松懈了。孙膑整日狂言诞语,或哭或笑,白日混迹于市井之间,晚间仍归猪圈之内。数日后,庞涓始信其疯。后来,齐威王派辩士淳于髡到魏国去拜访魏惠王。孙膑乘人不备,秘见齐使,以刑徒的身份,慷慨陈词,打动了齐使。于是,淳于髡偷偷将孙膑带离魏国,回到了齐国临淄,后来被齐威王任命为军师,协助齐将田忌,设计大败魏军于桂陵、马陵,终于报仇雪耻。

11.27 【司马昭杀曹髦诛亲信过桥抽板】

[关 键 词]曹髦 司马昭

[环境背景]"过桥抽板"也叫"过河拆桥",意思是指一个人当事业成功之后,想独享胜利果实,把过去同甘共苦的兄弟一脚踢开,或杀或剐。这种人都是名成利就的当权者,得志后最怕旧闻旧事旧人,而这些旧闻旧事旧人又恰恰

"战略"思维
"STRATGIC" THOUGHT

与旧日的手足有密切的关联,他们知道的秘密实在是太多了,这对于当权者来说无语是个威胁,为此必须要杀人灭口,所谓"飞鸟尽、良弓藏、狡兔死、走狗烹",说的就是这个道理。"过桥抽板"与"扮猪吃虎"的使用环境恰恰相反,"过桥抽板"是在得势的时候,拿属下开刀。而"扮猪吃虎"却是在受制肘的时候,设法把台上的人拖下来。扮猪较为惊险,而抽板却十分容易。认识这一手法能防止自己被"过桥抽板"所陷害,成为牺牲品,进而明哲保身。

我们在前面讲过的范蠡,在帮助勾践复国后,便悄悄弃官潜逃,改名换姓,泛舟五湖做起了买卖,结果就能悠游天下寿终正寝。而他的伙伴文种,因贪恋富贵,不愿意放弃权力,结果遭勾践嫉恨,后被勾践所杀。

汉代刘邦更是过桥拆板的高手,当作了皇帝,权利得到巩固之后,便一反常态,嫉贤妒能起来,开始大屠功臣,第一个被处决的便是扫荡群雄的韩信,接着就是斩彭越为肉酱,杀英布于九江,囚禁萧何,甚至连襟弟樊哙也险些做了刀下之鬼。唯有张良因看透官场之险恶,便早早辞官归隐山林,因而避免了一场杀身的灾难。

和尚出身的朱元璋,在做了大明皇帝后,更是将帮他打天下的功臣不分男女文武——杀尽九族,杀人之多为历史之最。

魏晋三国后期,魏国的大权逐步被司马氏所掌握。司马师废除曹芳,拥立魏文帝曹丕的长孙曹髦为帝。司马师死后,他弟弟司马昭继任大将军,朝廷大权仍然掌握在司马氏手中。曹髦见曹氏的权威日渐丧失,司马昭越来越专横,心中愤恨不平,便写了一首《潜龙》诗来表达这种心情。司马昭看到这首诗后勃然大怒,在朝廷上大声斥责曹髦说:"我司马氏对魏国立过大功,你凭什么把我们比作泥鳅和鳝鱼?"曹髦吓得心惊胆战地回到后宫,觉得司马昭有篡夺帝位的野心,才敢这样当众羞辱自己。他认为这样的日子过不下去了,必须果断地采取措施,除掉司马昭。他叫来大臣王沈、王经和王业等人,愤怒地对他们说:"司马昭的野心,是人所共知的。我不能坐受被废黜的侮辱,今天要与你们一起去讨伐他。"王经认为讨伐不能成功,劝曹髦慎重,而王沈和王业怕祸及自身,准备一出宫廷就向司马昭报告。曹髦迫不及待,拔剑登车,带领三百多侍卫和仆从向司马昭住宅进发。在半路上,曹髦遇到司马昭的亲信贾充和舍人成济带领数千人行进过来,他以为这些人是来杀自己的,便冲到前面高喊,"我是天子,你们杀君吗?"贾充的部下见是皇帝,不知怎么办,有些心虚。成济问贾充说:"情况不妙,你看怎么办好?"贾充大喝道:"司马公养你们,正是为了今天之事!该怎么办,还用问吗?"于是,成济跃马挺戈,将曹髦刺死在车中。曹髦死后,司马昭知道民心向着皇帝,为了洗刷自己杀害曹髦的罪责,将成济兄弟两人当作杀人凶手处死,并诛灭九族。司马昭杀成济兄弟并诛九族,就是典型的"过桥抽板"之策,既向当时的民心作了交代,又除去了政治对手,只是牺牲了自己的亲信,自认为代价微不足道。

司马昭(211—265年),字子上,河内温县(今属河南)人。三国时期曹魏权臣,西晋王朝的奠基人之一。为晋宣帝司马懿与宣穆皇后张春华次子、晋景帝司马师之弟、晋武帝司马炎之父。司马昭早年随父抗击蜀汉,多有战功。累官洛阳典农中郎将,封新城乡侯。正元二年(255年),继兄司马师为大将军,专揽国政。甘露五年(260年),魏帝曹髦被弑杀,司马昭立曹奂为帝。景元四年(263年),分兵遣钟会、邓艾、诸葛绪三路灭亡蜀汉,受封晋公。次年,晋爵晋王。咸熙二年(265年),司马昭病逝。数月后,其子司马炎代魏称帝,建立晋朝,追尊司马昭为文帝,庙号太祖。

11.28 【石达开义女下嫁为报恩李代桃僵】

[关 键 词]石达开　四姑娘　马监生　岳钟琪　准噶尔

[环境背景]"李代桃僵"出自《乐府诗集·鸡鸣》:"桃在露井上,李树在桃旁,虫来啮桃根,李树代桃僵。树木身相代,兄弟还相忘!"李树代替桃树而死,原比喻兄弟互相爱护互相帮助,后转用来比喻以此代彼或代人受过。谋略上,在敌我双方势均力敌,或者敌优我劣的情况下,用小的代价,换取大的胜利,类似于"舍车保帅"的战术。

"战略"思维
"STRATGIC" THOUGHT

石达开（1831—1863年），小名亚达，绰号石敢当，广西贵县（今贵港市）客家人，祖籍地在今广东省和平县。石达开是太平天国主要将领之一，中国近代著名的军事家、政治家、革命家、战略家、武学家、诗人、书法家、爱国将领、民族英雄。1851年12月，太平天国在永安建制，石达开晋封"翼王五千岁"，后军民尊为"义王"。石达开是太平天国最具传奇色彩的人物之一，十六岁受访出山，十九岁统率千军万马，二十岁获封翼王，三十二岁英勇就义于成都。一生轰轰烈烈，体恤百姓民生，生平事迹为后世所传颂，被认为是"中国历代农民起义中最完美的形象"。

石达开，是太平天国的一员文武兼备的武将，在一次向西南进军途中，救了一位少女韩宝英，她的父母被土匪杀害，是石达开为她报了家仇。当时，石达开正值孤身，但大义所在，不能乘人之危，只认为义女，称"四姑娘"。四姑娘聪颖过人，为石达开管理机要文书。一日，四姑娘告诉义父要下嫁一位马监生，石达开笑说："这马监生一名庸才，没有什么大志，我军中不少文武才士，你可随便挑选，为何只钟情一个姓马的？"四姑娘回答说："父王说的我明白，但女儿另有他用，日后也许父王会明白的。"这位马监生，长相与石达开非常相像，不开口说话时很难辨别出来的。后来，石达开入川遇险，在清军四面包围的时候，四姑娘对丈夫说："此正是我报恩的时候，也是我当初为什么要嫁你的原因。"马监生尚在踌躇之时，四姑娘愤恨地说："蠢材，尚贪恋妻女吗！"随即将怀中的幼女往地上一摔，举剑自刎说："快与父王换衣服，"回头对石达开说："父王，女儿不能再侍奉你了，来生再见。"这时，马监生才觉悟，急忙与石达开回内室调整换了衣服，他扮成了石达开，出营向清军投降，而石达开本人则只身逃跑，来到峨眉山隐姓埋名做了和尚。

第11章 怎样看待手段的应用？

岳锺琪(1686—1754年)，字东美，号容斋，四川成都人，原籍凉州庄浪(今兰州永登)。岳飞二十一世孙，四川提督岳升龙之子，清代康熙、雍正、乾隆时期名将。雍正三年(1725年)，授川陕总督，加兵部尚书衔。雍正十年，以"误国负恩"等罪被夺官拘禁。乾隆十三年，初以总兵启用，复授四川提督。参与大小金川之战，劝导大金川土司莎罗奔父子归降。乾隆十五年，西藏珠尔默特那木札勒叛乱，时年64岁的岳锺琪奉命出兵康定，会同总督策楞，结果成功讨平叛乱。乾隆十九年，岳锺琪抱重病出征镇压陈琨时，病卒于四川资州，时年六十八岁，乾隆帝赐谥襄勤，乾隆帝赞为"三朝武臣巨擘"。

岳钟琪是岳飞第二十一世孙，父亲岳升龙曾任四川提督。他自幼习读兵书，武艺过人。岳钟琪随康熙皇帝14子允䄉征讨西藏叛乱。岳钟琪率领四千人马先到察木多。岳钟琪通过密探得知，此地各部落都已经叛乱，准噶尔叛军已派重兵驻扎三巴桥。三巴桥是进藏的第一个要隘。叛军一旦要毁了桥，清军入关就比登天还难。在大将军允䄉所率领的清军大队人马尚在千里之外时，岳钟琪只有几千人马在此。死拼硬打是不行的。于是他提出了"李代桃僵"的诳敌计。岳钟琪亲自在军营中挑选了30名精兵，练习藏语，身穿藏服，扮成藏兵。一切准备停当，他亲自率兵，快马加鞭地向准噶尔使者的驻地洽隆疾驰而去。由于装扮得逼真，这支奇兵顺利通过了叛军的哨卡，潜入了使者的住处，一举将准噶尔叛军使者擒获。岳钟琪历数准噶尔首领的叛国罪行，下令将使者斩首，并派人把叛将使者的人头送到叛将那里。警告他们，如果投降，既往不咎。如果顽抗，也是同等下场。那叛将头目，一个个吓得目瞪口呆，以为神兵自天而降，纷纷表示愿意归顺。岳钟琪成功地运用了"李代桃僵"的奇谋，不仅保住了进军西藏的咽喉要道三巴桥，而且兵不血刃地使叛军降伏了，可谓出奇制胜。

11.29 【萧翼杂帖换辩才和尚的兰亭序抛砖引玉】

[关 键 词]赵嘏　刘敬　御史萧翼　辩才和尚　《兰亭集序》

"战略"思维
"STRATGIC" THOUGHT

[环境背景]"抛砖引玉"直白地讲就是抛出砖头,引来白玉。用没有价值的事物引出有价值的事物之意,比喻用粗浅、不成熟的意见引出别人高明、成熟的意见。用于谋略,是指用相类似的事物去迷惑、诱骗敌人,使其懵懂上当,中我圈套,然后乘机击败敌人的计谋。"砖"和"玉",是一种形象的比喻。"砖",指的是小利,是诱饵。"玉",指的是作战的目的,即大的胜利。"引玉",才是目的,"抛砖",是为了达到目的的手段。钓鱼需用钓饵,先让鱼儿尝到一点甜头,它才会上钩。敌人占了一点便宜,才会误入圈套,吃大亏。这一手法应用范围很广,不受时间空间限制,小施小效,大施大效。也是一种自谦的说法。

唐朝时有一个叫赵嘏(gǔ)的人,他的诗写得很好。曾因为一句"长笛一声人倚楼"得到一个"赵倚楼"的称号。那个时候还有一个叫常建的人,他的诗写得也很好,但是他总认为自己没有赵嘏写得好。

常建,籍贯邢州(根据墓碑记载),后游历长安(现在陕西西安)人,唐代诗人,字号不详。开元十五年(727年)与王昌龄同榜进士,长仕宦不得意,来往山水名胜,长期过着漫游生活。后移家隐居鄂渚。天宝中,曾任盱眙尉。常建的现存文学作品不多,其中的《题破山寺后禅院》一诗较为著名。其中"曲径通幽处,禅房花木深"成为佳句。

有一次,常建听说赵嘏要到苏州游玩,他十分的高兴。心想,"这是一个向他学习的好机会,千万不能错过。可是用什么办法才能让他留下诗句呢?"他想,赵嘏既然来到苏州,肯定会去灵岩寺的,如果我先在寺庙里留下半首诗,他看到以后一定会补全的。于是他就在墙上题下了半首诗。后来赵嘏真的来到了灵岩寺,在他看见墙上的那半首诗后,便提笔在后面补上了两句。常建的目的也就达到了。他用自己不是很好的诗,换来了赵嘏的精彩的诗。后来人们说,常建的这个办法,真可谓"抛砖引玉"了。

汉高祖刘邦初定天下时,内忧外患,匈奴屡屡犯边,为此高祖非常忧虑。关内侯刘敬为此提出了"和亲政策",化仇敌为亲戚,这是和平攻势,是长居久安之策。高祖却说:"堂堂大汉天子,怎可以把公主配给野蛮人呢?"刘敬说:

"是的,不过变通一下,来个李代桃僵,可在宫里找出一个漂亮的宫女,给她公主的身份,然后下嫁给匈奴不就行了。"高祖听了后很高兴,命刘敬为使把公主送到了匈奴。从此汉番代代联婚,和平共处了几百年。在这里"抛"的是"和亲政策","引"出的却是边关的和平。"抛砖引玉"这一手法的关键处,在于肯吃小亏,切忌因小失大。

萧翼,本名世翼。江南大姓萧家出身,梁元帝的曾孙。唐贞观年间曾任谏议大夫,监察御史。萧翼智取墨宝回到京城长安,唐太宗欣喜若狂,大摆宴席招待萧翼及群臣并当众宣布:萧翼加官五品,晋升为员外郎,并赏住房及金银宝器。辩才犯欺君之罪,唐太宗宽大为怀,还赐给他谷物三千石。辩才深感皇恩,将赐物变卖,建造了一座精美的三层宝塔放置在永欣寺内。他因兰亭帖一事欺君受吓,身患重病,一年后便去世了。传说萧翼因骗的兰亭集序而内疚,出家做了辩才的徒弟。

唐代永欣寺(湖南)的辩才和尚很善于鉴别王羲之的书法真迹,并藏有王羲之的《兰亭集序》这一家传真宝,并且从来不肯示人。唐太宗非常想得到这本法帖,于是派御史萧翼扮作书生带了几件王羲之的杂帖前去永欣寺请辩才和尚给以鉴定。和尚看完之后认为是真迹,但不是其代表之作,随后将《兰亭集序》拿出对证,萧翼看完之后认为此帖不是真迹,在指出多处瑕疵之后,辩才和尚对其真宝也产生了动摇,于是反请萧翼将杂帖留下仔细对证。一天和尚出寺,萧翼趁机将真宝带走,并返回了长安,完成了使命。萧翼此行抛出王羲之的"杂帖",引出了王羲之的代表作《兰亭集序》,从手法上来说是很成功的,但是萧翼没有经辩才和尚的许可,偷偷带走真宝,无疑是偷窃的行为,为人所不齿。而唐太宗想得到王羲之的代表作《兰亭集序》,竟有失皇家身份,不择手段,岂不知"君子好物,取之有道"的道理,贵为天子更应以德治身、以德治人、以德治国,方能为天下人臣服。

11.30 【来俊臣诱人入宴请君入瓮】

[关 键 词]周兴　来俊臣

"战略"思维
"STRATGIC" THOUGHT

[**环境背景**]"请君入瓮"与"鸿门宴"有相似之处,都是"入翁"或"入宴",环境虽不同,但手法是一致的。"请君"的办法有"诱人入瓮"和"迫人入瓮"两种,选择哪一种办法,这要看环境和条件来决定。"鸿门宴"是诱人入宴,在宴会给予致命一击。"请君入瓮"多数是"迫人入瓮"以达到目的。

来俊臣(651—697年),雍州万年人。武则天执政时的著名酷吏。因告密获得武则天信任,先后任侍御史、左台御史中丞、司仆少卿,大兴刑狱,采取逼供等手段,任意捏造罪状置人死地,大臣、宗室被其枉杀灭族者达数千家。后因企图陷害武氏诸王、太平公主、张易之等武则天最亲信的人物。又企图诬告皇嗣李旦和庐陵王李显谋反,被卫遂忠告发,武氏诸王与太平公主等乘机揭露来俊臣种种罪恶,终被武则天下令处死。延续十四年之久的恐怖"酷吏政治"才告结束。

唐中宗时,为了镇压叛乱,任用了两位酷吏,即周兴和来俊臣。他们俩同为刑部大臣,关系非常密切。一天,来俊臣突然接到密旨,密令来俊臣侦审周兴的反叛行为。来俊臣接旨后,心想周兴和自己是同事也是朋友,心有不忍,但又不敢抗旨,思索之后便邀请周兴来家里喝酒。周兴来到后,便与来俊臣喝起酒来。酒过三巡之后,来俊臣便问周兴说:"有一事要向老兄请教,最近我审过很多犯人,但他们总不肯如实招供,不知该用什么办法才能使犯人认罪呢?"周兴也是一位心狠手辣的官员,不知来俊臣此时正在下套,听来俊臣这么一说,得意地回答道:"这很容易,只需取一只大瓮,将四周放满柴碳,烧红后将那些不肯认罪的人放进翁去,就是再倔强的人也不敢不招。"来俊臣拍手称妙说:"我们要当面试一试啊!"周兴不以为然边吃边谈。当大翁被炭火烧红后,来俊臣突然起身向周兴大声喝道:"本人接到太后的懿旨,要我审问你的反叛行为,你还是招认为好,不然就请你入瓮!"这时周兴听了,如晴天霹雳,连忙叩头认罪。来俊臣正是以其人之道,还治其人之身,这既是诱人入瓮,又是迫人入瓮。

三国中的何进,在与宦官的斗争中,张让等利用何太后降旨宣何进入宫,结果被埋伏在宫内的刀斧手斩杀。董卓也是一样,被王允以天子诏请入朝受禅,结果在宫门被已策反的吕布一戟毙命,这些都是"请君入瓮"的手段。

11.31 【"狡兔死,走狗烹"斩草除根】

[关 键 词]雍正 年羹尧 隆科多

[环境背景]"斩草除根"它的含义尚书中说:"恶事的蔓延,正如火在原野燃烧,不可以接近,不容易扑灭。"周朝的大夫周任也说过:"为国谋事的人,见了恶事要像农夫见了莠草必要努力除掉一样,把它堆积起来。斩断其本根,不要使它再繁殖,然后善事才能伸张。""斩草除根"用在谋略上,唯有心狠手辣,才能显出超人才华。古语有"心慈不能为将",稍存仁爱观念的都不可带兵。为什么要斩草除根呢?因为"野草烧不尽,春风吹又生。"因为失败者绝不会认输或甘心受支配的,且时还怀东山再起的念头,即所谓"君子报仇十年未晚",所以"除根"就是要彻底消除"复仇"的隐患。就像夫差由于心存仁慈放了勾践一马,结果勾践卧薪尝胆二十年,终于将夫差斩杀报了国仇家恨。

隐公六年,卫国与陈国联合讨伐郑国。郑庄公战败,于是向陈桓公求和。陈桓公不同意,他的弟弟劝他说:"跟善人处好关系,跟邻国友好相处,这是立国根本,你就与他和好了吧!"陈桓公生气地说:"宋、卫是大国,我们陈国不是他们的对手,不打还说得过去。可是郑国是个小国,为什么不攻打它呢?"于是陈桓公坚持继续攻伐郑国。然而两年以后,郑国不仅没被陈国消灭,反而国力强大了起来,于是郑国国君派兵攻打陈国,结果陈国大败,陈国的邻国都没有前来救助。就此事,百姓纷纷议论说:"陈国自作自受,自讨苦吃,这就是长期做恶事却不知道悔过的结果。古书上说,做恶事很容易,恶事就如同草原上突然燃起的大火,无法扑灭,最后烧到自己的头上。周朝有一位大夫名叫周任,他就讲过这样的一个道理:作为一国的国君,要能做到当机立断,对待恶人、恶事,就像农夫在田间铲草一样,一定要连根挖掉,不让它们有再生长的可能。"

"战略"思维
"STRATGIC" THOUGHT

> 爱新觉罗·胤禛(1678—1735年),即清世宗,清朝第五位皇帝,定都北京后第三位皇帝。康熙帝第四子。康熙四十八年(1709年)胤禛被封为和硕雍亲王。康熙六十一年(1722年)十一月十三日,康熙帝在北郊畅春园病逝,他继承皇位,次年改年号雍正。雍正帝在位期间整顿吏治、整顿财政,雍正七年(1729年)出兵青海,平定罗卜藏丹津叛乱。在中央创立密折制度监视臣民,并废除议政王大臣会议,设立军机处以专一事权。而且改善秘密立储制度,这样使得皇位继承办法制度化,避免了康熙帝晚年诸皇子互相倾轧的局面。在位期间,勤于政事,自诩"以勤先天下"。雍正帝的一系列社会改革对于康乾盛世的连续具有关键性作用。雍正十三年(1735年)去世,传位于第四子弘历。

雍正是康熙皇帝的儿子,排行第四,天资聪颖,文武双全,斩草除根可谓干净彻底。康熙六十八岁那年,自知来日不多,乃传旨命隆科多、年羹尧入宫,托付后事。据正史记载,康熙是把皇位以诏书的形式传给了四子胤禛,这应该是没有问题。但是也有传说,说是康熙宣隆科多、年羹尧托付后事时,把遗诏交给隆科多嘱咐照此办理。隆科多一看是"传位十四皇子",脸色一变,康熙却看到了这一变化,顺手将诏书取回塞入枕低。出来后,隆科多便和胤禛等人商议,年羹尧说:"将诏书上的传位十四皇子的十字加一划,不就成了'传位于四皇子'吗?"于是胤禛就这样当了皇帝。但不管是正史也好还是传说也好,确定的事实是四子胤禛做了皇帝。胤禛即位之后,将所有反对他的皇子一个个都以各种名义收拾掉,自己的皇位稳固之后,又实行"狡兔死,走狗烹"的政策,将过去的门客、喇嘛僧以及扶持自己登上皇位的隆科多、年羹尧等亲信,分别以各种借口全部赐死,真可谓是干净利落,斩草除根,不留一丝后患。

11.32 【张大千仿画赚地产大王的石涛真迹银树开花】

[关 键 词]邓艾　刘禅　地产大王程霖生　张大千　石涛

第11章 怎样看待手段的应用？

[**环境背景**]"银树开花"从手段上来讲就是"渗透"，也就是经过渗透分化、制造矛盾、利用矛盾，逐步达到自己的目的。可以说"银树开花"是斗智的最高原则，要达到这个目的，还需配合其他的战术手段。借别人的局面布成有利的阵势，即使原来的兵力弱小，也会显示出强大的阵容，"银树开花"就是借别人的力量来慑服对手的一种手段。

魏晋时期，邓艾偷渡阴平成功，迫降了蜀后主刘禅之后，曾上书司马昭，提出一条富有战略远见的建议，大意是：今刚灭蜀，按说可趁势征取东吴，但士兵刚征蜀归来，非常疲劳，不宜立即兴兵。即如此，可一方面组织人力，赶造兵器、舟船，造成伐吴气势以威慑东吴，同时迫使东吴，告以利害，这样不用出兵东吴即可归降。另一方面，厚待刘禅，封王赐财，以影响东吴的孙休，这样一来，吴人"畏威怀德，望风而从矣"。当时，魏军刚刚灭蜀而声威大震，邓艾主张借此声势，威德并用，"先声而后实"，即先造成一种声势而后采取行动，争取不战而败东吴。邓艾的主张完全能符合当时的情态，是不需劳军而取胜的高招。邓艾借局布势的谋略思想体现了"银树开花"的最高境界。

上海有一位地产大王叫程霖生，好附庸风雅，专门收藏古董名画，但因为他是外行，故此收藏的多是赝品。当时，张大千年正青春，为清道人李梅庵的弟子，颇负盛名，擅长仿作明朝大画家石涛的画，能够以假乱真。有一次张大千仿制了一幅石涛画，放在玉梅庵中，恰巧程霖生到访其师，见了此画，以为是石涛的真本，大加赞赏一番之后，强买了去，并叫人送来柒佰元酬谢，其师当面没说那画是赝品，但又不好叫朋友吃亏，于是让张大千送一幅石涛的真品到程府。到府后，见四壁挂满字画，便对程先生说："程公所收古画可惜太杂，何不专收集一家？"程公问："您认为专收哪一家？"张大千说："程公喜爱石涛的画，何不专收石涛一家，你不就成了海内一人了吗！"程先生很高兴，环顾四周说："此厅这么大，最好能有一幅大的作品挂在中堂才够局势，不知石涛有无此幅大画，又怎么样才能够得到？"张大千顺口说曾见过有这么大的一幅，同时把眼光在壁上横扫一下，记住了左右尺寸，便告辞了。回来后，张大千日夜赶工，制了一幅二丈四尺的画，署款石涛，装裱完后，真似几百年前古画一般。然后，张大千托经纪带画到程先生家去推销。经纪人到程先生家后，程先生很高兴，随后派人去接张大千来给以鉴别。张大千到后则说："此符乃是假货"于是程先生把经纪人说了一番叫他另找主顾。可是过了几天，这经纪人再访程先生，闲

— 335 —

"战略"思维
"STRATGIC" THOUGHT

谈中说起那幅画,已被张大千买下。程先生吃惊问道:"什么,大千会买假画?"经纪人回答说:"是真的,程老!"接着又说:"他说当日鉴定有误,经仔细鉴别,才断定是真迹。"程先生一听很生气,说:"大千跟我耍花招,他到底花多少钱买的?我加倍奉还。"于是,经济出门转了一圈回来说:"大千同意以一万元才肯割让。"成先生二话没说当即写了一张一万元的银票给他,把那幅画买了下来。就这样,张大千开始大量地出产石涛的画,托人专门买给程先生。等到钱赚得差不多时,大千又放出风说:"程先生的画十有八九都是假货,不信可揭其画楮细看,都可隐约见我张某人的画押。"程先生听到后,气得要命,不久程先生便宣告破产,以卖古董维持生计,随后,大千便乘机把石涛堂的画大量买下,其中很多却是石涛的真画。

张大千(1899年—?),四川内江人,祖籍广东省番禺,出身于书香门第之家,中国泼墨画家,书法家。20世纪50年代,张大千游历世界,获得巨大的国际声誉,被西方艺坛赞为"东方之笔"。他与二哥张善子昆仲创立"大风堂派",是二十世纪中国画坛最具传奇色彩的泼墨画工。特别在山水画方面卓有成就。因其诗、书、画与齐白石、溥心畲齐名,故又并称为"南张北齐"和"南张北溥"。二十多岁便蓄着一把大胡子,成为张大千日后的特有标志。

11.33 【李林浦金矿之说害忠臣笑里藏刀】

[关 键 词]公孙鞅 公子行 李林甫 李适之 金矿

[环境背景]"笑里藏刀"原意是指那种口蜜腹剑,两面三刀,"口里喊哥哥,手里摸家伙"的做法。在谋略上,是运用政治外交上的伪装手段,欺骗麻痹对方,来掩盖己方的行动目的,是一种表面友善而暗藏杀机的谋略。人最天真的本能就是笑和哭,笑是美的,哭是丑的,所以,上哭的当少,上笑的当多。对自己来讲,面对笑脸时要有所警惕。当为了达到某种目的时,要笑得自然,否则目的会落空。所谓"笑得自然"就是表面上要装出谦恭敦厚,和蔼可亲,这也就是所谓"以柔制刚"。

第 11 章 怎样看待手段的应用？

战国时期,秦国为了对外扩张,必须夺取地势险要的黄河崤山一带,派公孙鞅为大将,率兵攻打魏国。公孙鞅大军直抵魏国吴城城下。这吴城原是魏国名将吴起苦心经营之地,地势险要,工事坚固,正面进攻恐难奏效。公孙鞅苦苦思索攻城之计。他探到魏国守将是与自己曾经有过交往的公子行,心中大喜。他马上修书一封,主动与公子行套近乎,说道,虽然我们俩各为其主,但考虑到我们以前的交情,还是两国罢兵,订立和约为好。念旧之情,溢于言表。他还建议约定时间会谈议和大事。信送出后,公孙鞅还摆出主动撤兵的姿态,命令秦军前锋立即撤回。公子行看罢来信,又见秦军退兵,非常高兴,马上回信约定会谈日期。公孙鞅见公子行已钻入了圈套,暗地在会谈之地设下埋伏。会谈那天,公子行带了三百名随从到达约定地点,见公孙鞅带的随从更少,而且全部没带兵器,更加相信对方的诚意。会谈气氛十分融洽,两人重叙昔日友情,表达双方交好的诚意。公孙鞅还摆宴款待公子行。公子行兴冲冲入席,还未坐定,忽听一声号令,伏兵从四面包围过来,公子行和三百随从反应不及,全部被擒。公孙鞅利用被俘的随从,骗开吴城城门,占领吴城。魏国只得割让西河一带,向秦求和。秦国用公孙鞅笑里藏刀计轻取崤山一带。

唐明皇时,有两位宰相共辅国政,一个是拘谨正直的李适之,一个是阴险奸诈的李林甫。李适之一向反对李林甫,李林甫一直想陷害李适之,但在表面上两人还很要好,看不出有什么冲突或矛盾。有一天,两人闲谈中,李林甫劝李适之说:"华山出产金矿,谁都知道,如果开工采掘,实为国家增加无穷财富,你何不奏闻皇上?"适之是老实人,亦认为有理可行,果然上折奏知唐明皇。唐明皇召见李林甫问:"适之所奏华山有金矿可采,你知道吗?"李林甫饰词相答:"小臣近常为陛下的疾病担忧,深知华山金矿的那一方位,实为陛下本命,地下隐伏着王者之气,如果采掘,不利于陛下龙体,臣正以此为忧,故不敢将此事奏闻。"唐明皇听此,认为李林甫才是最体贴的忠义之臣,李适之存心整蛊,从此对适之逐渐疏远,终于免除官职,由李林甫一人当政。

"战略"思维
"STRATGIC" THOUGHT

李林甫(683—753年),小字哥奴,祖籍陇西,唐朝宗室、宰相,唐高祖李渊堂弟长平肃王李叔良曾孙,画家李思训之侄。李林甫担任宰相十九年,是玄宗时期在位时间最长的宰相。他大权独揽,蔽塞言路,排斥贤才,导致纲纪紊乱,还建议重用胡将,使得安禄山做大,被认为是使唐朝由盛转衰的关键人物之一。开元二十四年(736年),李林甫接替张九龄,升任中书令(右相),后进封晋国公,又兼尚书左仆射。天宝十一年十一月(753年1月),李林甫病逝,追赠太尉、扬州大都督。

11.34 【武则天无毒不丈夫以毒攻毒】

[关 键 词]唐太宗　武则天　驯马

[环境背景]"以毒攻毒"指用有毒的药物来治疗因毒而起的疾病,后用于实际生活,指利用某一种有坏处的事物来抵制另一种有坏处的事物。这一手段可以说是一种具有战略性质的战术手段,因为它带有方向性、选择性,同时又必须有组合的手段或连环的招数,方能达到以毒攻毒的战略效果。比如种牛痘,吸取牛体内的痘疮浆液制成痘苗,最后在移种于人体,就可以防天花的感染,这就是"以毒攻毒"的手法。

武则天为中国历史上唯一一位女皇帝。武则天在唐宫做"才人"时,唐太宗有一匹壮马叫狮子聪,性情暴烈,没有人能制服它。武则天知道后,对唐太宗说:"我能制服它,但要有三件器物,一钢鞭,二铁锤,三匕首。用钢鞭来调教它,如果不服,就用铁锤捶它的头,再不服就用匕首割它的头。"唐太宗非常信服,因为他知道,这种狠毒手段用来驾驭臣下是最妙不过的事。凡创大业的人,必须有过人之智、过人之忍、过人之狠。武则天之所以能做到中国有史以来唯一的女皇帝,就因为她具有这三种"铁"的意志,所谓无毒不丈夫。

第 11 章　怎样看待手段的应用？

武则天（624—705 年），本名珝，后改名曌（zhào），并州文水（今山西文水县东）人。中国历史上唯一的正统的女皇帝（690—705 年在位），也是即位年龄最大（67 岁即位）、寿命最长的皇帝之一（终年 82 岁）。天授元年（690 年），武则天自立为帝，宣布改唐为周，定洛阳为都，称"神都"，建立武周。武则天在位前后，肆杀唐宗室，兴起"酷吏政治"。但她"明察善断"，多权略，能用人，所以使得贤才辈出。又奖励农桑，改革吏治，重视选拔人才。神龙元年（705 年），武则天病笃，宰相张柬之等发动"神龙革命"，拥立唐中宗复辟，迫使其退位。中宗恢复唐朝后，上尊号"则天大圣皇帝"。同年十一月，武则天于上阳宫崩逝，年八十二。中宗遵其遗命，改称"则天大圣皇后"，以皇后身份入葬乾陵。

11.35 【扬州妓女陈翠智夺元兵财物顺水推舟】

[关 键 词]魏文侯　翟璜　任痤　妓女陈翠　元兵

[环境背景]"顺水推舟"是一种应变手段，也就是在猝然发生的事变中，利用矛盾，站在主动地位因利乘便，向对手出击，这也叫"四两拨千斤"。比如，有人向你调查一个人时，你如果是善意的，会说句好话，这是人情。你如果是恶意的话，就故意说句坏话，那是陷害，也是"推舟"。所谓"顺水推舟"就是要因利乘便，既可以落井下石，也可以"打蛇随棍上"，使人防不胜防。

战国时期，魏文侯和一班大臣在闲谈，文侯问："你们看我是怎样的一位国君？"大家都说："您是一位仁厚的国君。"当问到翟璜时，翟璜却说："您不是一位仁厚的国君。"文侯听了又问："何以见得呢？"翟璜说："你攻得了中山之地，不拿来分给兄弟，却分给了长子，显系自私，所以我说你不仁厚。"文侯闻言大怒，下令将翟璜赶了出去。文侯又问任痤："我究竟是怎样的一位国君？"任痤说："国王，您的确是个仁厚之君。"文侯接问："何以见得？"任痤回答说："我听说过，凡是一个仁厚的国王，其臣子一定刚直，刚才翟璜的话说得很刚直，并非

"战略"思维
"STRATGIC" THOUGHT

阿谀之词,因此我知道你很仁厚。"文侯听了觉得很有道理,连声说"不错,不错",于是立刻再诏翟璜回来,反拜他为上卿。从这个故事看,任痤是做了个顺水人情,但假若任痤说句坏话,这可就是落井下石,那翟璜可就完了。任痤使的就是四两拨千斤,顺水推的是"人情"舟。反观历史,项羽在鸿门宴不杀刘邦,却有人情味,而后来刘邦却有绝情逼迫项羽自杀,说明对对手而言,有人情味就意味着失败,能够绝情就能够做"皇帝"。

翟璜,亦名翟触,出生狄族,战国初期魏国国相,辅佐魏文侯,并帮助其灭了中山国,爵至上卿。翟璜为相三十余年,为魏文侯推荐大量栋梁之材。推荐吴起守西河,推荐西门豹为邺令防备赵国,北门可为酸枣令抵御齐国,推荐乐羊灭中山国,推荐李悝改革变法,使魏国大治。历史上的翟璜巧言善辩,是个聪明人,至善终正寝。

元朝末年,各地英雄纷起,局势很乱。有一名扬州的妓女名叫陈翠,于扬州发生混乱时逃往城外。在途中忽遇元兵迎面而来,知无法逃避,乃坐而待之。元兵见此姑娘立施以暴力强奸,女见该兵腰间财物甚丰,欣然相就,任由摆布,被脱尽衣裳一丝不挂。元兵急不可待只脱裤子就要冲锋肉搏,女忙笑说:"男女合欢情趣在于互相裸抱,不脱上衣如隔靴搔痒。"兵听言急除掉上衣,女乘其不意把兵紧抱双双滚入河里,女善游泳,元兵不习水,结果被女溺死在水中,女上岸取其财物从容而去。面对突发事件,应当沉着应付,进而顺水推舟,这一手法女性尤其要掌握。

11.36 【唐伯虎寻花问柳逃离宁王府诈癫扮傻】

[关 键 词]唐伯虎　江西宁王

[环境背景]"诈癫扮傻"这一手段有"苦肉计"之称。与"扮猪吃虎"有相似的地方,那就是"扮猪",所不同的就是目的不同,"扮猪"是为了"吃虎",而"诈癫扮傻"是为了逃离险境,所以"诈癫扮傻"是在环境万分危急而又受人控制之时,要想摆脱控制,不得已而为之的手法。这一手段的关键处,与"扮猪吃虎"相似,那就是要将清醒理智的人变成失去理性的疯子,自我毁灭,去欺瞒对

第11章 怎样看待手段的应用?

手达到脱离险境、摆脱控制的目的。

明朝时期,有一位奇才名叫唐伯虎,初期被江西宁王罗织到帐下,一个月后,唐伯虎了解到宁王的意图后,萌生退意,但又逃不掉,于是唐伯虎来了个诈癫扮傻的手段,每晚去妓院寻花问柳,见了丫头仆妇就追,哭哭笑笑,污言秽语不堪入目。宁王了解到唐伯虎的情况后,弄得啼笑皆非,于是不分轻重便将唐伯虎撵出了宁王府。后来果然不出唐伯虎所料,宁王因造反被朝廷剿灭,其党羽无一幸免,唯独唐伯虎及时"诈癫扮傻"没有受到株连。

唐寅(1470—1524年),字伯虎,南直隶苏州府吴县人,明代著名画家、书法家、诗人。父唐广德经营一家小酒馆。唐寅28岁时中南直隶乡试第一,次年入京应战会试。因弘治十二年科举案受牵连入狱被贬为吏,从此游荡江湖,埋没于诗画之间,终成一代名画家。绘画笔墨细秀,布局疏朗,风格秀逸清俊。人物画师承唐代传统,色彩艳丽清雅,体态优美,造型准确。其花鸟画长于水墨写意,洒脱秀逸。书法奇峭俊秀。

11.37 【中年商人利用医生摆挡割东家的货款借艇割禾】

[关 键 词]外科医生 商人 义勇军郑桂林 军火

[环境背景]"借艇割禾"与"借刀杀人"虽同为"借"他人之力、他人之手来达到自己的目的,但其做法却有不同之处。"借刀杀人"是指本身受环境制约而无能为力,但可暗中假他人之手来达到杀人的意图。而"借艇割禾"是本身不受环境制约,而在明处因利乘便借甲人之艇去割乙人之禾,从而得利。这一手段的关键在于"借",如何"借"? 智慧就在其中。

清末时期,上海有一外科医生摆挡在门前为人治病,有妇科或患隐疾者则上楼医治。一天来了一个中年商人,对医生说他有一外甥,年约十四岁,下体生一恶疮,将带来医治,但他畏羞,宜带往楼上医治才好,医生答应。随后商人到某衣服店买了一批衣衫,计价百多元,并要求店主派人同往收款,店主叫一年青伙计随行。在途中,商人对伙计说:"你随我到某处,就有人带往楼上付

"战略"思维
"STRATGIC" THOUGHT

款。"到了医生处打了招呼,医生即带伙计上楼,该商人在楼下等候。上楼后医生叫伙计脱裤,伙计惊诧说:"我是来收款的,让我脱裤干吗?"医生说:"你不是下体生疮吗?"伙计说:"我何尝有病!"医生说:"这可是跟你同来的舅父说的。"伙计大惊说:"他是卖衣服的客人,带我来此收钱的。"伙计当即知道受骗,急忙下楼寻客,只可惜客人毫无踪迹。

从这个故事里我们知道这是一个骗局,之所以讲这个故事,就在于让人知道"手段"大有大用,小有小用。这个骗局之所以能够成功,关键是要"因利乘便"。那么,这个故事中"有妇科或患隐疾者则上楼医治"就是可利用的因素,能够"因利乘便",这也就是关键所在。商人很有机谋,他是借医生摆挡为人治病,割了店东家的货物。

郑桂林(1889—1933年),原名郑国兴,字香庭。祖籍辽宁建昌县杨树湾子乡郑家沟屯。毕业于北平朝阳大学。28岁时参加奉军,于东北讲武堂学习后,任团作战参谋。1931年"九一八"事变后,郑弃职出关,组建义军万余众,报号"郑天狼"。历任东北民众抗日义勇军第四十八路司令、第五路军总司令职。率部参加保卫凌南、辽西、长城等战役。1933年率全军参加了吉鸿昌领导的民众抗日同盟军,任第四军第一师师长。同年11月9日,被国民党特务逮捕,以反蒋等罪名,将郑秘密杀害,年仅44岁。

日本侵占东三省后,东北人民纷纷组织义勇军与之周旋,其中有一位曾在东北陆军讲武堂受过训而退伍的军人名叫郑桂林,号称"郑天狼",他组织了上千人的义勇军,但是人多枪少,无法进行战斗。于是,他打起了日军的主意,决心要向日军夺取枪支弹药。一次,北宁铁路在客车后面加挂了一节运送武器弹药的车厢,准备开往山海关,日军只有一个中队负责押运。得到情报后,郑天狼迅速作了布置,并化装成农民带了两名助手上了火车。当火车从锦州开出三小时后,火车忽然就在中途停了下来。原来郑天狼已站在醉酒的日军军官旁边,右手把一硬东西顶住了其腰,左手拿着用毛巾包裹的东西,用日语对军官说:"命令火车停止前进,下令你的士兵到车下集合放下武器,否则我就开枪打死你。"日本军官无奈一一照办了。这时,郑天狼的部队都上了火车,并把后面车厢里的武器全部搬走了。完事后,郑天狼这才出示右手所持的武器原来是一截木棍,左手的武器原来是一只酒瓶。最后笑着说:"你很听话,也非常合作,我不杀你,你可以开车回去,将来咱们在战场上见。但要告诉你,我就是义勇军郑天狼郑桂林!"在这里,"借艇割禾"这一手段是"大有大用",郑天狼借的艇,就是"火车""树枝",割的禾就是"日军的武器弹药"。应当说这是一个骗局,但骗得十分精彩。

11.38 【苏秦被刺设计为死后报仇投石问路】

[关 键 词]五位大力士　铁牛疴金　苏秦　政敌

[环境背景]"投石问路"原指夜间潜入某处前,先投以石子,看看有无反应,借以探测情况,后用它比喻进行试探。也就是说,在进行行动之前,先投石试探人家动静,然后问路以决定自己的行动。比如,在一条荒僻的街上,一个神色慌张的大汉,向一位过路男子问道:"先生,请问你,你见附近有警察吗?"路人回答说:"我沿途未曾见过一个警察。发生了什么事?需不需要我帮忙?"大汉听说,不慌不忙拔出手枪说:"那好极了,请你自动把银包和手表交给我吧!"这位大汉用的就是"投石问路"的手段,虽然有点雕虫小技,但蚂蚁却能撼大树,大有大效,小有小效。投石问路的关键,在于选择合适的"石",提出的假设应该是己方所关心的问题,而且是对方无法拒绝所回答的。很多时候,如果提出的问题正好对方所关心的,那么也容易将己方的信息透露给对方,反而为对方创造了机会。所以,在使用投石问路策略的时候,也应该谨慎,并且注意不要过度。

战国时期,秦惠王想要征伐蜀国,但蜀道极其艰难,又听说蜀国有五位大力士都具有神力,于是秦王下旨,用生铁铸成五个铁牛,置于秦蜀交界之处,扬言此铁牛每天能拉出五斗屎金。秦国之所以富强,靠的就是这五牛拉屎。消息传出后,蜀主信以为真,乃令五位大力士去开山凿路,一直通往秦蜀交界之处将五只铁牛偷运回来。等到五位力士将路开通时,等候已久的秦军迅速出击,并一举把蜀国所征服。此计投的是能够"拉金"的铁牛,还是很"诱人"的。

身为六国相的苏秦,在合纵失败后,来到了齐国。由于齐国的贵族都很嫉妒苏秦,于是有人便买凶手乘苏秦上朝的时候,一刀刺入苏秦小腹转身而逃。

"战略"思维
"STRATGIC" THOUGHT

苏秦手按住小腹跑上朝诉于齐湣王,齐王下令擒拿凶手,苏秦说:"不必,待臣死后,将头割下号令示众,就说意图谋反,有揭发他的阴谋者赏以千金,如此就能擒获凶手。"齐王照办,果然凶手出来要领赏,结果凶手与主谋尽行诛灭。苏秦是战国时期著名的纵横家,由他倡导的"合纵抗秦"是当时唯一能够抵抗强秦的战略主张,也是当时唯一一个身挂六国相印的战略家,也因此招来很多贵族的嫉妒,为他日后埋下了灾祸。来到齐国后,被人陷害致死,但在死前却以"自己头颅"投石问路,设计将陷害自己的政敌一网打尽,真可谓是老谋深算。

苏秦(?—前284年),字季子,雒阳(今河南洛阳)人,战国时期著名的纵横家、外交家和谋略家。苏秦与张仪同出自鬼谷子门下,跟随鬼谷子学习纵横之术。学成后,外出游历多年,潦倒而归。随后刻苦攻读《阴符》,一年后游说列国,被燕文公赏识,出使赵国,提出合纵六国以抗秦的战略思想,并最终组建合纵联盟,兼佩六国相印,使秦十五年不敢出函谷关。后被齐国政敌刺杀,死前设计诛杀了刺客。

11.39 【卫宣公利用强盗诛杀太子移花接木】

[关 键 词]卫宣公 夷姜 齐姜 太子伋

[环境背景]"移花接木"从字面上讲是把一种花木的枝条或嫩芽嫁接在另一种花木上。比喻暗中用手段更换人或事物来欺骗别人。实际上"移花接木"就是无中生有,凭空制造矛盾,运用权术从外打进的渗透方式,使既成的事实发生变化。也就是自己有一定目的、有某种企图、需要接近对自己有利而又能起作用的人,不管屈尊也好,高攀也好,为达目的,何论什么手段。比如清朝的顺治皇帝,当年想劝降明将洪承畴,不惜以自己的老婆皇后去勾搭,使之就范。这都是为达政治企图的"移花接木"的手段。

春秋时期的卫宣公,在做公子的时候就很不检点,与其父的小妾夷姜私通,生下一子,名叫公子伋,寄养在民间。卫宣公即位之后,原配无生育,独宠旧情人夷姜,如同夫妇。其私生子被立为太子作为继承人。太子伋十六岁时,婚聘齐国僖公长女齐姜为媳妇。当使者行聘回来后,卫宣公听说齐姜有绝世之美，便有意自己收留，于是想了一条妙计，让巧匠在两国交界的淇河上筑一座华丽新台，后又令太子伋出使宋国，然后派人到齐国迎娶媳妇过门，抵达淇河时，这位卫宣公早已恭候新台，就这样儿媳妇却成了庶母。卫宣公得到齐姜后，齐姜生下两个儿子：公子寿和公子朔。旧情人夷姜因此失宠，上吊自杀。夷姜死后，齐姜和公子朔一同诽谤太子伋。卫宣公自从夺娶宣姜后，心里开始厌恶太子伋，总想废掉他。当卫宣公听到说太子伋的坏话时，非常生气，于是派太子伋出使齐国，指使强盗拦在卫国边境莘地等着，交给太子伋白色旄节，而告诉莘地的强盗，看见手拿白色旄节的人就杀掉他。太子伋将要动身时，公子寿知道公子朔仇恨太子伋，而卫宣公想杀掉太子伋，于是对太子伋说："边境上的强盗看见你手中的白色旄节，就会杀死你，你可不要前去。"并让太子伋赶快逃走。太子伋不同意说："不能违背父亲的命令而求生，如果世界上有没有父亲的国家就可以逃到那里去。"等到太子伋临走时，公子寿用酒把太子伋灌醉，然后偷走太子伋的白色旄节。公子寿车上插着白色旄节奔驰到莘地，莘地的强盗看见来人果真手持白色旄节，就杀死公子寿。公子寿死后，太子伋赶到，对强盗说："应该杀掉的是我。他有什么罪？请杀死我吧！"强盗一并杀掉太子伋，然后报告卫宣公。卫宣公于是立公子朔为太子。

卫宣公（？—前700年），姬姓，卫氏，名晋，卫庄公之子，卫桓公之弟。卫国第15任国君。公子晋早年在邢国作人质。公元前719年，公子晋回国即位，是为卫宣公。卫宣公在位时，屡与郑、邲等国发生战争；曾在齐僖公调解下与宋国讲和，并和齐僖公在蒲地会谈；同齐、郑、宋三国在恶曹举行会盟。公元前700年，卫宣公去世，太子朔继位，是为卫惠公。

11.40 【李左车诈降诱敌深入围而歼之开门揖盗】

[关　键　词]诱敌深入　围而歼之　项羽　李左车

[环境背景]"开门揖盗"出自《三国》东吴张昭之口，原意是指开门引恶人进来，自招外来之祸，也就是引狼入室的意思。用于计谋就是引诱敌人进入自己的圈套，也就是掘好陷阱擒猛虎，安排香饵钓金鳌。"开门揖盗"与"关门捉

"战略"思维
"STRATGIC" THOUGHT

贼"交相使用才有实际意义。所谓"诱敌深入,围而歼之"也就是开门揖盗,而后关门捉贼。

> 项羽(前232—前202年),项氏,名籍,字羽,楚国下相(今江苏宿迁)人,楚国名将项燕之孙,军事家,中国军事思想"兵形势"(兵家四势:兵形势、兵权谋、兵阴阳、兵技巧)的代表人物,也是以个人武力出众而闻名的武将。李晚芳对其有"羽之神勇,千古无二"的评价。项羽早年跟随叔父项梁在吴中(今江苏苏州)起义反秦,项梁阵亡后他率军渡河救赵王歇,于巨鹿之战击破章邯、王离领导的秦军主力。秦亡后称西楚霸王,定都彭城(今江苏徐州),实行分封制,封灭秦功臣及六国贵族为王。后与汉王刘邦展开了历时四年的楚汉战争,最后反被刘邦所灭。

"鸿门宴"是项羽军师所设的计谋,是想把刘邦引入鸿门而杀之,然而项羽有妇人之仁,不忍下手,结果让刘邦脱险。后来项羽自食恶果被刘邦逼的在乌江自刎。三国时期的刘备过江招亲,这本是周瑜安排的"开门揖盗"的手段,但赵子龙按照孔明的安排,先是"打草惊蛇",后又"移花接木",在最后来了个"瞒天过海",使刘备在东吴完婚并安全返回荆州。这个例子说明在使用"开门揖盗"这一手段时,还要使用"关门捉贼"的后续手段,否则就是自费心机,甚至遗患无穷。所谓"穷寇莫追"是指"穷寇"有"开门"诱敌的作用,"莫追"是怕误入了"关门"的被围歼的圈套。在垓下,韩信认为这里是打歼灭战的理想战场,于是,韩信在垓下埋伏好了千军万马,让李左车去项羽军中诈降,任务是引诱项羽进入该下。这是韩信使的是"开门揖盗"的手段,也就是"诱敌深入围而歼之"的手段。项羽听从了李左车的进言,带兵进入到沛郡,此时的沛郡离垓下还有几十里的路,韩信要引他入阵,于是让刘邦打头阵,许败不许胜,任务是要将项羽引入重地。结果刘邦诈败而逃,当项羽追到谷口,季布急止住项羽说:"穷寇勿追,提防中了诱兵之计。"项羽正准备回军,忽然,李左车又出来说:"大王已深入重地,不如投降,我负责引见汉王,免遭诛戮。"项羽大怒,引军追杀李左车进入包围圈。这时韩信挥军将项羽团团围住,并将项羽的后队杀

— 346 —

得七零八落,溃不成军。结果项羽被围在垓山之下,身边只有八千子弟,冒险突围,直杀到乌江边,这时身边也只剩下二十八人,已经是前无去路,后有追兵,长叹一声:"天亡我也,非战之罪。"说完挥剑自刎。就这样一代霸王却身首异处。

11.41 【顺治请老婆出手诱降洪承畴施美人计】

[关 键 词]隋文帝杨坚　宇文赞　顺治皇帝　皇后　洪承畴

[环境背景]"美人计"是指"工于媚取",所谓"炮弹不如肉弹,枪头难敌枕头",可见裙带之魔力,远胜于武力。使用美人计,不会受时间空间的限制。

杨坚(541—604年),弘农郡华阴(今陕西省华阴市)人。汉太尉杨震十四世孙,隋朝开国皇帝。其父杨忠是西魏和北周的军事贵族,北周武帝时官至柱国大将军,封为随国公,杨坚承袭父爵。北周宣帝继位,以坚为上柱国、大司马,位望日隆。北周大定元年(581年),杨坚受北周静帝禅让为帝,改元开皇。隋文帝即位后,励精图治,厉行节俭政治,修订刑律和制度,实行三省六部制,巩固了中央集权。开皇年间,隋朝疆域辽阔,人口达到700余万户,是中国农耕文明的辉煌时期。隋文帝在位的二十四年间,锐意改革、政绩卓著。仁寿四年(604年)在仁寿宫离奇去世。终年六十四岁,庙号高祖,谥号文皇帝。

公元581年,周宣帝因荒淫过度而崩。宣帝9岁的儿子宇文衍即位,历史上称为静帝。静帝年幼无知,大司马杨坚趁机总揽了军政大权。但是,杨坚的专权引起了宇文家族的不满。宣帝的弟弟汉王宇文赞早就想当皇帝。宣帝死后他便搬到宫中,上朝听政时故意同杨坚同帐而坐。杨坚对此很恼火,但又不好说什么。杨坚知道宇文赞是一个酒色之徒,见了美女就挪不动腿,于是派心腹刘昉选了几个美女送给宇文赞。宇文赞满心欢喜地接受,根本不知杨坚的用心。宇文赞自得了美女以后,整日欢歌达旦,对政事逐渐失去了兴趣,很少与杨坚同帐而坐了。刘昉依杨坚的意思对宇文赞说:"大王,您是先帝的弟弟,继承大统乃众望所归。只不过先帝刚死,大家情绪尚未稳定。您暂时回归王

"战略"思维
"STRATGIC" THOUGHT

府,等时机到了您再回宫即位也不迟。"16岁的宇文赞轻信了刘防的话,便从宫中搬回王府,从此每日与美女们玩乐,再也不过问政事了。两个月后,杨坚发动政变,建立了新的朝代——隋朝。

> 洪承畴(1593—1665年),字彦演,号亨九,福建泉州南安英都人。万历四十四年进士,累官至陕西三边总督,松锦之战战败后被清朝俘虏,后投降清朝。
>
> 顺治元年,随清军入关,此后开始被清廷起用,以太子太保、兵部尚书兼右副都御史衔,列内院佐理机务,翌年赴江南任招抚南方总督军务大学士。洪承畴宣导儒家学术,也建议清廷采纳许多明朝的典章制度,献计甚多,大多被清廷信纳,加以推行,完善清王朝的国家机器。洪承畴是明清之际的重要历史人物,也是一个有重大争议的历史人物,在促使清朝统一、缓和民族矛盾等方面,都是于国家于民族有益的,是应该肯定的。

明朝末年,清兵大败明师于锦州,并俘获统帅洪承畴。由于洪承畴文武兼备,对中国形势风俗掌故十分清楚,所以,清太宗顺治皇帝很想收降洪承畴做开路先锋。但是,洪承畴深明大义,以绝食表明心态,绝不降清。为此,清太宗特下手谕,如有人能劝降洪承畴者上赏,然而没有一个成功者。当时,洪承畴有一位随从名叫金升,向太宗献计说:"洪承畴秉性耿直,越迫越刚,唯最喜欢女人,如用美人计方可成功。"太宗本已无计可施于是回宫休息,皇后博尔济吉特问:"国主大败明师,为何长叹起来?"太宗说:"你们女流怎知国家大事"于是将收降洪承畴的作用及意义告诉了皇后,皇后说:"威迫不行,利诱就行了!"太宗说:"什么都用过了,使用美人也不行,他看不起我国的美女!"皇后说:"如果有利于国家,我愿意不惜一切……"太宗是聪明人,想了想后说:"为了国家前途,由你去干吧。但不要让人知道你的身份。"于是,皇后经过一番打扮,秘密出宫,来到了禁闭厅。经过一番调侃,皇后连施媚态,搞得洪承畴血脉奔腾,一把将她搂住说:"死在牡丹花下,做鬼也风流!"就这样,一位刚直之士也难敌"肉弹"的打击,最后,洪承畴竟与清朝皇后含笑携手入朝参见了太宗顺治皇帝。

11.42 【孔明给司马懿送巾帼用激将法】

[关 键 词]孔明　司马仲达　巾帼

[环境背景]所谓"激将"本指用刺激性的话使将领出战的一种方法。后泛指用刺激性的话或反话鼓动人去做某事的一种手段。激将法，就是利用别人的自尊心和逆反心理积极的一面，以"刺激"的方式，激起不服输情绪，将其潜能发挥出来，从而得到不同寻常的说服效果。激将法是一种很有力的口才技巧，在使用时要看清楚对象、环境及条件，不能滥用。同时，运用时要掌握分寸，不能过急，也不能过缓。过急，欲速则不达。过缓，对方无动于衷，无法激起对方的自尊心，也就达不到目的。

"激将法"对个人来说也有挑拨的意图，对团体来说也有煽动之意。孟子说："一怒而定天下"这"怒"因刺激而起，勇气也从胆中生，许多事业凭一怒而成，也有很多坏事起于一怒之差。自古世事是以成败论英雄的，权术家为求达到目的不择手段，成则是运筹帷幄的谋士，败则是搬弄是非的小人。"激将"的对象不是所有的人你一激他就动，老奸巨猾，十问九不应的人很少被激得起。容易被"激"之人都是那些"性情急躁之人"。激将法用于敌人时，目的在于激怒敌人，使之丧失理智，做出错误的举措，以己方以可乘之机。激将法也就是古代兵书上所说的"激气""励气"之法和"怒而挠之"的战法。前者是对己和对友，后者则是对敌。

三国时期的孔明是很善于运用"激将法"的谋略家，在他一生所用过的激将法案例中，有成功的案例，也有不成功的案例，可以说都堪称经典。为了实施"联吴抗曹"的战略，在东吴还左右不定的情况下，孔明对孙权采取"激将法"刺激了他的自尊心，最终下定决心与曹操决一死战。孔明三气周瑜最终"激"死周瑜，还骂死王朗等都是非常经典的成功案例。

但是孔明也有不成功的案例，之所以不成功，那也是用错了激将的对象，那是因为司马仲达也是一位能够和孔明媲美的谋略家。司马仲达为魏国的大都督，在和孔明战于岐山时，被孔明诱至上方谷，用地雷阵杀得仲达片甲不留，逃到了渭北下寨，坚守不出。无奈孔明使出了激将法，派人致书及一套女人衣服送给了司马仲达。书云："仲达即为大将，统领中原之众，不思披坚执锐一决

"战略"思维

雌雄,乃干窟守土巢,谨避刀枪,与妇人又何异哉？今送巾帼,如不出战,可再拜而受之,倘耻心未泯,犹有男子胸襟,早已批回,依期赴敌。"仲达看了来信,心中大怒,却佯装笑脸说："孔明把我看作妇人了。"随即受了女服,还重赏了来使。这样的侮辱,仲达都受得住,反而把孔明给气坏了。仲达知道这是激将法,就是不上套,孔明也没办法。

11.43 【楚君为讨好嫂子而攻打郑国空城计】

[关 键 词]公子元　文夫人　叔詹

[环境背景]使用"空城计"的手段是在两种情况下使用,一种是当情势猝然紧急,已经没有时间采取对策时,迫不得已才布置疑阵,迷惑对方,希图幸免于难。在这种情况之下,使用空城计属于消极的做法,是迫不得已而为之。另一种情况是有计划的安排,诱敌深入,然后包围聚歼,这与"请君入瓮"有异曲同工之妙,是一种比较积极的战术手段。

"空城计"的手段各个朝代都有很多案例,大家都知道三国时期的孔明使用过空城计,我们在前面的章节中已讲到过,在这里就不讲了。最早使用"空城计"的人,应当是春秋时期的郑国大夫叔詹。

春秋时期,楚国的令尹公子元,在他哥哥楚文王死后继承了王位,非常想占有漂亮的嫂子文夫人。他用各种方法去讨好,文夫人却无动于衷。于是他想建立功业,显显自己的能耐,以此讨得文夫人的欢心。公元前666年,公子元亲率兵车六百乘,浩浩荡荡,攻打郑国。楚国大军一路连下几城,直逼郑国国都。郑国国力较弱,都城内更是兵力空虚,无法抵挡楚军的进犯。郑国危在旦夕,群臣慌乱,有的主张纳款请和,有的主张拼一死战,有的主张固守待援。这几种主张都难解国之危。上卿叔詹说："请和与决战都非上策。固守待援,倒是可取的方案。郑国和齐国订有盟约,而今有难,齐国会出兵相助。只是空谈固守,恐怕也难守住。公子元伐郑,实际上是想邀功图名讨好文夫人。他一定急于求成,又特别害怕失败。我有一计,可退楚军。"郑国按叔詹的计策,命令士兵全部埋伏起来,不让敌人看见一兵一卒。令店铺照常开门,百姓往来如常,不准露一丝慌乱之色。大开城门,放下吊桥,摆出完全不设防的样子。楚军先锋到达郑国都城城下,见此情景,心里起了怀疑,莫非城中有了埋伏,诱我中计？不敢妄动,等待公子元。公子元赶到城下,也觉得好生奇怪。他率众将到城外高地眺望,见城中确实空虚,但又隐隐约约看到了郑国的旌旗甲士。公子元认为其中有诈,不可贸然进攻,先进城探听虚实,于是按兵不动。这时,齐国接到郑国的求援信,已联合鲁、宋两国发兵救郑。公子元闻报,知道三国兵到,楚军定不能胜。好在也打了几个胜仗,还是赶快撤退为妙。他害怕撤退时郑国军队会出城追击,于是下令全军连夜撤走,人衔枚,马裹蹄,不出一点声响。所有营寨都不拆走,旗旗照旧飘扬。第二天清晨,叔詹登城一望,说道:"楚军已经撤走。"众人见敌营旌旗招展,不信已经撤军。叔詹说:"如果营中有人,怎会有那样多的飞鸟盘旋上下呢?他也用空城计欺骗了我,急忙撤兵了。"这就是中国历史上第一个使用空城计的战例。

由此可见,"空城计"是给那些实力空虚而又遭受压力,走投无路时的人迫不得已而为之,其目的是想蒙混过关或避免太大的威胁,但生死之权还操在别人手上,是属于冒险的行为,非到最后关头是不可以随便使用的手段,也是"死马当活马"用,成了是胜利,不成那就是走背字了。

	叔詹,是春秋时期郑国(在今新郑境内)的宰相。郑国贵族,郑国君主郑文公的弟弟。叔詹很有远见卓识,晋国公子重耳流亡到郑国,他觉得重耳是一个德才兼备的人,力劝郑文公要厚待重耳,否则就杀掉他,可是,郑文公既不厚待重耳,也不杀掉重耳,为自己树立了一个大大的仇敌。后来,果然像叔詹预料的那样,重耳成为晋国的君主。重耳登上君位后,兴兵讨伐郑国,结果重创郑国。叔詹具有忠诚坚贞的品格,为了国家的利益,甘愿献出自己宝贵的生命。

11.44 【陈平设计除范增使反间计】

[关 键 词]楚汉战争　围攻荥阳　陈平　虞子期　范增

[环境背景]"反间计",指的是识破对方的阴谋算计,巧妙地利用对方的阴谋诡计进行攻击对方。采用反间计的关键是"以假乱真",造假要造得巧妙,造得逼真,才能使敌人上当受骗,信以为真,做出错误的判断,采取错误的行动。主要有二方面的含义:一是巧妙地利用敌方的间谍为我方所用,一是当敌

"战略"思维
"STRATGIC" THOUGHT

方某个将领对本方构成威胁时，故意捏造他为我所用的假证据，以离间对方领导层内部之间的良好关系，使敌方高层最终舍弃这个将领，为我方拔去"眼中钉"。唐人杜牧在《十一家注孙子》中说，"敌有间来窥我，我必先知之，或厚赂诱之，反为我用；或佯为不觉，示以伪情而纵之，则敌人之间，反为我用也。"

魏晋三国时期，曹操被认为是奸雄，然而，在赤壁之战中，曹操就被周瑜的"反间计"轻松除掉了唯独擅长水战的将领，随后又利用蒋干实施了"连环计"，再后来又用"苦肉计"等多种计谋组合，将曹操的百万大军击退，创造了以弱胜强的战例。

楚汉战争时期，楚霸王项羽率兵十万，趁刘邦兵力分散，城内空虚之际，围攻荥阳。刘邦急忙召见张良、陈平等人商议拒敌之策。陈平说："项羽之所以有气候，主要是靠范增、钟离昧、龙沮、周殷等人，如能离间他们，就可削弱项羽的战斗力。"于是，刘邦将四万金交给陈平去做，派出去的人到处散布谣言，说钟离昧因功不得赏，想与刘邦同谋，灭楚分地称王。项羽是多疑之人，听到消息后信以为真，结果疏远了钟离昧。张良又对刘邦说："今项羽攻城不下，可派人去诈降，他必应允，会派人来讨论条件，到时再用陈平的离间计，就可解荥阳之围。"使者到楚营后，将刘邦的讲和意向转达给了项羽。项羽也决心议和，而范增却极力反对议和并说这是刘邦的缓兵之计。但项羽议和之心已定，并派虞子期为使进入荥阳城。这时陈平与张良二人接待了虞子期并问："范亚父有什么吩咐吗？"使者说："我是项王的差使，不是亚父的差使。"二人一听假作吃惊，说："我们以为你是亚父秘密差来的！"随后不知去向。虞子期听到这些话后，也觉得可疑。随后刘邦召见虞子期，此时刘邦还未梳妆好，虞子期就在室内踱步，忽然见书桌有一封首位不写名的书信，上写"项王彭城失守，提兵远来，人心不附，天下离叛，大兵不过二十万，势见孤弱，大王切不可出降，当急召韩信回荥阳，老臣与钟离昧等为内应，指日破楚必矣。"虞子期读后大惊，于是将信藏于身上，准备呈给项王。当刘邦与虞子期会谈完后，虞子期便早早回到了楚营，并将在汉营所见所闻及密室里偷回来的匿名信呈给了项羽。项羽看后大怒说："老匹夫居然想出卖我？"范增知道后，知道这是汉营的离间之计，无论怎么辩解，项羽也已听不进去了，就这样贬范增回乡。没杀头还算不错，没成想在半路忽生毒瘤，就这样冷清忧郁而死去。

陈平(？—前178年)，汉族，阳武户牖乡(今河南省原阳县)人，西汉王朝的开国功臣之一。少时喜读书，有大志。后参加楚汉战争和平定异姓王侯叛乱，成为汉高祖刘邦的重要谋士。刘邦因守荥阳时，离间项羽群臣，使项羽的重要谋士范增忧愤病死。刘邦为匈奴困于平城七天七夜，陈平献计，重贿冒顿单于的阏氏，才得以解围。汉高祖死后，吕后以陈平为郎中令，与王陵并为左、右丞相。后因吕后大封诸吕为王，陈平被削夺实权。吕后死，陈平与太尉周勃合谋平定诸吕之乱，迎立代王为文帝。因明于职守，受到文帝赞赏。

11.45 【要离舍身杀庆忌行苦肉计】

[关 键 词]吴王阖闾　庆忌　要离

[环境背景]"苦肉计"就是先把自己折磨一番，利用血泪去争取接近敌人，暗地里阴谋颠覆。本质上讲，"苦肉计"就是为了取得对手的信任，也属于迫不得已而为之的手段，做得不周密时往往会弄巧成拙。按照常理，人不会伤害自己，要是受到某种伤害，一定是某种自己无法抗争的力量导致的。利用好这样的常理，自己伤害自己，以蒙骗他人，从而达到预先设计好的目标，这种做法，称为苦肉计。在现代经商活动中，经营者利用"苦肉计"，对自己不合格产品集中进行销毁，用以引起广大群众的注意，树立自己企业的良好形象，为下一步赚回更多的钱而埋下伏笔，这是商战中的运用。

春秋时代，姬光弑君夺位自立为吴王阖闾，吴王僚的儿子庆忌逃奔在外，招纳死士想要寻机伐吴报仇。为此阖闾深以为忧，决心要派人去行刺，但又没有适当的人选。这时有一位大夫伍员推荐了一位勇士，名叫要离。此人身不满五尺，细小无力且相貌丑怪，但却机警干练。阖闾笑说："庆忌身高马大，矫健如神，万夫莫当，且不说你能杀他，就是接近他也很困难啊！"要离说："善杀人者，在智不在力，我有办法让他接近我，而且又非常相信我。"于是要离把自己的想法统统告诉了吴王。吴王说："你无罪怎可断你的右手，又怎可杀你家

"战略"思维
"STRATGIC" THOUGHT

人呢?"要离说:"这是全忠全义,即便如此我也甘心!"就这样,要离以责辱吴王之罪被吴王砍断右手,并拘留了妻子。群臣莫名其妙。于是要离来到了卫国求见庆忌,并将自己所受到的遭遇一一诉说。起初庆忌有所怀疑,后又听说要离的妻子也被杀头,便确信无疑。经过一个时期的准备,庆忌终于决定要分兵两路杀往吴国去,以报家仇。庆忌与要离同乘一船,庆忌坐在船头,要离持戟侍立在身边。忽然山上起了一阵怪风,要离转过身去一戟刺在庆忌的心窝,倒地而死。要离出色完成了任务,回国后,吴王阖闾亲自迎接,并且要重重赏赐要离。要离不愿接受封赏说:"我杀庆忌,不是为了做官发财,而是为了吴国的百姓生活安宁,免受战乱之苦。"说完,要离拔剑自刎。要离刺杀庆忌是春秋时期的一件重大事件,庆忌的离世不但消除了吴国发展的不稳定因素,而且使当时百姓避免了颠沛流离的生活。

要离,春秋时期吴国人,生活在吴王阖闾时期。其父为职业刺客,要离为屠夫,后由于成功刺杀庆忌,为春秋时期著名刺客。生得身材瘦小,仅五尺余,腰围一束,形容丑陋,有万人之勇,是当时有名的击剑能手。足智多谋,以捕鱼为业,家住无锡鸿山山北。成功刺杀庆忌后,不愿受封赏,后自杀。吴王根据要离生前的遗愿,令伍子胥将其葬于鸿山的专诸墓旁。

11.46 【毕再遇游击战杀金兵布连环计】

[关 键 词]张仪 楚王 商于 毕再遇 金兵

[环境背景]"连环计"是利用权术引起对手方发生连锁性反应或激起多方面摩擦的手段。施展连环计多以女人做武器,也最易收效。连环计的对象可能是两个以上的对手,也可能是一个对手内部多个角色,总之,连环计的目的就是要把局面搞乱,好坐收渔利。魏晋时期的汉司徒王允,就是利用美人连环计除掉了专权的董卓。王允利用貂蝉,先许给吕布做妻子,又送给了董卓,董卓和吕布虽为义父关系,但都是好色之徒。貂蝉在两人之间周旋,一面哄董卓,一面又哄吕布,使出两副心肠,娇嗔媚啼,把两个权倾朝野的人物玩弄于股肱之间,直至制造出摩擦的局面,最后董卓死于吕布的戟下。

— 354 —

第11章 怎样看待手段的应用？

战国末期,齐楚燕韩魏赵六国在苏秦的外交努力下形成了联盟并一致抗秦,这就是所谓的"合纵抗秦"的战略。面对六国联盟,秦国感到了某种压力,于是秦王派张仪准备出使六国以打破联盟。在六国中,齐楚联盟最为牢固,只要打破齐楚联盟,那么六国合纵联盟就将瓦解。在这种形势下,张仪来到了楚国并见到了楚王。张仪明确指出此次出访是为了缔结联盟和平共处,楚王说:"秦屡次侵犯我国,这谈何联盟!"张仪说:"秦与楚建立邦交早有打算,不过只是齐国与贵国联盟才不便邦交,如果楚有此意,现在就有复交的办法。"于是张仪接着说:"只要楚与齐断交,秦愿意以商於的六百里土地作为交换条件以换取和平。"楚王一听很高兴,心想这既可以和秦结交,又可以得到土地,何乐而不为呢? 于是楚宣布了与齐国断交的声明,并派勇士到齐国境内辱骂齐王。齐王看到这种情况,非常气愤,于是派人到秦国商议与秦联合攻打楚国。张仪见计划已成功,随后对前来索要土地的楚国使者说:"秦的土地皆百战而来岂可送人。"楚使者一听知道上当便返回了楚国。楚王一听大怒,下令出兵攻打秦国,而此时,韩国和魏国也宣布对楚宣战,面对危机,楚只好罢兵与秦讲和。一年后,张仪为了拉拢楚王,再度出使楚国。楚王一听张仪要来,决意要杀掉张仪,而张仪却早已暗中搬动楚王夫人郑袖,保自己性命,结果在张仪的诱导之下,张仪完成任务脱险而回。张仪用连环计,离间六国,彻底粉碎了苏秦的"合纵联盟",把六国逐个拉过来,成为连横阵线,为秦国统一铺平了道路。

> 毕再遇(1147—1217年),字德卿。兖州(今兖州)人。南宋名将,武议大夫毕进之子。毕再遇初以恩庇补官,隶侍卫马司。开禧二年(1206年),随军北伐,屡立战功,迁为武功大夫。后因功历任镇江都统制兼权山东、京东招抚司事,骁卫大将军。因其勇猛过人,熟知兵略,且善于驾驭兵将,威名远扬。嘉定元年(1208年),被任为左骁卫上将军。宋金通和后,屡请回归田里,均不准。嘉定六年(1211年),提举太平兴国宫。嘉定十年(1217年),以武信军节度使致仕。不久卒。赠太尉,累赠太师。谥号"忠毅"。

宋代将领毕再遇就曾经运用连环计,打过漂亮的仗。他分析金人强悍,骑兵尤其勇猛,如果对面交战往往造成重大伤亡。所以他用兵主张抓住敌人的重大弱点,设法钳制敌人,寻找良好的战机。一次又与金兵遭遇,他命令部队不得与敌正面交锋,可采取游击流动战术。敌人前进,他就令队伍后撤,等敌人刚刚安顿下来,他又下令出击,等金兵全力反击时,他又率队伍跑得无影无踪。就这样,退退进进,打打停停,把金兵搞得疲惫不堪。金兵想打又打不着,想摆又摆不脱。到夜晚,金军人困马乏,正准备回营休息。毕再遇准备了许多用香料煮好的黑豆,偷偷地撒在阵地上。然后,又突然袭击金军。金军无奈,只得尽力反击。那毕再遇的部队与金军战不几时,又全部败退。金军气愤至极,乘胜追赶。谁知,金军战马一天来,东跑西追,又饿又渴,闻到地上有香喷喷味道,用嘴一探,知道是可以填饱肚子的粮食。战马一口口只顾抢着吃,任你用鞭抽打,也不肯前进一步,金军调不动战马,在黑夜中,一时没了主意,显得十分混乱。毕再遇这时调集全部队伍,从四面包围过来,杀得金军人仰马翻,横尸遍野。

11.47 【晋退避三舍避　楚走为上计】

[关 键 词]晋文公　楚将子玉　城濮

[关键词]"走"指的是因环境已处于不利,设法转移别处另起炉灶,企图东山再起。"走"与"不走"说起来这是个选择的问题。"走"那是因为环境已处于不利毫无反转的余地,是不得不走。"不走"那是因为环境虽然不利,但却有反转的可能,只要有一线希望就不能轻言放弃。所以"走"说起来它本身不是战术问题,而是战略问题,"走"与"不走"、"战"与"和"这种带有选择性的问题就是战略问题。但是把"走"作为战术手段来用,"走"重要的是如何走? 或怎么走? 既然要走,那就得想计脱身。"不走"自然也要用计。伍子胥偷渡逃亡,用的是"金蝉脱壳"之计;刘邦脱险荥阳和白帝城,用的也是"金蝉脱壳"和"美人计";秦朝老千徐福为了逃脱秦始皇的控制使用"无中生有"之计,率领童男童女去海外求仙去了日本。

对于"走"与"不走"最明智的抉择就是要把它放在战略高度来看待,所谓"该走不走,反受制肘。当断不断,反受其乱。"战国时期,文种和范蠡在帮助勾践灭掉吴国之后,范蠡深知"狡兔死、走狗烹,敌国灭,谋臣亡。越王为人长颈鸟啄,忍辱忌功,可以共患难,却不可以共安乐。"于是范蠡毅然弃富贵,悄然归隐于江湖四海,才得以苟全性命成为一个理财的专家。而他的同伴文种,却不听范蠡的劝告,贪恋禄位,最后终被勾践赐死。"走"与"不走"不论选择哪一个,其结果都具有战略性的作用,范蠡的"走"带来的却是生,而文种选择"不走",带来的却是毁灭性的灾难。因此,"走"与"不走"一定要慎重的选择。

　　春秋初期,楚国日益强盛,楚将子玉率师攻打晋国。楚国还胁迫陈、蔡、郑、许四个小国出兵,配合楚军作战。此时晋文公刚攻下依附楚国的曹国,随即子玉率部浩浩荡荡向曹国进发,晋文公闻讯,分析了形势。他对这次战争的胜败没有把握,楚强晋弱,气势汹汹,他决定暂时后退,避其锋芒。对外假意说道:"当年我被迫逃亡,楚国先君对我以礼相待。我曾与他有约定,将来如我返回晋国,愿意两国修好。如果迫不得已,两国交兵,我定先退避三舍。现在,子玉伐我,我当实行诺言,先退三舍(古时一舍为三十里)。"他撤退九十里,已到晋国边界城濮,仗着临黄河,靠太行山,足以御敌。他已事先派人往秦国和齐国求助。子玉率部追到城濮,晋文公早已严阵以待。晋文公已探知楚国左、中、右三军,以右军最薄弱,右军前头为陈、蔡士兵,他们本是被胁迫而来,并无斗志。子玉命令左右军先进,中军继之。楚右军直扑晋军,晋军忽然又撤退,陈、蔡军的将官以为晋军惧怕,又要逃跑,就紧追不舍。忽然晋军中杀出一支军队,驾车的马都蒙上老虎皮。陈、蔡军的战马以为是真虎,吓得乱蹦乱跳,转头就跑,骑兵哪里控制得住。楚右军大败。晋文公派士兵假扮陈、蔡军士,向子玉报捷:"右师已胜,元帅赶快进兵。"子玉登车一望,晋军后方烟尘蔽天,他大笑道:"晋军不堪一击。"其实,这是晋军诱敌之计,他们在马后绑上树枝,来往奔跑,故意弄得烟尘蔽日,制造假象。子玉急命左军并力前进。晋军上军故意打着帅旗,往后撤退。楚左军又陷于晋国伏击圈,又遭歼灭。等子玉率中军赶到,晋军三军合力,已把子玉团团围住。子玉这才发现,右军、左军都已被歼,自己已陷重围,急令突围。虽然他在猛将成大心的护卫下,逃得性命,但部队伤亡惨重,只得悻悻回国。这个故事中晋文公的几次撤退,都不是消极逃跑,而是主动退却,寻找或制造战机,所以,"走"是上策。

"战略"思维
"STRATGIC" THOUGHT

晋文公(前697—前628年),姬姓,名重耳,是中国春秋时期晋国的第二十二任君主,晋献公之子,母亲为狐姬。晋文公文治武功卓著,是春秋五霸中第二位霸主,也是先秦五霸之一。晋文公初为公子,谦虚而好学,善于结交有才能的人。骊姬之乱时被迫流亡在外十九年,后在秦穆公的支持下回晋杀晋怀公而立。晋文公在位期间实行通商宽农、明贤良、赏功劳等政策,使晋国国力大增。前632年于城濮大败楚军,并召集齐、宋等国于践土会盟,成为春秋五霸中第二位霸主,开创了晋国长达百年的霸业。